G. Ropohl
Allgemeine Technologie

G. Ropohl

Allgemeine Technologie

Eine Systemtheorie der Technik

2. Auflage

Carl Hanser Verlag München Wien

Professor Dr.-Ing. habil. Günter Ropohl
lehrt Allgemeine Technologie am Institut für Polytechnik/Arbeitslehre
der Johann Wolfgang Goethe-Universität in Frankfurt am Main.

Die Deutsche Bibliothek – CIP-Einheitsaufnahme

Ropohl, Günter:
Allgemeine Technologie: eine Systemtheorie der Technik/
Günter Ropohl. – 2. Aufl. – München, Wien: Hanser, 1999
    Zugl.: Karlsruhe, Univ., Habil.-Schr., 1978
    1. Aufl. u.d.T.: Ropohl, Günter: Eine Systemtheorie der Technik
    ISBN 3-446-19606-4

© 1999 Carl Hanser Verlag München Wien
Umschlaggestaltung: MCP-Kraus, Holzkirchen
Bilder © Günter Ropohl
Satz: Martha Kürzl, Günter Ropohl
Belichtung: Repro Knopp, Inning
Druck und Bindung: Druckerei Wagner, Nördlingen
Printed in Germany

Inhalt

Vorwort zur zweiten Auflage 11
Vorwort zur ersten Auflage 13

1 Einleitung 15
   1.1 Probleme der Technik 15
   1.2 Ansätze der Technikforschung 21
   1.3 Dimensionen der Technik 29
      1.3.1 Technikbegriff 29
      1.3.2 Naturale Dimension 33
      1.3.3 Humane Dimension 35
      1.3.4 Soziale Dimension 39
      1.3.5 Interdisziplinäre Synthese 43
   1.4 Aufbau des Buches 47

2 Fallbeispiel Computer 49
   2.1 Beschreibung 49
   2.2 Verwendung 57
   2.3 Entstehung 66

3 Systemmodelle der Technik 71
   3.1 Allgemeine Systemtheorie 71
      3.1.1 Ursprünge 71
      3.1.2 Grundbegriffe 75
      3.1.3 Bedeutung 83
   3.2 Allgemeines Modell des Handlungssystems 89
      3.2.1 Handeln und Technik 89
      3.2.2 Begriff des Handlungssystems 93
      3.2.3 Funktionen des Handlungssystems 95
      3.2.4 Struktur des Handlungssystems 101
      3.2.5 Zusammenfassung 106
   3.3 Menschliche Handlungssysteme 107
      3.3.1 Hierarchie der Handlungssysteme 107
      3.3.2 Personale Systeme 109
      3.3.3 Soziale Mesosysteme 111
      3.3.4 Soziales Makrosystem 113
      3.3.5 Zusammenfassung 117

- 3.4 Sachsysteme 117
  - 3.4.1 Begriff und Hierarchie 117
  - 3.4.2 Funktionen 123
  - 3.4.3 Strukturen 126
  - 3.4.4 Klassifikation 130
- 3.5 Soziotechnische Systeme 135
  - 3.5.1 Gesellschaftliche Arbeitsteilung 135
  - 3.5.2 Soziotechnische Arbeitsteilung 140
  - 3.5.3 Gesellschaftliche Integration 146
- 3.6 Zielsysteme 151
  - 3.6.1 Begriff und Struktur 151
  - 3.6.2 Zweck-Mittel-Problem 155

4 Verwendung von Sachsystemen 163
- 4.1 Verwendung und Entstehung 163
- 4.2 Ablaufstruktur der Sachverwendung 167
  - 4.2.1 Allgemeines 167
  - 4.2.2 Hierarchiestufen 170
- 4.3 Soziotechnische Identifikation 176
- 4.4 Soziotechnische Integration 180
  - 4.4.1 Allgemeines 180
  - 4.4.2 Hierarchiestufen 186
- 4.5 Bedingungen 191
  - 4.5.1 Verfügbarkeit 191
  - 4.5.2 Integrierbarkeit 197
  - 4.5.3 Beherrschbarkeit 200
  - 4.5.4 Zuverlässigkeit 203
  - 4.5.5 Logistik 205
- 4.6 Erster Exkurs über technisches Wissen 207
- 4.7 Folgen 215
  - 4.7.1 Naturveränderung 215
  - 4.7.2 Handlungsprägung 218
  - 4.7.3 Strukturveränderung 222
  - 4.7.4 Logistische Abhängigkeit 226
  - 4.7.5 Irreversibilität 227
  - 4.7.6 Entfremdung 228
- 4.8 Ziele 230
  - 4.8.1 Allgemeines 230
  - 4.8.2 Hierarchiestufen 234
- 4.9 Zusammenfassung: Verflechtung und Sachdominanz ... 242

Inhalt

- 5 Entstehung von Sachsystemen 251
  - 5.1 Entstehung und Verwendung 251
  - 5.2 Begriff der technischen Entwicklung 252
  - 5.3 Einteilungen und Abläufe 254
    - 5.3.1 Perioden der Technikgeschichte 254
    - 5.3.2 Phasen der technischen Ontogenese 258
    - 5.3.3 Erfindung als Nutzungsidee 261
  - 5.4 Mikrotheorien 266
    - 5.4.1 Intuitionistisches Konzept 266
    - 5.4.2 Rationalistisches Konzept 269
    - 5.4.3 Mikro- und Mesotheorien 277
  - 5.5 Zweiter Exkurs über technisches Wissen 279
  - 5.6 Makrotheorien 284
    - 5.6.1 Allgemeines 284
    - 5.6.2 Angebotsdruck 286
    - 5.6.3 Nachfragesog 289
    - 5.6.4 Imperativ der Kapitalverwertung 291
    - 5.6.5 Soziale Konstruktion 293
  - 5.7 Modell der Technikgenese 296
    - 5.7.1 Beschreibung 296
    - 5.7.2 Erklärungshypothesen 299
    - 5.7.3 Steuerungsprobleme 301

- 6 Zusammenfassung 305

- 7 Anhang 311
  - 7.1 Vorbemerkungen 311
  - 7.2 Mathematische Modelle 312
    - 7.2.1 System 312
    - 7.2.2 Handlungssystem 316
    - 7.2.3 Menschliches Handlungssystem 318
    - 7.2.4 Sachsystem 319
    - 7.2.5 Soziotechnisches System 321
    - 7.2.6 Zielsystem 322
  - 7.3 Wissenschaftsphilosophische Bemerkungen 323
    - 7.3.1 Allgemeines 323
    - 7.3.2 Modell und Realität 324
    - 7.3.3 Atomismus und Holismus 328
    - 7.3.4 Erklärung und Beschreibung 332
    - 7.3.5 Einheit und Vielfalt 335

Abkürzungsverzeichnis 337

Abbildungsverzeichnis 339

Literaturverzeichnis 341

Namenregister 353

Sachregister 357

Sachen machen!

Parole der Demonstranten gegen die kybernetische Weltregierung im vollautomatisierten Zeitalter der verordneten Musse.

Dieter Waldmann (1926-1971) in seinem Fernsehfilm „Dreh dich nicht um, der Golem geht um".

Vorwort zur zweiten Auflage

Gut zwanzig Jahre ist es her, dass ich meine Gedanken für „Eine Systemtheorie der Technik" entwickelt habe. Seit das Buch 1979 erschienen ist, hat die interdisziplinäre Technikforschung, die damals gerade begann, einen beträchtlichen Umfang angenommen. Gleichwohl scheint mir meine damalige Grundlegung nicht belanglos geworden zu sein. Darum habe ich für das neue Buch die Substanz der alten Auflage wahren können und lediglich einige Ergänzungen und Verbesserungen anbringen müssen. Darin fühle ich mich auch durch den Umstand bestärkt, dass in den zurückliegenden Jahren, abgesehen von vereinzelten, inzwischen durchsichtigen Verrissen, das Buch weithin freundliche Aufnahme gefunden hat.

Titel und Untertitel habe ich für die neue Auflage vertauscht, weil das Wort „Systemtheorie" in Deutschland von einem prominenten Soziologen in Misskredit gebracht worden ist, der damit eine sehr eigenwillige Gesellschaftstheorie bezeichnet. Da ich mit diesem Luhmannismus nicht fälschlich in Verbindung gebracht werden möchte, trägt das Buch jetzt den Titel „Allgemeine Technologie".

Vor allem will ich mit dieser Bearbeitung einen Mangel der ersten Auflage beheben, den ich damals schon ahnte, aber nach Lage der Dinge nicht vermeiden konnte. Das Manuskript war für meine Habilitation bestimmt, doch gleichzeitig hoffte ich, damit ein Lehrbuch zu schreiben. Diese Verbindung von Forschungs- und Lehrtext ist mir stellenweise nicht geglückt. So gibt es in der ersten Auflage lange Passagen, die der wissenschaftlichen und philosophischen Selbstvergewisserung und Absicherung dienen. Solche Feinheiten helfen dem Leser, der am Anfang steht, bei der technologischen Aufklärung wenig weiter.

Darum habe ich das zweite Kapitel der ersten Auflage gestrichen und durch ein Fallbeispiel ersetzt, das auf die Theorie der folgenden Kapitel vorbereitet; wer schnell eine konkrete Vorstellung vom Inhalt des Buches gewinnen will, mag mit diesem Kapitel beginnen. In die systemtheoretische Modellkonzeption führe ich jetzt zu Beginn des dritten Kapitels ein; die mathematischen Formalismen und die wissenschaftstheoretischen Reflexionen habe ich in einen Anhang verlegt, den nur die speziell Interessierten zu lesen brauchen. Durchgängig habe ich neuere Ergebnisse und Belege der interdisziplinären Technikforschung eingeflochten und einige Schemabilder hinzugefügt. Die Zitierweise habe ich im Wesentlichen beibehalten, nutze jetzt jedoch die Annehmlichkeiten der elektronischen Textverarbeitung, indem ich die Hinweise, die sonst den Textfluss unterbrächen, in Fussnoten anbringe, die von Fall zu Fall zusätzliche Erläuterungen erlauben; bei Klassikern nenne ich übrigens das historische Ursprungsjahr und nur im Literaturverzeichnis das Erscheinungsjahr der benutzten Ausgabe. Von den neuen Rechtschreiberegeln verwende ich, was mir sinnvoll erscheint, vor allem auch die konsequente Schweizer Regel, auf das Sonderzeichen für „sz" grundsätzlich zu verzichten.

Das Buch wendet sich an Studierende und Studierte, die sich Grundkenntnisse in der Technologie aneignen wollen. Das sind nicht nur Studierende der Ingenieurwissenschaften und praktizierende Ingenieure, die nach generalistischer Orientierung suchen, sondern auch Kandidaten und Absolventen der Lehrämter für Arbeits- und Techniklehre, ferner Geistes-, Sozial- und Wirtschaftswissenschaftler und endlich alle gebildeten Laien, die sich ein Basiswissen über die Technik und ihre Probleme verschaffen wollen. Das aber bedeutet zugleich eine Einführung in die Philosophie der Technik.

Der Alcatel SEL-Stiftung für Kommunikationsforschung und der Universität Stuttgart danke ich dafür, dass ich Teile dieser Neubearbeitung im Rahmen einer Gastprofessur im Sommer 1998 zur Diskussion stellen und fruchtbare Anregungen für die Endfassung empfangen konnte. Auch danke ich Nicole Karafyllis und Stefan Frank sowie allen Anderen in meinem Institut und im Verlag, die dazu beigetragen haben, das Buch fertigzustellen.

Zwei meiner Lehrer, denen ich zu grossem Dank verpflichtet bin, leben nicht mehr. So widme ich diese neue Ausgabe dem Andenken an Hans Linde und Simon Moser.

Durlach in Baden
Frankfurt am Main
im Dezember 1998

Günter Ropohl

Vorwort zur ersten Auflage

Jeder weiss, was Technik ist; und dennoch weiss es niemand. Wohl beging die Technikforschung jüngst zwei Jubiläen: 1777 begründete J. Beckmann mit seiner „Anleitung zur Technologie" sowohl deren Begriff wie deren Programm, und 1877 legte E. Kapp mit seinen „Grundlinien einer Philosophie der Technik" die erste derartige Monographie vor. Wohl sind in diesen und in etlichen nachfolgenden Versuchen einige bemerkenswerte Teileinsichten zur Problematik der Technik entwickelt worden. Es fehlt jedoch noch immer der umfassende Orientierungsrahmen, der sowohl der Multidimensionalität wie der zu Grunde liegenden inneren Einheitlichkeit der Technik gerecht würde. So steht denn der Mensch noch heute vor der Technik wie der Verirrte, der vor lauter Bäumen den Wald nicht sieht; und den Fachleuten, den Ingenieuren und Technologen in Forschung, Entwicklung und Produktion geht es, da sie stets ein und denselben Baum umkreisen, kaum anders.

Ein neuer Versuch ist also zu wagen, in generalistischer und interdisziplinärer Reflexion ein umfassendes Technikverständnis zu entwickeln, ein Technikverständnis, das sich, die Spaltung zwischen den „zwei Kulturen" (C. P. Snow) überwindend, gleichermassen geistes- und sozialwissenschaftlichem wie technisch-naturwissenschaftlichem Denkstil verpflichtet weiss. So versteht sich diese Untersuchung einerseits als Beitrag zur Sozialphilosophie der Technik; andererseits soll sie den Grundstein zu einer allgemeinen Technikforschung und Techniklehre legen, damit endlich auch wissenschaftlich systematisiert und vermittelt werden kann, was in der modernen Industriegesellschaft faktisch längst soziokulturelle Wirklichkeit geworden ist: die Symbiose von Mensch und Technik.

Eine interdisziplinäre Arbeit, von einem einzelnen Autor ausgeführt, erfordert jenen „Mut zum Dilettantismus", den die Bundesassistentenkonferenz Ende der sechziger Jahre in ihrem Kreuznacher Hochschulkonzept als wissenschaftliche Tugend empfahl, ohne freilich in der Kleinstaaterei der disziplinären Gelehrtenrepubliken sonderliches Gehör zu finden; weiss der Spezialist von Wenigem Alles, so muss der Generalist das Odium tragen, von Allem zu wenig zu wissen. Experten der berührten Disziplinen seien daher um Nachsicht gebeten, wenn in Text und Zitaten zu ihrem Fachgebiet nicht immer die ihnen gewohnten Standards erfüllt werden konnten; dazu gehört beispielsweise, dass des Öfteren auf Handbücher und Sekundärliteratur verwiesen wird, wo der Einzelwissenschaftler die primären Quellen herangezogen hätte. Überhaupt wurde, damit die Gedankenführung nicht in Seiten langen

Anmerkungen untergeht, nur das Nötigste zitiert – und dies zudem nach dem knappest möglichen Zitierverfahren, das innerhalb des Textes nur den Verfassernamen, das Erscheinungsjahr bzw. die Bandnummer sowie die Seitenzahl angibt und die genauen bibliographischen Angaben im alphabetischen Literaturverzeichnis am Ende der Arbeit aufzufinden gestattet.

Eine Begleiterscheinung der Interdisziplinarität ist es auch, dass ich längst nicht Allen namentlich danken kann, die meine Überlegungen in der einen oder anderen Form angeregt oder beeinflusst haben. Dazu gehören: zahlreiche Gastreferenten, die im Studium Generale und im Institut für Philosophie der Universität Karlsruhe ihre Auffassungen zur Diskussion stellten; die Mitglieder des Ausschusses *Technikbewertung* im Verein Deutscher Ingenieure; die Mitarbeiter der Fernstudienbegleitgruppe *Polytechnik/Arbeitslehre* beim Hessischen Kultusminister und des Projektes *Polytechnik* am Didaktischen Zentrum der Universität Frankfurt; und ganz besonders die Freunde der alljährlichen Alpbacher Messner-Runde sowie die Karlsruher Freunde, Gesprächspartner und Kollegen. Vor allem aber habe ich drei akademischen Lehrern zu danken: Herrn Professor Dr. Dr. S. Moser, den ich in den letzten Jahren bei der Leitung des Studium Generale unterstützen durfte und der so manche Arbeitsbesprechung zu einem philosophischen Privatissimum für den Wanderer zwischen den „zwei Kulturen" machte; Herrn Professor Dr. H. Lenk, der mein Vorhaben von Anfang an mit anspornendem Interesse und fördernder Kritik verfolgte und dem ich es, im geistigen wie im praktischen Sinne, verdanke, nicht in wissenschaftsinstitutionelle Heimatlosigkeit geraten zu sein; und Herrn Professor Dr. H. Linde, der mit seinen Überlegungen zur Soziologie der Technik den Gang meiner Untersuchung ganz wesentlich beeinflusst hat.

H. Lenk und H. Linde haben mir überdies mit zahlreichen kritischen Hinweisen und Verbesserungsvorschlägen geholfen; diese Anregungen haben ihren Niederschlag in der vorliegenden Überarbeitung des Manuskripts gefunden, das im Februar dieses Jahres von der Fakultät für Geistes- und Sozialwissenschaften der Universität Karlsruhe (TH) als Habilitationsschrift angenommen worden war. Auch dafür habe ich allen Beteiligten zu danken, dass ein interdisziplinäres Unternehmen wie dieses so wohlwollende Unterstützung erfahren hat.

Karlsruhe-Durlach, im November 1978   Günter Ropohl

1 Einleitung

1.1 Probleme der Technik

„Die Welt, die wir bewohnen, ist eine technische Welt".[1] Wir leben in geometrisch geformten Gehäusen aus Stein und Beton, aus Glas und Metall. Heizung, Klimatisierung und Beleuchtung schaffen uns künstliche Lebensbedingungen, die uns von Witterung und Sonnenstand unabhängig machen. Rohrleitungs- und Kabelnetze versorgen unsere Behausungen mit Wasser, Gas, Nachrichten und elektrischem Strom. Immer mehr Umwelterfahrungen verdanken wir den technischen Medien, dem Telefon, dem Rundfunk, dem Fernsehen, dem Computernetz. Die Konglomerationen unserer Gebäude bedecken weite Landstriche; Asphaltbänder und Schienenstränge verbinden die Siedlungen, so dass wir mit unseren Fahrzeugen Geschwindigkeiten erreichen, die weit über die Fähigkeiten unseres Körpers hinausgehen.
Die meisten Lebensmittel haben industrielle Verarbeitung durchlaufen, ehe wir uns davon ernähren. Die Gebrauchsgegenstände, mit denen wir essen und trinken, sitzen und schlafen, kochen und putzen, schreiben und rechnen, stammen aus einem vielgestaltigen Geflecht von Fabriken, Werkstätten und Lagerhallen, die das Erscheinungsbild ausgedehnter Industrieviere prägen. Und selbst die Landschaft, die unsere Naturschützer bewahren wollen, ist, abgesehen von den Wildnissen der Hochgebirge, der Urwälder und der Wüsten, alles Andere als unberührte Natur, sondern hat sich aus Jahrhunderte langer agrikultureller Überformung ergeben. Die Welt, die wir bewohnen, haben wir selbst gemacht: Unser Biotop ist zum *Technotop* geworden.
„Es begann mit der Technik",[2] als unsere Urahnen vor Hunderttausenden von Jahren die ersten Werkzeuge verfertigten; für die Vorgeschichtler ist der Werkzeuggebrauch, der Anfang der Technik, ein wichtiges Kriterium der Menschwerdung. Durch die Jahrtausende hindurch haben neue Erfindungen und Produktionsmethoden immer wieder die Lebensbedingungen und die Lebensmöglichkeiten der Menschen verändert. Der Kulturanthropologe D. Ribeiro glaubt acht „technologische Revolutionen" und daran geknüpfte „soziokulturelle Formationen" unterscheiden zu können.[3] Aber es gibt „wahrscheinlich doch nur zwei kulturgeschichtlich wirklich entscheidende Zäsuren:

---

[1] Bense 1949, 191.
[2] Honoré 1969; nach neueren Funden liegt das ein bis zwei Millionen Jahre zurück.
[3] Ribeiro 1971, bes. die Übersicht 204f.

den prähistorischen Übergang von der Jägerkultur zur Sesshaftigkeit und den modernen zum Industrialismus".[1] Diese Industrielle Revolution hat erst vor zweihundert Jahren eingesetzt und jene totale Technisierung unseres Biotops eingeleitet, deren Ende noch längst nicht abzusehen ist – ganz gleich, ob man den gegenwärtigen Innovationsschub der Informationstechnik noch dazu rechnet oder als neuerliche Revolution betrachten will.

Ebensowenig aber scheint mir die „geistige und moralische Revolution",[2] die mit der technischen einhergeht, zum Abschluss gekommen zu sein. Vielmehr steht die Technik gerade in ihrer modernen Allseitigkeit den Menschen noch weithin als unbegriffene Macht gegenüber. Mit „kultureller Phasenverschiebung"[3] beginnen die geistigen und moralischen Kräfte sich gerade erst zu entwickeln, die wir benötigen, um unserer eigenen Technik Herr zu werden. Zwar vermag ich M. Heidegger nicht zu folgen, wenn er behauptet: „Die Technik in ihrem Wesen ist etwas, was der Mensch von sich aus nicht bewältigt";[4] denn was die Menschen selber schaffen, sollten sie grundsätzlich auch bewältigen können. Allerdings ist nicht zu leugnen, dass die Menschen gegenwärtig ganz offensichtlich erhebliche Schwierigkeiten damit haben. Dafür gibt es zahlreiche Indizien, von denen ich einige kurz erwähnen will.

Da gibt es seit Ende der sechziger Jahre eine leidenschaftliche Debatte über die *ökologische Krise*, die von der Technisierung hervorgerufen wurde. Nebenwirkungen, Abfälle und Rückstände technisch-industrieller Produktionen und Produkte beeinträchtigen in zunehmendem Masse die Biosphäre, führen zu lästigen, gefährlichen und teilweise irreversiblen Veränderungen der Gewässer und der Atmosphäre, sie beeinflussen den Pflanzenwuchs und die Tierwelt, und viele Anzeichen sprechen dafür, dass auch die menschliche Gesundheit darunter leidet. Materialien, die, wie manche Kunststoffe und radioaktiven Substanzen, nur sehr langsam oder auf natürliche Weise überhaupt nicht abgebaut werden können, werden gleichwohl planlos auf und unter der Erdoberfläche oder in den Meeren sich selbst überlassen und erlegen dadurch selbst künftigen Generationen schwere Hypotheken auf. Soweit derartige Befunde empirisch gesichert sind, zeugen sie davon, dass die praktische Bewältigung technischer Prozesse durchaus zu wünschen lässt.

Da werden für die künftige technisch-industrielle Entwicklung *Grenzen des Wachstums* gefordert,[5] weil nicht nur die Auswirkungen der Technisierung auf

---

[1] Gehlen 1957, 71.
[2] Ebd.
[3] Ogburn 1964, bes. 134ff.
[4] Heidegger 1976, 206.
[5] Zuerst von Meadows u. a. 1972. Inzwischen ist daraus das Programm der *dauerhaft tragbaren Entwicklung (sustainable development)* geworden; vgl. Agenda 1992.

die natürliche Umwelt tragbare Ausmasse zu überschreiten drohen, sondern auch, weil der zunehmende Verbrauch von Rohstoffen und Energieträgern die begrenzten Vorräte der Erde all zu schnell erschöpfen könnte. Überzeugend machen entsprechende Untersuchungen darauf aufmerksam, dass die Technik so lange nicht wirklich bewältigt wird, wie sie auf der unüberlegten Verschwendung unersetzbarer natürlicher Ressourcen beruht. Soweit solche Zukunftsprojektionen jedoch die Möglichkeit qualitativen technischen Wandels zu wenig in Betracht ziehen, verraten sie ihrerseits einen bemerkenswerten Mangel an technologischer Einsicht.

Da hat man die *Humanisierung des Arbeitslebens* zu einem Forschungs- und Gestaltungsprogramm erheben müssen, weil die produktionstechnische Entwicklung neben Produktivitäts- und Qualitätsverbesserungen wohl physische Entlastung für die arbeitenden Menschen gebracht, die psychosozialen Arbeitsbedingungen jedoch – so bei Fliessarbeit und bei teilautomatisierten Maschinen – oft genug verschlechtert hat. Zwar hat schon K. Marx die „Dummheit" der Maschinenstürmer entlarvt, „nicht die kapitalistische Anwendung der Maschinerie zu bekämpfen, sondern die Maschinerie selbst".[1] Doch manifestiert sich eben auch in den Anwendungsmängeln, seien sie nun „kapitalistisch" oder anders bedingt, eine Insuffizienz soziotechnischer Praxis, die auf die Problematik der Technik selbst zurückverweist.

Da prangert eine *Kritik technischer Konsumgüter* gewisse Begleiterscheinungen und Nebenwirkungen an, die mit der massenhaften Verwendung beispielsweise des Autos oder des Fernsehens verbunden sind.[2] Der Erweiterung des menschlichen Handlungs- und Erfahrungsspielraums – die von solcher Kritik übrigens nicht immer angemessen gewürdigt wird – stehen Umweltbeeinträchtigungen, Fehlleitungen knapper Ressourcen, problematische Veränderungen der Lebensgewohnheiten und andere, handgreifliche oder subtile Folgen gegenüber, die auf einen unreflektierten Umgang mit der Technik hinweisen.

Da wird mit der *Technokratie-These* die Behauptung aufgestellt, die Technik gehorche einer inneren Eigengesetzlichkeit, die dem Menschen jede Möglichkeit bewusster Planung und Gestaltung verstelle und ihn zum willenlosen Spielball seiner eigenen Konstrukte mache.[3] Auch die Experten in Wissenschaft und Technik, in denen man zunächst die Agenten der Technokratie gesehen hatte, seien nichts Anderes als die Erfüllungsgehilfen einer sich von selbst durchsetzenden Sachgewalt technischer Perfektion. Wenn hier die

---

[1] Marx 1867, 465.
[2] Z. B. Steffen 1995.
[3] Besonders eindrucksvoll Schelsky 1961; trotz vielfacher Kritik ist diese Vorstellung immer noch anzutreffen.

Technik zu einer autonomen Macht hypostasiert und wenn sie zum geheimnisvollen Dämon stilisiert wird, dann zeugt solche Mystifikation davon, wie wenig die Technik in ihren realen Wirkungszusammenhängen begriffen wird. Da findet sich, teilweise im Gefolge einer traditionellen Kulturkritik, teilweise aber auch als Reaktion auf die praktischen Bewältigungsdefizite im Umgang mit der Technik, ein *technologischer Revisionismus*, der das Kind mit dem Bade ausschüttet und ein sentimentalisches „Zurück zur Natur" propagiert oder doch zumindest dem *Homo faber* die „Selbstbegrenzung" einer Fahrradkultur anempfiehlt.[1] Über den Sinn mancher technischen Neuerungen kann man gewiss streiten; dem gegenwärtig erreichten Entwicklungsniveau jedoch pauschal die „Lebensgerechtigkeit" abzusprechen, ist wohl nur Träumern möglich, die nicht wissen oder nicht wissen wollen, von welchen Nöten und Leiden die Technik die Menschen befreit hat, und die jener Bedürfnistäuschung erliegen, über dem, was *nicht* erreicht ist, die Menge dauerhaft erfüllter Bedürfnisbefriedigungen zu vergessen. Auch diese Unfähigkeit, die Ambivalenz der Technisierung in ausgewogener Form zu würdigen, scheint vielfach in technologischem Unverständnis zu wurzeln.

Da ist schliesslich festzustellen, dass die genannten Fehlhaltungen zu einem guten Teil auf den verbreiteten Mangel an *technologischer Bildung* zurückzuführen sind. Erst allmählich beginnt sich die Technik als Lernbereich allgemeinbildender Schulen zu etablieren, und die damit einhergehenden Diskussionen zeigen deutlich, wie schwer es fällt, die Technik auf den Begriff zu bringen.[2] Nirgendwo wird die „kulturelle Phasenverschiebung", die Diskrepanz zwischen der materiellen und der sozial-ideellen Kultur augenscheinlicher als in der bisherigen Abstinenz des Bildungssystems gegenüber den Phänomenen und Problemen der Technik.

Die Liste solcher Bewältigungsdefizite könnte leicht verlängert werden. Doch die wenigen Hinweise dürften bereits genügen, die Aufgabe dieses Buches deutlich zu machen. Die praktische Bewältigung der Technik, ihrer Entstehungs- und Verwendungszusammenhänge, ist längst noch nicht gelungen. Die „Perfektion der Technik" ist ein Mythos, der nur auf einem unzureichenden Technikverständnis gedeihen konnte.[3] Dieser Mangel an theoretischer Bewältigung der Technik aber ist nicht nur für deren Unvollkommenheit selbst, sondern auch für die hilflosen und unsachlichen Reaktionen verantwortlich, mit denen viele Menschen jener Unvollkommenheit begegnen. Gegenstand dieses Buches ist also *die unbewältigte Technik*, das vielgestaltige Geflecht ihrer Erscheinungen, ihrer Bedingungen und ihrer Folgen.

---

[1] Besonders radikal Illich 1975; zur Ambivalenz der Technisierung vgl. mein Buch von 1985.
[2] Vgl. das 11. Kapitel meines Buches von 1991.
[3] Jünger 1946.

Da „hinter jeder Erkenntnis – bewusst oder unbewusst – Entscheidungen stehen",[1] möchte ich die Vorentscheidungen offenlegen, von denen ich mich habe leiten lassen. Von den drei Vorentscheidungen, die übrigens aufeinander bezogen sind, ist eine *methodologischer* Art. Ich will ein Globalmodell der Technik entwerfen, das freilich keineswegs undifferenziert ausfallen soll. Gewiss sind die Abhängigkeit der technischen Innovationsrate von der Unternehmensgrösse, die Definition eines aussagekräftigen Indikators für den Automatisierungsgrad einer Produktionsanlage oder der Einfluss des Fernsehens auf das Zeitbudget eines typischen Angehörigen der unteren Mittelklasse interessante Forschungsthemen. Demgegenüber möchte ich jedoch die Technik als Gesamtphänomen in den Blick nehmen, weil Einzelfragen der genannten Art in ihrer Bedeutung erst angemessen eingeschätzt werden können, wenn ein umfassender Orientierungsrahmen entwickelt worden ist, in den sie sich einordnen lassen. Natürlich ist es unmöglich, die Totalität aller soziotechnischen Gegenstände, Eigenschaften und Beziehungen zu entfalten. Dennoch möchte ich jenen Rahmen so weit wie möglich spannen und durch modellistische Abstraktion gewinnen, was sich sonst im Wirrwarr der einzelnen Fakten und isolierten Hypothesen verlieren würde: das Verständnis für den ganzheitlichen Zusammenhang.

Die zweite Vorentscheidung ist eine *sozialphilosophisch-anthropologische*. Ich gehe davon aus, dass die Menschen, wie ihre Geschichte, auch ihre Technik selber machen. Nicht nur die einzelnen technischen Hervorbringungen sind selbstverständlich Menschenwerk, sondern auch die technische Entwicklung als Gesamtprozess ist kein übermenschliches Schicksal, keine naturwüchsige Selbstbewegung, sondern das Resultat menschlicher Entscheidungen und Handlungen. Auch wenn gewisse Komplikationen in sozialen Prozessen nicht zu verkennen sind, ist die Technisierung doch im Prinzip zielbewusster Planung, Steuerung und Kontrolle zugänglich. Eine notwendige Bedingung für die Möglichkeit, die technische Entwicklung planmässig an wohlverstandene individuelle Bedürfnisse und gesellschaftliche Grundwerte anzubinden, ist die *technologische Aufklärung*,[2] die „Übersetzung des technisch verwertbaren Wissens in das praktische Bewusstsein einer sozialen Lebenswelt".[3]

Meine dritte Vorentscheidung schliesslich ist *wissenschaftsphilosophischer* Art. Ich verstehe die Wissenschaft als ein Unternehmen, das nicht um seiner selbst willen da ist. Wohl mögen einzelne Forscher in ihrer subjektiven Motivation allein der theoretischen Neugier folgen, wohl mag in der Wissen-

---

[1] Albert 1968, 61.
[2] Vgl. mein Buch von 1991.
[3] Habermas 1968, 107.

schaftsgeschichte manches Resultat ursprünglich zweckfreier Forschung erst sehr viel später seine praktische Bedeutsamkeit gezeigt haben, wohl darf „praktische Bedeutsamkeit" nicht im Sinne eines kruden Utilitarismus verstanden werden, wohl darf Wissenschaft nicht von ausserwissenschaftlichen Instanzen und fragwürdigen Ideologien reglementiert und sterilisiert werden. Gleichwohl wage ich zu bezweifeln, dass die Wissenschaft ihre Aufgaben innerhalb der gesellschaftlichen Arbeitsteilung optimal erfüllen kann, wenn sie ihr Augenmerk allein auf wissenschaftsinterne Ziele richten und nach liberalistischer Manier den Ausgleich zwischen praktischen Erfordernissen und theoretischen Angeboten der „unsichtbaren Hand" eines Wissensmarktes überlassen würde.[1] Darum verfolge ich mit diesem Buch ganz bewusst das Ziel, Probleme der gesellschaftlichen Praxis einer Lösung näher zu bringen.

So will ich ein *Beschreibungsmodell der Technik* entwickeln, das neben wissenschaftsinternen auch wissenschaftsexterne Aufgaben erfüllen kann. Nun gilt für die Wissenschaft wie für die Praxis gleichermassen, dass man, bevor man Probleme zu lösen versucht, zunächst die richtigen Probleme identifizieren muss. Diesem Zweck soll das Vorhaben, die Technik in einem Beschreibungsmodell zu systematisieren, vorrangig dienen. Mir geht es also weniger darum, einzelne erklärende Hypothesen aufzustellen – wenngleich sicherlich die eine oder andere Hypothesenskizze zu entwerfen ist – als vielmehr um die Konstruktion eines heuristischen Suchschemas, das die Menge aller möglichen Hypothesen abdeckt und dann selbstverständlich auch die bereits vorliegenden Hypothesen umfasst. Hier ist also das *Erklären* zumindest das Fernziel, wofür in diesem Buch Voraussetzungen geschaffen werden sollen. Das kann der Praxis in zweierlei Hinsicht dienen: Zum einen kann man erklärende Hypothesen, wenn sie sich bewährt haben, praxeologisch übersetzen und in bedingte Handlungsregeln überführen; zum zweiten kann das Beschreibungsmodell als Ganzes die Grundlage für praktikable Simulationsmodelle bieten, die in Zukunft immer häufiger zur Planung und Entscheidung soziotechnischer Fragen herangezogen werden dürften.

Schliesslich geht es mir vor allem auch um eine im weitesten Sinn didaktische Zielsetzung, die ich zuvor bereits als technologische Aufklärung bezeichnet habe: Das Beschreibungsmodell der Technik soll eine ordnungs- und verständnisstiftende Situationscharakteristik liefern, die der individuellen und kollektiven Handlungsorientierung zu dienen vermag. Ich möchte erreichen, was man wohl als *Verstehen* bezeichnen muss, wenn denn „Verstehen" die „Zusammenschau einer Vielheit von Erscheinungen zu einer Einheit

---

[1] Mit dieser Formel hat bekanntlich A. Smith (1776, 371 u. passim) die Koordinationsprobleme der bürgerlichen Wirtschaftsgesellschaft zu lösen versucht.

Ansätze der Technikforschung

wie ihre Herauslösung aus tausend anderen Erscheinungen" bedeutet.[1] Nun ist es aber vor allem die Philosophie, die uns die „Schemata unserer Wirklichkeitsorientierung" an die Hand gibt, die „Orientierungsschemata darüber, was wir für wesentlich und was wir für unwesentlich halten, was überhaupt registriert werden kann und was, auf der anderen Seite, aus unserem Welt-Bild sozusagen herausfällt".[2] So ist dieses Buch auch ein Beitrag zur *Philosophie der Technik*.

1.2 Ansätze der Technikforschung

Die menschliche Lebenslage wird in weiten Teilen von der Technik geprägt. Umso erstaunlicher ist es, wie wenig allgemeine und grundsätzliche Technikforschung bis in die siebziger Jahre dieses Jahrhunderts betrieben wurde. Die vereinzelten Ansätze, die es gleichwohl zur Beschreibung, Erklärung und Deutung der Technik gegeben hat, verdienen einen rekapitulierenden Überblick,[3] zumal die neuere Technikforschung, die in den letzten zwanzig Jahren deutlich zugenommen hat, vielfach daran anknüpft. Auch kann diese Skizze einen ersten Eindruck von der Vielschichtigkeit der Technikproblematik vermitteln.

Als sich im Spätmittelalter und in der frühen Neuzeit die Bergwerks- und Mühlenbaukünste entwickelt und die Be- und Verarbeitungsverfahren gemehrt und differenziert hatten, begann man damit, diese Entwicklungen in Handwerksbeschreibungen zu dokumentieren. Dieser beschreibende Zugang zur Technik, in der berühmten *Encyclopédie* von Diderot und d'Alembert seit der Mitte des achtzehnten Jahrhunderts ausgiebig gepflegt, erreichte einen Höhepunkt in der *kameralistischen Technologie* von J. Beckmann, J. H. M. von Poppe und anderen. Beckmann war es, der mit seiner „Anleitung zur Technologie oder zur Kenntnis der Handwerke, Fabriken und Manufakturen" den Begriff *Technologie* – nach einer früheren kurzen Erwähnung durch den Philosophen Ch. Wolff – für eine „übergreifende, Wirtschaft, Gesellschaft und Technik verklammernde" Wissenschaft eingeführt hat.[4] Die kameralistischen Technologen arbeiteten vorwiegend erzählend und beschreibend, indem sie eigene Beobachtungen und fremde Berichte über handwerkstechnische Produktionsverfahren und Produkte sammelten und in

---

[1] Schieder 1968, 38.
[2] Lübbe 1973.
[3] Vgl. auch Lenk/Ropohl 1974; Rammert 1975; Ludwig 1976; Ropohl 1981; Loacker 1984; besonders instruktiv der Literaturführer von Sachsse 1974/76.
[4] Timm 1964, 63; Troitzsch/Wohlauf 1980, 45ff; Müller/Troitzsch 1992; Banse 1997; sowie die Quellen: Wolff 1740, 33; Beckmann 1777 und 1806.

ihren Veröffentlichungen aneinander reihten. Beckmann selbst allerdings hat mit seinem späteren „Entwurf der algemeinen Technologie" (sic!) einen weiter führenden Vorschlag gemacht, der noch heute aktuell ist, nämlich „die Gesamtheit der in den verschiedensten Gewerben vorkommenden einzelnen Verfahrensarten nach der Gleichheit oder Ähnlichkeit ihres Zweckes in Rubriken" zu ordnen, „deren jede eine Gruppe verwandter Bearbeitungsmittel darbietet, wobei die Art der Materialien, auf welche die Bearbeitung angewendet wird, nur eine Nebenrücksicht begründet".[1] Der generalistische und im Ansatz systematische Charakter des Beckmannschen Werkes hat mich dazu veranlasst, die *Allgemeine Technologie* als programmatische Bezeichnung für eine umfassende Technikforschung und -lehre wieder zu beleben und mit diesem Buch eine zeitgemässe Ausgestaltung jenes Programms vorzulegen.[2]

Die kameralistische Technologie ist auch insofern von Bedeutung, als sie einen zweiten wichtigen Ansatz, die *Marxsche Techniktheorie*, nachweislich beeinflusst hat.[3] Die Überlegungen, die K. Marx zur Technik anstellt, sind über zahlreiche Texte verstreut und erst durch die verdienstvolle Zusammenstellung von A. A. Kusin überschaubar geworden; sie sind ganz gewiss nur ein Element des Marxschen Werkes. Sie als Techniktheorie hier in den Mittelpunkt zu stellen, bedeutet natürlich nicht, die Verbindung mit seiner Geschichts- und Gesellschaftsphilosophie zu ignorieren, die auch nach dem Zusammenbruch des Pseudosozialismus weiterhin kritischer Würdigung bedarf. Doch da Marx von der Technikforschung kaum zur Kenntnis genommen worden ist, muss ich vor allem diesem Mangel abhelfen.

Marx gewinnt seine Techniktheorie aus der Analyse des Arbeits- und Produktionsprozesses. Er betrachtet die Maschinerie, die Inkarnation der modernen Technik, als ein zunehmend sich verselbständigendes Arbeitsmittel.[4] Da produktive Tätigkeit weithin als gesellschaftliche Arbeit auftritt, ist für Marx die Technik ein integraler Bestandteil sozialer Praxis. Als Prinzipien der Technisierung erkennt Marx die theoretische Analyse, die einen Arbeitsprozess in seine Elemente aufgliedert, und die nachfolgende praktische Synthese, die jene Elemente technisch verwirklicht und zum Produktionsprozess in mehr und mehr automatisierten Maschinensystemen integriert, die sich dann aus funktional differenzierten Komponenten zusammensetzen. Als Teil der Produktivkräfte hat die Technik in Wechselwirkung mit den Produktionsverhältnissen nach Marxens Ansicht erheblichen Einfluss auf den Gang der Geschichte.

[1] Karmarsch 1872, 866.
[2] So auch Wolffgramm 1978 und Hölzl 1984
[3] Vgl. Marx 1867, 510; Timm 1964, 60; Kusin 1970, 12; H.-P. Müller 1992.
[4] Das 13. Kapitel „Maschinerie und grosse Industrie" in Marx 1867, 391-530, ist immer noch eine empfehlenswerte Lektüre; vgl. auch Bohring 1967, 37ff, und Wollgast/Banse 1979, 9ff.

Die *traditionelle Technikphilosophie* hat eine Reihe teils gezielter, teils eher beiläufiger Versuche gemacht, die Technik mit etablierten philosophischen Denkmustern zu erfassen. Häufig werden einzelne Wesenszüge der Technik zum Ausgangspunkt beschränkter Sinndeutungen und wirklichkeitsfremder Seinsinterpretationen gemacht, um schliesslich zu einer verdinglichenden Wesensdefinition der Technik verselbständigt zu werden. Da gibt es Deutungen, welche die Technik aus menschlichem Ausbeutungs- und Machtstreben (O. Spengler), aus säkularisierter Erlösungssehnsucht (D. Brinkmann), aus der Widerspiegelung ewiger Ideen (F. Dessauer) oder gar aus einem übermächtigen Seinsgeschick (M. Heidegger) verstehen wollen. Realistischere Ansätze diskutieren den Mittelcharakter der Technik hinsichtlich ökonomischer und humaner Zwecke (F. von Gottl-Ottlilienfeld; J. Goldstein), betonen die kulturgeschichtliche Rolle der Technik in der Herausbildung lebensbereichernder Bedürfnisse (Ortega y Gasset), sehen in der Technik die Überwindung natürlicher Handlungsschranken und die Vergegenständlichung menschlicher Arbeit (A. Gehlen), oder sie beziehen sich auf die technische Anwendung von Naturgesetzen.[1]

Der zuletzt genannte Gesichtspunkt, der Zusammenhang zwischen Technik, Technikwissenschaften und Naturwissenschaften, wird von der *Wissenschaftstheorie der Technikwissenschaften* untersucht. Durch Analyse der Gegenstandsbereiche, der Zielsetzungen und der Methoden wird vor allem kritisch geprüft, ob die früher geläufige Auffassung zutrifft, die Technik auf angewandte Naturwissenschaft zu reduzieren. Im Gegenstandsbereich gibt es unverkennbare Überschneidungen, weil technische Gebilde und Verfahren ebenso sehr auf Naturgesetzen beruhen, wie naturwissenschaftliche Ergebnisse mit Hilfe technischer Experimentiergeräte gewonnen werden. Offensichtlich jedoch sind die Ziele von Naturwissenschaft und Technik verschieden; geht es der einen um reines Wissen, so interessiert sich die andere vorrangig für erfolgreiche Handlungsregeln und funktionierende Produkte. In methodischer Hinsicht gibt es zwischen Naturwissenschaften und Technikwissenschaften manche Übereinstimmungen, doch die Technik selbst als Erfindungs-, Konstruktions- und Gestaltungspraxis weist ganz andere Vorgehensweisen auf, die methodologisch erst in neuerer Zeit erforscht werden. Überdies sprechen zahlreiche geschichtliche und aktuelle Beispiele, in denen die naturwissenschaftlichen Erkenntnis der technischen Entwicklung nachhinkte, gegen die Vorstellung einer geradlinigen Anwendung.[2]

---

[1] Kritisch vor allem Lenk/Moser 1973; als Übersichten auch zur neueren Entwicklung Rapp 1990 und Huning 1999; als Quellen: Spengler 1931; Brinkmann 1946; Dessauer 1956; Heidegger 1962; Goldstein 1912; Gottl-Ottlilienfeld 1923; Ortega y Gasset 1949; Gehlen 1957.

[2] Rapp 1974; Rumpf 1981; Banse/Wendt 1986; Jobst 1995; König 1995.

Zur *Sozialphilosophie der Technik* sind Ansätze zu rechnen, die globale Deutungen des gesellschaftlichen Gesamtzustandes unter den Bedingungen der Technisierung vorlegen. Neben der marxistischen Konzeption der „wissenschaftlich-technischen Revolution", welche die Marxsche Dialektik von Produktivkräften und Produktionsverhältnissen auf die neuen Technisierungstendenzen anwendet,[1] hat besonders die Kontroverse zwischen der bereits erwähnten Technokratiethese und der Kritischen Theorie der Frankfurter Schule sozialphilosophische Grundpositionen präzisiert. H. Freyer, A. Gehlen und H. Schelsky auf der einen und H. Marcuse und J. Habermas auf der anderen Seite waren sich in der Auffassung einig, dass die Technik mit der ihr eigenen Zweckrationalität als bestimmender Faktor gegenwärtiger Gesellschaftsverfassung die autonome Souveränität und Spontaneität menschlicher Selbstverwirklichung in Frage stellt. Während aber die Technokraten dieser Entwicklung eine anthropologische Schicksalhaftigkeit zusprachen, machte die Kritische Theorie für den „repressiven" und „inhumanen" Charakter der Technik die bestehenden Herrschaftsverhältnisse verantwortlich und rechnete mit der Möglichkeit, durch radikale Veränderung der Gesellschaft die Technik in ein Werkzeug fortschreitender Emanzipation zu verwandeln. Solche Thesen, die in eigenartiger Mischung die Technik zugleich diskriminieren und überschätzen, scheinen mir zu pauschal geraten zu sein. Immerhin jedoch betonen sie zu Recht die sozialen Implikationen der Technik und bereichern die Technikforschung nicht nur um provozierende Fragestellungen, sondern in ihren Begründungsversuchen auch um manche beachtenswerte Detailanalyse.[2]

Die neuere Allgemeine Soziologie hat der Technik wenig Beachtung geschenkt; eine Ausnahme bildet die Theorie des sozialen Wandels von W. F. Ogburn, die schon in den 1930er Jahren eine fruchtbare Technikfolgenforschung angeleitet hat. Die vorherrschenden soziologischen Systemtheorien dagegen tun sich schwer, gemachte Sachen in ihrer gesellschaftlichen Bedeutung zu erfassen und verharren bislang in einer regelrechten „Sachblindheit".[3] Dagegen haben sich gewisse *spezielle Soziologien* mit der Technik recht ausführlich befasst. Da ist zunächst die Arbeits- und Industriesoziologie zu nennen, die den gesellschaftlichen Charakter industrieller Arbeit nicht angemessen analysieren kann, ohne die Arbeitsmittel als Manifestation der Technik ausdrücklich zu berücksichtigen. Dazu gehört vor allem

---

[1] Erfreulich undogmatisch vor allem Richta 1968, ein Buch, das mit dem „Prager Frühling" und seinem Programm eines demokratischen Sozialismus der sowjetischen Unterdrückung zum Opfer gefallen ist.

[2] Zur Übersicht Glaser 1972; als Quellen: Freyer 1955; Gehlen 1957; Schelsky 1961; Marcuse 1964; Habermas 1968.

[3] Linde 1972, bes. 34; vgl. auch Joerges 1996; zur Theorie des sozialen Wandels Ogburn 1964.

Ansätze der Technikforschung

auch der Einfluss der Technisierung auf die Beschäftigung, die Qualifikation und die soziale Situation der Arbeitenden. Die Soziologie des Ingenieurberufs befasst sich mit der beruflichen und sozialen Lage der „technischen Intelligenz", derjenigen Kategorie von Arbeitskräften, welche die konzeptionellen Phasen der technischen Entwicklung bestreiten und leitend und kontrollierend an deren Realisation beteiligt sind. Eine Soziologie der Erfindung geht den gesellschaftlichen Ursachen der technischen Kreativität nach und findet heute ihre Fortsetzung in der Innovations- und Technikgeneseforschung. Nach dem programmatischen Entwurf von H. Linde hat sich in den letzten zwanzig Jahren eine eigene Techniksoziologie entwickelt;[1] deren Erträge freilich leiden darunter, dass manche Autoren die erwähnte Sachblindheit nicht zu überwinden vermögen, weil sie an ungeeigneten soziologischen Kategorien festhalten.

Arbeitssoziologische Erkenntnisse spielen seit einiger Zeit auch in der *Arbeitswissenschaft* eine zunehmende Rolle, seit diese sich ausdrücklich der Humanisierung des Arbeitslebens zuwendet. Auch jene Strömungen der Arbeitswissenschaft, die vor allem die menschliche Arbeitsleistung zu maximieren strebten, haben in arbeitsmedizinischen, arbeitspsychologischen und arbeitstechnologischen Untersuchungen wichtige Ergebnisse zum Verhältnis zwischen Mensch und Maschine vorgelegt. Eine interdisziplinäre Arbeitswissenschaft fasst darüber hinaus die soziotechnische Optimierung von Arbeitssystemen ins Auge, die eher die technischen Arbeitsmittel und Organisationsformen den physischen und psychosozialen Bedürfnissen der Menschen anpasst, statt die Menschen scheinbaren technisch-organisatorischen Zwängen zu unterwerfen. In diesem Zusammenhang ist die Konzeption des soziotechnischen Systems entstanden, die ich in diesem Buch entfalten werde.[2]

Eine gewisse Tradition in der Technikforschung hat die *Technikgeschichte*, die allerdings lange Zeit vor allem personen- und ereignisorientierte Historiographie betrieben und sich auf eine individualisierende Geschichte der Erfinder und Erfindungen beschränkt hat, ohne diese in einen umfassenden wirtschafts- und sozialgeschichtlichen Rahmen zu stellen. Erst eine „moderne Technikgeschichte" ist seit kurzem auf dem Wege zu einer „Strukturgeschichte" der Technik, die historische und systematische Technikforschung zusammenführt. Dadurch können aktuelle Fragen nach den Bedingungen, den

---

[1] Als Überblick: Korte/Schäfers 1993, 99ff, 119ff und 167ff. Quellen zur Industriesoziologie z. B.: Popitz/Bahrdt/Jüres/Kesting 1957; Dahrendorf 1965; Kern/Schumann 1970 und 1984. Zur Ingenieursoziologie: Hortleder 1970; Laatz 1979; Mai 1989; Ekardt u. a. 1992. Zur Technikgenese: Gilfillan 1935; MacKenzie/Wajcman 1985; Bijker/Hughes/Pinch 1987; Fleischmann/Esser 1989; Weingart 1989; Dierkes/Hoffmann 1992; Huisinga 1996. Zur Techniksoziologie z. B.: Jokisch 1982; Rammert 1993; Technik und Gesellschaft 1982ff, bes. auch 1995; Halfmann 1996.
[2] Fürstenberg 1975; Georg/Kissler/Sattel 1985; Kahsnitz/Ropohl/Schmid 1997.

Folgen und der Bewertung der Technisierung mit geschichtlichen Abläufen verglichen und theoretisch reflektiert werden.[1]
So will die Technikgeschichte ihren eigenen Beitrag zu den *Theorien des technischen Fortschritts* leisten, die sonst vor allem in den Wirtschaftswissenschaften und neuerdings auch in der Techniksoziologie konzipiert werden. Eine umfassende Theorie der technischen Entwicklung, die „eine Erklärung der Entstehung, der Ausbreitung und der Wirkungen von gegenwärtigen oder bereits historischen technischen Fortschritten ermöglichen" würde, steht bis heute aus.[2] In den Wirtschaftswissenschaften begnügt man sich häufig damit, den „technischen Fortschritt" als Residualgrösse in makroökonomischen Produktionsfunktionen zu bestimmen und somit weder seine Ursprünge noch seine genuine Qualität erfassen zu können. Gegenwärtig wächst daher die Tendenz zu interdisziplinären Ansätzen im Rahmen der sogenannten Innovationsforschung. Grundsätzlich kann man zwischen partiellen und globalen Analysen unterscheiden. Während sich die ersteren mit dem Werdegang einzelner technischer Neuerungen beschäftigen, haben letztere die technische Gesamtentwicklung zum Gegenstand. Dabei sind vier konkurrierende Lösungskonzepte zu erkennen: Man konzentriert sich (a) auf die Erscheinungen des technischen Fortschritts selbst; man versteht (b) die technische Entwicklung als unabhängige Variable und damit als nicht hinterfragbare Ursache sozioökonomischen Wandels; man betont (c) umgekehrt die Abhängigkeit der Technisierung von aussertechnischen, ökonomischen oder psychosozialen Einflussfaktoren; oder man verknüpft (d) das zweite und dritte Konzept zu einem Wechselwirkungsmodell, das entweder offen lässt, wann welche Einflussrichtung in Kraft tritt, oder doch wieder auf die Dominanz eines Faktors verfällt.
Es mag verwundert haben, dass ich hier ständig von Technikforschung spreche, jedoch diejenigen Disziplinen bisher kaum erwähnt habe, die sich ausdrücklich der technikwissenschaftlichen Forschung und Lehre widmen: das Bauingenieurwesen, den Maschinenbau, die Elektrotechnik und andere Ingenieurwissenschaften. Diese Technikwissenschaften konzentrieren sich jedoch in der Regel zu sehr auf spezielle technische Gebilde, als dass sie in der Lage wären, die Grenzen ihres Bereichs zu überschreiten und allgemeine Fragen der Technik ins Auge zu fassen. Auch sind sie zu sehr an den Naturwissenschaften und kaum an den Sozialwissenschaften orientiert, von der Philosophie ganz zu schweigen; so fehlt ihnen der Zugang zu einem ange-

---

[1] Hausen/Rürup 1975; Troitzsch/Wohlauf 1980; König 1990ff.
[2] Pfeiffer 1971, 20; zur Bestätigung Huisinga 1996, der immerhin einen Mangel behoben hat, den ich in der 1. Auflage noch feststellen musste, indem er die bestehenden Forschungsansätze systematisch dargestellt hat; zur ökonomischen Innovationsforschung Grupp 1997.

Ansätze der Technikforschung 27

messenen Gesamtbild der Technik. Wohl haben sich einzelne Ingenieurwissenschaftler hin und wieder mit Grundfragen der Technik befasst, und manche Selbstzeugnisse von Erfindern und Ingenieuren sind für die Technikforschung gewiss aufschlussreich.[1] Gelegentlich sind Generalisierungsversuche mit untauglichen Mitteln unternommen worden, wobei etwa das Vorhaben von F. Reuleaux, eine „Theorie des Maschinenwesens" allein mit Mitteln der Kinematik, der physikalischen Lehre von den Bewegungsformen, aufzubauen, als historisch besonders interessanter Irrweg gelten kann.[2] Inzwischen jedoch sind einige neue technologische Verallgemeinerungsansätze entstanden, die geradezu einen Paradigmenwechsel in den Technikwissenschaften anzukündigen scheinen.[3]

Da ist zunächst die *Konstruktionswissenschaft* zu nennen. Das technische Konstruieren als geistige Antizipation künftiger Lösungsgestalten wurde früher weitgehend intuitiv betrieben. Demgegenüber versucht die Konstruktionswissenschaft, die Kunst des Konstruierens in objektivierte Prozeduren zu überführen und damit der intersubjektiven Kommunikation, nicht zuletzt auch der Lehre, zugänglicher zu machen. So entsteht hier eine Methodenlehre technischen Gestaltens, die ein klareres Verständnis und eine bessere Beherrschung konstruktiver Entwicklungs- und Entwurfstätigkeit ermöglicht und auch der Wissenschaftstheorie der Technik zusätzliche Einsichten vermitteln kann. Da die neuen Konstruktionsmethoden nicht auf die erstbeste Lösung, sondern auf eine Menge alternativer Lösungsmöglichkeiten gerichtet sind, stellen sich nun auch ausdrücklich Bewertungs- und Auswahlprobleme, die zur Auseinandersetzung mit konkurrierenden Zielen und Werten zwingen. Schliesslich hat man in dem Bemühen, konstruktive Aufgaben zunächst unabhängig von sachtechnischen Ausführungsformen zu stellen, die Zweckmässigkeit abstrakter systemtheoretischer Beschreibungsmodelle erkannt, eiher Darstellungsmethode, von der ich auch in diesem Buch Gebrauch machen werde.[4]

Auch die *Systemtechnik* bietet neue Denkmodelle, Arbeitsmethoden und Organisationsformen für das technische Handeln an, die sich allerdings nicht so sehr auf einzelne technische Gebilde, sondern vielmehr auf komplexe technische Grosssysteme in ihren ökotechnischen und soziotechnischen Zusammenhängen beziehen. Neben ihren Leistungen für die Planungs-, Gestaltungs- und Betriebspraxis liegt das Besondere der Systemtechnik in ihrem neuen Denkstil, technische Einzelerscheinungen in ihrem umfassenden Kon-

---

[1] Sachsse 1974, 56ff; Mutschler/Ropohl/Trömel 1997.
[2] Reuleaux 1875.
[3] Vgl. mein Buch von 1998, das die im Folgenden erwähnten Ansätze und deren Herkunft ausführlich vorstellt.
[4] Zusammenfassend J. Müller 1990; Hubka/Eder 1992.

text zu sehen. Dieser Denkstil wurzelt in der Kybernetik und der Allgemeinen Systemtheorie und eröffnet den generalistischen und interdisziplinären Zugang zu den komplexen Wechselbeziehungen zwischen Technik, Umwelt und Gesellschaft. Die Systemtechnik unterstellt zu Recht, dass die sachtechnischen Gebilde grundsätzlich in natürliche und gesellschaftliche Systemumgebungen eingebettet sind; so erweitert sie ihre Systemmodelle um ökologische und sozialwissenschaftliche Perspektiven. Folgerichtig vertieft und erweitert die Systemtechnik die Reflexion ihrer Projektziele, geht über sachtechnische und betriebswirtschaftliche Zielsetzungen hinaus und berücksichtigt auch volkswirtschaftliche, gesellschaftliche und politische Zielperspektiven.[1]

Schliesslich sind noch die *technische Prognostik* sowie die *Technikfolgenabschätzung* oder *Technikbewertung* zu nennen, die aus den Informations- und Gestaltungsbedürfnissen staatlicher und industrieller Forschungs- und Entwicklungsplanung hervorgegangen sind und eine zielbewusste Steuerung der technischen Entwicklung ermöglichen sollen. Die vorgeschlagenen Analyse-, Prognose- und Bewertungsmethoden bergen zahlreiche ungelöste Probleme in sich. Vor allem sind sich Vertreter dieser Gebiete nur selten darüber im Klaren, dass eine interdisziplinäre Technikforschung, die bewährte Erkenntnisse über die Bedingungen und Folgen der Technisierung bereit zu stellen hätte, bislang erst am Anfang steht. Darum fehlt es vielfach noch an dem erforderlichen Wissen, das man der Vorausschau und Beeinflussung der technischen Entwicklung zu Grunde legen müsste. Wie die dafür notwendige Zusammenarbeit von Staat, Wissenschaft und Wirtschaft aussehen könnte, ist ebenfalls noch wenig geklärt und wird zwischen den verschiedenen ordnungspolitischen Auffassungen kontrovers diskutiert. Gleichwohl bringen diese Ansätze doch den Technikwissenschaften mit Nachdruck die Geschichtlichkeit, Gestaltungsoffenheit und Wertgebundenheit der technischen Entwicklung zu Bewusstsein.[2]

Dieser Überblick über vorliegende Ansätze der Technikforschung ist gewiss nicht vollständig und sollte auch nicht zu einem Namenregister entarten. Die Einteilung dieses Abschnitts, die sich an Publikationsschwerpunkten orientiert und zu manchen Überschneidungen geführt hat, darf darum auch nicht überbewertet werden. Im folgenden Abschnitt werde ich ohnehin den Versuch unternehmen, das Material nach systematischen Gesichtspunkten neu zu ordnen.

---

[1] Als Überblick mein Buch von 1975 sowie inzwischen Daenzer/Huber 1992.
[2] Als Überblick mein Buch von 1996; ferner Westphalen 1997.

1.3 Dimensionen der Technik

1.3.1 Technikbegriff

Bislang habe ich den Technikbegriff undefiniert verwendet, und ich will auch weiterhin nicht versuchen, in einer Realdefinition sozusagen das „Wesen der Technik" festzulegen. Überdies ist die Sprachgeschichte dieses Ausdrucks zu facettenreich, als dass man annehmen dürfte, jede Verwendung des Wortes „Technik" betreffe ein und denselben Gegenstandstyp.[1] H. Lenk meint darum, „Technik" sei „ein begriffliches Orientierungskonstrukt eigener Vieldeutigkeit, das nicht im Sinne eines Gattungsbegriffs Elemente umfasst, die durch einen gemeinsamen Wesenszug gekennzeichnet wären".[2] Andererseits verbindet sich mit dem Wort „Technik" heute regelmässig und im Durchschnitt jenes Vorverständnis, das ich mit den ersten Abschnitten geweckt habe. Darum will ich versuchen, dieses Vorverständnis des Wortes auf den Begriff zu bringen, indem ich nach bestimmten gemeinsamen Merkmalen suche, die eben doch eine halbwegs abgrenzbare Klasse von Erscheinungen charakterisieren. Die Verschiedenartigkeit der Bäume darf nicht davon abhalten, über den Wald zu sprechen und diesen von Feld und Wiese zu unterscheiden.

Da freilich – um im Bild zu bleiben – nicht nur der Wald, sondern auch Feld und Wiese im Fall der „Technik" mit demselben Wort belegt werden, muss ich, wenn ich doch einen Gattungsbegriff rekonstruieren will, verschiedene sprachliche Verwendungsarten dieses Ausdrucks unterscheiden und dann eine zweckmässig begründete Auswahl treffen. So gibt es einen *weiten Technikbegriff*, der jede Art von kunstfertiger Verfahrensroutine in beliebigen menschlichen Handlungsfeldern umfasst. Dieser weite Technikbegriff ist nicht nur in der Umgangssprache anzutreffen, sondern auch in den Sozialwissenschaften, in denen offenbar immer noch eine Definition von M. Weber nachwirkt: „Technik eines Handelns bedeutet uns den Inbegriff der verwendeten Mittel desselben im Gegensatz zu jenem Sinn oder Zweck, an dem es letztlich orientiert ist, 'rationale' Technik eine Verwendung von Mitteln, welche bewusst und planvoll orientiert ist an Erfahrungen und Nachdenken, im Höchstfall der Rationalität: an wissenschaftlichem Denken. Was in concreto als 'Technik' gilt, ist also flüssig", und Weber gibt dann eine lange Aufzählung, die von der „Gebetstechnik" bis zur „erotischen Technik" reicht.[3] Ähnlich definiert Gottl-Ottlilienfeld „die Technik im allgemeinen" als „Kunst des rechten Weges zum Zweck" und als das „Ganze der Verfahren und Hilfsmittel

---

[1] Zur Wortgeschichte Seibicke 1968.
[2] Lenk in Lenk/Moser 1973, 210.
[3] Weber 1921, 32. Die Begriffsanalyse habe ich gegenüber der 1. Auflage erweitert, da ich immer wieder auf Missverständnisse gestossen bin.

des Handelns", und für verschiedene Bereiche menschlicher Tätigkeit unterscheidet er „Individualtechnik" (z. B. Technik der Leibesübungen), „Sozialtechnik" (z. B. Technik des Regierens) und „Intellektualtechnik" (z. B. Technik des Kopfrechnens).[1]

In den Technikwissenschaften und in der öffentlichen Diskussion dagegen herrscht ein *enger Technikbegriff* vor, der allein die gegenständliche Welt der Maschinen und Apparate meint; nicht menschliches Handeln mit zweckmässigen Mitteln steht im Vordergund, sondern das künstlich gemachte Gebilde, das Artefakt. Technik ist dann „reales Sein" aus „naturgegebenen Beständen", während „das an der Person haftende Können" nicht dazu gehört, weil es „mit dem Träger verschwindet".[2] Während der weite Technikbegriff jede Art von menschlichem Handeln betreffen kann, schliesst der enge Technikbegriff das Handeln ausdrücklich aus seinem Umfang aus. Beide Technikbegriffe scheinen mir für ein angemessenes Technikverständnis unzweckmässig: der erstere, weil er alle menschliche Praxis ins Spiel brächte und keinen überschaubaren Teilbereich abgrenzen würde; und der letztere, weil dann die gemachten Sachen als eine vom Menschen abgelöste Eigenwelt erscheinen würden – ein Missverständnis, dem anscheinend viele Ingenieure erliegen.

Gottl-Ottlilienfeld freilich hat, neben der „Technik im allgemeinen", auch eine „Technik im besonderen" definiert, in der er den „Inbegriff von Technik" sieht und die er, im Unterschied zu den drei anderen oben genannten Arten, als „Realtechnik" bezeichnet, als das „Ganze der Verfahren und Hilfsmittel des naturbeherrschenden Handelns". Beachtet man zusätzlich Gottls Hinweis, „dass selbst in diese Kernpartie aller Technik auch viel Individual- und Sozialtechnisches einschlägt", so ergibt sich ein *mittlerer Technikbegriff*, der künstlich gemachte Gegenstände und menschliches Handeln umfasst, aber nur solches Handeln, das es mit Artefakten zu tun hat. Ergänzend hat K. Tuchel herausgearbeitet, das technisches Handeln in zwei typischen Formen vorkommt: als Herstellung von Artefakten und als deren Gebrauch.[3]

So schlage ich vor, immer dann, und nur dann, von „Technik" zu sprechen, wenn Gegenstände von Menschen künstlich gemacht und für bestimmte Zwecke verwendet werden: wenn ein Stein mit einer scharfkantigen Schneide versehen und dadurch zu einem Faustkeil gemacht wird, der als Werkzeug dient; wenn Fasern versponnen, gewebt und zu Kleidungstücken verarbeitet werden, die von den Menschen als Witterungsschutz oder als sozia-

---

[1] Gottl-Ottlilienfeld 1923, 7ff.
[2] Dessauer 1956, 234f.
[3] Tuchel 1967, 23ff, bes. 31. Dem Sinn nach, wenn auch nicht als Benennung, findet man diesen mittleren Technikbegriff schon bei Marx 1867, 192ff; vgl. meine Besprechung in Huning 1999.

les Identifikationsmerkmal genutzt werden; wenn aus verschiedenen Baumaterialien ein Kraftwerk erstellt wird, das den Menschen elektrische Energie für die Verwendung anderer technischer Gebilde bereit stellt. Technik umfasst (a) die Menge der nutzenorientierten, künstlichen, gegenständlichen Gebilde (Artefakte oder Sachsysteme), (b) die Menge menschlicher Handlungen und Einrichtungen, in denen Sachsysteme entstehen und (c) die Menge menschlicher Handlungen, in denen Sachsysteme verwendet werden.[1]

Diese Begriffsbestimmung ist natürlich nur eine Sprachverwendungsregel, die das Beschreibungsmodell, das ich im Folgenden entwickeln will, weder vorwegnehmen noch ersetzen soll. Auch will und kann ich den weiten Technikbegriff der Sozialwissenschaften damit nicht ausser Kraft setzen. Aber ich empfehle dringend, jenen sachfreien und meinen sachbezogenen Technikbegriff sorgfältig auseinander zu halten. Wenn beispielsweise zweckrationale gesellschaftspolitische Strategien vorgeschlagen werden, um Probleme der Sachtechnik zu bewältigen, wäre es irreführend, dies als einen „Technizismus" zu kritisieren, der technische Probleme mit technischen Mitteln lösen wolle. Wer diese Begriffsanalyse verstanden hat, kann dann nur noch die Frage erörtern, in wie weit *sachtechnische* Probleme mit *sozialtechnischen* Mitteln angegangen werden können; diese Frage enthält also zwei verschiedene Technikbegriffe. Meinerseits ziele ich mit technologischer Aufklärung übrigens nicht nur auf sozialtechnische Zweckrationalität, sondern vor allem auch auf reflexive Vernunft.

Schliesslich muss ich noch den Begriff der Technologie erläutern, der häufig mit den Technikbegriffen verwechselt wird. Im politischen und journalistischen Sprachgebrauch ist gegenwärtig – offenbar unter dem Einfluss des angloamerikanischen Wortes „technology" – häufig von „Technologie" die Rede, wenn eigentlich die „Technik" (im engen oder mittleren Sinn) gemeint ist. Auch neuere Differenzierungsversuche, mit „Technologie" auf den wissenschaftlichen oder den gesellschaftlichen Charakter der modernen Technik abheben zu wollen, treffen nicht den Kern den Begriffs. Aus sprachlogischen wie aus wissenschaftsgeschichtlichen Gründen scheint es mir zwingend, an die terminologische Grundlegung im achtzehnten Jahrhundert anzuknüpfen: „Technologie ist die Wissenschaft, welche die Verarbeitung der Naturalien, oder die Kenntnis der Handwerke" sowie der Fabriken und Manufakturen „lehrt".[2] So definiere ich die *Technologie* als die Wissenschaft von der Technik. Während *Technik* den oben bestimmten Bereich der konkreten Er-

---

[1] Diese Begriffsbestimmung habe ich gegenüber der 1. Auflage präzisiert; sie ist in dierser Form auch in die Richtlinie VDI 3780, 2, sowie in die 19. und 20. Auflage der Brockhaus Enzyklopädie (zuletzt 1998, Bd. 21, 599-601) übernommen worden. Zum Begriff des Sachsystems vgl. unten Abschnitt 3.4.

[2] Beckmann 1777, 17; unsere Bezeichnung „Technik" war damals noch nicht geläufig.

fahrungswirklichkeit bezeichnet, meint *Technologie* die Menge wissenschaftlich systematisierter Aussagen über jenen Wirklichkeitsbereich. Sprachphilosophisch formuliert, ist „Technik" ein objektsprachlicher, „Technologie" dagegen ein metasprachlicher Ausdruck. Die verschiedenen Technikwissenschaften, wie sie heute an den Hochschulen betrieben werden, können dann als *spezielle Technologien* bezeichnet werden. Dagegen ist die *Allgemeine Technologie* eine generalistisch-interdisziplinäre Technikforschung und Techniklehre; sie ist die Wissenschaft von den allgemeinen Funktions- und Strukturprinzipien technischer Sachsysteme und ihrer soziokulturellen Entstehungs- und Verwendungszusammenhänge.

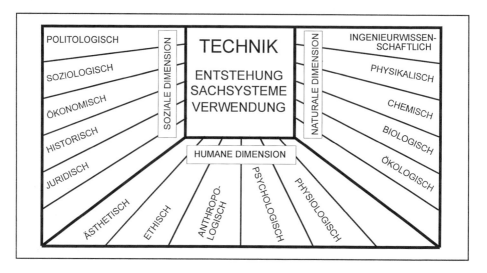

Bild 1   Dimensionen und Erkenntnisperspektiven der Technik

Nun sagen die vorliegenden Ansätze zur Technikforschung, über die ich im letzten Abschnitt berichtet hatte, sehr viel mehr über die Technik, als in der vorgeschlagenen Umfangsdefinition zum Ausdruck kommt. Analysiert man jedoch die Definitionsmerkmale, so erschliessen sie drei Dimensionen der Technik, die jeweils aus verschiedenen Erkenntnisperspektiven betrachtet werden können. Diese Dimensionen und Perspektiven sind in *Bild 1* zu erkennen und werden in den folgenden Abschnitten besprochen. Beiläufig muss ich erwähnen, dass man im Zentrum dieses Bildes statt der Technik auch die Arbeit eintragen könnte und dann eine Systematik arbeitswissenschaftlicher Fragen erhalten würde. Diese formale Ähnlichkeit verweist auf den substanziellen Befund späterer Abschnitte, dass Technik- und Arbeitsbegriff auf das Engste miteinander verschränkt sind.

1.3.2 Naturale Dimension

Die naturale Dimension der Technik besteht darin, dass die Sachen der Technik, die Artefakte, aus natürlichen Beständen gemacht sind und, als dingliche Gegebenheiten im Raum und Zeit existent, wie die Naturdinge den Naturgesetzen unterliegen. Diese Kennzeichnung gilt allerdings nur in einem sehr prinzipiellen Sinn. Die moderne Technik arbeitet mit Materialien wie z. B. den sogenannten Kunststoffen, die in der unberührten Natur gar nicht vorkommen, und sie bedient sich mancher Effekte, die ebenfalls in der vorgefundenen Natur nicht zu beobachten sind; man denke etwa an das Rotationsprinzip des Rades. Nichts desto weniger lassen sich auch derartige Künstlichkeiten auf elementare Bausteine oder Grundgesetze zurückführen, welche die technischen Artefakte mit natürlichen Objekten gemeinsam haben.

So sind es verständlicherweise die *naturwissenschaftlichen* Perspektiven (Physik, Chemie, Biologie), denen man immer wieder einen besonderen Erklärungswert für technische Phänomene beimisst. Aus diesen Perspektiven stammt die Behauptung, die Technik sei nichts anderes als angewandte Naturwissenschaft, und daher rührt auch das didaktische Argument, die Technik bedürfe keines eigenen Schulfachs, da sie vom naturwissenschaftlichen Unterricht abgedeckt werden könne. Tatsächlich jedoch betreffen die Naturwissenschaften lediglich einzelne Perspektiven der Technik. Gewiss können die Wirkungsbedingungen und -abläufe technischer Gebilde nur unter Rückgriff auf naturwissenschaftliche Theorien erklärt werden. Elektromotoren z. B. finden ihre Erklärung in den Gesetzen der Elektrizitätstheorie, Verbrennungsmotoren beruhen auf den Prinzipien der Thermodynamik, die Benzinherstellung folgt den Gesetzmässigkeiten der organischen Chemie, und manche Abwasserkläranlagen bedienen sich biologischer Erkenntnisse. Tatsächlich also sind die naturwissenschaftlichen Perspektiven mit ihrem Rückgriff auf physikalische, chemische und biologische Theorien unerlässlich, wenn man wissen will, warum die Wirkung eines technischen Artefakts überhaupt zustandekommt.

So sehr in der Technik die Naturwissenschaften betont werden, so wenig hat man in der Vergangenheit die Ökologie beachtet, die ja auch eine Naturwissenschaft ist und die Wechselwirkungen zwischen den Lebewesen und ihrer Umwelt untersucht. Erst seit etwa drei Jahrzehnten beginnt man in der Technologie dem Umstand Rechnung zu tragen, dass die technischen Sachen die natürliche Umwelt ausserordentlich verändern und beeinträchtigen. Für die Herstellung der technischen Gebilde werden in Form von Rohmaterial und Primärenergie natürliche Ressourcen verbraucht. Während der Verwendung beanspruchen sie häufig weitere Energie und belasten das

Ökosystem mit Abwärme-, Schadstoff- und Geräuschemissionen. Am Ende ihrer Lebensdauer werden sie selbst zum unnützen Rückstand, der die Schrott- und Müllhalden füllt. Wenn aber der Biotop zum Technotop geworden ist, muss das technische Handeln der Stabilisierung des Ökosystems grösste Aufmerksamkeit schenken. Dazu gehört: (a) Art und Ausmass der technischen Umweltveränderungen sorgfältig zu diagnostizieren; (b) deren Einfluss auf das ökologische Gleichgewicht zu analysieren; (c) gefährlichen Störungen des Gleichgewichts entgegenzuwirken; sowie (d) Erzeugung und Gebrauch technischer Gebilde so einzurichten, dass ökologische Störungen so weit wie möglich vermieden werden. Die Probleme des Umweltschutzes habe ich eingangs als Beispiel dafür genannt, dass die Technik von den Menschen noch nicht beherrscht wird. Weithin werden diese Probleme inzwischen anerkannt, doch kuriert man gegenwärtig noch zu oft an den Symptomen, statt die Ursachen zu bekämpfen. Letzten Endes ist es vernünftiger, unerwünschte Nebenwirkungen gar nicht erst entstehen zu lassen, als sie mit grossem Aufwand nachträglich zu bekämpfen. Diese Idee des integrierten Umweltschutzes wird noch erheblicher Anstrengungen bedürfen, bis sie sich durchgängig in umweltgerechter Technik verwirklichen wird.

Auf diese Weise wird dann auch die ökologische Perspektive systematisch mit der *ingenieurwissenschaftlichen* Perspektive zu verknüpfen sein.[1] Diese verfolgt mit ihrer Theorienbildung vorrangig zwei Ziele: (a) das Verhalten eines geplanten technischen Gebildes vorauszusagen und (b) für das angestrebte Verhalten den Aufbau des technischen Gebildes derart vorauszubestimmen, dass der gewünschte Effekt zuverlässig erreicht wird. Auch die empirische und theoretische Analyse bereits ausgeführter technischer Gebilde steht regelmässig im Dienst jener Gestaltungsziele. Es kommt vor, dass zu diesen Zwecken bekannte naturwissenschaftliche Gesetze in Handlungsregeln umformuliert und dann regelrecht angewandt werden. Häufiger jedoch entwickeln die Ingenieurwissenschaften eigenständige Theorien, für die es in den Naturwissenschaften kein Vorbild gibt; ein Beispiel dafür ist die Regelungstheorie, die zunächst für technische Einrichtungen wie den Watt'schen Fliehkraftregulator entwickelt wurde und erst Jahrzehnte später nach beträchtlicher Verallgemeinerung von der Naturwissenschaft Biologie übernommen wurde. Ferner besteht ein spezifisch ingenieurwissenschaftliches Problem darin, verschiedenartige Naturgesetzlichkeiten theoretisch miteinander zu verbinden, weil sie in einem technischen Gebilde auch real zusammenwirken. Der Verbrennungsmotor beispielsweise beruht nicht nur auf den Gesetzen der Thermodynamik, sondern nutzt auch Erkenntnisse aus der

---

[1] Die traditionelle Bezeichnung *Ingenieurwissenschaften* wird allmählich von der sinnvolleren Bezeichnung *Technikwissenschaften* abgelöst; vgl. mein Buch von 1998.

Chemie der Kraftstoffe, der Strömungsmechanik der Gase, der Dynamik des Kurbeltriebs und andere, die erst in ihrer Verknüpfung eine Optimierung des Aggregats möglich machen. Andererseits kann auch ein und derselbe naturale Effekt in verschiedenartigen Lösungsprinzipien genutzt werden, die dann in vergleichenden Analysen in Hinblick auf ihre Einsatzmöglichkeiten untersucht und beurteilt werden müssen. Bei alledem sind die Grenzen zwischen strenger Wissenschaft und praktischer Kunstlehre fliessend. Erfahrungsregeln der Technik müssten sich wohl im Prinzip ingenieur- und naturwissenschaftlich begründen lassen, doch werden sie meist nur dann theoretisch problematisiert, wenn sie sich in der technischen Praxis einmal nicht bewähren. So ist technologisches Wissen nicht einfach angewandte Naturwissenschaft, sondern entsteht vielmehr aus der anwendungsorientierten Transformation naturwissenschaftlicher Wissenselemente in Verbindung mit erfahrungsgeleiteten praktischen Regeln.[1]

1.3.3 Humane Dimension

Grundsätzlich sind es die Menschen, die technische Artefakte verfertigen und für ihre Zwecke verwenden. Die Technik ist „nicht als gegebene Welt verständlich", sondern nur „als gemachte Welt". Alles Gemachte aber hat seinen Urheber, der es gemacht hat, und seinen Adressaten, für den es gemacht wird. Es ist die humane Dimension, in der sich der „Horizont des Gemachten" öffnet.[2] Darum wäre ein Technikverständnis, das sich, wie in den Natur- und Ingenieurwissenschaften, auf die naturale Dimension beschränkt, völlig unzureichend.

Grundlegende Zusammenhänge zwischen der Existenzweise des Menschen und jener künstlichen Welt, mit der er sich umgeben hat, lassen sich in der *anthropologischen* Erkenntnisperspektive bestimmen. Die Technik erscheint dann als Ergebnis wie als Mittel der Arbeit. „Die Arbeit ist", sagt K. Marx, „ein Prozess zwischen Mensch und Natur, ein Prozess, worin der Mensch seinen Stoffwechsel mit der Natur durch seine eigne Tat vermittelt, regelt und kontrolliert". Marx hat mit seinem Arbeitsbegriff vor allem die Produktion notwendiger Güter im Auge gehabt: „Von allen Waren sind eigentliche Luxuswaren die unbedeutendsten für die technologische Vergleichung verschiedner Produktionsepochen". Für die moderne Industriegesellschaft trifft diese Bemerkung offensichtlich nicht mehr zu. Der Mensch ist nicht mehr nur das „toolmaking animal", das Werkzeuge herstellende Lebewesen;[3] er ist

---

[1] Vgl. auch die Literatur in Anmerkung 2 auf S. 23.
[2] Beide Zitate bei Bense 1965, 28.
[3] Damit zitiert Marx (1867, 194) den amerikanischen Naturwissenschaftler und Politiker B. Franklin; im selben Abschnitt auch die anderen Marx-Zitate. Zum Arbeitsbegriff vgl. meinen Sammelband von 1985, passim, und Kahsnitz/Ropohl/Schmid 1997, bes. 19ff.

heute auch das motorisierte Nomadenwesen, das fotografierende und das fernsehende Lebewesen, kurz, er hat sich auch in Eigenarbeit und Musse mit der Technik eingelassen. Der anthropologische Ursprung der Technik kann mithin in zweierlei Hinsicht gedeutet werden: Einerseits versteht beispielsweise A. Gehlen den Menschen als ein „Mängelwesen", das allein mit seiner natürlich-organischen Ausstattung nur unter aussergewöhnlich günstigen Umweltbedingungen überleben kann. Sonst muss sich der Mensch künstliche Hilfsmittel zur Daseinssicherung, eben technische Werkzeuge schaffen, die dem „Organersatz", der „Organentlastung" und der „Organüberbietung" dienen. Andererseits ist die technische Weltbemächtigung längst über jene Basis elementarer Bedürfnisbefriedigung hinausgewachsen, die notwendig ist, um die materiell-organische Existenz zu fristen. So sehen L. Mumford und Ortega y Gasset in der Technik nicht so sehr die gattungsbedingte Notwendigkeit, sondern vielmehr das objektiv Überflüssige einer luxurierenden Kultur. Freilich erscheint sowohl in der naturalistischen wie in der kulturalistischen Deutung, die einander übrigens wechselseitig ergänzen, die Technik als anthropologische Grundbestimmung des Menschen.[1]

Da ich die anthropologische Perspektive auf die philosophische Verallgemeinerung biologischer, evolutionstheoretischer und kulturhistorischer Erkenntnisse beschränkt habe, die den Menschen als Gattungswesen betrachten, ist es sinnvoll, weitere Perspektiven gesondert hervorzuheben, die von den empirischen Humanwissenschaften eingenommen werden können. Die *physiologische* Perspektive erfasst das Zusammenwirken zwischen dem technischen Gebilde und dem körperlichen Geschehen des menschlichen Organismus. Im Entstehungszusammenhang sind das besonders die sensumotorischen Abläufe beim manuellen Verfertigen technischer Gegenstände. Bei zunehmender Technisierung der Produktion ergeben sich daraus sogleich auch Verwendungsprobleme: die arbeitsphysiologischen Bedingungen und Auswirkungen des Werkzeugeinsatzes, der Arbeitsplatzgestaltung, der Maschinenbedienung und der Arbeitsumgebung. Eine besondere Rolle spielen, neben möglichen Unfallgefahren, die Einflüsse der Arbeitsmittel und der Arbeitsumgebung auf Muskelbelastung, Körperhaltung, Beanspruchung der Sinnesorgane und auf andere Körperfunktionen. Auch ausserhalb der beruflichen Arbeitswelt, in der Nutzung technischer Gebrauchsgüter für die private Lebenssphäre, pflegen die Menschen physischen Umgang mit der Technik, hantieren mit Geräten, vertrauen ihre Anatomie mannigfachem Mobiliar an, setzen ihre Augen und Ohren den audiovisuellen Medien aus und gehen so in zahlreichen Lebenssituationen eine geradezu physiotechnische Symbiose mit den gemachten Sachen ein. In gewissen Produkten der

---

[1] Gehlen 1961; Mumford 1977; Ortega y Gasset 1949.

medizinischen Technik, den Herzschrittmachern, künstlichen Nieren usw., gewinnt diese Symbiose existenzielle Bedeutung.

Selbstverständlich wirken in solchen organismisch-technischen Symbiosen auch psychische Faktoren mit. Wenn ich die *psychologische* Erkenntnisperspektive analytisch von der physiologischen trenne, will ich damit keineswegs einem psychophysischen Dualismus das Wort reden; es handelt sich lediglich um verschiedene Aspekte der psychosomatischen Einheit, als die man den Menschen verstehen muss. Zunächst hat der Entstehungsprozess technischer Artefakte seine psychischen Komponenten. Durchweg wird man Motivationen, Antriebe und Bedürfnisse anzunehmen haben, wenn Menschen arbeitend künstliche Gegenstände hervorbringen. Freilich ist das Problem der Arbeitsmotivation kompliziert geworden, seit unter den Bedingungen der Arbeitsteilung der Einzelne die Güter nicht mehr zu persönlicher Verwendung, sondern für einen anonymen Bedarf herstellt, dadurch nicht mehr selbstbestimmt, sondern fremdbestimmt arbeitet und auch die Produkte seiner Arbeit nicht mehr als eigenes Werk, sondern als fremde Ware zu begreifen hat.[1] Jedenfalls hat der Einzelne in der Arbeit spezifische kognitive, affektive und pragmatische Qualifikationen einzubringen, die teils aus Begabungsdispositionen und teils aus Lernprozessen stammen. Eine besondere Rolle spielt das konstruktive Problemlösen des Ingenieurs, eine psychische Leistung, die als Kreativität bezeichnet wird und unlösbar mit der Geschichte der Erfindungen verknüpft ist. Bei der Verwendung technischer Arbeitsmittel in der Produktion entstehen neben den bereits erwähnten physischen auch psychische Mensch-Maschine-Beziehungen; dabei geht es etwa um Wahrnehmungs- und Reaktionsleistungen, aber auch um das subjektive Erleben hochtechnisierter Arbeitssituationen mit ihren Einschränkungen selbstbestimmten Arbeitsverhaltens.[2]

Aber auch in ausserberuflichen Lebenssituationen spielen die wechselseitigen Abhängigkeiten zwischen dem technischen Gerät und der psychischen Verfassung des Individuums eine beträchtliche Rolle. Da gibt es die hochgradig gefühlsbesetzte Zuwendung, die in der Maschine so etwas wie einen lebendigen Partner sieht; da bezieht man aus technisch ermöglichter Handlungsmacht eine Steigerung des Selbstwertgefühls, die von persönlicher Kompetenz nicht gedeckt ist; da können aber auch misslingende Techniknutzungen zu argen Frustrationserlebnissen und Versagensängsten führen. Einer Umweltpsychologie, die sich als Psychologie des Technotops versteht,[3]

---

[1] Marx/Engels 1845/46, 32ff, sprechen in diesem Zusammenhang von „Entfremdung".
[2] Zur arbeitsphysiologischen und -psychologischen Perspektive vgl. z. B. Luczak 1993.
[3] So wohl erstmals L. Kruse in meinem Sammelband von 1981, 71-81; vgl. auch Bungard/Lenk 1988; Hoyos/Zimolong 1990; Flick 1996.

stellen sich in diesem Zusammenhang zahlreiche bislang wenig erforschte Fragen.

Die *ästhetische* Perspektive, die natürlich mit psychologischen und soziologischen Betrachtungsweisen zu verbinden ist, nenne ich gesondert, weil die Unterscheidung zwischen ästhetischen und technischen Gebilden, den beiden Teilklassen in der Gesamtheit gegenständlicher Artefakte, gelegentlich auf Schwierigkeiten stösst. Eine gewisse Verwandtschaft der beiden Gegenstandsklassen kommt ja schon in der Doppeldeutigkeit der antiken Wörter, der griechischen *techne* und der lateinischen *ars*, zum Ausdruck, die gleichermassen „Kunst" und „Handwerk" bezeichnen konnten. Frühe ästhetische Produkte wie vorgeschichtliche Höhlenmalereien sind möglicherweise als Instrumente einer „magischen Technik" zu interpretieren.[1] Die Kulturgeschichte ist voll von Beispielen für die durchgängige Gewohnheit der Menschen, ihre technischen Werkzeuge und Gebrauchsgegenstände in einer Weise zu gestalten, die nicht allein vom Verwendungszweck her erklärt werden kann, sondern offenbar auch auf sinnliches Wohlgefallen berechnet ist; elegante Formen, einfallsreiches Dekor und geschmackvolle Farbgebung schenken den Nutzgebilden einen ästhetischen Zusatzwert. Diese Tendenz hat sich in der modernen Technik fortgesetzt, von der klassizistischen Eisenguss-Ornamentik der Gründerjahre über den Zweckform-Purismus, den Werkbund und Bauhaus entwickelt haben, bis hin zum Industriedesign der Gegenwart. Nach wie vor ist, bei aller Unschärfe der ästhetischen Massstäbe, die Schönheit der Technik, falls sie denn gelingt, unter den wünschenswerten Eigenschaften gewiss nicht die unwichtigste.[2]

Schliesslich muss ich die *ethische* Perspektive erwähnen. Ethik ist die Lehre vom moralisch richtigen Handeln. Da nun Technik, wenn Artefakte entstehen und wenn sie verwendet werden, immer menschliches Handeln umfasst, kann die Frage nicht ausgespart bleiben, welches technische Handeln moralisch richtig und welches verwerflich ist: Die Menschen dürfen nicht alles machen, was sie technisch machen könnten. Da nun die menschlichen Handlungsmöglichkeiten durch die Technisierung ausserordentlich gewachsen sind, hat die Ethik der Technik in den letzten Jahren beträchtliche Aufmerksamkeit gefunden. Auch wenn sie wohl immer wieder um allseits befriedigende Antworten wird ringen müssen, ist sie doch auf jeden Fall eine unentbehrliche Perspektive im Verständnis und in der Gestaltung der Technik.[3]

---

[1] Vgl. Gehlen 1957, 13ff.
[2] Zum Industriedesign z. B. Selle 1987; Leitherer 1990.
[3] Die normative Seite der Technik erwähne ich in diesem Buch nur ganz knapp, weil ich sie in meinem Buch von 1996 ausführlich behandelt habe.

1.3.4 Soziale Dimension

Im letzten Abschnitt habe ich so getan, als wäre das Verhältnis zwischen Mensch und Technik eine Robinsonade, als wäre es allein ein einzelner Mensch, der, abgeschnitten von gesellschaftlichen Verflechtungen, als einsames Individuum mit der Natur sich auseinandersetzt. Diese Betrachtung ist aber immer nur ein didaktisches Abstraktionsmodell gewesen, selbst in jenem englischen Roman von D. Defoe aus dem achtzehnten Jahrhundert, in dem das Inselleben des Robinson Crusoe als Modell der kulturgeschichtlichen Entwicklung vorgestellt wird. In Wirklichkeit ist der Mensch nicht nur das Werkzeuge machende Lebewesen, sondern auch das *zoon politikon*, das gesellschaftliche Lebewesen; im Ganzen ist der Mensch eine bio-psycho-soziale Einheit. Nahezu jede Aktivität in Herstellung und Gebrauch technischer Artefakte wird unmittelbar oder mittelbar von menschlicher Gesellung geprägt – übrigens sogar Robinsons Erfindungskünste, die er grossenteils der kulturellen Tradition verdankte, in der er vor dem Schiffbruch aufgewachsen war, und den Werkzeugen, die er von dem gestrandeten Schiff hatte bergen können. Ganz offensichtlich wird dann aber die soziale Dimension im Horizont des Gemachten, wenn Urheber und Nutzer des Gemachten nicht mehr in einer Person zusammenfallen; dann steht das Artefakt nicht nur zwischen Mensch und Natur, sondern gleichermassen zwischen Mensch und Mensch. Dann ist die Technik auch ein soziales Phänomen.

Die soziale Dimension der Technik zeigt sich zunächst in *ökonomischer* Perspektive, und es ist gewiss kein Zufall, dass beachtenswerte Beiträge zu den Grundfragen der Technik von herausragenden Wirtschaftstheoretikern geleistet worden sind.[1] Technik und Wirtschaft sind auf das Engste miteinander verbunden. In der Ökonomie charakterisiert man häufig das Wirtschaften als eine gesellschaftliche Aktivität, die der Befriedigung der menschlichen Bedürfnisse angesichts knapper Ressourcen dient. Diese Begriffsbestimmung kann aber ebenso gut auf die Technik angewandt werden, die ebenfalls der Bedürfnisbefriedigung dient, vor allem wenn naturgegebene Mittel dafür nicht ausreichen. Tatsächlich sind es heute vor allem technische Erzeugnisse, mit denen die menschlichen Bedürfnisse befriedigt werden: unmittelbar als Gebrauchsgegenstände oder mittelbar als Produktionsinstrumente, mit denen die erforderlichen Sachgüter und Dienstleistungen hervorgebracht werden. Aber auch wenn man das Wirtschaften zutreffender als den Tausch von Gütern und Zahlungsmitteln beschreibt, der aus der gesellschaftlichen Arbeitsteilung folgt, so sind die tauschfähigen Güter heute grossenteils technische Produkte, die überhaupt nur darum hergestellt werden, weil sie im

---

[1] Beckmann 1777 und 1806; Marx 1867; Sombart 1916ff; Weber 1921; Gottl-Ottlilienfeld 1923; Waffenschmidt 1952.

wirtschaftlichen Tausch verwertet werden sollen: Technisches Handeln ist meist zugleich Tauschvorbereitungshandeln.¹ Daher ist auch die Technik daran beteiligt, die Arbeitsteilung und deren Rationalisierungseffekte immer weiter zu treiben. Andererseits gehorchen technische Umstellungen im Industriebetrieb in erster Linie wirtschaftlichen Kriterien, von der Produktivitätssteigerung über die Gewinnmaximierung bis zur umweltökonomischen Sparsamkeit. Zwischen der „Produktivkraft" Technik und den wirtschaftlichen „Produktionsverhältnissen" bestehen die unterschiedlichsten Wechselwirkungen, doch die Erwartung von K. Marx und F. Engels, dass die Produktivkräfte mit wachsender Entfaltung die Produktionsverhältnisse sprengen würden,² ist von der Zeitgeschichte bislang nicht bestätigt worden. Auch aus der Ingenieurperspektive ist häufig die Eigenständigkeit der Technik beschworen worden, aber viele Anzeichen sprechen dafür, dass sie, trotz aller Rückwirkungen, doch eher die Magd der Wirtschaft geblieben ist.

Grundlegende Kategorien wie die Arbeitsteilung oder die Produktionsverhältnisse weisen über die „reine" Ökonomie hinaus zur *soziologischen* Erkenntnisperspektive. Im Gefolge der Arbeitsteilung bilden sich die verschiedenartigsten Berufspositionen und -rollen heraus, die vielfach durch den Umgang mit bestimmten Techniken geradezu definiert sind. Dementsprechend verursachen technische Umstellungen quantitative und qualitative Verschiebungen in der Berufsarbeit,³ die ihrerseits das Bildungssystem beeinflussen. Zwischen der technischen Ausstattung der Betriebe und den sozialen Beziehungen in der Arbeitswelt gibt es beträchtliche Wechselwirkungen. Auch wenn man zwischen dem gesellschaftlichen Charakter der Produktion und dem Privateigentum an Produktionsmitteln keinen „Grundwiderspruch" sehen will,⁴ verstärkt privates Verfügungsrecht, ebenso wie natürlich auch bürokratisierter Staatsdirigismus, die Fremdbestimmung im Arbeitsprozess über das Mass hinaus, das schon aufgrund der Arbeitsteilung unvermeidlich ist.

Die Bedürfnisse, zu deren Befriedigung technische Produkte mit technischen Arbeitsmitteln hergestellt werden, sind grossenteils keine anthropologischen Konstanten, sondern eher gesellschaftliche Konstrukte, insofern ihre jeweilige Ausprägung von soziokulturellen Normen und Standards bestimmt wird. Überdies werden immer wieder neue Bedürfnisse durch technische Innovationen geweckt; das erklärt sich zum Teil aus ökonomischen Interessen, zum Teil vielleicht aber auch durch verdeckte gesellschaftliche Bedürfnisdisposi-

---

[1] Mehr dazu im 5. Kapitel meines Buches von 1991.
[2] Marx/Engels 1848, 31.
[3] Vgl. den Überblick von A. Schmid in Kahsnitz/Ropohl/Schmid 1997, 495-512.
[4] Diese Formel ist im Marxismus geläufig gewesen.

tionen, die dann im kreativen Prozess von Erfindung und Entwicklung und im rezeptiven Prozess der Produktverbreitung aktualisiert werden. Ist dann eine Innovation akzeptiert worden, liegen ihre gesellschaftlichen Folgen auf der Hand. Jeder kennt die tiefgreifenden Verhaltensänderungen, die mit der massenhaften Verwendung von Autos und Fernsehgeräten einhergegangen sind, und auch die gesellschaftlichen Wertpräferenzen und Wertinterpretationen unterliegen dem Einfluss der Technisierung. So stehen technischer und sozialer Wandel in umfassender und vielfältiger Wechselwirkung.

Die *politologische* Perspektive muss dem Umstand Rechnung tragen, dass die Technik längst aufgehört hat, die private Domäne der Erfinder und Unternehmer zu sein. Sie ist zugleich Legitimationsquelle, Herrschaftsinstrument und Förderungsobjekt industriestaatlicher Politik. Da die Technik unmittelbar Massenbedürfnisse befriedigt und mittelbar Wirtschaftswachstum und Massenwohlstand fördert, gilt sie, allem kulturkritischen Raisonnement zum Trotz, breiten Kreisen als notwendige Voraussetzung gesellschaftlichen Fortschritts. Ein Staat, der auf die Zustimmungsbereitschaft seiner Bürger angewiesen ist, muss als Sachwalter gesellschaftlicher Daseinsfürsorge darum auch die technische Entwicklung fördern. Dies gilt um so mehr, als die Grössenordnung technischer Innovationsprojekte inzwischen oft genug die Kapitalkraft und Risikobereitschaft privater Unternehmerinitiativen übersteigt und nur noch durch staatliche Mitwirkung bewältigt werden kann. Sichtbares Indiz für diese neue Situation ist der Umstand, dass in den letzten Jahrzehnten die meisten Staaten eigene Ministerien für Industrie- und Technopolitik eingerichtet haben. Auch ist der Staat für die sogenannte Infrastruktur verkehrs-, energie- und informationstechnischer Vorhalteleistungen verantwortlich, die als öffentliche Voraussetzungen die private Nutzung vieler Techniken überhaupt erst möglich machen. Wenn in letzter Zeit problematische Tendenzen zur Privatisierung solcher öffentlichen Güter aufgekommen sind, müssen auch dann gemeinwohlorientierte Nutzungsbedingungen durch staatliche Regulierungsinstanzen gewährleistet werden.

Neben solche „Verstaatlichung" der Technik tritt andererseits eine wachsende Technisierung des Staates. Die neueren Entwicklungen der Informationstechnik geben dem Staat Machtmittel an die Hand, die G. Orwells Vision von „1984" durchaus in den Bereich des Möglichen rücken; wenn sich Orwells Prognose in jenem Jahr zur allgemeinen Genugtuung nicht erfüllt hat, liegt das weniger am Stand der Technik als vielmehr an der relativen Wirksamkeit demokratischer Aufklärung, die sogar im östlichen Pseudosozialismus das Schlimmste verhütet hat. Einerseits erwachsen dem Staat neuartige Aufgaben der Selbstkontrolle, und andererseits sind zusätzliche Steuerungs- und Kontrollkompetenzen ins Auge zu fassen, wenn die Bürger vor schädlichen

Nebenwirkungen der fortgesetzt beschleunigten Technisierung bewahrt werden sollen.¹ Alle diese staatlichen Verantwortlichkeiten werfen die Frage auf, in welchem Verhältnis technischer Sachverstand und politische Entscheidungsbefugnis stehen; das ist der reale Kern der sogenannten Technokratieproblematik. Wenn man der Dominanz eines Sachverstandes, hinter dessen Rücken oft fragwürdige Interessen am Werke sind, demokratische Zügel anlegen will, sind institutionelle und kognitive Strategien ins Auge zu fassen. Institutionell wird man die Aufgabenverteilung zwischen Parlament, Regierung und Verwaltung zu überprüfen und gegebenenfalls zusätzliche Einrichtungen vorzusehen haben. In kognitiver Hinsicht wird eine technologische Aufklärung die Politiker wie die Bürger in den Stand versetzen müssen, aus dem technisch Machbaren das gesellschaftlich Wünschbare herauszudestillieren.²

Mit der politikwissenschaftlichen ist die *juridische* Perspektive eng verknüpft, da Gesetzgebung und Rechtspflege traditionelle Aufgaben des Staates bilden. In dem Masse, in dem die Technik in das menschliche Zusammenleben eingegriffen hat, haben auch die rechtlichen Regelungen in der Technik zugenommen. Das reicht vom traditionellen Patentrecht, das den Erfindern die Verwertung ihres geistigen Eigentums sichern soll, bis zum modernen Umweltrecht, das vor allem Genehmigungs- und Kontrollverfahren reglementiert, mit denen schädliche Auswirkungen technischer Projekte auf die Ökosphäre vermieden werden sollen. Bemerkenswerterweise ist jedoch die Vielfalt technikbezogener Regelungen rechtssystematisch bislang nicht zu einem eigenen Technikrecht verdichtet worden, obwohl dieses längst den gleichen Rang verdienen würde wie etwa das Arbeitsrecht oder das Sozialrecht. Während andere Geistes- und Sozialwissenschaften in den letzten zwei Jahrzehnten begonnen haben, ihre herkömmliche Technikblindheit zu überwinden, verharrt die Jurisprudenz noch immer in grosser Distanz zur Technik.³

Nachdem ich den wirtschaftlichen, gesellschaftlichen und politischen Charakter der Technik betont habe, stellt sich die Frage nach dem geschichtlichen Verlauf der technischen Entwicklung, die *historische* Perspektive also, sozusagen von selber ein; denn die Analyse der gegenwärtigen Lage bliebe unvollständig, wenn man nicht auch in Betracht ziehen würde, wie es früher gewesen ist und wie sich die heutigen Bestände entwickeln haben. Der systematische und der historische Zugang sind die beiden Seiten derselben Münze. Zwar will ich in diesem Buch vorwiegend systematisch vorgehen, aber darüber darf nicht vergessen werden, dass Erscheinungsformen und

---

[1] Vgl. dazu mein Buch von 1996.
[2] Zum Verhältnis von Technik und Staat z. B. Mai 1998.
[3] Zu den wenigen Ausnahmen gehört Rossnagel 1993.

Probleme der Technik in früheren Epochen zum Teil andere Züge trugen; allerdings meine ich, dass historische Besonderheiten erst in einem systematischen Rahmen ihre richtigen Konturen gewinnen. Wie andere Geisteswissenschaften hat auch die Geschichte ihre Schwierigkeiten mit der Technik. Schon Marx und Engels haben kritisiert, dass die Historiker nur „hochtönende Haupt- und Staatsaktionen" beachtet und die „irdische Basis für die Geschichte" vernachlässigt haben.[1] Aber „das Phänomen der Technik [...] ist nicht ein Sonder- oder gar Randbereich der menschlichen Geschichte, sondern die Grundlage der Geschichte überhaupt".[2] Solche Stimmen sind immer noch die Ausnahme, doch wenigstens hat sich eine eigene Technikgeschichte konsolidiert, die den Werdegang der Technisierung nachzeichnet. Zu verschiedenen Zeiten sind unterschiedliche technische Probleme aufgetaucht, und im Wandel der Zeit sind, abhängig vom jeweiligen Niveau des Wissens und Könnens, verschiedenartige Lösungen für gleiche Probleme ersonnen worden. Es gibt eine historische Abfolge technischer Erfindungen und Innovationen, wie sie in zahlreichen Tabellen aufgelistet wird; freilich betonen solche Listen diejenigen Neuerungen, die sich im Rückblick als erfolgreich erwiesen haben, und vernachlässigen jene Versuche, die zunächst erfolglos geblieben sind, zu einem späteren Zeitpunkt aber womöglich wieder aufleben können. Generell tendiert die Technikgeschichte immer noch zu einem linearen Fortschrittsmodell und schenkt anderen Verlaufstypen, etwa der Wiederkehr früherer Ansätze oder der Gleichzeitigkeit des Ungleichzeitigen, zu wenig Beachtung. Schliesslich hat die Technik tatsächlich Anteil an der allgemeinen Geschichte, da ihre wirtschaftlichen, gesellschaftlichen und politischen Bedingungen und Folgen ihrerseits geschichtlichem Wandel unterliegen.[3]

1.3.5 Interdisziplinäre Synthese

Zusammenfassend kann ich feststellen, was in *Bild 2* schematisch skizziert ist: Die Technik umfasst die gegenständlichen Artefakte oder Sachsysteme sowie deren Entstehung und deren Verwendung in soziotechnischen Systemen; diese Begriffe werden in späteren Kapiteln ausführlich besprochen. Das Beziehungsgeflecht zwischen Entstehungs-, Sach- und Verwendungszusammenhang hat eine naturale, eine humane und eine soziale Dimension. Technik ereignet sich zwischen der Natur, dem einzelnen Menschen und der Gesellschaft. Diese Dimensionen stellen die Bedingungen, denen die Technik unterliegt, und sie sind ihren Folgen ausgesetzt. So simpel und vorläufig

---

[1] Marx/Engels 1845/46, 32ff.
[2] Conze 1972, 17.
[3] Vgl. z. B. König 1990ff; Diestelmeier u. a. 1993ff.

dieses Schema auch sein mag, so wirksam kann es doch bereits in dieser Form verbreiteten Fehldeutungen begegnen: (a) Die Technik fällt nicht vom Himmel, sondern sie erwächst innerhalb natürlicher Rahmenbedingungen aus menschlichem Handeln und gesellschaftlichen Verhältnissen. (b) Die Technik führt kein isoliertes Eigenleben, sondern sie hat immer bestimmte Folgen für das natürliche Ökosystem und die menschlichen Lebensformen: *Jede Invention ist eine Intervention, eine Intervention in Natur und Gesellschaft.*

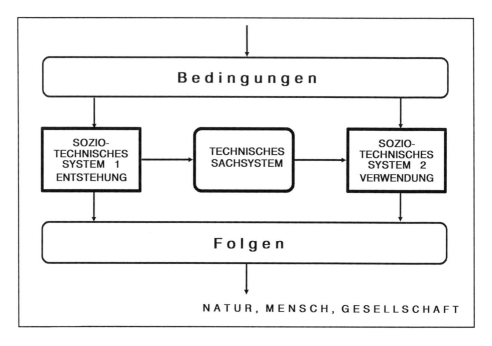

Bild 2   Schema technologischer Probleme

Ferner hat der kurze Durchgang durch verschiedene Erkenntnisperspektiven den ausserordentlichen Facettenreichtum der Technik vor Augen geführt. Dabei könnten durchaus noch weitere Perspektiven ergänzt werden, etwa der literaturwissenschaftliche Zugang zur Technik. Die Gliederung, die ich für die Darstellung benutzt habe, ist selbstverständlich nicht völlig trennscharf; gelegentlich habe ich auf Überschneidungen ausdrücklich hingewiesen. Im Grossen und Ganzen habe ich mich an der traditionellen Wissenschaftssystematik orientiert, und die Unzulänglichkeiten, die dieser Übersicht angelastet werden könnten, fallen auf jene Einteilung der wissenschaftlichen Disziplinen zurück.

Nach herkömmlicher Auffassung konstituiert sich eine wissenschaftliche Disziplin durch ihr Erfahrungsobjekt, einen bestimmten Bereich von Phänomenen, und durch ihr Erkenntnisobjekt, den jeweiligen Aspekt des Phänomenbereichs, dem die betreffende Wissenschaft ihr Augenmerk schenkt. Dieses Konstitutionsprinzip unterstellt, (a) dass man die Wirklichkeit ontologisch eindeutig in Bereiche – Mensch, Natur usw. – aufteilen könne, und (b) dass es sinnvoll sei, die jeweiligen Aspekte – etwa den physischen oder den psychischen Aspekt – isoliert und unabhängig von den anderen zu behandeln. Diese disziplinäre Spezialisierung mag aus arbeits- und denkökonomischen Gründen in der Forschung unvermeidlich sein und führt natürlich zu fruchtbarer Erkenntniskonzentration. Sie wird jedoch fragwürdig, wenn sie sich in dogmatischer Institutionalisierung verfestigt, weil wissenschaftliche Arbeit, und vor allem auch die Lehre, all jene Probleme verfehlt, die sozusagen quer zu der herrschenden Einteilung liegen.

So hat besonders auch die Technikforschung und Techniklehre in den Maschen einzelwissenschaftlicher Arbeitsteilung und Spezialisierung keinen Halt finden können. Weder ist sie nach dem Phänomenbereich eindeutig den Natur-, den Human- oder den Sozialwissenschaften zuzuordnen, noch lässt sie sich auf einen der erwähnten Aspekte reduzieren. So aufschlussreich jede einzelne Perspektive ist, so wenig reicht sie für sich genommen aus, die Technik als Ganze zu verstehen. Die Technik ist ein komplexes Problembündel, das in der Fächergliederung der etablierten Disziplinen einfach nicht aufgeht. Darum hat sich – abgesehen von den Ingenieurwissenschaften, die ohnehin keine Disziplin im strengen Sinn bilden – auch keine Einzelwissenschaft für die Technik zuständig gefühlt. Ein Vergleich zwischen der wissenschaftssystematischen Übersicht und den vorliegenden Forschungsansätzen zeigt solche Versäumnisse für die Psychologie oder die Soziologie nur zu deutlich.[1]

Wenn ich trotz dieser Schwierigkeiten an der Vorentscheidung festhalte, die Technik in einem Globalmodell einzufangen, das allen ihren Eigenschaften Rechnung trägt, muss ich die verschiedenen Dimensionen und Perspektiven in einer interdisziplinären Synthese zusammenführen. Statt ein Erfahrungs- und ein Erkenntnisobjekt analytisch-abstrakt herauszupräparieren, will ich vielmehr von der *konkreten Komplexität der Technik* ausgehen, wie sie in dieser Einleitung hervorgetreten ist. Für die Dimensionen und Perspektiven sind theoretische und empirische Wissensbestände heranzuziehen, die in den jeweiligen Disziplinen bereits vorliegen oder noch zu erarbeiten sind.

---

[1] Wie einige neuere Literaturbelege auf den vorigen Seiten zeigen, versuchen diese Fächer zwar ihre Versäumnisse inzwischen aufzuholen, aber in zwei Jahrzehnten kann man nicht wettmachen, was man ein Jahrhundert lang übergangen hat.

Die Aufgabe besteht dann in „einer problemorientierten (objektorientierten) Integration des Wissens aus verschiedenen Disziplinen", die zu einer Interdisziplin führt. „An die Stelle des selektiven (analytischen) Erkenntnisobjekts (Identitätsprinzips) bei den Einzeldisziplinen tritt ein kombinatives (synthetisches) Integrationsprinzip bei den Interdisziplinen".[1] Im vorliegenden Zusammenhang ist es bemerkenswert, dass die zitierte Schrift als Beispiele für Interdisziplinen gerade die Maschinenbaulehre und die Arbeitswissenschaft anführt. Ingenieurwissenschaftler, die sich gegen die Erweiterung ihres Problemhorizontes mit wissenschaftssystematischen Argumenten wehren, müssen sich sagen lassen, dass ihr Arbeitsgebiet ohnehin aus mehreren Disziplinen sich speist und darum für disziplinären Purismus ungeeignet ist. Wenn man den Maschinenbau und die Arbeitswissenschaft, die beide im globalen Konzept der Allgemeinen Technologie enthalten sind, als etablierte Interdisziplinen akzeptiert, dann liegt es auf der Hand, dass die Allgemeine Technologie nichts prinzipiell Anderes darstellen wird, sondern lediglich eine weitere Ausdehnung des Problemhorizontes, die der Komplexität der Technik besser gerecht wird. Technik ist eben nicht nur aus Naturerkenntnis und Erfahrung transformiertes Wissen, sondern auch aus natürlicher Substanz gestaltetes gesellschaftliches Arbeitsprodukt und mithin ein Teil sozialer Praxis.

Natürlich räume ich ein, dass die Fülle des vorhandenen und noch entstehenden Wissens beträchtliche arbeits- und denkökonomische Schwierigkeiten bereiten wird; und selbstverständlich bin ich mir darüber im Klaren, dass ich als Einzelner mit diesem Buch nicht jene Vollständigkeit erreichen kann, die sich erst aus einem längeren kollektiven Forschungsprozess ergeben kann.[2] Aber es reicht für eine interdisziplinäre Synthese auch nicht aus, heterogene theoretische Konzepte und disparate methodische Ansätze zusammenhanglos nebeneinander anzuhäufen. Vielmehr ist ein *theoretisches Integrationspotential* erforderlich, wenn man die Vielzahl der Wissenselemente in Hinblick auf das komplexe Problem reorganisieren will; das soll hier im Vordergrund stehen. Zum einen kommt dafür die begriffliche und konzeptionelle Verallgemeinerungsfähigkeit in Betracht, die im philosophischen Denken kultiviert wird. Zum zweiten kann die generalisierende Synthese heute einen theoretischen Bezugsrahmen heranziehen, der im Modelldenken der Kybernetik und Systemtheorie vorliegt.

---

[1] Kosiol/Szyperski/Chmielewicz 1972, 83ff.
[2] Diese Selbstbescheidung, die ich schon in der 1. Auflage betont habe, scheinen einzelne Kritiker übersehen zu haben, die mir anlasten wollen, dass ich nicht jede Zeile aus ihrem eigenen Fachgebiet habe lesen können.

1.4 Aufbau des Buches

Im vorliegenden *Einleitungskapitel* habe ich die Aufgabe dieses Buches in dreifacher Weise umkreist. Zunächst habe ich mit aktuellen Fragen aus der öffentlichen Technikdebatte die Behauptung belegt, dass die moderne Technik weder praktisch noch theoretisch bewältigt wird. Zum zweiten habe ich vorliegende Ansätze zur allgemeinen Technikforschung kurz zusammengefasst. Schliesslich habe ich eine Systematik technologischer Teilprobleme skizziert, die auf der traditionellen Einteilung der Wissenschaften beruht. Aus deren Unzulänglichkeit folgere ich, dass wohlverstandene Technikforschung einer interdisziplinären Synthese bedarf, die in einem schlüssigen theoretischen Bezugsrahmen darzustellen ist.

Bevor ich den systemtheoretischen Bezugsrahmen entwickele, will ich im *zweiten Kapitel* zunächst ein Fallbeispiel besprechen, das in den Stil dieses Modelldenkens und seine Bedeutung für die Allgemeine Technologie einführt; dafür habe ich den Computer ausgewählt, der inzwischen fast schon zur Alltagstechnik geworden ist. Zu Beginn des *dritten Kapitels* stelle ich in zugänglicher Weise die Allgemeine Systemtheorie vor, die dann die folgenden Überlegungen anleiten wird.[1] Darin werde ich ein Systemmodell individuellen und sozialen Handelns entwerfen, in das sich die technischen Artefakte und die daran geknüpften soziotechnischen Wechselbeziehungen einfügen lassen. Ein eigener Abschnitt ist den Artefakten selbst gewidmet; sie sind die gegenständliche Manifestation der Technik und bilden den materialen Kern, um den sich menschliche Herstellung und Verwendung kristallisieren. Das Systemmodell wird es erlauben, „in der verwirrenden Vielfalt der Einzelerscheinungen die inneren Zusammenhänge aufzuzeigen" und eine allgemeine Klassifikation technischer Gebilde zu begründen.[2] Aus der Verknüpfung von menschlichem Handlungssystem und technischem Sachsystem entsteht das soziotechnische System, das in den folgenden Kapiteln ausführlich besprochen wird.

Das *vierte Kapitel* ist den Verwendungszusammenhängen der technischen Artefakte gewidmet, weil diese nur in menschlichem Nutzungshandeln ihren Zweck erfüllen. Damit wende ich mich einem Thema zu, das in Technikphilosophie und Technikforschung gegenüber den Entstehungszusammenhängen wenig Beachtung gefunden hat. Zunächst beschreibe ich, auf welche Weise die soziotechnische Symbiose von Mensch und Maschine zustande kommt und welche Integrationsformen dabei auftreten. Dann werden die Bedin-

---

[1] Formale Definitionen und wissenschaftsphilosophische Reflexionen zur Systemtheorie werde ich im Anhang zusammenfassen, damit sie die Verständlichkeit des Haupttextes nicht belasten.
[2] So Dolezalek 1965 in einem wegweisenden Systematisierungsversuch, den ich hier weiterführe.

gungen und die Folgen der Technikverwendung analysiert; dabei werden allgemein gültige Regelmässigkeiten aufgedeckt, aber auch besondere Ausprägungen identifiziert, die eher die einzelnen Menschen oder eher die gesellschaftlichen Organisationen betreffen. Das gilt auch für die Ziele, die mit dem Technikeinsatz verfolgt werden. Generell geht von den technischen Gegenständen ein beträchtlicher Einfluss auf das menschliche Handeln und auf die gesellschaftlichen Verhältnisse aus. Darin darf jedoch keine eigengesetzliche Herrschaft der Technik gesehen werden, weil die technischen Gegenstände ihrerseits von Menschen gemacht werden.

So sind im *fünften Kapitel* die Entstehungszusammenhänge zu analysieren. Dazu gehört zum einen der Werdegang einzelner Artefakte von der Erfindung bis zur schlussendlichen Auflösung, zum anderen aber auch der Gesamtprozess der Technisierung, der mit den Grundlinien der Technikgeschichte zusammenfällt. Vor allem ist erklärungsbedürftig, auf welche Weise die Menschen, anders als alle anderen Lebewesen, fortgesetzt neue Machbarkeiten sich ausdenken und diese in die Wirklichkeit zu überführen vermögen. Für diesen säkularen Prozess der Technikgenese sind Bedingungsfaktoren und Erklärungsmöglichkeiten aufzudecken, nicht zuletzt darum, weil solche Einsichten dringend benötigt werden, wenn man die technische Entwicklung in Zukunft besser gestalten will.

Im abschliessenden *sechsten Kapitel* werde ich das Systemmodell, das im Buch erarbeitet wird, noch einmal zusammenfassen. Das schliesst die selbstkritische Frage ein, ob damit allein eine ordnungs- und verständnisstiftende, systematische Beschreibung technischer Phänomene gelungen ist – das wäre gewiss nicht wenig – oder ob darüber hinaus so etwas wie ein Forschungsprogramm entstanden ist, in dem bekannte Erklärungshypothesen ebenso zu identifizieren sind wie neue Fragestellungen, die ohne das systemtheoretische Suchschema vielleicht gar nicht aufgetaucht wären.

2 Fallbeispiel Computer

2.1 Beschreibung

Das Modell, mit dem ich die Technik beschreiben will, besteht aus Denk- und Ausdrucksformen, die noch nicht allgemein geläufig sind. Darum will ich den Zugang erleichtern, indem ich zunächst ein Fallbeispiel bespreche, bei dem ich die ungewohnten Beschreibungsmittel zwanglos benutze, ohne sie sogleich im Einzelnen zu begründen. Als Beispiel habe ich das Gerät ausgewählt, mit dessen Hilfe ich dieses Buch schreibe: den Computer, genauer gesagt, den Kleincomputer, den Arbeitsplatzcomputer oder den „PC". Jeder, der eine Bankfiliale oder ein Reisebüro aufsucht, sieht diese Geräte, an denen vor allem ein Bildschirm nach Art des Fernsehapparats auffällt. Ein beträchtlicher Teil der Büroarbeitsplätze ist inzwischen mit solchen Computern ausgestattet, und mehr als ein Drittel der Privathaushalte besitzt schon ein derartiges Gerät. In Deutschland gab es 1997 schätzungsweise an die 20 Millionen Computer, in den Industrienationen insgesamt mehr als 200 Millionen.[1] Damit hat die Verbreitung der Computer innerhalb von zwanzig Jahren eine Grössenordnung erreicht, für die das Automobil ein ganzes Jahrhundert gebraucht hat. Der Computer ist zur Manifestation des Informationszeitalters geworden.

Da also überall Computer zu sehen sind, hat inzwischen jeder eine visuelle Vorstellung von diesen Geräten; wer genauer hingeschaut hat, weiss auch, dass ausser dem Bildschirm eine Tastatur ähnlich einer Schreibmaschine, ein kleines, „Maus" genanntes Steuergerät und ein koffergrosser Kasten dazugehören. Dieses Bild findet man überdies tagtäglich in der Reklame der Computerhändler, so dass ich es hier nicht noch einmal darstellen muss. Auch den einen oder anderen Namen kennt inzwischen jeder, doch was hinter dem Bild steht und was die Namen bedeuten, das ist den meisten Menschen keineswegs klar. Tatsächlich sind die inzwischen üblichen Bezeichnungen im Deutschen alles Andere als glücklich. Am schlimmsten steht es um den „PC", das Kürzel, das den Eingeweihten so glatt über die Lippen geht. Das steht nämlich für das englische „personal computer", und wer „personal" mit „Personal-" übersetzt, hat einfach nicht ins Wörterbuch ge-

---

[1] Diese Angaben sind notgedrungen ungenau, da die Statistiken hinter der Verbreitungsgeschwindigkeit der neuen Technik hoffnungslos hinterher hinken; genauere Zahlen hätten überdies keine grössere Aussagekraft, da sie im nächsten Jahr von der Entwicklung schon wieder überholt sein würden.

schaut; richtig muss es „privater" oder „eigener Computer" heissen. Damit wird zum Ausdruck gebracht, dass es sich um einen kleinen Computer handelt, der einer einzelnen Person zur Verfügung steht – im Unterschied zu den Grossrechnern, die in den Rechenzentren ganze Stockwerke belegen und von speziell qualifiziertem Bedienungspersonal für die Aufgaben umfangreicher Organisationen betrieben werden. Aber auch beim „Kleincomputer" stolpert man über das Wort „Computer", das ebenfalls unübersetztes Englisch ist. Tatsächlich nämlich heisst „computer" nichts anderes als „Rechner", aber dieses schlichte Wort benutzt man offenbar darum nicht gern, weil man den richtigen Eindruck hat, dass Computer eben nicht nur rechnen, sondern auch vieles Andere können.

In der Anfangszeit hat man Computer wirklich als Rechenmaschinen entwickelt, aber bald stellte es sich heraus, dass die Prinzipien, die man dafür einsetzte, weit über das Rechnen hinausgehen. So sind die Namen „Computer" oder „Rechner" im Grunde irreführend, aber die technische Entwicklung ist derart schnell verlaufen, dass die lebendige Sprache nicht mitkommen konnte. Wohl gab es zwischenzeitlich Behelfslösungen wie die „Datenverarbeitungsanlage" oder die „elektronische Datenverarbeitung", die man wegen der Wortlänge dann schnell zu „DVA" bzw. „EDV" abkürzte, aber offenbar hat niemand die Zeit gefunden, für den neuen technischen Gegenstand einen angemessenen Ausdruck zu erfinden, der so passend wäre wie das „Telefon", mit dem man vor hundert Jahren für das „Fernsprechgerät" ein treffendes Fremdwort konstruiert hat. Hätte man sich die Zeit genommen, wäre man vielleicht auf das Wort *Infomat* gekommen, das den Informationsverarbeitungs- und -speicherungsautomaten trefflich bezeichnen und auch die Ableitungen „infomatisch" und „infomatisieren" ohne weiteres erlauben würde. Doch sieht es so aus, als müssten wir uns mit dem „Kompjuter", wie er deutsch-undeutsch eigentlich geschrieben werden müsste,[1] vorderhand abfinden.

Diese Bemerkungen zum Sprachgebrauch will ich nicht als oberlehrerhafte Deutschstunde verstanden wissen. Vielmehr möchte ich damit belegen, wie gross die Phasenverschiebung zwischen technischer und sprachlicher Kultur geworden ist. Und ich will die Einsicht vorbereiten, dass die geläufige Umgangssprache nicht dazu verhelfen kann, neue Technik angemessen zu verstehen; darum will ich gar nicht erst den Versuch unternehmen, den Computer mit fragwürdigen Annäherungen aus unserer gewohnten Sprache zu be-

---

[1] Diese Schreibweise empfehle ich der DUDEN-Redaktion für die übernächste Rechtschreibreform, die dann wohl auch „I-Mehl", „Sörwer", „Proweider" und „Brauser" wird einführen müssen, sofern sich in Zukunft keine Fachkommission dafür zuständig fühlen sollte, gute deutsche Ausdrücke für die meist leicht übersetzbaren englischen Wörter – z. B. E-Post – zu erarbeiten.

schreiben. Aber auch eine Begriffserläuterung, die fachsprachliche Ausdrücke heranzieht, wird dem Laien, der verstehen will, worum es geht, auf Anhieb wenig sagen, weil die Genauigkeit der Fachsprache nicht nur beträchtliche Lernanforderungen stellt, sondern auch analytisch in die Länge zieht, was man doch als ein Ganzes erfassen möchte. Mein Definitionsversuch wird das deutlich machen.

Ein *Computer* ist ein Informationsverarbeitungs- und Informationsspeicherungs-Automat („Infomat"), der

- Zeichenfolgen (Daten) auf Grund von Regeln in andere Zeichenfolgen umwandelt (z. B. rechnet, schlussfolgert, steuert, Text verarbeitet, Graphik erzeugt, Nachrichten sendet und empfängt);
- als Zeichen diskrete (abzählbare) physische Signale benutzt, die digitale (willkürlich symbolisierte) Darstellungen bestimmter Bedeutungen sind;
- Regeln (Algorithmen) folgt, die als System von Befehlen das Programm bilden und ebenfalls als Zeichenfolgen dargestellt werden;
- Befehle wie Daten bearbeiten kann;
- die Befehle auf logische Elementarfunktionen zurückführt, die von elektronischen Schaltkreisen verwirklicht werden:
- durch das Programm (Software) oder durch feste Schaltkreise (Hardware) die Zuordnung zwischen Zeichenfolgen und Bedeutungen festlegt;
- mit internen und externen Speichern ausgestattet ist, in denen Daten und Befehle kurz- oder langzeitig verfügbar bleiben.

Mir ist bewusst, dass man diese Definition dreimal lesen muss, um sie halbwegs zu verstehen. Auch wenn ich die darin benutzten Fachwörter implizit erläutert habe, bedürfte es doch eines Lehrbuchs der Informatik, um ausführlich darzustellen, was sich hinter diesen Fachwörtern verbirgt.[1]

Darum werde ich jetzt eine andere Darstellungsweise vorschlagen. „Ein Bild sagt mehr als tausend Worte", weiss der Volksmund, und so sollen im Folgenden die grundsätzlichen Eigenschaften des Computers in graphischer Form vorgestellt werden. *Bild 3* zeigt den Computer als einen Kasten, dem etwas zugeführt wird, der bestimmte Zustände aufweist, und aus dem etwas herauskommt. Auch wenn Computer nach herrschender Designermode im allgemeinen hellgrau sind, nennt man das dargestellte Modell einen „schwarzen Kasten", weil das Innere unsichtbar bleibt; eine andere Bezeichnung lautet „Blockschema". Diese Darstellung entspricht unserer alltäglichen Erfahrung, wenn wir mit dem Computer umgehen: Ich drücke die Tasten für bestimmte Buchstaben, und auf dem Bildschirm werden mir die Wörter angezeigt, die ich gerade eingegeben habe. Was dazwischen im „schwarzen Kasten" geschieht, ist für mich unerkennbar; allenfalls weiss ich noch, dass es

---

[1] Besonders empfehlenswert Rechenberg 1994, zum Teil auch Duden 1993.

im Inneren ein Textverarbeitungsprogramm gibt, das dafür sorgt, dass meine Tasteneingabe in lesbare Wörter verwandelt wird. Und wenn ich mich in dem Programm ein wenig auskenne, dann weiss ich auch, dass ich mit bestimmten Mausaktionen oder Tastenkombinationen veranlassen kann, dass die Wörter auf dem Bildschirm kleiner oder grösser, in verschiedenen Schriftarten und in besonderer Anordnung erscheinen.

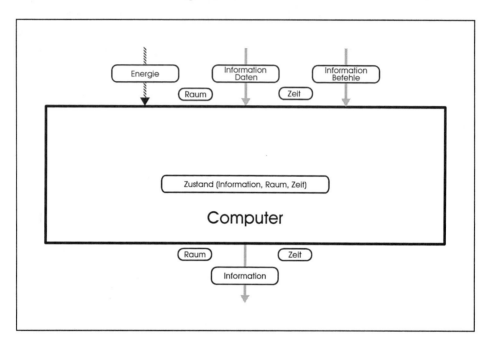

Bild 3   Blockschema des Computers

Das Blockschema vermittelt einen groben Eindruck vom Verhalten des Computers. Es zeigt, dass der Computer mit Hilfe von Energie und in Raum und Zeit bestimmte Informationen in andere Informationen umwandelt und sich dafür in einem bestimmten inneren Zustand befindet, der ebenfalls durch Information gekennzeichnet ist.[1] Daraus erwächst die Frage, wie dieser Zustand hergestellt wird, mit anderen Worten, wie es im Inneren des „schwarzen Kastens" aussieht. Das Blockschema muss also durchsichtig gemacht werden, damit wir seinen inneren Aufbau erkennen können. Wie man nun in *Bild 4* sieht, setzt sich die Struktur des Computers aus mehreren Teilen zusammen, die miteinander verknüpft sind. Da gibt es die bereits erwähnte Tastatur, mit der Daten und Befehle geschrieben werden. Diese werden zur

---

[1] Der inzwischen geläufige Ausdruck „Information" ist nicht unproblematisch; vgl. Abschnitt 3.1.2.

Zentraleinheit weitergeleitet, die sich im Computergehäuse befindet und die Wandlungsfunktionen leistet. Die Ergebnisse werden dem Bildschirm zugeführt, der sie dem Nutzer anzeigt. Des weiteren erkennt man im rechten Teil des Bildes Speichereinheiten, die fallweise gespeicherte Information an die Zentraleinheit geben oder verarbeitete Information von der Zentraleinheit übernehmen und festhalten. Magnetische Speichermedien wie Festplatte und Diskette können beides: Sie können „gelesen" und „beschrieben" werden; die optische „Compact Disc" (CD) konnte zunächst nur „gelesen" werden,[1] und erst jetzt verbreiten sich Laufwerke, mit denen die optische Platte auch „beschrieben" werden kann.

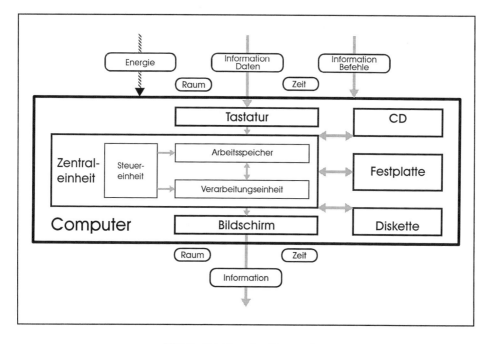

Bild 4   Struktur des Computers

Die Bestandteile des Computers erscheinen wiederum als „schwarze Kästen", wenn auch auf einer niedrigeren Betrachtungsebene. Für die Zentraleinheit habe ich dieses Vorgehen noch einmal wiederholt, indem ich deren Bestandteile ebenfalls im Bild eingetragen habe; grundsätzlich wäre das auch für die anderen Strukturblöcke möglich, würde jedoch das Bild sehr unübersichtlich machen. Bei der Zentraleinheit ist die feinere Gliederung besonders wichtig, damit angedeutet werden kann, wie der Computer

---

[1] Daher die Bezeichnung CD-ROM; „ROM" steht für „read only memory".

im Kern funktioniert. Die zentrale Verarbeitungseinheit besorgt die eigentlichen Wandlungsoperationen und steht dabei in ständigem Austausch mit dem Arbeitsspeicher, damit sie immer sofort wieder für die nächste Operation frei wird. Da tausende elementarer Verarbeitungsschritte in Bruchteilen von Sekunden zu koordinieren sind, ist überdies eine Steuereinheit erforderlich, die als interne Befehlszentrale dient.

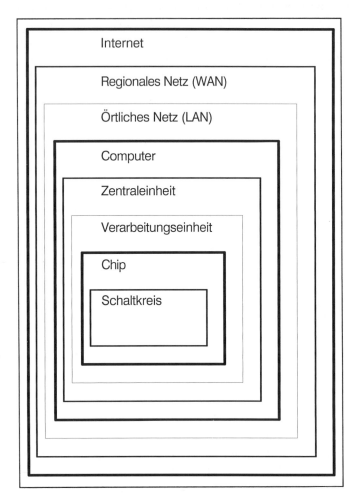

Bild 5   Computer-Hierarchie

Mit dem Computer, seinen Hauptbestandteilen und den Teilkomponenten der Zentraleinheit habe ich drei verschiedene Betrachtungsebenen vorgestellt. Während auf der ersten Ebene nur ein ganz grobes Bild des Computers skizziert wird, erscheinen auf den nächsten Ebenen immer mehr Details. Diese Beschreibungsmethode kann man nun weiterführen, einerseits nach „innen", um eine immer feinere Detailgenauigkeit zu erreichen, andererseits aber auch nach „aussen", um einen breiteren Überblick über die Zusammenhänge zu gewinnen, in denen der einzelne Computer seinen Platz hat. Das zeigt schematisch *Bild 5*, das die in einander verschachtelten Beschreibungsebenen als Hierarchie bezeichnet.

Werfen wir zunächst einen kurzen Blick auf die „äusseren" oder „höheren" Ebenen, die erst in den letzten Jahren aufgebaut wurden und noch keineswegs für jeden Computer in Betracht kommen. In Betrieben oder Verwaltungen freilich gibt es schon seit einiger Zeit örtliche Netze, in denen die Arbeitsplatzcomputer miteinander verknüpft werden, so dass die Mitarbeiter einer Organisation ihren Informationsaustausch elektronisch betreiben können. Solche örtlichen Netze können dann zu regionalen Netzen verbunden werden. Im Ansatz gibt es das auf der Basis spezieller Datenleitungen auch schon seit einigen Jahren, aber breiteren Nutzerkreisen ist diese Möglichkeit erst dadurch erschlossen worden, dass es gelungen ist, das normale Telefonnetz auch für die Übertragung von Computernachrichten einzusetzen. Schliesslich hat das letzte Jahrzehnt dieses Jahrhunderts die Entwicklung des weltweiten Internet erlebt, das nun im Prinzip jeden Kleincomputer mit jedem anderen irgendwo auf der Erde verbinden kann. Für diese Verbindungen braucht man allerdings zusätzlich grosse Computer an den Knoten des Netzes. Nichts belegt die Wachstumsgeschwindigkeit des Internet eindrucksvoller als die Tatsache, dass die Anzahl dieser Knotenrechner in sieben Jahren sich nahezu verhundertfacht und 1997 rund 80 000 betragen hat.

Wechseln wir die Perspektive von den ganz grossen zu den ganz kleinen Dimensionen, dann zeigt Bild 5, dass in der zentralen Verarbeitungseinheit des Computers sogenannte Chips arbeiten. Das sind ein bis zwei Quadratzentimeter grosse und wenige Millimeter dicke Plättchen aus Halbleitermaterial, in denen mit Hilfe entsprechend strukturierter dünnster Schichten mehrere Millionen von elektronischen Schaltkreisen angeordnet sind. Einen solchen Schaltkreis, der aus den kleinsten Einheiten des Computers, aus Transistoren, Kondensatoren, Widerständen usw. besteht, will ich nun beschreiben, weil ich damit erstens das Grundprinzip der elektronischen Datenverarbeitung erklären und zweitens verdeutlichen kann, wie die hier benutzte graphische Darstellungsform nahtlos in die Formel- und Zeichnungssprache der Informatiker und Ingenieure übergeht.

Eingangs hatte ich kritisiert, dass die Bezeichnung „Computer" irreführend ist, weil diese technischen Gebilde nicht nur rechnen, sondern auch vieles Andere leisten können. Jetzt muss ich genauer werden und erläutern, dass

Computer im Grunde überhaupt nicht rechnen, sondern in Wirklichkeit allein logische Funktionen bearbeiten können. In *Bild 6* ist links oben (a) in der nun schon bekannten Form des Blockschemas die logische UND-Funktion dargestellt. In der zweitausend Jahre alten Aussagenlogik heisst diese Funktion auch „Konjunktion" und bedeutet folgendes: Der zusammengesetzte Satz Y ist wahr dann und nur dann, wenn beide seiner Bestandteile X1 und X2 wahr sind. Links unten im Bild (b) ist die sogenannte Wahrheitstafel zu sehen, die in der Kopfleiste die Variablen und die Formel der UND-Funktion sowie in den Feldern darunter die möglichen Ausprägungen der Funktion angibt. In einem klassischen Beispiel ist der Satz Y „Es regnet und es stürmt" genau dann wahr, wenn sowohl X1 „Es regnet" wie auch X2 „Es stürmt" wahr sind; in der Tabelle steht „0" für „falsch" und „L" für wahr.

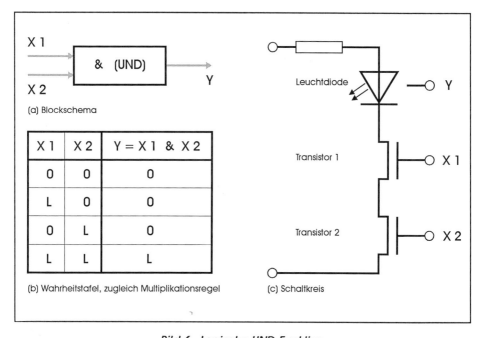

Bild 6   Logische UND-Funktion

Dass diese Erkenntnis der antiken Philosophie für die moderne Informationstechnik entscheidend ist, versteht man schnell, wenn man X1, X2 und Y als elektrische Signale deutet. Dann tritt das Signal Y dann und nur dann auf, wenn sowohl das Signal X1 als auch das Signal X2 vorliegen. Beispielsweise erzeugt meine Tastatur dann und nur dann ein grosses „A", wenn ich sowohl die a-Taste als auch die Umschalttaste drücke. So gewinnt man einen ersten Eindruck davon, wie logische Funktionen die Informationsverarbeitung regieren; neben der UND-Funktion gibt es die ODER-Funktion, die Negation und andere. Erwähnenswert ist nun der Umstand, dass die logische UND-Funktion auch als Rechenregel im System der Dualzahlen verstanden werden kann, in einem Zahlensystem, das nicht die zehn Ziffern „0" bis „9" benutzt, sondern nur die zwei Ziffern „0" und „1" bzw. „L". In diesem Zahlensystem gibt es nun, statt des kleinen Einmaleins, nur vier Multiplikationsregeln: 0 mal 0 ist 0; L mal 0 ist 0; 0 mal L ist 0; L mal L ist L. Diese Regeln aber entsprechen genau den vier Zeilen der Wahrheitstafel für die logische UND-Funktion. Mit anderen Worten ist das Rechnen nichts Anderes als eine besondere Interpretation logischer Operationen.

In der rechten Hälfte von Bild 6 ist (c) ein elektronischer Schaltkreis dargestellt, der die logische UND-Funktion bzw. die Multiplikation einstelliger Dualzahlen realisiert. In diesem Schaltkreis fliesst nur dann ein Strom, der die Diode zum Leuchten bringt (Y=L), wenn die Steuereingänge beider Transistoren mit einer Spannung beaufschlagt werden (X1=L & X2=L). Im wirklichen Chip gibt es natürlich normalerweise keine Leuchtdioden; vielmehr wird man das elektrische Signal Y=L dazu verwenden, einen Transistor eines anderen Schaltkreises damit anzusteuern. Auch benutzt man in Wirklichkeit aus schaltungstechnischen Gründen eher die negierte UND-Funktion („NAND") oder die negierte ODER-Funktion („NOR"), und es gibt verschiedene mikrophysikalische Transistorprinzipien, die dann auch zu unterschiedlichen Chip-Typen führen. Mit derartigen Feinheiten aber würde ich mich in die speziellen Technologien der Informatiker und Elektronikingenieure begeben. Hier wollte ich lediglich zeigen, dass auf der Ebene der Allgemeinen Technologie das Prinzip der Informationsverarbeitung im Computer leicht zu verstehen ist. Was dann freilich unserem normalen Vorstellungsvermögen überhaupt nicht mehr zugänglich ist, das sind die Winzigkeit der Funktionselemente und ihre riesige Anzahl auf kleinstem Raum, die Geschwindigkeit ihrer Arbeitsweise sowie die gigantische Komplexität ihres Zusammenwirkens.

2.2 Verwendung

Im vorigen Abschnitt hatte ich schon die bildlichen Darstellungen erwähnt, die in der Werbung der Computeranbieter überall zu sehen sind. Diese Abbildungen zeigen freilich meist nur das technische Gerät, nicht aber eine menschliche Person, die gerade damit arbeitet. Man gewinnt den Eindruck, die Hersteller hätten nur das Artefakt im Auge und dächten gar nicht daran, dass sich sein Zweck doch erst dann erfüllt, wenn ein Mensch es verwendet. Was ich hier aus dem Stil der Abbildungen schliesse, ist bekanntlich nicht selten betrübliche Realität. Wenn dem Karton, in dem der Computer geliefert wird, keine Anleitung beiliegt, wo ich welche Kabel einzustecken habe, wenn im Handbuch zum Anwendungsprogramm die verschiedenen Arbeitsmöglichkeiten so unübersichtlich beschrieben werden, dass zahlreiche Nutzer zusätzlich mehrtägige Schulungskurse besuchen müssen, wenn in der nächsten Version des Programms wieder alles anders eingerichtet ist und darum der Nutzer erneut die Schulbank drücken muss – dann zeugt all dies von einer Vorstellungswelt der Informatiker und Ingenieure, in der ein normaler Nutzer gar nicht vorkommt.[1]

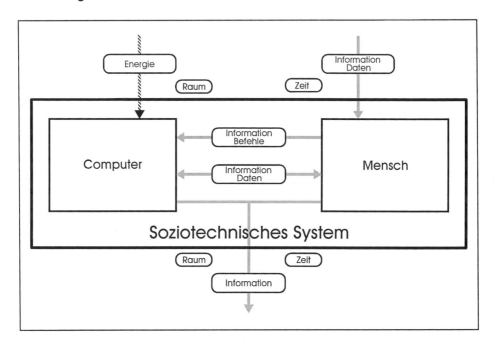

Bild 7   Computer im soziotechnischen System

Anders ausgedrückt, sind Informatiker und Ingenieure von einem Technikverständnis geprägt, das nur die gemachten Sachen beachtet, nicht aber deren menschliche Verwendung; sie hängen einem engen Technikbegriff an, für den beispielsweise der Computer mit Bild 3 hinreichend definiert ist. Die Information, die der Computer verarbeitet, scheint sozusagen vom Himmel zu fallen, und seine Ergebnisse fliessen in ein unbestimmtes Nichts. Da

---

[1] Wie ich diesen Satz, nachdem ich ihn geschrieben habe, dem Rechtschreibprogramm unterwerfe, das die Firma Microsoft dem Textverarbeitungsprogramm WINWORD 6.0 beigegeben hat, muss ich feststellen, dass der „Nutzer" tatsächlich „nicht im Wörterbuch" enthalten ist. Selten wird die These eines Autors so zügig und perfekt bestätigt.

aber der Computer in Wirklichkeit kein isoliertes Eigenleben führt, sondern nur durch und für den Menschen funktioniert, habe ich jenes Bild nun durch *Bild 7* ersetzt, das den Computer mit dem Menschen zu jener Arbeitseinheit verbindet, in der überhaupt erst sinnvoll Informationsverarbeitung geschehen kann. Ein Computer wird erst wirklicher Computer, wenn er zum Teil einer Mensch-Maschine-Einheit geworden ist. Wenn Text geschrieben wird, tut das nicht allein der Mensch, aber es ist auch nicht allein der Computer, der den Text schreibt; erst die Arbeitseinheit von Mensch und Computer bringt die Textverarbeitung zuwege. Da freilich im benutzten Computer immer schon die Arbeit anderer Menschen verkörpert ist, da also die Mensch-Maschine-Einheit nicht nur durch den einzelnen Nutzer gebildet, sondern auch von anderen Menschen mitgeprägt wird, bezeichne ich sie als soziotechnisches System.

Wenn Mensch und Computer tatsächlich eine untrennbare Handlungseinheit darstellen, möchte man natürlich wissen, welchen Anteil der Mensch und welchen Anteil der Computer an der gemeinsamen Arbeit haben. Früher geläufige Namen wie „Denkmaschine" oder „Elektronengehirn" konnten den Eindruck erwecken, als würde der Computer menschliche Kopfarbeit völlig ersetzen. Wenn jene Metaphern heute nicht mehr in Umlauf sind, ist das darauf zurück zu führen, dass die so genannten Kognitionswissenschaften inzwischen sehr viel differenziertere Vorstellungen vom Denken des menschlichen Gehirns entwickelt haben. Menschliches Denken kann viel komplexer sein als die Prozesse der Informationsverarbeitung, die in den heute verbreiteten Computern ablaufen. Gleichwohl können bestimmte Formen menschlicher Geistestätigkeit durchaus von Computern nachgebildet und somit ersetzt werden. Beim Rechnen ist das ganz offenkundig, und selbst beim Schachspielen, das immer als herausragende Intelligenzleistung des Menschen anerkannt worden ist, hat inzwischen ein Computer den menschlichen Weltmeister besiegt. Der Computer ist also durchaus in der Lage, bei bestimmten, eindeutig zu beschreibenden Intelligenzleistungen den Menschen zu ersetzen.

Bei derartigen Intelligenzleistungen überbietet der Computer den Menschen sogar um ein Vielfaches. Wenn mein Kleincomputer eine umfangreiche Rechenaufgabe, für die ich mit Papier und Stift einen Monat brauchen würde, in einer Zehntelsekunde erledigt, dann schafft er mehr, als mich beim Rechnen lediglich zu ersetzen. Indem der Computer meine Rechenfähigkeit nicht nur ersetzt, sondern um Grössenordnungen verstärkt, schafft er völlig neue Möglichkeiten, indem er mir in kürzester Zeit nützliche Lösungen bereitstellt, für die ich sonst nie und nimmer einen ganzen Monat hätte rechnen mögen. Oder er liefert, wenn ich die Wetterprognose als Beispiel nehme, rechtzeitig gewünschte Ergebnisse, die von rechnenden Menschen, selbst wenn sie sich der Arbeit unterziehen würden, erst ermittelt würden, wenn das betreffende Wetter schon längst wieder abgezogen ist. Soweit also der Computer menschliche Intelligenzleistungen übernehmen kann, verstärkt er sie überdies in einem solchen Masse, dass man wohl von einer neuen Qualität der Informationsverarbeitung sprechen muss.

Die immer wieder gestellte Frage: „Können Computer denken?" ist also mit Einschränkungen zu bejahen. Der Streit zwischen Philosophen und Computerwissenschaftlern, der nun bald ein halbes Jahrhundert währt, bezieht sich denn auch vor allem auf die nachfolgende Frage, wie diese Einschränkungen im Einzelnen zu bestimmen sind und ob sie nur im vorläufigen Entwicklungsstadium oder grundsätzlich und für immer gelten. Es gibt Computerwissenschaftler, die glauben, dass der Computer in Zukunft nicht nur alle menschlichen Intelligenzleistungen vollständig ersetzen, sondern darüber hinaus sogar Fähigkeiten entwickeln wird, die für Menschen unerreichbar bleiben; in dieser Sicht wäre der Computer die nächsthöhere Entwicklungsstufe in der Evolution, so dass der Mensch nicht länger die „Krone der Schöpfung" bliebe, sondern von der Perfektion der Computer überholt würde. Andere Beobachter – zu denen auch kritische Computerwissenschaftler gehören – setzen dieser Erwartung entgegen, dass Bewusstseinsleistungen wie Selbstreflexion, Selbstkritik, Kreativität und Sinnverständnis grundsätzlich nicht von den beteiligten Personen abgelöst und darum auch nicht in Computerprogrammen objektiviert werden können.[1] Wie immer diese Streitfrage durch die künftige Entwicklung beantwortet werden mag, offenbart sie doch das ganze Spektrum der Technisierungsprinzipien: von der Ersetzung einfacher menschlicher Fähigkeiten über deren quantitative Steigerung bis hin zur Herausbildung übermenschlicher Kompetenzen.

Vorläufig jedenfalls ist es nach wie vor der Mensch, der den Computer anwendet; und es wäre auch nicht zu wünschen, dass sich dieses Verhältnis, wie in manchen technischen Zukunftsfiktionen ausgemalt, eines Tages umkehren könnte. Heute und bis auf Weiteres bleibt der Computer ein totes Ding, solange er im Lager des Händlers liegt. Erst wenn er von einem Menschen eingeschaltet und für einen menschlichen Zweck verwendet wird, realisiert sich seine Funktion, die vorher lediglich als Möglichkeit vorhanden war. Erst muss ein Mensch darauf kommen, dass Tätigkeiten, die er plant, zum Teil vom Computer übernommen werden können. Zuerst habe ich den Wunsch, mich im Schachspiel zu üben, auch wenn gerade kein Spielpartner in der Nähe ist, und dann lege ich mir einen Computer zu, wenn ich erfahre,

---

[1] Vgl. vor allem Weizenbaum 1976; Dreyfus/Dreyfus 1986; Winograd/Flores 1986; ferner der Überblick in meinem Buch von 1991, 144-166.

Verwendung 61

dass er mir diese Möglichkeit bietet. Das ist die übliche Art, in der sich ein Mensch-Computer-System herausbildet. Manchmal allerdings ist zuerst der Computer da – weil ich ihn geschenkt bekommen habe etwa oder weil ich ihn gekauft habe, um meinen Freunden zu zeigen, dass ich nicht von gestern bin. Dann fange ich damit an, den Computer und die zugehörigen Programme zu erkunden, und dabei werde ich dann einer sinnvollen Nutzungsmöglichkeit gewahr, an die ich vorher nicht gedacht hatte. In solchen Fällen setze ich den Verwendungszweck erst, wenn ich den Computer schon besitze. Ganz gleich jedoch, wann ich die Nutzungszwecke festlege, werde ich doch immer einen Zweck verfolgen, wenn ich mich regelmässig mit dem Computer abgebe – und sei es auch nur, um bestimmte Spiele zu betreiben, die ich auf andere Weise so nicht spielen könnte.

Dass die Computer dabei sind, die Welt zu verändern – diese Einsicht ist inzwischen zum geflügelten Wort geworden. Warum das tatsächlich der Fall ist, versteht man aber erst dann, wenn man sich klar macht, dass Mensch und Computer im soziotechnischen System, zu dem sie sich im Nutzungsakt zusammentun, eine regelrechte Symbiose eingehen. Erst aus der tiefgreifenden Verknüpfung zwischen Mensch und Computer sind die Bedingungen und Folgen zu begreifen, die bei massenhafter Computernutzung eine Art „Informationelle Revolution" in der Gesellschaft darstellen.

Wenn ein Computer verwendet werden soll, muss er verfügbar sein. Hinter diesem scheinbar trivialen Satz verbergen sich beträchtliche sozioökonomische Probleme. Denn üblicherweise wird die Verfügbarkeit dadurch hergestellt, dass man einen Kleincomputer kauft. So sehr sich diese Geräte in den letzten Jahren absolut und relativ zur Leistungsfähigkeit verbilligt haben, muss man doch zwei- bis dreitausend Mark investieren, eine Summe, die im durchschnittlichen Privatbudget keine Kleinigkeit ist. Damit erwirbt man die Verfügbarkeit, legt sich aber auch mittelfristig auf dieses Gerät fest, weil man es nur unter hohem Verlust wieder veräussern könnte. Und man setzt sich unter einen gewissen Druck, die Geldausgabe durch regelmässige Verwendung des Computers vor sich selbst zu rechtfertigen. Ferner muss man mit Unbehagen beobachten, wie das eigene Gerät einschliesslich der installierten Programme wegen der fortgesetzten Neuerungen auf dem Markt in kurzer Zeit veraltet; Kleincomputer, die älter als zwei Jahre sind, gelten in der Computergemeinde bereits als „museumsreif". Will man mit dieser Entwicklung mithalten, muss man also jährlich erhebliche Kapitalkosten in Rechnung stellen.

Wenn man dann den Computer verwenden will, sollte er sich problemlos in die menschliche Arbeitsweise einfügen; anders ausgedrückt, sollte die soziotechnische Integration unmittelbar gelingen. Das wäre dann der Fall, wenn die Mensch-Computer-Beziehungen in ergonomischer Hinsicht allseitig optimiert wären. Dies ist, da die Hersteller auf den technischen Gegenstand fixiert sind, bislang nicht geschehen, so dass ich mit negativen Beispielen verdeutlichen muss, wie die ergonomische Optimierung eigentlich aussehen sollte. Gewiss: Die Zeiten der Flimmerschirme mit ihrer schwer lesbaren grünen oder gelben Schrift auf schwarzem Hintergrund sind vorbei, und die neuen Modelle nähern sich den menschlichen Lesegewohnheiten, indem sie dunkelgraue Schrift auf hellgrauem Hintergrund erzeugen; aber ein echter Schwarz-Weiss-Kontrast wie auf bedrucktem Papier ist bei den Durchschnittsgeräten noch nicht erreichbar. In natürliche Leseposition, gegenüber der horizontalen Tischplatte leicht aufwärts geneigt, kann man die üblichen Bildröhren-Monitore nur mit Hilfe von Spezialmöbeln bringen, die erst spät auf den Markt gekommen sind, seit eine europäische Richtlinie zur Gestaltung von Computer-Arbeitsplätzen dies empfiehlt. Den meisten Nutzern, die auf die ungewohnte und meist auch noch zu hoch angeordnete senkrechte Fläche sehen müssen, bleibt, solange die Flachbildschirme noch zu teuer sind, bis auf weiteres die Genickstarre nicht erspart.

Auch die sogenannte Software-Ergonomie wird eher beschworen als beherzigt. Das beginnt bei „Benutzer-Oberflächen", die mit überladenen Symbolkatalogen und winziger Schrift dem menschlichen Auge schwer Erträgliches zumuten. Dann fehlt es an narrensicheren Anfängerroutinen, mit denen jeder auf Anhieb die elementaren Programmfunktionen beherrschen könnte, statt zunächst hundert Komplikationen lernen zu müssen, um erst dann zu wissen, wie er sie zweckmässigerweise ignoriert; die zusätzlichen Raffinessen, auf die Programmierer so stolz sind, könnten doch nach und nach, auf Grund von kontextabhängigen Empfehlungen des Programms, fallweise erkundet werden. Auch die hierarchisch verschachtelten, für den Nutzer weder überschaubaren noch nachvollziehbaren Befehlsstrukturen vermögen allenfalls die gekünstelte Logik von Informatikern zu befriedigen, kaum jedoch das Nutzerbedürfnis nach bequemer Handhabung. Ich will hier nicht in Software-Design dilettieren, doch frage ich mich wirklich, warum die verbreiteten Anwenderprogramme vom Nutzer immer noch den Fussfall vor ihrer internen Logik verlangen, statt ihm die interaktive Freiheit zu geben, mit einer offenen – und dann erforderlichenfalls zu korrigierenden – Texteingabe informell zu erklären, was er will. Dass dann auch die Software-Handbücher nur die wirklichkeitsfremde Denkwelt der Informatiker herunterdeklinieren und dem Nutzer keine problemspezifischen Bearbeitungszusammenhänge vermitteln, bestätigt meine These, dass nur in den Kategorien sachtechnisch immanenter Perfektion gedacht wird, nicht aber in den Kategorien soziotechnischer Brauchbarkeit.

Wenn man sich darauf eingelassen hat, wesentliche Teile der Informationsarbeit zusammen mit dem Computer zu erledigen, erwartet man natürlich, dass die Computerleistung regelmässig und eindeutig erfolgt, mit anderen Worten, dass sie jederzeit und unbedingt reproduzierbar ist. Bekanntlich wird auch diese Bedingung bislang nur unzulänglich erfüllt. Zum einen liegt das an Kompetenzmängeln der Nutzer, die sich besonders dann bemerkbar machen, wenn die Bedienungsformen nicht wirklich narrensicher gestaltet sind. Zum anderen warten Programme immer wieder mit undurchschaubaren Überraschungen auf, bis hin zum gar nicht so seltenen „Absturz". Schliesslich wird die soziotechnische Einheit der Computerarbeit natürlich auch durch technische Störfälle aufgelöst. Wenn auch die Zuverlässigkeit der Computerkomponenten erfreulich hoch ist, kann, wie überhaupt in der Technik, das Versagen eines Teilsystems niemals völlig ausgeschlossen werden. Dann aber braucht der Nutzer die Wartungs- und Reparaturdienste, um so bald wie möglich wieder arbeitsfähig zu werden. So ist die individuelle Computernutzung von der gesellschaftlichen Organisation entsprechender Unterstützungsleistungen abhängig.

Das gilt übrigens nicht nur für den Reparaturfall, sondern auch für den Normalbetrieb. Computer benötigen Hilfsenergie und sind darum entweder auf das öffentliche Stromnetz oder auf dezentrale Energiespeicher wie Batterien oder Akkumulatoren angewiesen. Ferner muss man sich für die externe Datensicherung Disketten oder Magnetbänder beschaffen, und wenn man Daten über ein Druckgerät ausgibt, braucht man dafür in regelmässigen Abständen neue Farbstoffträger oder -behälter. So ist die individuelle Computernutzung bei genauerer Betrachtung in ein ganzes Netz mehr oder minder öffentlicher soziotechnischer Nutzungsvoraussetzungen eingebunden. Im weiteren Sinne gehören dazu schliesslich auch alle Massnahmen und Einrichtungen, die dazu beitragen, das für die Computernutzung erforderliche technische Wissen bereit zu stellen: Kurse zum Erwerb der Fingerfertigkeit für schnelle Tastaturbedienung, Lehrgänge zu bestimmten Anwenderprogrammen, Verlage, die mit verständlichen Lehrbüchern die Versäumnisse der Software-Lieferanten aufholen, und dergleichen mehr. Inzwischen ist man dabei, Computerkompetenz zum Bestandteil der Allgemeinbildung zu machen; manche betrachten sie bereits, neben Lesen, Schreiben und Kopfrechnen, als „vierte Kulturfertigkeit".

Die Tatsache, dass technisches Wissen als Bedingung der Computernutzung allgemein verbreitet wird, muss man nun auch als Folge der massenhaften Verwendung von Computern werten. Die Bedingungen und Folgen einer sachtechnischen Neuerung kann man zwar anfänglich analytisch von einander trennen, doch nach grösserer Ausbreitung verschmelzen sie in gesellschaftlicher Perspektive zu Begleiterscheinungen der Technisierung. Der Umstand, dass durch den Computer Art und Ausmass des technischen Wissens in der Gesellschaft beträchtlich verändert werden, belegt bereits, dass der Computer nicht nur ein sachtechnisches, sondern auch ein soziales Phänomen ist. Das wird noch deutlicher, wenn man sich die Veränderungen in den Handlungs- und Arbeitsformen vor Augen führt, die vom Computer ausgehen. Da inzwischen die Meisten, die regelmässig schreiben müssen, die elektronische Textverarbeitung benutzen, haben Lesbarkeit und Aussehen des Schriftgutes allgemein spürbar an Qualität gewonnen; auch ein differenziertes Stilmittel wie die Fussnote, das in der Ära der Diktiergeräte zu verschwinden begann, kommt, seit der Computer sie nahezu automatisch anordnen kann, zu neuer Blüte.

Gewichtiger als solche textästhetischen Folgen sind natürlich die Auswirkungen auf Berufstätigkeiten und Berufsbilder. So hat sich die Büroarbeit ausserordentlich verändert, seit Schreibmaschinen, Buchhaltungsjournale und Saldiermaschinen vom Computer abgelöst worden sind. Schon gibt es hier und dort neue Formen der Heimarbeit, denn wenn die Arbeitsergebnisse, die man mit dem Computer erzeugt, über Datennetze beliebig weitergeleitet werden können, braucht ein solcher Arbeitsplatz nicht mehr im betrieblichen Bürogebäude untergebracht sein. Teilweise werden aber auch Arbeitsplätze, die es vor allem mit der Dateneingabe zu tun haben, in tausende Kilometer entfernte Billiglohnländer verlagert; so findet man auf einer urheber- und datenschutzrechtlich umstrittenen optischen Datenplatte den Dank an 450 Chinesen in Peking, die angeblich alle deutschen Telefonbücher abgeschrieben haben.

Einerseits hat der Computer mit den Informatikern und Programmierern neue Berufe geschaffen, andererseits aber auch traditionelle Berufe wie etwa den des Schriftsetzers weithin abgeschafft. Dessen frühere Arbeit übernimmt beispielsweise beim vorliegenden Buch, nachdem ich mit Hilfe des Verlages die entsprechenden Voreinstellungen (Drucktype, Satzspiegel usw.) festgelegt habe, die automatische Textgestaltung meines Computerprogramms; was ich auf dem Bildschirm vor mir sehe, ist das Bild der Druckseite, die genau so im Buch erscheint. Da zahlreiche Dienstleistungstätigkeiten in ähnlicher Weise technisiert werden, verschwinden über kurz oder lang eine Vielzahl von Arbeitsplätzen; ob und wie die betroffenen Menschen eine andere Arbeit erhalten, ist eine offene Frage.

Soweit der Computer menschliche Fähigkeiten ersetzt, werden diese meist nicht mehr gepflegt und in der nachwachsenden Generation womöglich überhaupt nicht mehr erworben. Bekannt ist die Entwicklung, die schon seit zwei Jahrzehnten der elektronische Taschenrechner an den Schulen ausgelöst hat; seit er zum geläufigen Rechenmittel geworden ist, schwindet die Fähigkeit der Schüler, Zahlen überschlägig im Kopf zu berechnen. Ähnliches geschieht auf organisatorischer Ebene, wenn eine Firma, nachdem sie die Buchführung dem Computer anvertraut hat, die meisten Buchhalter entlässt und damit den menschlichen Sachverstand verliert, den sie vorher im Rechnungswesen besass; treten dann Sonderfälle oder Computerfehler auf, ist kaum noch jemand da, der Bescheid weiss. Andererseits kann der Computer auch neue Fertigkeiten und Einstellungen erzeugen. Da man sich im Umgang mit dem Computer einige intellektuelle Disziplin zulegen muss, ist es möglich, dass man die erlernte Genauigkeit und Planmässigkeit dann auch bei anderen Tätigkeiten einsetzt. Da man den Computer, jedenfalls normalerweise, als willfährigen Datenknecht erlebt, kann man versucht sein, auch menschliche Kommunikationspartner wie gefühllos funktionierende Apparate zu behandeln.

Wenn freilich menschliche Fähigkeiten durch den Computer völlig ersetzt werden, bedeutet das auch, dass die soziotechnische Integration kaum noch rückgängig zu machen ist. Wenn die Schriftsetzer ausgestorben sind, wird man ohne den Computer kaum noch ein ordentliches Buch herstellen können. Das Warenwirtschaftssystem und das Bankensystem brächen schon heute zusammen, wenn die Computer auch nur für ein oder zwei Tage ausfielen; die menschliche Arbeitskapazität, die man brauchte, um einen solchen Ausfall auszugleichen, ist einfach nicht mehr vorhanden. Und es ist abzusehen, dass eines Tages die Weltinnenpolitik in eine ernste Krise geriete, wenn das Internet nachhaltig gestört würde.

Neben den soziotechnischen Folgen hat die Computerverwendung natürlich auch ökotechnische Folgen. Wenn auch der einzelne Kleincomputer mit seinem Stromverbrauch nur in der Grössenordnung von ein paar Glühlampen liegt, ergibt sich in der Hochrechnung für ein Industrieland doch eine beträchtliche Zusatzbelastung des Energiesystems. Schwerer noch wiegen die Entsorgungsprobleme, wenn, nicht zuletzt auf Grund der kurzen Produktzyklen, jährlich immer mehr Computer verschrottet werden müssen. Es gibt zwar inzwischen Verwertungbetriebe, die mit geeigneten Auflösungsverfahren wiederverwendbare Materialien zurückgewinnen, aber auch beträchtliche Schwierigkeiten mit äusserst giftigen Bestandteilen haben.

Dieser Überblick über Bedingungen und Folgen der Computerverwendung ist natürlich nicht vollständig. Er sollte lediglich exemplarisch verdeutlichen, dass man eine Technik erst dann versteht, wenn man über den technischen Gegenstand hinausgeht und in den Blick nimmt, was bei seiner Verwendung geschieht.

2.3 Entstehung

Bevor ein Computer verwendet wird, muss er natürlich hergestellt worden sein, und darum hat sich die Allgemeine Technologie auch mit den Prinzipien der Entwicklung und Produktion zu beschäftigen. Nun ist, wie schon die Strukturbeschreibung gezeigt hat, der Computer ein recht komplexes Produkt, und es ist unmöglich, im Rahmen eines Fallbeispiels den Entstehungsgang aller seiner Bestandteile nachzuzeichnen. Auch ist der Computer kein homogenes, in sich geschlossenes Produkt, das als Ganzes von einem bestimmten Unternehmen an einem Ort und unter einer Leitung entwickelt würde. Computer sind vielmehr Baukastenprodukte, deren Komponenten von den verschiedensten Herstellern rund um die Welt entwickelt und gebaut werden. Da mag der zentrale Verarbeitungschip aus den USA stammen, der Bildschirm aus Japan, die Tastatur aus Taiwan, andere elektronische Baugruppen aus Mexiko oder Korea, und erst kurz vor dem Verkauf setzen vertriebsnahe Montagebetriebe in Deutschland das Gerät zur endgültigen Konfiguration zusammen.

Während klassische Erfindungen idealtypisch darin bestehen, dass die Nutzbarkeit eines vorher ungebräuchlichen Effekts für ein menschliches Bedürfnis erkannt und diese Idee in ein neues Produkt umgesetzt wird, ist die „Erfindung" des Kleincomputers im Grunde nichts Anderes als die Verknüpfung mehrerer bereits bekannter technischer Lösungen: der eletronischen Datenverarbeitung in miniaturisierten hochintegrierten Schaltkreissystemen, der elektrisch wirkenden Schreibmaschinentastatur und des Fernsehbildschirms; tatsächlich hatten die ersten Heimcomputer keinen eigenen Bildschirm, sondern wurden an ein Fernsehgerät angeschlossen. Auch neue Entwicklungen der letzten Jahre sind zunächst in anderen Bereichen entstanden und dann erst dem Computer angepasst worden. Das gilt für die optische Speicherplatte (CD) und die entsprechenden Leselaufwerke, die für die Speicherung und Darbietung von Musik erfunden worden waren, und es gilt grossenteils auch für die inzwischen bekannten Flachbildschirme, soweit die Musterdarstellung mit Flüssigkristallen zunächst in der Mess- und Uhrentechnik entwickelt worden ist.

Bei all diesen Komponenten spielen neuere Erkenntnisse der Naturwissenschaften eine beträchtlich Rolle. Der Physiker freilich, der die Entdeckung macht, dass bestimmte Kristallkonfigurationen ihr Aussehen ändern, wenn eine elektrische Spannung angelegt wird, begnügt sich damit, diesen Effekt mit einer stimmigen Theorie zu erklären. Erst der erfinderische Ingenieur kommt auf die Idee, diesen Effekt zur Darstellung von Zeichen zu nutzen. Er ersinnt ein Muster aus vier senkrechten und drei waagerechten strichförmi-

Entstehung 67

gen Kristallzonen, die sogenannte Sieben-Segment-Anzeige, mit der alle Ziffern näherungsweise abgebildet werden können, je nachdem, welche Kristallzonen geschwärzt werden und welche nicht. Und er entwirft eine Steuerung, die aus einem digital verschlüsselten Zahlensignal genau die elektrischen Signale macht, die in den Flüssigkristallen das Ziffernbild erzeugen. Zieht man dann noch all die Material-, Bemessungs- und Herstellungsprobleme in Betracht, die bis zum funktionierenden Produkt gelöst werden müssen, kann man sich vorstellen, dass die Naturwissenschaften selbst an modernsten Produkten nur einen begrenzten Anteil haben.

Nicht selten wird die Ansicht vertreten, bedeutende technische Neuerungen könnten heute nur noch von Grossunternehmen hervorgebracht werden. Im Fall des Kleincomputers hat es sich aber nicht so verhalten. Im Gegenteil hat der für grosse Datenverarbeitungsanlagen weltberühmte Konzern diesen Entwicklungsschritt so zu sagen verschlafen, und es waren, nach ersten Versuchen wenig kommerzieller Bastlerwerkstätten, ein kleines, bis dahin unbekanntes sowie zwei mittlere Unternehmen, die mit dieser Neuerung 1977 aufwarteten.[1] Weil freilich der Kleincomputer keine Erfindung im engeren Sinn war, konnte er auch nicht patentiert werden. Sowohl grosse Elektronikkonzerne wie auch zahlreiche mittlere und kleine Unternehmen entwickelten ebenfalls Kleincomputer und lieferten einander heftige Konkurrenzkämpfe. Eines der Pionierunternehmen ist dabei untergegangen, und ein anderes, dem höchste Produktqualität vor allem auch in seinen Programmen nachgesagt wird, kann sich inzwischen nur noch mühsam in einem schmalen Marktsegment behaupten.

Mit diesen Bemerkungen bin ich von der Entwicklung des einzelnen Computers zur Technikgeschichte der Computerentwicklung übergegangen, also von der Entstehung des einzelnen technischen Gebildes zur Entstehung der ganzen Gattung.[2] Da muss ich nun freilich weiter ausholen, denn die technisch gestützte Informationsverarbeitung und ihre formalen Regeln haben eine zweitausendjährige Vorgeschichte, ohne deren Erträge die Computerentwicklung in unserem Jahrhundert viel grössere Schwierigkeiten gehabt hätte. Zur leichteren Orientierung unterscheidet man zweckmässigerweise die gerätetechnische und die programmtechnische Entwicklung, also das, was in der Fachsprache „hardware" bzw. „software" genannt wird. Tatsächlich stehen diese beiden Zweige natürlich in ständiger Wechselbeziehung mit einander.

---

[1] In jenem Jahr habe ich das Manuskript zur ersten Auflage dieses Buches abgeschlossen; darum hat es mich besonders gereizt, die damals entwickelten Gedanken jetzt auf eine Innovation anzuwenden, die gleichzeitig mit meinem theoretischen Konzept entstanden ist.
[2] Vgl. dazu beispielsweise die vorzügliche Übersicht von J. F. K. Schmidt bei Weyer u. a. 1997, 147-226; ferner auch Zemanek 1992.

Die gerätetechnische Entwicklung deckt sich bis in unser Jahrhundert grossenteils mit der Geschichte der Rechenmaschine. Das erste technische Rechengerät, das in Russland und in Asien noch heute benutzt wird, ist der Abakus, ein Rechenbrett, auf dem in mehreren Reihen verschiebbare Steine, Holz- oder Metallelemente angeordnet sind, mit denen man Zahlen darstellen, addieren und substrahieren kann; dieses Gerät ist schon um 400 vor unserer Zeitrechnung bekannt gewesen. Mechanische Rechenmaschinen sind dann aber erst seit dem 17. Jahrhundert entworfen worden; daran waren Denker wie B. Pascal und G. W. Leibniz beteiligt, die nicht nur Philosophie, sondern auch Mathematik betrieben haben. Im 19. Jahrhundert kam der Gedanke auf, die Abfolge von Rechenschritten durch ein Programm zu steuern, und in der Textiltechnik wurden erstmals Lochkarten eingesetzt, in denen ein Programm, in diesem Fall zur Erzeugung eines Webmusters, gespeichert werden konnte. Ende des 19. Jahrhunderts wurden Lochkarten auch als Datenträger verwendet und in elektromechanischen Zähl- und Sortiermaschinen verarbeitet; der Erfinder H. Hollerith hat übrigens jenes Unternehmen gegründet, das in unserem Jahrhundert zum grössten Computerhersteller werden sollte.
1941 hat der Deutsche Konrad Zuse den ersten prgrammgesteuerten Rechner vorgestellt, der allerdings noch mit elektromechanischen Schaltelementen, sogenannten Relais, arbeitete; da diese Neuerung von der rüstungstechnischen Bürokratie unterschätzt wurde, konnte sie in den Kriegsjahren nicht weiter entwickelt werden. 1944 wird dann auch in den USA ein elektromechanischer und 1946 der erste elektronische Computer gebaut. Die Computer der vierziger und fünfziger Jahre arbeiteten mit Elektronenröhren, die nicht nur viel Platz, sondern auch viel Energie benötigten, die sie zum grössten Teil in Abwärme verwandelten. So war es für die weitere Entwicklung ein entscheidender Schritt, dass 1947 mit dem Transistor ein sehr viel kleineres und energiesparendes Schaltelement geschaffen wurde. In der Folgezeit gelang es, immer mehr Transistorfunktionen zu integrierten Schaltkreisen zusammenzufügen, bis Anfang der siebziger Jahre der Mikroprozessor entstand, ein kleines Plättchen, das die Datenverarbeitungskapazität früherer riesiger Elektronenrechner auf kleinstem Raum konzentrierte. Wie oben schon erwähnt, sollte es dann nur noch ein halbes Jahrzehnt dauern, bis dieser Mikroprozessor zum Kern der neuen Kleincomputer wurde.
Doch ebenso wichtig ist die programmtechnische Entwicklung gewesen, die ich übrigens zur Technik rechne, weil sie die Verwendungsprozeduren für das sachtechnische Gerät bereitstellt.[1] Dass die Aussagenlogik, die den Schalt-

---

[1] Zur Geschichte Krämer 1988, deren Titelbegriff „Symbolische Maschinen" mir allerdings irreführend erscheint.

kreisen zu Grunde liegt, aus der Antike stammt, hatte ich bereits erwähnt; in den Grundzügen ist sie im dritten Jahrhundert vor unserer Zeitrechnung von Philosophen der stoischen Schule entwickelt worden. Doch erst der englische Mathematiker G. Boole hat Mitte des 19. Jahrhunderts diese Aussagenlogik algebraisch formalisiert und damit die Grundlage für die späteren Anwendungen in der Schaltalgebra geschaffen. Boole ist es übrigens auch gewesen, der auf die Äquivalenz von Logik und dualen Rechenregeln aufmerksam gemacht hat, wobei das System der Dualzahlen wiederum von dem bereits erwähnten Leibniz stammt.

Der Computer ist, bevor er gebaut wurde, in den 1930er Jahren von einem Mathematiker als theoretisches Modell entworfen worden. Dieses Modell heisst nach seinem Urheber heute „Turing-Maschine" und spezifiziert die Bedingungen, unter denen eine beliebige Aufgabe in abzählbar endlich vielen Schritten gelöst werden kann. Damit ist eine allgemeine Theorie der Algorithmen vorgelegt worden, die bis heute jedem Computerprogramm zu Grunde liegt. Als dann Mitte der vierziger Jahre zusätzlich die Flexibilisierung von Programmabläufen (rückgekoppelte Schleifen, bedingte Verzweigungen u. ä.) eingeführt wurde, standen die Prinzipien der Programmierung bereit, um auf die gleichzeitig entstehenden elektronischen Geräte angewandt zu werden. Auf die weitere Entwicklung der Programme, mit denen die Kleincomputer arbeiten, kann ich hier nicht eingehen, obwohl es bemerkenswert ist, dass in diesem Bereich ein einzelner Anbieter inzwischen eine beherrschende Stellung auf dem Weltmarkt erlangt hat.

Dieser knappe Rückblick kann selbstverständlich nicht die Geschichtsschreibung der Computerentwicklung ersetzen. Ich wollte lediglich andeuten, wie vielfältig und langwierig die technischen und intellektuellen Vorarbeiten gewesen sind, deren Ergebnisse schliesslich im Computer zusammen geflossen sind. Und ich wollte zeigen, dass man die gegenwärtige Technik besser verstehen kann, wenn man ihre historischen Wurzeln begreift. Da hat es keinen singulären Geniestreich eines einzelnen Erfinders gegeben, der von jetzt auf gleich den Computer in die Welt gesetzt hätte. Vielmehr ist der Computer das Ergebnis eines komplexen kulturgeschichtlichen Prozesses, den materielle und ideelle, technische und wissenschaftliche, ökonomische und philosophische, individuelle und soziale Faktoren in vielfältigen Wechselwirkungen geprägt haben; teils sind deren Spuren klar erkennbar, teils aber in genaueren Untersuchungen erst noch zu rekonstruieren.

Wegen dieser Komplexität ist natürlich auch die zukünftige Entwicklung nur in engen Grenzen vorauszusagen. Soweit man für die Vergangenheit bestimmte Regelmässigkeiten formulieren kann, liegt es nahe, diese in die Zukunft zu extrapolieren. So haben sich wie gesagt im Kleincomputer schon jetzt verschiedene technische Prinzipien miteinander verbunden, und darum darf man wohl prognostizieren, dass sich die informationstechnische Integration fortsetzen wird; unter der unhandlichen Bezeichnung „Multimedia" fasst man sie bereits ins Auge. Bislang sind Telefon, Fernschreiben, Rundfunk, Fernsehen und Computer sowohl mit ihren Netzen wie auch mit ihren Endgeräten getrennte Welten gewesen. Es ist abzusehen, dass diese verschiedenen Welten zu einem umfassenden Kosmos zusammenwachsen, zu einem globalen integrierten Kommunikationsnetz mit universellen Endgeräten, die gleichermassen Schrift, Ton, Bild und Film empfangen, verarbeiten und versenden können.

Dann gibt es in der Mikroelektronik ein „Moore'sches Gesetz", demzufolge die Leistung von Mikroprozessoren seit 1971 etwa alle sechs Jahre um den Faktor 10 wächst;[1] daraus schliesst man, dass die Kleincomputer in der Mitte des nächsten Jahrzehnts wiederum zehnmal leistungsfähiger sein werden als die heutigen. Auch darf man annehmen, dass sich die Verkleinerung der übrigen Komponenten fortsetzen wird; lediglich bei den peripheren Ein- und Ausgabegeräten dürften die ergonomischen Anforderungen, die dann hoffentlich ernster genommen werden als heute, eine Miniaturisierungsgrenze bilden, soweit diese nicht durch natürlich-sprachliche Ein- und Ausgabe zu unterbieten ist. Die Integration von Kleinstcomputer und Mobiltelefon, die sich dafür anböte, ist auch schon auf dem Wege und dürfte in wenigen Jahren zum Standard werden. „Mit Hilfe eines kleinen und leichten Gerätes, [...] etwa in der Art einer Armbanduhr, sollte es ermöglicht werden, jeden beliebigen anderen Menschen, wo immer er sich auch befinde, mühelos ansprechen und sich mit ihm unterhalten zu können".[2] Diese weitsichtige Prognose, die sich gerade zu erfüllen beginnt, muss nur um den Kleinstcomputer ergänzt werden, und man darf sich fragen, wie eine Weltgesellschaft aussehen wird, in der die Menschen dann vor allem ihre Computer werden miteinander kommunizieren lassen. Aber das ist ein weites Feld – zu weit jedenfalls für ein einführendes Fallbeispiel.

---

[1] Information der Firma Intel im Internet 1997 (http://www.intel.com); Gordon Moore gehört zu den Pionieren der Transistorentwicklung.
[2] Steinbuch 1966, 96.

3 Systemmodelle der Technik

3.1 Allgemeine Systemtheorie

3.1.1 Ursprünge

Im Fallbeispiel des vorangegangenen Kapitels habe ich unter der Hand von einer Modellkonzeption Gebrauch gemacht, die als Allgemeine Systemtheorie bezeichnet wird. Da immer wieder Verwechslungen vorkommen, muss ich gleich eingangs betonen, dass die sogenannte „Systemtheorie", die seit einiger Zeit in der Soziologie von sich reden macht, nur gewisse Ähnlichkeiten mit der Allgemeinen Systemtheorie besitzt und darum allenfalls als eine von mehreren speziellen Systemtheorien gelten kann; ich werde darauf zurückkommen. Die Allgemeine Systemtheorie dagegen ist, wie ihr Name sagt, nicht auf eine bestimmte Disziplin begrenzt, sondern fachübergreifend. Darum bietet sie jenes interdisziplinäre Integrationspotential, dessen Notwendigkeit ich am Ende der Einleitung hervorgehoben habe. Das wird man leichter verstehen, wenn ich zunächst ganz kurz die Ursprünge dieser Konzeption darstelle.

Die Ursprünge des Systemdenkens lassen sich bis in die griechische Philosophie zurückverfolgen. Schon Aristoteles unterscheidet zwischen „pan", der blossen Menge, und „holon", der Ganzheit; eine Vielheit, sagt er, bezeichnet man als Menge, wenn „die Anordnung keinen Unterschied macht", sonst dagegen als Ganzheit.[1] Dieser Begriff der Ganzheit, der die besondere Anordnung der Teile hervorhebt, entspricht dem strukturalen Systemkonzept, das ich später präzisieren werde. So reizvoll es wäre, die abendländische Geistesgeschichte des Systemdenkens im Einzelnen nachzuzeichnen,[2] muss ich es hier mit mit zwei kurzen Hinweisen bewenden lassen. Das betrifft zum einen den Philosophen und Mathematiker Johann Heinrich Lambert, der Ende des achtzehnten Jahrhunderts eine „Theorie des Systems" konzipiert hat, die einerseits an Aristoteles anknüpft und andererseits in mancher Hinsicht die moderne Systemtheorie vorwegnimmt.[3] Und zum zweiten muss ich G. W. F. Hegel erwähnen, für den das Systemdenken die Grundlage der Philosophie bedeutet. Wenn auch Hegels idealistische Deutungen schwer nachvollziehbar sind, hat er doch mit dem Modell der Dialektik eine Denkform

---

[1] Aristoteles, Metaphysik, 1024a, 1ff.
[2] Vgl. dazu Bertalanffy 1972; ferner hierzu und zum Folgenden die hervorragende kritische Bestandsaufnahme von Müller 1996.
[3] Lambert 1782/87.

entwickelt, die interessante Parallelen zu systemtheoretischen Vorstellungen aufweist.[1]

Auch die moderne Systemtheorie hat mehrere Wurzeln. Vor allem ist die *Allgemeine Systemlehre* zu nennen, die L. von Bertalanffy in den 1930er Jahren entwickelt hat. In der Auseinandersetzung mit Grundfragen der Biologie erkennt er, dass Phänomene des Lebendigen nicht allein auf den physischen Charakter einzelner Teile zurückgeführt werden können, widerspricht aber auch jenen, die dafür ein spekulatives „Vitalprinzip" einführen wollten. So bemüht er sich um eine Synthese zwischen „mechanismischen" und „vitalistischen" Vorstellungen und findet sie im Systemkonzept. „Die Eigenschaften und Verhaltensweisen höherer Ebenen sind nicht durch die Summation der Eigenschaften und Verhaltensweisen ihrer Bestandteile erklärbar, solange man diese isoliert betrachtet. Wenn wir jedoch das Ensemble der Bestandteile und Relationen kennen, die zwischen ihnen bestehen, dann sind die höheren Ebenen von den Bestandteilen ableitbar".[2] Das Ganze ist demnach „die Summe seiner Teile" *und* die „Summe" der Beziehungen zwischen den Teilen; damit wird der aristotelische Begriff der Ganzheit präzisiert. Darüber hinaus erkennt Bertalanffy aber auch, dass dieser rational-holistische Ansatz nicht nur auf die Gegenstände einzelner wissenschaftlicher Disziplinen, sondern auch auf das Zusammenwirken der Wissenschaften anzuwenden ist, wenn man der Atomisierung wissenschaftlicher Erkenntnis entgegenwirken und mit einer „Mathesis universalis" eine neue Einheit der Wissenschaften herstellen will. Dieses Programm begründet er mit der Annahme, dass „logische Homologien" existieren, „die sich aus den allgemeinen Systemcharakteren ergeben, und aus diesem Grund gelten formal gleichartige Beziehungen auf verschiedenen Erscheinungsbereichen und bedingen die Parallelentwicklung in verschiedenen Wissenschaften".[3]

Aus der Einsicht, dass interdisziplinäre Brückenschläge für fruchtbare Forschung unabdingbar sind, entstand auch die zweite Wurzel modernen Systemdenkens: die *Kybernetik*, wie sie 1948 von N. Wiener vorgeschlagen wurde. Er versteht darunter „das gesamte Gebiet der Steuerungs-, Regelungs- und Informationstheorie sowohl bei Maschinen als auch bei Lebewesen".[4] Am Anfang der Kybernetik wurden Ähnlichkeiten beispielsweise zwischen neurophysiologischen und kommunikationstechnischen Problemen herausgearbeitet, und daraus erwuchs das allgemeine Programm, formale Ähnlichkeiten, sogenannte Homomorphismen, zwischen Objekten verschie-

---

[1] Vgl. meinen Aufsatz von 1997 (Dialektik).
[2] Bertalanffy 1949, 25.
[3] Ebd., 43.
[4] Wiener 1948, 32; Übersetzung von mir.

dener Wirklichkeitsbereiche zu erschliessen. Dabei standen zunächst die Modellkonzepte der Regelung und der Information im Vordergrund, deren Verallgemeinerung Wieners bleibendes Verdienst ist.

Der Systembegriff wurde anfangs in der Kybernetik nicht audrücklich thematisiert, obwohl Regelung und Informationsverarbeitung in komplexen Anordnungen stattfinden, die man durchaus als Systeme beschreiben kann. Tatsächlich entwickelte K. Küpfmüller eine technikwissenschaftliche Systemtheorie, die regelungs- und informationstechnische Einrichtungen, also Gegenstände der Kybernetik, behandelt, ohne freilich zu jener Zeit bereits auf Bertalanffy und Wiener Bezug nehmen zu können. Inzwischen wird diese Forschungsperspektive gelegentlich als technische Kybernetik bezeichnet, und die Computerwissenschaft oder Informatik könnte man im Grunde auch dazu rechnen. Offensichtlich also war das Systemdenken im Programm der Kybernetik von Anfang an prinzipiell mit eingeschlossen.[1]

Eine dritte Wurzel gegenwärtigen Systemdenkens sehe ich in verschiedenen Ansätzen zur *Verwissenschaftlichung praktischen Problemlösens*. Dabei blieb es nicht aus, dass die notorischen Beziehungskonflikte zwischen Theorie und Praxis reflektiert werden mussten. Auf Grund ihres Konstitutionsprinzips betreffen einzelwissenschaftliche Theorien, wie gesagt, immer nur Teilaspekte eines komplexen Problems. Da sich solche Probleme in der Praxis aber nicht nach der Fächereinteilung der Universität richten, lassen sie sich nur dann befriedigend lösen, wenn man alle wichtigen Teilaspekte und die Zusammenhänge zwischen diesen Teilaspekten berücksichtigt. Praktische Problemlösungen haben es also stets mit Ganzheiten zu tun; sie erfordern mithin jene problemorientierte Integration einzelwissenschaftlicher Erkenntnisse, die ich oben bereits als Interdisziplin gekennzeichnet hatte. Anders ausgedrückt, erheischen sie eine Systembildung auf der Ebene wissenschaftlicher Aussagen, die der Komplexität des praktischen Problems entspricht.

Ein Vorläufer derartiger Bemühungen ist *Operations Research*, manchmal missverständlich mit „Unternehmensforschung" übersetzt, eine Form der mathematischen Modellanalyse zur Optimierung praktischer Lösungen, die während des zweiten Weltkriegs für die Planung militärischer Operationen – daher der Name – entwickelt, bald jedoch auch auf wirtschaftliche Probleme übertragen wurde; dabei spielte interdisziplinäres Systemdenken eine beträchtliche Rolle.[2] Allerdings stossen quantitative Verfahren bei vielschichtigen Untersuchungsgegenständen an prinzipielle Grenzen. So entstand in amerikanischen Grossforschungseinrichtungen wie der Rand Corporation die *Systemanalyse* im engeren Sinn, die auch qualitative Aspekte ins Spiel

---

[1] Küpfmüller 1949; von Cube 1967; Klaus 1968; Stachowiak 1970.
[2] Churchman/Ackoff/Arnoff 1961, 16ff.

brachte; zunächst ging es dort ebenfalls um militärisch-strategische Fragen, später aber auch um gesellschaftspolitische Probleme.[1] Schliesslich ist an die *Systemtechnik* zu erinnern, die ich bereits skizziert habe; unter der Bezeichnung „Systems Engineering" hat sie Anfang der 1950er Jahre bei den amerikanischen Bell Laboratories Konturen gewonnen, wo man sie zunächst für die Analyse und Planung von grossen Telefonnetzen benutzte. Wegen der erwähnten Mehrdeutigkeit des Technikbegriffs hat man später die Bezeichnung „Systemtechnik" auf jede praktische Anwendung der Systemtheorie ausgeweitet[2] – ein Sprachgebrauch, den ich auf Grund der oben besprochenen terminologischen Argumente für unzweckmässig halte. Jedenfalls ist allen diesen praxisorientierten Systemansätzen gemeinsam, dass sie ihre Objekte als systemhafte Ganzheiten auffassen und, korrespondierend hierzu, auch ganzheitlich konzipierte Arbeitsgruppen dafür einsetzen, in denen Generalisten und Spezialisten aus verschiedenen Fachgebieten miteinander kooperieren.

Die vierte Wurzel der Systemtheorie schliesslich ist das strukturale Denken der *modernen Mathematik*. Wenn sich die Mathematik heute als Wissenschaft von den allgemeinen Strukturen und Relationen, ja als Strukturwissenschaft schlechthin versteht, bietet sie sich nicht nur als Werkzeug der Systemtheorie an, sondern erweist sich gewissermassen als die Systemtheorie überhaupt. Auf der Grundlage der Mengenalgebra ist das Konzept des Relationengebildes entstanden, das durch eine Menge von Elementen und eine Menge von Relationen definiert ist[3] und damit genau jenen Unterschied zwischen der Menge und der Ganzheit präzisiert, den schon Aristoteles gesehen hat. So werde ich diesen mathematischen Systembegriff für die grundlegenden Definitionen der Allgemeinen Systemtheorie heranziehen.[4]

Neben den genannten Wurzeln des Systemdenkens lassen sich gewiss noch weitere systemische Tendenzen in anderen Wissenschaften aufspüren. Dazu wäre dann wohl auch die Theorie sozialer Systeme von T. Parsons zu rechnen; in seiner Spätphase hat sich Parsons ausdrücklich auf die Allgemeine Systemtheorie bezogen, auch wenn er seine Gesellschaftstheorie zunächst unabhängig davon entworfen hatte. Aber auch die anderen genannten Ansätze scheinen unabhängig voneinander entstanden zu sein, und es wäre eine Aufgabe wissenschaftsgeschichtlicher Analyse, wechselseitige Einflüsse aufzuspüren, die möglicherweise doch stattgefunden haben. Offenkundig sind jedenfalls nicht nur das auffällige zeitliche Zusammentreffen in den

---

[1] Churchman 1970.
[2] Z. B. Händle/Jensen 1974, 8.
[3] Vgl. Stachowiak 1973, 244ff.
[4] Vgl. die mathematischen Definitionen im Anhang 7.2.

1940er Jahren, sondern vor allem auch die thematischen Zusammenhänge. Darum sollte die formale Einheit der wissenschaftlichen Fragestellung auch durch eine gemeinsame Bezeichnung betont werden. Dafür kommen grundsätzlich sowohl die „Kybernetik" wie die „Systemtheorie" in Betracht, doch sieht es so aus, als wenn mittlerweile mit dem Ausdruck „Systemtheorie" die weiter reichende Konzeption assoziiert würde. Ich kann das natürlich nicht endgültig entscheiden, favorisiere jedoch inzwischen die „Allgemeine Systemtheorie", in der die „Kybernetik" aufgehoben bleibt.[1]

3.1.2 Grundbegriffe

Die Allgemeine Systemtheorie leidet bis heute[2] daran, dass drei unterschiedliche Systemdeutungen vertreten werden, die jeweils einen Systemaspekt in den Vordergrund stellen oder gar absolutisieren, während der Systembegriff in Wirklichkeit drei Aspekte umfasst. Es sind dies: das funktionale, das strukturale und das hierarchische Systemkonzept.

Am geläufigsten ist das *strukturale* Systemkonzept, das schematisch in *Bild 8* unter (b) dargestellt ist. Es ist besteht darin, ein System als eine Ganzheit miteinander verknüpfter Elemente zu betrachten. Diese Auffassung kommt in dem bereits erwähnten holistischen Gesetz zum Ausdruck, dass das Ganze mehr ist als die Summe seiner Teile; wie gesagt besteht dieses Mehr in den Relationen zwischen den Elementen, so dass diese Ganzheitskonzeption durchaus ohne spekulative Mystifikationen auskommen kann. Dem strukturalen Ansatz geht es zum einen um die Vielfalt möglicher Beziehungsgeflechte, die in einer gegebenen Menge von Elementen bestehen und dadurch unterschiedliche Systemeigenschaften hervorrufen können. Zum anderen befasst er sich auch mit der Beschaffenheit der Elemente, von der es abhängt, wie gut sie sich in ein System integrieren lassen; man spricht darum auch von der „integralen Qualität" der Elemente.[3] Strukturales Systemdenken lässt sich von dem Grundsatz leiten, dass Teile nicht isoliert, nicht losgelöst von ihrem Kontext betrachtet werden dürfen, sondern in ihrer Interdependenz mit anderen Teilen innerhalb des Systems zu sehen sind.

Im *funktionalen* Konzept stellt das System eine „black box", einen „Schwarzen Kasten" dar und ist durch bestimmte Zusammenhänge zwischen seinen Eigenschaften gekennzeichnet, wie sie von aussen zu beobachten sind. Bild 8 (a) verdeutlicht, dass unter diese Eigenschaften insbesondere die Inputs

---

[1] In der ersten Auflage habe ich „vorsichtigerweise vom kybernetisch-systemtheorischen Ansatz" gesprochen.
[2] Daran hat sich in den vergangenen zwanzig Jahren seit der ersten Auflage dieses Buches wenig geändert; auch Müller 1996 arbeitet diese drei Aspekte des Systemmodells nicht mit der erforderlichen Klarheit heraus.
[3] Pfeiffer 1965, 43.

oder Eingangsgrössen, die Outputs oder Ausgangsgrössen sowie die Zustände fallen, mit denen die Verfassung des Systems beschrieben wird. Diese Betrachtungsweise verallgemeinert ein Modellkonzept, das in weiten Teilen der Erfahrungswissenschaften, so z. B. im Reiz-Reaktions-Schema des Behaviorimus, anzutreffen ist; sie liegt aber auch dem alltäglichen Umgang zu Grunde, wie ihn der Laie mit technischen Gegenständen pflegt, wenn er auf

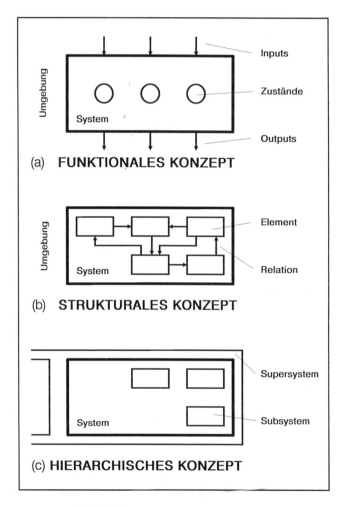

Bild 8 Konzepte der Systemtheorie

Knopfdruck eine bestimmte Leistung erwartet, ohne die inneren Zusammenhänge zu kennen. Das funktionale Systemdenken sieht ausdrücklich von der materiellen Konkretisierung und vom inneren Aufbau des Systems ab und beschränkt sich auf das Verhalten einer Ganzheit in ihrer Umgebung; es „behandelt nicht Dinge, sondern Verhaltensweisen" und „fragt nicht: 'Was ist dieses Ding?', sondern: 'Was tut es'".[1]

Das *hierarchische* Konzept schliesslich betont den Umstand, dass die Teile eines Systems wiederum als Systeme, das System selbst aber seinerseits als Teil eines umfassenderen Systems angesehen werden können. Aus Bild 8 (c) entnimmt man, dass dann im ersten Fall von Subsystemen und im zweiten Fall von Supersystemen gesprochen werden kann. Es gibt also mehrere Stufen von Ganzheiten und Teilen, wobei die Ganzheit ein Teil der nächsthöheren Stufe, der Teil indessen eine Ganzheit der nächstniedrigeren Stufe bildet. Eine umfassende Systembetrachtung kann mehrere Stufen der Systemhierarchie ins Auge fassen. „Bewegt man sich in der Hierarchie abwärts, so erhält man eine detailliertere Erklärung des Systems, während man, wenn man sich in der Hierarchie aufwärts bewegt, ein tieferes Verständnis seiner Bedeutung gewinnt".[2] So ist das Systemdenken für beide Erkenntnisstrategien offen, für die immer tiefer greifende Analyse von Einzelheiten ebenso wie die immer weiter greifende Synthese von Zusammenhängen.

Diese drei Systemkonzepte schliessen einander keineswegs aus, sondern können leicht miteinander verbunden werden. Man beginnt etwa mit der Funktion eines Untersuchungsgegenstandes, fragt dann nach dem inneren Aufbau, aus dem die Funktion zu erklären ist, und zieht schliesslich den grösseren Zusammenhang in Betracht, in dem der Untersuchungsgegenstand angesiedelt ist. Merkwürdigerweise hat sich diese Überlegung jedoch in der vorliegenden Literatur nicht zu einer umfassenden Definition des Systems verdichtet. Ich habe darum frühere Teildefinitionen[3] auswerten und zu einer neuen Definition zusammenführen müssen, die allen drei Konzepten Rechnung trägt. Im Anhang kann man sich davon überzeugen, dass diese und weitere Definitionen mit Hilfe der Mengenalgebra recht elegant zu präzisieren sind; manche graphischen Darstellungen, die ich in diesem Buch benutze, sind im Grunde Bilder von mengenalgebraischen Ausdrücken. Hier will ich, um allgemeinverständlich zu bleiben, zunächst die wichtigsten Erläuterungen zu den Grundbegriffen in natürlicher Sprache geben.

Ein *System* ist das Modell einer Ganzheit, die (a) Beziehungen zwischen Attributen (Inputs, Outputs, Zustände etc.) aufweist, die (b) aus miteinander verknüpften Teilen bzw. Subsystemen besteht, und die (c) von ihrer Umgebung bzw. von einem Supersystem abgegrenzt wird. In dieser Definition sind tatsächlich die drei Systemkonzepte von Bild 8 miteinander vereinigt; (a) defi-

---

[1] Ashby 1956, 15.
[2] Mesarovic/Macko 1969, 35; vgl. a. Mesarovic 1972.
[3] Hall/Fagen 1956; Greniewski/Kempisty 1963; Lange 1965; Klir 1972; Wintgen 1968.

niert die Funktion, (b) die Struktur und (c) die Hierarchie eines Systems. Wenn alle drei Systemaspekte beschrieben werden, liegt ein vollständiges Systemmodell vor. Allerdings werden, da in der Literatur weit verbreitet, auch „schwächere" Systemdefinitionen zugelassen, die nur Attribute und Funktionen oder nur Elemente und Relationen angeben; das ist sinnvoll, weil manche speziellen Systemtheorien mit solchen eingeschränkten Systemmodellen arbeiten. Das Funktionssystem nach (a) und das Struktursystem nach (b) sind überdies formal äquivalente Interpretationen des selben mathematischen Ausdrucks, des bereits erwähnten Relationengebildes: Einmal nimmt man als „Elemente" die Attribute und als „Relationen" die Funktionen zwischen den Attributen an, und im anderen Fall als „Elemente" die Subsysteme und als „Relationen" die auch so bezeichneten Beziehungen oder Kopplungen zwischen den Subsystemen.

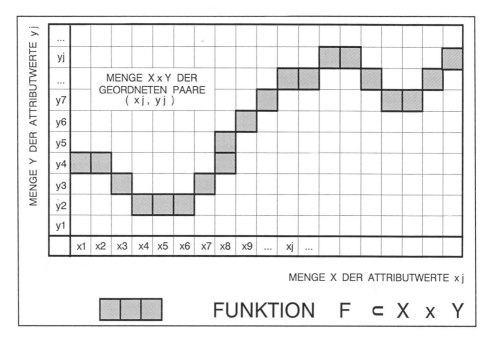

Bild 9 Funktionsbegriff in der Systemtheorie

Da dieser Gedankengang vor allem für den *Funktionsbegriff* zunächst nicht ohne Weiteres nachzuvollziehen ist, will ich ihn mit Hilfe von *Bild 9* veranschaulichen. Betrachten wir den einfachen Fall, dass ein System nur zwei Attribute, den Input X und den Output Y aufweist. Input und Output sind Mengen von Werten xj und yj, die in den Randleisten des Schemas angegeben werden. Jedes Paar (xj, yj) bezeichnet nun ein bestimmtes Feld im

Allgemeine Systemtheorie

Diagramm, und die Gesamtheit der Felder bildet alle denkbaren Wertzuordnungen von xj und yj ab. Die Funktion aber gibt an, dass im betrachteten Fall nicht alle denkbaren, sondern nur ganz bestimmte Zuordnungen, z. B. (x1, y4), (x2, y4), (x3, y3) usw. auftreten; diese werden im Schema als dunkle Felder hervorgehoben. So besteht die Funktion darin, jeden Wert x aus X mit einem Wert y aus Y zu verknüpfen; sie beschreibt also, welche Verknüpfungen zwischen Input- und Outputwerten vorkommen und welche nicht. Abweichend vom strengen Funktionsbegriff der reinen Mathematik kommen im Schema auch Mehrfachzuordnungen vor, also für mehrere x-Werte der selbe y-Wert und umgekehrt; damit berücksichtige ich die Konventionen der angewandten Mathematik.

Leicht kann man nun die Kette getönter Felder im Schema als einen Kurvenzug deuten und ein Funktionsdiagramm darin erblicken, wie man es aus der Schulmathematik für Funktionen Y = f (X) kennt. Während solche Funktionen allerdings üblicherweise für die reellen Zahlen definiert sind – zwischen zwei Zahlen, deren Differenz beliebig klein ist, gibt es immer noch eine dazwischen liegende Zahl –, deckt der verallgemeinerte Funktionsbegriff auch diskrete Skalen ab, z. B. die logische Algebra, die nur die Werte 0 und 1 kennt. Im Grunde brauchen die Attributausprägungen xj und yj überhaupt keine Zahlen zu sein, sondern können auch als qualitative Ausprägungen auftreten; die Funktion wird dann als Tabelle geschrieben, wie das in Bild 6 für die logische UND-Funktion geschehen ist.

Wichtiger als diese formalen Erläuterungen ist jedoch die Einsicht, dass mit jener Definition für die Allgemeine Systemtheorie ein *deskriptiver* Funktionsbegriff festgelegt worden ist, der Zusammenhänge zwischen den Attributen eines Systems beschreibt und auch in der Mathematik und Physik selbstverständlich ist. Im Gegensatz dazu gibt es in der Biologie und in den Sozialwissenschaften einen teleologischen Funktionsbegriff, der das Wort „Funktion" im Sinn von „Zweck" versteht. Ich kann diese beiden Funktionsbegriffe mit einem Beispiel aus der Technik illustrieren, wo interessanterweise beide Begriffsauffassungen vorkommen. Dem Schaltgetriebe eines Kraftfahrzeuges kann man die Funktion zuschreiben, die vom Motor eingegebene Drehbewegung nach Drehzahl und Drehmoment in die Drehbewegung umzuwandeln, die an die Antriebsräder ausgegeben wird; das ist der deskriptive Funktionsbegriff, wie ich ihn oben mit Hilfe des Schemas eingeführt habe. Man sagt aber auch, die „Funktion" des Getriebes bestehe darin, Drehzahl und Drehmoment der Antriebsräder den jeweiligen Fahrerfordernissen anzupassen; hier liegt der teleologische Funktionsbegriff vor, da man mit den selben Worten den Zweck des Getriebes kennzeichnen kann. Der Zweck aber liegt ausserhalb des betrachteten Systems und impliziert eine menschliche Instanz, die den Zweck als solchen gesetzt hat. Wie ich später zeigen werde, kann man die Zwecksetzung und die Zweck-Mittel-Beziehung mit anderen systemtheoretischen Mitteln sehr genau modellieren und braucht daher den Funktionsbegriff nicht so kompliziert zu machen, dass er Gefahr läuft, der Vermengung deskriptiver und normativer Aussagen Vorschub zu leisten.[1] Ich werde darum in diesem Buch den Funktionsbegriff nur im deskriptiven Sinn benutzen.

Der Teil (b) der Systemdefinition beschreibt die *Struktur* als Menge von Relationen über den Systemteilen; zwischen Funktion und Struktur besteht ein formales Dualitätsverhältnis, weil sie mit den gleichen Termen spiegelbildliche Zusammenhänge beschreiben. Relationen können Zeit- oder Ortsbeziehungen, aber auch beliebige andere Beziehungen zwischen zwei oder mehr Systemteilen darstellen. Die Vielfalt der möglichen Relationen ist der Grund dafür, warum die selben Teile ganz verschiedene Systeme bilden können. Das kann man sich mit dem folgenden einfachen Rechenbeispiel klar machen: Wenn es zwischen fünf Systemteilen nur zweistellige Relationen gibt, berechnet man aus der Komplexitätsformel zwanzig verschiedene Relationen;[2] je nachdem, wie viele dieser Relationen tatsächlich auftreten, gibt es 2^{20}, also mehr als eine Million verschiedene Systemstrukturen, von der Einzelverknüpfung bis zur dichten Vernetzung.

Eine sehr häufige Sonderform der zweistelligen Relation ist die *Kopplung*, die man präzisieren kann, wenn man den Systemteil als Subsystem mit eigenen Inputs und Outputs versteht. Von einer Kopplung spricht man dann, wenn der Output des einen Subsystems zum Input eines anderen Subsystems wird. So besteht im obigen Beispiel eine energetische Kopplung zwischen dem Motor und dem Schaltgetriebe eines Kraftfahrzeuges. Schliesslich gibt es den Spezialfall, dass bei gekoppelten Systemen zusätzlich der Output des zweiten zum Input des ersten wird; man spricht dann von *Rückkopplung*. Rückkopplung ist auch die Grundlage der Regelung, die, wie erwähnt, von der Kybernetik besonders beachtet und verallgemeinert worden ist; *Regelung* bedeutet, im Gegensatz zur einfachen ursachengeleiteten Steuerung, eine erfolgsabhängige, wirkungsgeleitete Steuerung.

Damit man ein System identifizieren kann, muss man es von Anderem abgrenzen, das nicht zum System gehört; dieses Andere nennt man *Umgebung* des Systems.[3] Alle Phänomene also, die nicht als Merkmale des Systems definiert sind, bilden mithin seine Umgebung, die prinzipiell beliebig umfassend

---

[1] Dies zu vermeiden, ist bekanntlich ein grundlegendes Prinzip der Wissenschaftslehre; vgl. die Zusammenfassung in meinem Buch von 1996, 31ff.
[2] Vgl. den Anhang 7.1; Beispiele gebe ich in Abschnitt 3.4.3 für technische Netzwerke.
[3] Auch das Wort „Umwelt" wird dafür benutzt; es scheint mir aber wegen seiner ökologischen Sonderbedeutung weniger zweckmässig.

Allgemeine Systemtheorie

und reichhaltig ist. Da freilich die einzelne Systembeschreibung nicht zugleich die ganze Welt darstellen kann, wird man praktisch nur solche Teile der Umgebung in Betracht ziehen, die in irgendeiner Hinsicht für die Systembeschreibung bedeutsam sind. Diesen Untersuchungsschritt kann man präzisieren, indem man die relevanten Teile der Umgebung als Supersystem auffasst, also die *Hierarchie* von Systemen aus Teil (c) der grundlegenden Definition berücksichtigt. Wenn ein System aus Subsystemen bestehen kann, so der Gedankengang, dann ist der Analogieschluss zulässig, dass auch das betrachtete System in einem grösseren Systemzusammenhang wiederum als Subsystem fungiert. Formal können diese Schritte nach „unten" und nach „oben" beliebig oft wiederholt werden, so dass dann die Hierarchie unendlich viele Stufen enthielte. Bei empirischen Interpretationen jedoch wird man sich meist auf wenige Stufen beschränken können. Um verbreitete Missverständnisse auszuschliessen, muss ich betonen, dass mit den metaphorischen Ausdrücken „Hierarchie", „oben" und „unten" selbstverständlich keine Wertungen verbunden sind; sie haben nur formale Bedeutung.

Mit Hilfe dieser grundlegenden Begriffsbestimmungen und weiterer Spezifikationen kann man zahlreiche besonderen Ausprägungen von Systemmodellen kennzeichnen, die mit speziellen Systemtheorien zu behandeln sind. Das kann ich hier nicht vertiefen, weil es in ein Lehrbuch der Allgemeinen Systemtheorie gehören würde, das allerdings bedauerlicherweise noch nicht geschrieben worden ist. In einer solchen Ausarbeitung wäre dann auch zu zeigen, dass neuere systemtheoretische Konzeptionen ohne weiteres an das hier skizzierte Grundgerüst anschliessen können. So gibt es inzwischen funktionale Modelle, in denen zahlreiche, im allgemeinen voneinander unabhängige Attribute derart zusammenwirken, dass sich schliesslich unvorhersehbare Ergebnisse einstellen; dazu gehören die sogenannte Chaostheorie und die als Synergetik bezeichnete Theorie zur Erklärung dominanter Attributwerte, die aus der Erklärung der Laser-Strahlung gewonnen wurde. Strukturale Systemmodelle, die vom Phänomen der Wechselwirkung ausgehen, beschreiben die Resultate, die aus dem Zusammenwirken oder Gegeneinanderwirken von Subsystemen entstehen; solche Untersuchungen werden häufig zur sogenannten Spieltheorie gerechnet. Schliesslich gibt es anspruchsvolle strukturdynamische Systemmodelle, die zu erklären versuchen, wie Systeme nach Anzahl und Beschaffenheit ihrer Teile und ihrer Relationen sich verändern und wachsen können, wie also aus einfachen komplexe Systeme werden; das sind Theorien der Selbstorganisation, der Autopoiese und der Emergenz.[1]

---

[1] Zu diesen Systemkonzepten: Seifritz 1987; Haken 1981; Rapoport 1988; Nicolis/Prigogine 1987; Maturana/Varela 1987; Krohn/Küppers 1992.

Schliesslich muss ich noch kurz auf den Begriff der *Information* zu sprechen kommen, der die Systemtheorie seit langem begleitet und auch in diesem Buch eine wichtige Rolle spielt. Einmal ist die Informationstheorie eine spezielle Systemtheorie, weil Information formal als Varietät einer Systemstruktur beschrieben werden kann. Dann hat sie es mit Systemen zu tun, in denen Information umgesetzt wird, so wie sich die Regelungstheorie mit Systemen der Steuerung und Regelung befasst; übrigens besteht zwischen diesen beiden Interpretationen des Systemmodells ein formales Dualitätsverhältnis.[1] Aus diesem Grunde aber kommt Information auch bei der Beschreibung anderer Systemtypen in Betracht, soweit Vorgänge der Steuerung und Regelung auftreten. N. Wiener hat in seiner Grundlegung der Kybernetik den berühmt gewordenen Satz formuliert: „Information ist Information, weder Masse noch Energie".[2] Natürlich ist diese Aussage keine Definition, aber sie enthält die schwer wiegende Behauptung, dass Information, neben Masse und Energie, eine dritte Grundkategorie der Weltbeschreibung darstellt. Auf zahlreiche physikalische und philosophische Einwände, die gegen den Informationsbegriff vorgebracht werden, kann ich hier nicht eingehen.[3] Die weiteren Überlegungen in diesem Buch werden es jedoch plausibel machen, dass dieses Konzept jedenfalls als heuristischer Modellbegriff für die soziotechnologische Systembeschreibung unentbehrlich ist.

Tatsächlich hat sich „gezeigt, dass die kybernetischen Systeme, auf bestimmter stofflicher Grundlage realisiert und in ihrem Mechanismus an bestimmte Stoffumsetzungen und Energieaufwendungen gebunden, im Wesen ihrer Wirkungsweise nicht verständlich werden, wenn man allein die stofflichen und energetischen Prozesse betrachtet"; und „es erwies sich auch, dass die informationellen Prozesse prinzipiell nicht auf stoffliche und energetische Vorgänge zurückgeführt werden können". Als Information bezeichnet man das, was an einer Nachricht, auch wenn sie nacheinander verschiedene physikalische Erscheinungsformen annimmt, unverändert bleibt; eine Information kann somit „als Klasse äquivalenter Signale definiert" werden.[4]

Zieht man die Zeichentheorie hinzu, kann man diese Definition wie folgt anreichern: Eine Information ist ein Zeichen aus einer Zeichenmenge, das (a) ein physisches Ereignis ist und mit einer bestimmten Häufigkeit oder Wahrscheinlichkeit auftritt (syntaktische Dimension), das (b) eine bestimmte Bedeutung hat, die ihm durch Konvention zugeschrieben wird (semantische Dimension), und das (c) einen bestimmten Bezug zum Verhalten seines Be-

---

[1] Greniewski/Kempisty 1963, 63.
[2] Wiener 1948, 166; Übersetzung von mir.
[3] Vgl. neuerdings die Diskussion zu Janich 1998; der Beitrag von F. Nake (ebd. 238ff) entspricht weitgehend der Auffassung, die ich hier vertrete. Mehr im 7. Kapitel meines Buches von 1991.
[4] Zitate aus Klaus/Buhr 1974, 571f; vgl. a. Steinbuch 1971, 20; zur Zeichentheorie Walther 1974.

nutzers hat (pragmatische Dimension). Der syntaktische Informationsbegriff hat strukturalen Charakter und kann daher wie gesagt systemtheoretisch als Varietät präzisiert werden, nämlich als dualer Logarithmus der Anzahl verschiedener Elemente der Zeichenmenge; darum gilt diese Zahl auch als Mass für die Kompliziertheit einer Anordnung. Treten die Zeichen im nichttrivialen Fall mit unterschiedlicher Häufigkeit oder Wahrscheinlichkeit auf, so geht diese in die mathematische Formulierung des syntaktischen Informationsbegriffs ein. So wird er auch zu einem Mass für Ordnung, wenn man unterstellt, dass Gleichverteilung mit maximaler Unordnung identisch ist.

3.1.3 Bedeutung

Die Allgemeine Systemtheorie ist von ihren Protagonisten um die Mitte unseres Jahrhunderts mit grossen Erwartungen bedacht worden, die freilich bei genauerer Analyse nicht in allen Punkten stimmig und zum Teil wohl auch zu anspruchsvoll gewesen sind.[1] Vor allem die Idee, mit der Systemtheorie eine Art universalwissenschaftlicher Weltformel schaffen zu können, ist offensichtlich unrealistisch gewesen. Indessen ist die Systemtheorie alles Andere als ein tot geborenes Kind; das will ich mit diesem Buch demonstrieren. Indem ich ernst zu nehmende wissenschaftsphilosophische Einwände[2] berücksichtige, rekonstruiere und verwende ich die Systemtheorie in einer Art und Weise, die ihre Stärken sichtbar macht.

Die Systemtheorie dient hier vor allem als ein Beschreibungsinstrument, das die verschiedenartigen Perspektiven der Technik sozusagen auf einen Nenner bringt. Diesen gemeinsamen Nenner bilden die formalen Modellkategorien, die von der Systemtheorie präzisiert werden. Ich fasse die Systemtheorie mithin als eine Modelltheorie auf, mit der ich verschiedenartige Wirklichkeitsbereiche in der selben Sprache beschreiben und dadurch auf einander beziehen kann. Das lässt sich mit den einheitlichen Symbolen der Kartographie vergleichen, die in jeder Landkarte benutzt werden, ganz gleich, welche Region darin wiedergegeben wird; auch wenn mir ein Land wie Bourkina Faso völlig fremd ist, entnehme ich einer Karte dieses Landes mühelos, welche Orte es dort gibt, ob sie mit einer Eisenbahn oder Autostrasse mit einander verbunden sind und so weiter. Wie in der Kartographie ein und die selbe Modellsprache auf die verschiedensten Regionen der Erde angewandt wird, so kann man mit der systemtheoretischen Modellsprache die verschiedensten Bereiche der Erkenntnis abbilden.

Der Vergleich mit der Landkarte illustriert auch das Verhältnis, in dem das Modell und die Wirklichkeit zu einander stehen. Das Land Bourkina Faso gibt

---

[1] Vgl. die kenntnisreiche und reflektierte Kritik von Müller 1996.
[2] Vgl. den Anhang 7.3.

es wirklich; es ist nicht meiner persönlichen Einbildung oder fingierten Bildberichten eines internationalen Nachrichten-Fernsehens entsprungen. Aber die Landkarte zeigt mir natürlich nicht die ganze Wirklichkeit, nicht die Menschen, die dort leben, nicht die Häuser, in denen sie wohnen, und nicht die Vorstellungen, an die sie glauben. Die Landkarte abstrahiert von all diesen Besonderheiten und bildet vor allem die geographische Struktur dieser Region ab, damit der Ortsunkundige sich darin zurecht finden kann. So verhält es sich auch mit den Systemmodellen: Was sie beschreiben, gibt es in der Wirklichkeit, aber sie erfassen nicht die ganze Wirklichkeit, sondern nur jene ganz bestimmten Aspekte, die für den Hersteller und den Benutzer des Modells wichtig sind.

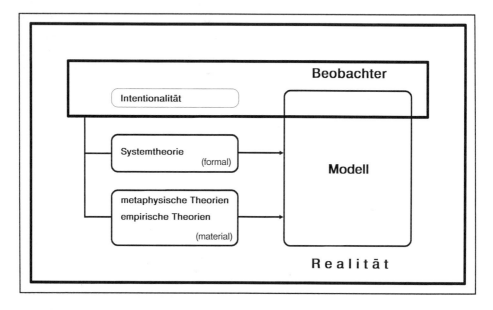

Bild 10 Systemtheorie und Modellkonstruktion

So sind Modelle durch drei Merkmale gekennzeichnet:[1] (a) das Abbildungsmerkmal, denn „Modelle sind stets Modelle von etwas, nämlich Abbildungen, Repräsentationen natürlicher oder künstlicher Originale"; (b) das Verkürzungsmerkmal, denn „Modelle erfassen im Allgemeinen nicht alle Attribute des durch sie repräsentierten Originals, sondern nur solche, die den jeweiligen Modellerschaffern und/oder Modellbenutzern relevant erscheinen"; und (c) das pragmatische Merkmal, denn „Modelle sind ihren Originalen nicht per se eindeutig zugeordnet", sondern „erfüllen ihre Ersetzungsfunktion

---

[1] Stachowiak 1973, 131ff; daraus stammen auch die folgenden Zitate.

Allgemeine Systemtheorie

(1) für bestimmte – erkennende und/oder handelnde, modellbenutzende – Subjekte, (2) innerhalb bestimmter Zeitintervalle und (3) unter Einschränkung auf bestimmte gedankliche oder tatsächliche Operationen". Diese Merkmale werden in *Bild 10* veranschaulicht, das zudem weitere Hinweise zur systemtheoretischen Modellkonstruktion gibt.

Zunächst sieht man, dass Modelle immer von einem Beobachter gebildet werden, der damit bestimmte Intentionen verfolgt. Das Modell deckt ein Stück Realität ab, aber eben nur einen Ausschnitt, und es bezieht den Beobachter und sein Verhältnis zur Wirklichkeit ein, der insofern seine eigene Modellkonstruktion mitreflektiert. Die Allgemeine Systemtheorie selbst stellt nun allerdings nur formale Bausteine für die Modellbildung zur Verfügung. Gegenüber der völlig abstrakten mathematischen Mengenalgebra enthält sie wohl Minimalannahmen über die Realität, vor allem, dass jeder Gegenstand der Erkenntnis und des Handelns eine „Aussenseite", die Funktion, und eine „Innenseite", die Struktur, besitzt und ferner in einem Gefüge differenzierterer und umfassenderer Zusammenhänge, der Hierarchie, verortet werden kann. Gleichwohl reichen diese Minimalannahmen natürlich nicht aus, um ein halbwegs realistisches Modell etwa einer Maschine oder einer gesellschaftlichen Organisation aufzustellen.

Wie Bild 10 erläutert, müssen neben der formalen Systemtheorie dafür materiale Theorien herangezogen werden, aus denen man substanzielle Aussagen über die spezifische Beschaffenheit des Wirklichkeitsausschnitts gewinnt, den man im Modell beschreiben will. Das sind natürlich in erster Linie empirische Beobachtungen und Theorien. Auch wenn ich die Modellsprache der Kartographie bestens beherrsche, kann ich mir die Landkarte von Bourkina Faso nicht aus den Fingern saugen, sondern benötige verlässliche Informationen der Landvermesser, auf welchem geodätischen Punkt die Hauptstadt Ougadougou liegt und wie viele Eisenbahnkilometer bis zur Provinzstadt Bobo Dioulasso gemessen worden sind. Genau so braucht man Erfahrungswissen über die Formen und Ergebnisse des technischen Handelns, wenn man ein Systemmodell der Technik entwerfen will.

Schliesslich wird man aber auch verallgemeinerte Vorstellungen von grundlegenden Zusammenhängen in die Modellkonstruktion einbringen, die ich als metaphysische Theorien bezeichne.[1] Damit meine ich nicht die Lehren von ausserweltlichen und übersinnlichen Phänomenen, sondern Orientierungskonzepte, die sich durchaus auf die Erfahrungswirklichkeit beziehen, aber gegenüber den physischen Phänomenen insofern auf einer Metaebene liegen, als sie nur sprachlich plausibel zu erfassen, nicht aber konkret zu beobachten sind. Was jeder Laie sehen und jeder Forscher messen kann,

---

[1] Zu dieser Auffassung von Metaphysik vgl. Heinemann 1959; Holz 1987.

das sind beispielsweise die unzähligen Berührungen zwischen Mensch und Maschine, die Fingerbewegungen auf der Tastatur, das Mobilitätsverhalten eines Autobesitzers oder die gebannte Aufmerksamkeit vor einem Fernsehgerät. Wenn ich jedoch diese und viele andere Beobachtungen mit der metaphysischen Annahme deute, dass zwischen Mensch und Maschine eine neuartige Lebenseinheit, eine soziotechnische Symbiose zustande kommt, dann reichen einzelne empirische Beobachtungen – dass beispielsweise ein bestimmter Mensch nicht fähig ist, mit dem Hammer einen Nagel in die Wand zu schlagen – nicht aus, diese Annahme eindeutig zu widerlegen, weil sie kein strenges Gesetz behauptet, sondern transempirisch ein existenzielles Verweisungsverhältnis postuliert.

Mit dem „Abgrenzungskriterium" der unmittelbaren empirischen Widerlegbarkeit hat der Positivismus alle metaphysischen Theorien als unwissenschaftlich verworfen. Inzwischen jedoch wird in der Wissenschaftsphilosophie weithin anerkannt, dass derartige transempirische Orientierungskonzepte nicht nur zulässig, sondern sogar unentbehrlich sind, um auf Erfahrungstatsachen überhaupt aufmerksam zu machen und sie ins richtige Licht zu rücken.[1] Wenngleich metaphysische Theorien nicht mit empirischen Einzelfällen zu widerlegen sind, heisst das aber keineswegs, dass sie unabhängig von der Erfahrungswirklichkeit völlig willkürlich erdichtet werden dürften; zum einen müssen sie in sich stimmig und mit anderen bewährten theoretischen Annahmen verträglich sein, und zum zweiten muss ihr Realitätsbezug deutlich genug sein, um auf mögliche empirisch gehaltvolle Aussagen verweisen zu können.

Ein System ist also zunächst ein formales Modell, das dann mit Hilfe metaphysischer und empirischer Theorien material interpretiert wird; dabei kann man mehrere Stufen zunehmender Konkretisierung unterscheiden, bis das Systemmodell derart realistisch ausgestaltet ist, dass es empirischen Phänomenen hinreichend genau entspricht. Es ist dies keine logische Ableitung – das muss ich gegen häufige Missverständnisse ausdrücklich betonen –, sondern eine Interpretation, die in ihren verschiedenen Schritten das formale Modell zunehmend mit weiterer Information anreichert; für diese Interpretation kommen die verschiedensten wissenschaftlichen Methoden in Betracht. Schon im Ansatz beschränkt sich die Allgemeine Systemtheorie keineswegs auf mathematisch-naturwissenschaftliche Methoden, sondern nutzt auch geisteswissenschaftliche Methoden wie insbesondere die Hermeneutik als Interpretationsmethodik.

Wie alle Interpretation ist mithin auch die Bildung von Systemmodellen zwar nicht beliebig, aber auch nicht derart zwingend, dass es nur ein einziges

---

[1] Popper 1934, 8ff; vgl. die Übersicht von Radnitzky 1989.

Allgemeine Systemtheorie

richtiges Resultat gäbe. So kann man jedes Systemmodell kritisieren, es sei nicht hinreichend repräsentativ für die abgebildete Wirklichkeit und nicht hinreichend relevant für seine Benutzer. Wer einem Systemmodell derartige Schwächen vorwirft, muss allerdings gute Gründe dafür angeben, damit man zu prüfen vermag, wie das Modell zu verbessern oder durch ein anderes Modell zu ersetzen wäre. Gewiss gibt es auch die grundsätzliche Frage, ob systemtheoretische Modelle für bestimmte Erkenntnisgegenstände nicht vielleicht völlig ungeeignet sind; aber auch dies muss mit guten Gründen gezeigt werden und darf sich nicht auf das geisteswissenschaftliche Vorurteil beschränken, für das Verständnis menschlicher Angelegenheiten wäre das Hilfsmittel formaler Präzision völlig verfehlt. Jedenfalls kann man Systemmodelle, wenn man nicht bei den Formalismen stehen bleibt, auch mit sehr subtilen Inhalten füllen.

Wenn Systeme Modelle darstellen, dann sind sie mit der Wirklichkeit, die sie beschreiben, selbstverständlich nicht identisch. Bourkina Faso ist keine Landkarte, und mein Computer ist kein System. Streng genommen bezeichnet das Wort „System" nur das Modell, das sich Menschen von einem Gegenstand machen, nicht jedoch diesen Gegenstand selbst. Da nun freilich mit dem Systemmodell unterstellt wird, dass nicht nur der Gegenstand, sondern auch die „Systemeigenschaften", die ihm mit dem Modell zugeschrieben werden, wirklich existieren, hat es der Sprachgebrauch im Alltag und in der Wissenschaft nicht so genau genommen und bezeichnet auch den Computer, den Biotop oder die Organisation als System, insofern diese Gegenstände mit Hilfe des Systemmodells beschrieben werden können. So spreche auch ich in diesem Buch von Sachsystemen und Handlungssystemen, wenn ich technische Gebilde oder Organisationen meine. Allerdings empfehle ich dringend, der Ungenauigkeit dieses Sprachgebrauchs immer bewusst zu bleiben, damit man nicht unversehens die Realität mit dem Modell verwechselt und der Wirklichkeit Eigenschaften ohne Prüfung unterstellt, die zunächst nur im Modell beschrieben werden. Beispielsweise kann es höchst irreführend sein, von einem Gegenstand zu behaupten, dass „er sich von seiner Umgebung abgrenzt", wenn tatsächlich der Modellschöpfer bloss eine gedachte Abgrenzung vorgenommen hat, während der betreffende Gegenstand in der Realität mit hundert anderen Phänomenen verknüpft ist.[1]

Allerdings darf der Modellbildner nicht übersehen, dass seine Systemmodelle sich ihrerseits als „Elemente der gesellschaftlichen Praxis" erweisen,[2] so bald

---

[1] Das geschieht vor allem in soziologischen Systemtheorien, wo der Unterschied von Modell und Realität zwar gelegentlich erwähnt, aber meist nicht strikt beachtet wird. Wer sich viele tausend Druckseiten aus Luhmanns Textproduktion ersparen will, lese zum Überblick Luhmann 1986.
[2] Händle/Jensen 1974, 23.

er sie veröffentlicht hat. Wenn sich die Adressaten nämlich ein Modell zu eigen machen, benutzen sie es zur Definition ihrer Situation und orientieren ihre Erkenntnis- und Handlungsweisen daran. Ein besonders eindrucksvolles Beispiel dafür sind die so genannten „sich selbst erfüllenden" und „sich selbst widerlegenden" Prognosen, die, indem sie etwas vorhersagen, menschliche Handlungen anstossen, die ihrerseits den Erfüllungsgrad der Prognosen beeinflussen. Dies belegt, „dass der von Subjekten veranstaltete Forschungsprozess dem objektiven Zusammenhang, der erkannt werden soll, durch die Akte des Erkennens hindurch selber zugehört".[1] Der Beobachter muss also in Rechnung stellen, dass er das, was er beobachtet, eben dadurch verändern mag. Das gilt auch für dieses Buch: Indem ich soziotechnische Zusammenhänge zum Gegenstand einer Systemmodellierung mache, füge ich zugleich jenen Zusammenhängen dieses Modell hinzu, so dass die Menschen, die darin verwickelt sind, womöglich ein neuartiges Verständnis davon gewinnen. Weil ich mir solcher möglichen Effekte bewusst bin, habe ich mich verpflichtet gefühlt, gleich in der Einleitung meine Erkenntnis leitenden Vorentscheidungen offen zu legen.

Die Bedeutung der Allgemeinen Systemtheorie besteht darin, eine einheitliche formale Sprache für die geordnete Beschreibung verschiedenartiger Erfahrungsbereiche anzubieten und auf diese Weise deren Ähnlichkeiten, Überschneidungen und Verknüpfungen aufzudecken und zu präzisieren. Damit erweist sie sich als fruchtbares Hilfsmittel für die Synthese interdisziplinärer Forschung. Die Systemtheorie stammt mit zentralen Grundgedanken wie gesagt aus der Philosophie, und vielleicht sollte man sie überhaupt, wie die Logik, als ein Stück philosophischen Denkens auffassen. Philosophie tritt in drei Formen auf: als Lebensweise, als disziplinäre Wissenschaft und als fachübergreifendes Weltverständnis.[2] Diese dritte Form, die man, weil sie die Erfahrungswissenschaften ernstnimmt, *empirische Philosophie* nennen kann, erhält mit der Systemtheorie ein machtvolles Werkzeug, um jene Aufgabe zu erfüllen, für die, so weit ich es sehe, keine andere Instanz sich zuständig fühlt: die interdisziplinäre Integration des vielfältig spezialisierten Wissens. In den vielen Diskussionen über Interdisziplinarität, die seit Jahren Konjunktur haben,[3] wird nämlich regelmässig die Frage ausgespart, wo denn der theoretische Ort wäre, an dem die Synthese heterogenen disziplinären Wissens zustande kommen soll. Das aber kann nur eine realistische Systemphilosophie sein, wie ich sie in diesem Abschnitt skizziert habe und für die Technik in diesem Buch ausführen werde.

---

[1] Habermas 1969, 156.
[2] Diese wichtige Unterscheidung verdanke ich Böhme 1997.
[3] Neuerdings Weingart 1997 und die anschliessende Diskussion.

3.2 Allgemeines Modell des Handlungssystem

3.2.1 Handeln und Technik

Das formale Systemmodell, das ich im letzten Abschnitt vorgestellt habe, soll nun mit Inhalt gefüllt werden, damit es die Technik in der Gesellschaft beschreiben kann. In der Einleitung habe ich bereits erläutert, dass die Technik nicht ohne menschliches Handeln zu verstehen ist; zwei Bestimmungsstücke der Technikdefinition, die ich vorgeschlagen habe, enthalten das Handeln als Definiens. So liegt es nahe, als materiale Theorie zur Interpretation des Systemmodells eine Handlungstheorie heranzuziehen. Dabei will ich, wie im letzten Abschnitt angedeutet, die geplante Konkretisierung in zwei Schritten angehen. Zunächst werde ich im vorliegenden Abschnitt ein allgemeines Modell des Handelns entwickeln; dieses Modell enthält bereits realistische Bezüge, bleibt allerdings gegenüber den wirklichen Akteuren noch recht abstrakt, weil es alle konkreten Formen des Handelns abdecken soll. Es ist also ein abstraktes Handlungssystem, was aus dieser theoretischen Interpretation hervorgehen wird. Erst in den folgenden Abschnitten dieses Kapitels wird dann das abstrakte Handlungssystem einer empirischen Interpretation unterzogen, derart, dass die daraus gewonnenen Modelle mit handelnden Instanzen der Erfahrungswirklichkeit identifiziert werden können.

Das Konzept des Handelns spielt in den Human- und Sozialwissenschaften eine zentrale Rolle.[1] Besonders die philosophische Anthropologie hat „die Auffassung des Menschen als eines primär handelnden Wesens" herausgearbeitet; A. Gehlen schliesst seine Technikinterpretation unmittelbar daran an.[2] Der Mensch ist ein „weltoffenes", d. h. durch keine Instinktprogrammierung „festgestelltes" Lebewesen und daher verhaltensplastisch. Dadurch ist er zum Handeln fähig, zu einer zweckbestimmten „auf Veränderung der Natur gerichteten Tätigkeit", die als erfolgskontrollierter „Handlungskreis" zu beschreiben ist; auf dieses Konzept, das heute als Vorwegnahme des kybernetischen Regelungsmodells zu würdigen ist, werde ich in den nächsten Abschnitten zurückkommen.

Des weiteren ist der Begriff des sozialen Handelns seit M. Weber „eine der wichtigsten, wenn nicht gar die fundamentalste Kategorie der allgemeinen Soziologie".[3] Da dies freilich nicht allgemein akzeptiert wurde, hat sich eine Art Spaltung in „die zwei Soziologien" vollzogen, die sich als „Handlungstheorie" und als „Systemtheorie" in spürbarer Gegnerschaft gegenüberstehen.[4] Diesen spezifisch soziologischen Sprachgebrauch muss ich kurz erläutern, da

---

[1] Einen umfassenden Überblick bieten die sechs Bände von Lenk 1977ff; neuerdings Joas 1996.
[2] Gehlen 1961, 17ff u. 93ff; vgl. a. das Standardwerk Gehlen 1940.
[3] König 1972, 754; vgl. Weber 1921, 11ff.
[4] Vanberg 1975.

ich diese Ausdrücke in einem weiteren Sinn benutze. Als „systemtheoretisch" gelten in der Soziologie diejenigen Konzeptionen, die für die Gesellschaft allein überindividuelle Phänomene in Betracht ziehen und die individuell handelnden Menschen aus der soziologischen Erkenntnisperspektive ausklammern. Als „handlungstheoretisch" werden dagegen Konzeptionen bezeichnet, die umgekehrt alles Gesellschaftliche auf die Handlungen und Einstellungen der Individuen reduzieren.[1]

Beide Konzeptionen scheinen mir verengt und überdies missverständlich benannt. In der Allgemeinen Systemtheorie werden weder die Teile noch das Ganze einseitig privilegiert. Im Systemmodell sind Teile und Ganzheit die beiden Seiten der selben Münze, so dass eine soziologische Systemtheorie, die sich dieses Modells wirklich bedient, weder den individuellen noch den überindividuellen Phänomenen einen theoretischen oder faktischen Vorrang einräumen kann: Die Menschen machen die Gesellschaft, und die Gesellschaft macht die Menschen.[2] Damit aber wird die soziologische „Handlungstheorie" zum selbstverständlichen Teil einer wohlverstandenen Systemtheorie. Wenn man dann den Handlungsbegriff, wie ich das tun werde, von seiner herkömmlichen Bindung an das Individuum löst und systemtheoretisch verallgemeinert, kann man eine Synthese aus „Handlungs-" und „Systemtheorie" bilden: die *Handlungssystemtheorie*.

Schliesslich hat sich in der Technikphilosophie der Begriff des technischen Handelns verbreitet, mit dem man die Einsicht betont, dass die Technik nicht nur als Ensemble künstlich gemachter Gegenstände zu verstehen ist, sondern vor allem auch das menschliche Handeln umfasst, das diese Gegenstände herstellt und gebraucht.[3] Es ist dieses neue Technikverständnis, von dem ich bei meiner Begriffsbestimmung in der Einleitung ausgehen konnte. Der Handlungsbegriff ist also weit genug, um ihn für ein theoretisches Konzept nutzen zu können, das mit grundlegenden Ansätzen in Anthropologie, Sozialwissenschaft und Technikphilosophie verträglich ist. Eine allgemeine Handlungstheorie, deren Konturen ich in den nächsten Abschnitten ausführen werde, stellt somit für die materiale Systeminterpretation jene Integrationsleistung sicher, die formal bereits durch das allgemeine Systemmodell ermöglicht wird.

Zuvor muss ich allerdings noch gewisse begriffliche Unklarheiten zu bereinigen versuchen, die sonst die folgenden Überlegungen belasten würden. Da gibt es zunächst die schon im letzten Absatz implizit erwähnte Unterschei-

---

[1] Vgl. M. Hennen mit seinen Artikeln „Handlungstheorie" und „Systemtheorie" in Endruweit/Trommsdorff 1989, 266ff u. 717ff; ferner Joas 1996.
[2] In diesem Sinn schon Berger/Luckmann 1966, 65.
[3] Tuchel 1967; Rumpf 1981; zu den Besonderheiten des technischen Handelns vgl. das 5. Kapitel in meinem Buch von 1991 und das 4. Kapitel in meinem Buch von 1996.

dung zwischen „technischem" und „sozialem" Handeln, die von J. Habermas zu einem „Dualismus von Arbeit und Interaktion" zugespitzt worden ist; „an der Verschleierung dieser Differenz" bewähre sich die „ideologische Kraft" eines „technokratischen Bewusstseins".[1] Tatsächlich greift Habermas mit diesem „Dualismus" auf eine ehrwürdige philosophische Tradition zurück, die im antiken Denken begonnen hat und ihrerseits einer kritischen Prüfung und ideologischen Entschleierung bedarf. Es ist die Unterscheidung zwischen „poiesis" und „praxis", zwischen Herstellen und Handeln, die seit Aristoteles im abendländischen Denken fest verwurzelt ist.[2] Nach dieser Auffassung richtet sich das Herstellen auf Gegenstände ausserhalb menschlicher Handlungszusammenhänge, und nur das Handeln ist an der menschlichen Lebenslage selbst orientiert. Darum vermag die griechische Antike allenfalls im Handeln eine würdige Lebensgestaltung zu sehen – wenn sie nicht überhaupt der tätigen die betrachtende Lebensweise vorzog; die herstellenden Handwerker hingegen, als „Banausen" nicht mit vollen Bürgerrechten ausgestattet, galten als Menschen zweiter Klasse.

Jene Unterscheidung findet sich bei Habermas wieder. Arbeit wird, entsprechend dem „Herstellen", mit zweckrationalem, instrumentalem und strategischem Handeln gleichgesetzt, mit der Verfolgung deduzierbarer und definierter Ziele gemäss technischen Regeln, sowie mit den Produktivkräften im Marx'schen Sinn. Interaktion dagegen, entsprechend dem „Handeln" im traditionellen Sinn, wird mit kommunikativem Handeln, mit einem umgangssprachlich vermittelten, herrschaftsfreien Diskurs über gesellschaftliche Normen, sowie mit den Produktionsverhältnissen assoziiert. Dieser Dualismus, so unscharf seine beiden Seiten auch umschrieben sind, wiederholt jene antike Denkfigur samt der unterschwelligen Bewertung, die in der traditionellen Kulturkritik lebendig geblieben ist:[3] die Scheidung zwischen zivilisatorischen Zwecken und kulturellen Werten und die damit verbundene Klage, eine triviale Zweckhaftigkeit verdränge und zerstöre die kostbare Sinnhaftigkeit von Geist und Kultur. C. P. Snow hat das bekanntlich als die Kluft zwischen den „zwei Kulturen" kritisiert, zwischen der naturwissenschaftlich-technischen und der geisteswissenschaftlich-literarischen Kultur,[4] aber trotz dieser Kritik scheint die Kluft bis heute nicht überbrückt.

Gewiss ist eine analytische Unterscheidung zwischen technischem und sozialem Handeln in erster Näherung brauchbar. Dann kann man als *technisches Handeln* den Umgang mit künstlich gemachten Gegenständen kennzeich-

---

[1] Habermas 1968, 80ff.
[2] Aristoteles, Nikomachische Ethik, Buch I u. IV; vgl. Arendt 1960, bes. 76ff.
[3] Klems 1988.
[4] Snow 1959.

nen, als *soziales Handeln* dagegen den Umgang mit anderen Menschen. Aber wer dialektischem Denken auch nur den geringsten Kredit einräumt, kann keinen „Dualismus" behaupten, wo miteinander vermittelte „Momente" eine soziotechnische „Totalität" bilden. Es gilt also, „den dialektischen Schein als solchen zu erkennen, der dem unvermittelt Naturwüchsigen der dichotomen Betrachtungsweise anhaftet".[1] Dann zeigt sich, dass unter den Bedingungen der arbeitsteiligen Gesellschaft kaum noch ein Herstellen möglich ist, das nicht auf Kommunikation angewiesen wäre; überdies gehen die hergestellten Gegenstände grösstenteils in die Tätigkeitssphäre anderer Menschen ein und verbinden sich dort oft genug mit Aktivitäten, die an der menschlichen Lebenslage an sich orientiert sind. Wie ich in den folgenden Kapiteln dieses Buches noch ausführlich zeigen werde, sind technisches, wirtschaftliches und soziales Handeln also in Wirklichkeit vielfach miteinander verflochten.

Das Modell des Handlungssystems ist darum so universell anzulegen, dass sich sowohl technisches wie soziales Handeln, sowohl Arbeit wie Interaktion darin abbilden lassen. So scheint mir auch der erwähnte Handlungsbegriff von Gehlen zu eng, weil er vor allem auf den Umgang mit der Natur abhebt. Die berühmten Handlungsexplikationen von M. Weber hingegen beziehen sich so ausdrücklich auf soziales Handeln, dass H. Linde darin einen Grund für die von ihm kritisierte „Sachblindheit" der Soziologie sieht.[2] Lediglich der Arbeitsbegriff von Hegel und Marx scheint als Hintergrund für das folgende Modell geeignet, wenn man nicht nur den „Stoffwechsel mit der Natur" berücksichtigt, sondern auch das „System der Bedürfnisse" würdigt, in dem die Arbeit sich vollzieht.[3] Anders als Habermas haben Hegel und Marx an der dialektischen Einheit von Arbeit und Gesellschaft nie einen Zweifel aufkommen lassen. Wenn ich hier gleichwohl dem Begriff des Handelns den Vorzug gebe, dann darum, weil das Wort „Arbeit" in verschiedenen Sprachwelten recht unterschiedliche Sonderbedeutungen hat:[4] als physikalischer Grundbegriff der Energie, als ökonomischer Produktionsfaktor, als körperliche Tätigkeit, als Anstrengung, als berufliche Erwerbstätigkeit und dergleichen mehr.[5] Auch wenn ich *Arbeit* grundsätzlich als eine Sonderform des Handelns bestimmen kann, ist es kaum möglich, die spezifischen Besonderheiten in einer Weise zu systematisieren, die sprachliche Vielfalt und theoretische Konsistenz mit einander versöhnen würde.

---

[1] Moshaber 1974, 130.
[2] Linde 1972.
[3] Zum „System der Bedürfnisse" Hegel 1833, §§ 189ff; zur „Arbeit" Marx 1867, bes. 192ff.
[4] Arendt 1960 unternimmt den wenig überzeugenden Versuch, die Arbeit als ein Drittes neben Herstellen und Handeln abzugrenzen.
[5] Vgl. das Einleitungskapitel in Kahsnitz/Ropohl/Schmid 1997.

Ich wähle daher einen allgemeinen Handlungsbegriff, den der Philosoph J. von Kempski vorgeschlagen hat: „*Handeln* ist die Transformation einer Situation in eine andere. [...] Diese Umformung einer Situation folgt einer Maxime und im idealen Fall derart, dass mit der Ausgangssituation und der Maxime des Handelnden die Endsituation festgelegt ist".[1] Diesen Handlungsbegriff will ich nun präzisieren und vertiefen, indem ich ein systemtheoretisches Beschreibungsmodell dafür entwerfe.

3.2.2 Begriff des Handlungssystems

Der Ausdruck „Handlungssystem" kann in zweifacher Weise verstanden werden: als ein „System von Handlungen" oder als ein „System, das handelt". Die erste Lesart findet sich vor allem in soziologischen Systemtheorien, die wie gesagt von den Individuen, die handeln, glauben absehen zu können; da fasst man dann beispielsweise alle wirtschaftlichen Handlungen, gleichgültig von wem sie betrieben werden, zum „ökonomischen System" zusammen. Formal ist eine solche Interpretation, wenn sie denn begriffsscharf ausgeführt wird, durchaus zulässig, aber in meinen Augen hat sie den Nachteil, dass ein solches System in der Erfahrungswirklichkeit kaum noch zu identifizieren ist. Alle Menschen und Organisationen nämlich führen, im Beispiel, regelmässig oder gelegentlich auch wirtschaftliche Handlungen aus, die überdies mit anderen, etwa politischen, rechtlichen oder moralischen Orientierungen vermengt sein mögen. Faktisch also berührt ein derartiges „Handlungssystem", auch wenn es theoretisch davon absieht, die Menge aller Menschen und Organisationen, und nur mit gekünstelten Abstraktionen kann man die Fülle der Aktivitäten, die jeder konkrete Akteur betreibt, auf verschiedene Arten von „Handlungssystemen" aufteilen. Leicht verfangen sich dann Soziologen in ihren eigenen Abstraktionen und verfallen auf den Gedanken, die verschiedenen „Handlungssysteme" ständen in der modernen Gesellschaft getrennt und beziehungslos nebeneinander,[2] obwohl sie doch in jedem wirklichen Akteur einander überschneiden.

Demgegenüber bevorzuge ich die zweite Lesart: Ein *Handlungssystem* ist eine Instanz, die Handlungen vollzieht. Dann kann man als Handlungssysteme wirkliche Menschen, wirkliche Organisationen und wirkliche Staaten beschreiben und erkennt darin die empirischen Substrate, die mit dem Systemmodell abgebildet werden. Dieser prinzipielle Realitätsbezug, der nach und nach zu verdichten ist, zeichnet bereits die allgemeine Konzeption aus. Ein allgemeines Handlungssystem ist ein theoretisches Modell, das beliebige empirische Handlungsträger abbilden kann. Auch wenn die besondere Be-

---

[1] Kempski 1964, 297ff.
[2] Luhmann 1986.

schaffenheit der jeweiligen Akteure im allgemeinen Modell des Handlungssystems zunächst offen bleibt, repräsentiert das Modell doch auf jeden Fall wirkliche Handlungsträger. Ein Handlungssystem ist also nicht etwa eine Menge von Handlungen, sondern ein wie immer geartetes „Subjekt" des Handelns, eben ein Handlungsträger.[1]

Indem ich einen Handlungsträger als Handlungssystem bezeichne, unterwerfe ich diese handelnde Instanz den Kategorien des allgemeinen Systemmodells, das ich zu Beginn dieses Kapitels skizziert hatte. Ein Handlungssystem weist also Funktionen, eine Struktur und eine Umgebung auf. Zum Handlungssystem gehört Alles, was erforderlich ist, damit eine Handlung überhaupt zustande kommt. Die *Umgebung* umfasst alle diejenigen Gegebenheiten, mit denen das Handlungssystem in Beziehung steht oder in Beziehung treten kann; Gegebenheiten der Umgebung mögen natürliche, technische oder gesellschaftliche Phänomene sein. Gewiss ist es oft problematisch, wie man die Grenze zwischen System und Umgebung zieht und wie man die Umgebung dimensioniert – was man also dazu rechnet und was nicht; doch in jedem Fall hängt das von den Intentionen und Entscheidungen des Modellkonstrukteurs ab und ist keineswegs in einem geheimnisvollen Eigenleben der Systemmodelle angelegt.[2]

Das Handlungssystem und seine Umgebung bilden zusammen die *Situation*. Diese Definition, die zunächst etwas ungewöhnlich wirken mag, ist erforderlich, damit der gewählte Handlungsbegriff alle vorkommenden Handlungstypen abzudecken vermag. Würde man unter der Situation nur die Verfassung der Umgebung verstehen, könnte man ein Handeln, in dem das Handlungssystem sich auf sich selbst bezieht, nicht mehr als „Transformation einer Situation" definieren. Tatsächlich beschreibt auch J. von Kempski die Situation als eine „Verknüpfung von Relationen zwischen den Personen und Gegenständen", schliesst also das handelnde Subjekt in den Situationsbegriff ein. Bildet man auch die Umgebung im Systemmodell ab, kann man die Situation als das Supersystem charakterisieren, das gewisse Umgebungssysteme und das Handlungssystem als Bestandteile enthält.

Wenn Kempski im Handeln eine Transformation, also eine Veränderung der Situation sieht, dann darf man doch den wichtigen Grenzfall nicht vergessen, in dem das Handeln darauf gerichtet ist, eine gegebene Situation unverändert zu bewahren. So gesehen würde man das Handeln umfassender

---

[1] So durchgängig in der Allgemeinen Systemtheorie, z. B. Krausser 1972 und Miller 1978.
[2] Wenn ein Handlungssystem wirkliche Akteure repräsentiert, ist die vereinfachende Redeweise akzeptabel, dass es dies oder jenes „tut". Wenn allerdings die „Systeme" bei Luhmann (1986, 266ff), die erklärtermassen kein „Subjekt" besitzen, „sich von einer Umwelt abgrenzen", „Paradoxien erzeugen" und etwas „behandeln können", ohne sich etwas „eingestehen zu können", dann werden künstliche Abstraktionen mit menschenähnlichen Wesenheiten verwechselt.

als gezielte Beeinflussung einer Situation bestimmen müssen. Doch lässt sich der Grenzfall auch so verstehen, dass dann irgendwelche Effekte in der Umgebung, welche die Situation in unerwünschter Weise verändern könnten, durch geeignete Massnahmen neutralisiert werden müssen; das aber bedeutet dann doch wieder eine Transformation der Situation. Ein Handlungssystem ist mithin eine Instanz, die eine Situation, deren Teil sie ist, gemäss einer Maxime transformiert.

3.2.3 Funktionen des Handlungssystems

Die Funktionsbeschreibung eines Systems hat bei seinen kennzeichnenden Attributen anzusetzen. Dabei unterscheidet man wie gesagt Inputs, Zustände und Outputs. In der Allgemeinen Systemtheorie ist es üblich, solche Attribute einem Kategorienschema zuzuordnen, dem die bereits erwähnte Dreiteilung von N. Wiener zu Grunde liegt. Demnach lassen sich alle Phänomene in der Welt als Masse, als Energie, als Information oder als Kombination dieser Kategorien kennzeichnen. Ich benutze diese Kategorien als heuristische Modellbegriffe, die das jeweils hervorstechende Merkmal der empirisch-physischen Phänomene betonen. In der Wirklichkeit sind Masse und Energie einander äquivalent und in gewissem Umfang auch in einander überführbar; und in Wirklichkeit ist Information grundsätzlich an stoffliche oder energetische Signale gebunden. Auf der Modellebene aber ist es legitim, jeweils die eine Kategorie hervorzuheben, die in einem bestimmten Beschreibungszusammenhang vorherrschende Bedeutung hat.

Masse ist Alles, was räumlich ausgedehnt, träge und schwer ist.[1] *Energie* ist die Fähigkeit, Arbeit (im physikalischen Sinn) zu leisten. *Information* ist jede Anordnung von Zeichen; dabei unterscheidet man *Daten*, die vor allem Bedeutungen repräsentieren, und *Befehle*, die vor allem Zustandsänderungen auslösen.[2] Schliesslich treten alle Phänomene der Wirklichkeit in *Raum* und *Zeit* auf. Mit Hilfe dieser Attributklassen und Attributkategorien kann man nun das Blockschema eines Handlungssystems in *Bild 11* entwerfen. Natürlich ist es kein Zufall, dass dieses Bild grosse Ähnlichkeit mit den Schemadarstellungen im zweiten Kapitel hat; jene Bilder sind exemplarische Interpretationen des allgemeinen Modells. Ein paar Beispiele mögen erläutern, wie mit diesem Modell tatsächlich Handlungen beschrieben werden können.

---

[1] In der ersten Auflage habe ich das Wort „Materie" benutzt, das aber in der materialistischen Naturphilosophie auch Energie und Information umfassen kann. Darum bevorzuge ich jetzt den physikalisch treffenderen Ausdruck „Masse" oder auch die Synonyme „Stoff" und „Material", letztere vor allem in Adjektiven und Wortverbindungen, die man von „Masse" nur in missverständlicher Weise ableiten könnte.

[2] Vgl. die ausführliche Definition, die ich oben in Abschnitt 3.1.2 gegeben habe. Mit Bild 11 werden die verschiedenen Lineaturen der Pfeile erklärt, die ich durchgängig benutze.

Offensichtlich besteht die nächstliegende Möglichkeit darin, Gegebenheiten der Umgebung dadurch zu verändern, dass Outputs des Handlungssystems darauf einwirken. Wenn ich etwa im Garten Saatgut verteile, damit dort Gras wächst, kann man das als stofflichen Output, an einem bestimmten Ort und zu einer bestimmten Zeit, beschreiben. Wenn ich meine Beinmuskulatur betätige, um mich mit meinem Fahrrad in Bewegung zu setzen, gebe ich einen energetischen Output ab. Wenn ich den Studierenden den Termin und die Themenbereiche der nächsten Klausur mitteile, ist das ein informationeller Output von Daten. Wenn ich einen Mitarbeiter bitte, mir ein bestimmtes Buch aus der Bibliothek zu besorgen, liegt ebenfalls ein informationeller Output vor, jetzt aber in einer Form, die in der Fachterminologie „Befehl" oder „Anweisung" genannt wird. Die letztgenannten Beispiele machen deutlich, dass mit kybernetisch-systemtheoretischen Begriffen grundsätzlich auch soziale Phänomene erfasst werden können, wenn man sich der situationsspezifischen Besonderheiten bewusst bleibt. Wenn mein Computer meinen Befehl nicht ausführt, ist er defekt; wenn dagegen mein Mitarbeiter meinen Arbeitsauftrag nicht ausführt, trifft er eine freie Entscheidung, die er in der einen oder anderen Weise begründen kann. Gleichwohl sind die jeweiligen informationellen Outputs funktional äquivalent, und diese Modelleigenschaften kann man fruchtbar machen, ohne sogleich in eine technizistische Deformation des Sozialen zu verfallen.

Neben den Outputs sind auch die Inputs für Handlungsbeschreibungen bedeutsam. Das folgt zunächst schon aus den bekannten Erhaltungs- und Kontinuitätsprinzipien, denen auch ein Handlungssystem unterworfen ist. Wenn es Masse oder Energie abzugeben vermag, muss es auch Masse und Energie aus der Umgebung aufnehmen können. Bestimmte stoffliche und energetische Inputs sind gar für die Selbsterhaltung eines Handlungssystems existenznotwendig, beim Menschen etwa die Nahrungsaufnahme oder bei einem Produktionsbetrieb die Materialzufuhr. Allgemein bildet die Aufnahme von Inputs eine zweite Form der Umgebungsveränderung, denn der Umgebung wird dadurch Masse oder Energie entzogen. Bevor ich den Rasen säen kann, muss ich mir das Saatgut besorgen; das ist ein stofflicher Input. Die Nahrungsmittel, von denen ich lebe, versorgen meinen Körper mit Aufbaustoffen und mit chemischer Energie; sie sind also teils stoffliche, teils energetische Inputs. Etwas anders verhält es sich mit der Information, die nicht dadurch aufgebraucht wird, dass ein Handlungssystem sie aufnimmt. Aber die Kenntnis der jeweiligen Umgebungsbedingungen, die durch informationelle Inputs vermittelt wird, ist unentbehrliche Grundlage allen Handelns, weil ja nur dadurch bestimmbar ist, was Gegenstand der Umgebungsveränderung werden kann. Informationelle Inputs können in unmittelbarer Beobachtung bestehen, sie können aber auch von anderen Handlungssystemen vermittelt werden. Die Aufnahme vermittelter Information ist eine ganz wesentliche Einflussgrösse für fast alles menschliche Handeln, das schon dadurch immer auch sozial geprägt ist – ein Grund mehr übrigens, um die künstliche Abtrennung eines technischen Handelns vom sozialen Handeln als sozialanthropologisches Missverständnis zurückzuweisen.

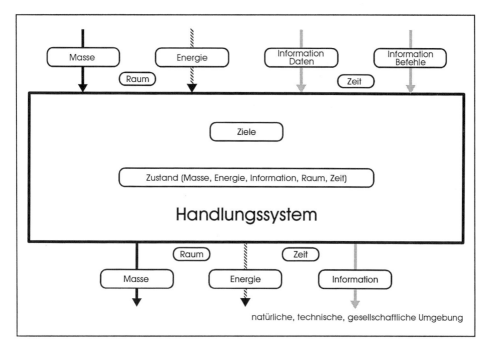

Bild 11 Blockschema des Handlungssystems

Schliesslich sind in Bild 11 auch Zustandsattribute angedeutet, die ebenfalls den genannten Grundkategorien zugeordnet werden können. Die Zustandsattribute beschreiben die innere Verfassung des Handlungssystems und treten zunächst lediglich als Kürzel für differenziertere Strukturmerkmale auf, die erst im folgenden Abschnitt analysiert werden können. Schon an dieser Stelle muss ich aber einen besonderen Typus von informationellen Zustandsattributen hervorheben: die *Ziele*. Allgemein wird Handeln als diejenige Teilklasse menschlichen Verhaltens verstanden, die Tätigkeiten mit ausdrücklicher Zielorientierung umfasst, Tätigkeiten also, die, nach der oben eingeführten Definition, einer leitenden Maxime folgen. Die Existenz von Zielen ist mithin für das Handlungssystem konstitutiv; darum werden die Ziele im Modell eigens ausgewiesen. Ziele sind informationelle Repräsentationen von dem, was mit dem Handeln bewirkt werden soll. Sie können im Handlungssystem intern erzeugt, aber auch als „Befehle" aus der Umgebung aufgenommen werden. Handlungssysteme handeln also auf Grund vorgegebener oder selbst gesetzter Ziele, wobei die Internalisierung externer Zielvorgaben durchaus möglich ist. Da Ziele natürlich auch im technischen Handeln eine herausragende Rolle spielen und da dementsprechend das Verhältnis von Zielen und Mitteln in Technologie und Technikphilosophie ausgiebig diskutiert wird, muss ich im Abschnitt 3.6 darauf zurückkommen.[1]

Da nun ein erster Überblick über die Attribute eines Handlungssystems vorliegt, insbesondere über Inputs, Zustände und Outputs, können im nächsten Schritt seine Funktionen untersucht werden. Allgemein ist eine Funktion wie gesagt eine Verknüpfung zwischen Attributen. Unter der Hand habe ich, als ich Beispiele für die Inputs und Outputs gab, bereits einfache Funktionen beschrieben. Wenn sich nämlich ein Mensch Nahrungsmittel aus der Umgebung beschafft, ist das formal eine *Inputfunktion*;[2] wenn er sie sogleich verzehrt, liegt die Verknüpfung eines Inputs mit einem Zustand vor, also eine *Überführungsfunktion*. Wenn ein Mensch einem Anderen irgend etwas sagt, kann man das als *Outputfunktion* beschreiben; wenn er damit eigenes Wissen oder Empfinden mitteilt, bedeutet das eine Verknüpfung eines Zustandes mit einem Output, also eine *Markierungsfunktion*.

Die allgemeine Funktion eines Handlungssystems aber erhält man, wenn man das Handeln als Funktion mit mindestens vier Variablen darstellt, dem Ziel, einem weiteren Zustand, einem Input und einem Output. Entsprechend dem vorgestellten Ziel nimmt das Handlungssystem Gegebenheiten aus der Umgebung auf, verändert diese sowie meist auch seinen eigenen Zustand und gibt sie in veränderter Form an die Umgebung ab. In systemtheoretischer Ausdrucksweise ist das genau der Ablauf, der in der allgemeinen Handlungsdefinition als „Transformation der Situation" beschrieben wird. Dabei kann man annehmen, dass der Input der Anfangssituation und der Output der Endsituation zugeordnet ist. Handeln, definiert als die Funktion des Handlungssystems, heisst somit die zielbestimmte Überführung von Inputs in Outputs; dann ist Handeln eine *Ergebnisfunktion*.

Beispielsweise handele ich, indem ich dieses Buch schreibe, mit dem ich das Ziel verfolge, die Zusammenhänge zwischen Technik und Gesellschaft durchsichtig zu machen. Indem ich lese, was andere Autoren zum Thema geschrieben haben, nehme ich Informationen aus der Umgebung auf, die

---

[1] Dort findet man, was ich in der ersten Auflage hier als Exkurs eingeschoben hatte; mit dieser Umstellung hoffe ich die Gedankenführung übersichtlicher zu machen.
[2] Zu diesem und den folgenden Funktionsbegriffen vgl. Aisermann 1967 und den Anhang 7.2.

Modell des Handlungssystems 99

ich denkend vergleiche, auf einander beziehe, verknüpfe, überforme und glücklichenfalls mit einer neuen Idee anreichere. Die derart veränderten Informationen gebe ich schliesslich, wenn ich sie zu Papier gebracht habe, als Buch an die Umgebung ab, in der Erwartung, mit diesem Ergebnis tatsächlich mein Ziel erreicht zu haben. In diesem Beispiel können Input und Output eindeutig als Information gekennzeichnet werden. In anderen Fällen mögen Inputs oder Outputs komplexe Objekte sein, bei denen stoffliche, energetische und informationelle Anteile mit einander verbunden sind. Das trifft beispielsweise auf einen Bauernhof zu, der Jungtiere beschafft, aufzieht und als ausgewachsene Tiere wieder abgibt. Entweder ordnet man diese In- und Outputs derjenigen Kategorie zu, die für den jeweiligen Modellzweck im Vordergrund steht, also der Masse bei vorherrschender Fleischproduktion oder der Information bei vorherrschender Zuchtwahl; oder man führt in die Modellbeschreibung zusätzlich komplexe Inputs und Outputs ein, hier also die Tiere, wenn die Zuordnung zu einer einzelnen Kategorie unangemessen wäre.[1]

Die Funktionen eines Handlungssystems sind also die Veränderung der Umgebung und die Veränderung des eigenen Zustandes. In Wirklichkeit wird Beides regelmässig Hand in Hand gehen, doch kann man analytisch zwei besondere Fälle unterscheiden. (a) Der eine Sonderfall heisse *internes Handeln*; dann verändert das Handlungssystem lediglich seinen eigenen Zustand. (b) Der andere Sonderfall heisse *externes Handeln*; dann verändert das Handlungssystem bei gleich bleibendem Zustand nur die Umgebung. Externes Handeln kann, je nach den konkreten Situationsbedingungen, als einfache Input- bzw. Outputfunktion beschrieben werden oder als Input-Output-Transformation, die sogenannte Ergebnisfunktion. Wahrscheinlich werden im herrschenden Technikverständnis die internen Zustandsveränderungen, die technisches Handeln mit sich bringt, meist vorschnell ignoriert. Darum sollen in den folgenden Überlegungen, auch wenn sie vor allem das externe Handeln analysieren, die internen Veränderungen der Handlungssubjekte bei passender Gelegenheit ebenfalls zur Sprache kommen.

Mit diesen Explikationen habe ich ein abstraktes Gerüst bereit gestellt, mit dem man eine allgemeine Theorie der Handlungssysteme errichten kann. Das ist nicht die Aufgabe dieses Buches, doch will ich darauf hinweisen, dass man mit den Bausteinen, die ich eingeführt habe, und mit zusätzlichen Differenzierungen die Menge aller menschlichen Handlungen beschreiben und systematisieren könnte. Auch wenn es mir hier allein um technisches Han-

---

[1] In der ersten Auflage hatte ich komplexe Umgebungssysteme im Blockschema des Handlungssystems aufgeführt; da dies vielfach als unübersichtlich empfunden wurde, beschränke ich mich nun darauf, diesen Fall lediglich im Text zu erwähnen.

deln geht, will ich doch gewisse grundlegende Axiome festhalten, die in den vorstehenden Überlegungen plausibel gemacht worden sind und jeder allgemeinen Handlungstheorie zu Grunde zu legen sind: (a) Handeln ist kein reines Reiz-Reaktions-Schema, sondern besteht darin, interne Ziele des Handlungssystems zu verwirklichen. (b) Handeln passt sich nicht nur reaktiv an Veränderungen der Umgebung an, sondern das Handlungssystem verändert auch seinerseits zielbestimmt und planmässig die Situation, in der es sich befindet. (c) Im Handeln verändert das Handlungssystem, indem es seine Umgebung umgestaltet, in aller Regel gleichzeitig auch sich selbst.

Die allgemeine Handlungsfunktion kann man besser verstehen, wenn man sich vorstellt, dass sie sich aus verschiedenen Teilfunktionen zusammensetzt. Diese Funktionszerlegung lässt sich nicht mit formalen Mitteln ableiten, sondern verlangt eine phänomenologische Analyse des Handelns. Eine solche Analyse hat A. Gehlen vorgelegt und, wie schon erwähnt, als *Handlungskreis* beschrieben.[1] Diesen Handlungskreis kann man heute, wie *Bild 12* zeigt, mit kybernetisch-systemtheoretischen Mitteln präzisieren. Zu Beginn setzt das Handlungssystem ein Ziel. Dann plant es geeignete Vorgehensweisen, mit denen das Ziel zu erreichen ist, und führt die Handlung aus. Danach prüft es, ob das Handlungsergebnis mit dem vorgestellten Ziel übereinstimmt. Ist das der Fall, wird der Handlungsablauf beendet. Wenn das Handlungsziel dagegen nicht erreicht worden ist, wird in einer Rückkopp-

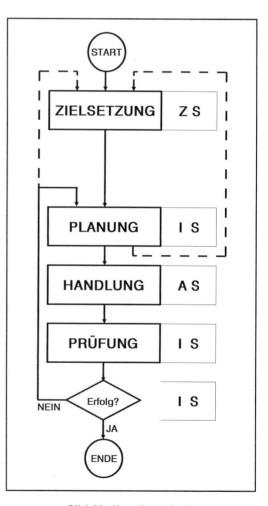

Bild 12 Handlungskreis

---

[1] Gehlen 1940, bes. 54ff; Gehlen 1961, 18f.

Modell des Handlungssystems 101

lungsschleife eine erneute Planung vorgenommen. Diese Teilfunktionen werden so oft durchlaufen, bis sich schliesslich ein befriedigendes Ergebnis einstellt; das ist tatsächlich der Funktionsablauf eines Regelkreises.
Neben der Rückkopplung, die Gehlen hervorgehoben hat, sind im Bild als gestrichelte Pfeile zwei weitere Rückkopplungsschleifen zu erkennen, die bei genauerer Analyse von Handlungsabläufen von Fall zu Fall zusätzlich auftreten können. Lässt sich das ursprüngliche Ziel auch nach mehreren Versuchen überhaupt nicht erreichen, kann das Handlungssystem zur Zielsetzung zurückgehen und ein vielleicht besser erreichbares Ziel aufstellen. Ferner kommt auch eine unmittelbare Rückkopplung zwischen Planung und Zielsetzung vor, wenn nämlich die Planung auf Handlungsmöglichkeiten stösst, die bei der ursprünglichen Zielsetzung noch nicht bekannt waren und dadurch, dass sie entdeckt werden, das Zielsetzungssystem dazu veranlassen mögen, veränderte oder gar neue Ziele zu entwickeln.[1]
Die Abbildung ist der Form nach ein sogenanntes Flussschema oder Ablaufdiagramm, wie es vor Allem in der Computer-Wissenschaft für die übersichtliche Darstellung von Programmen verwendet wird; auch solche Programme sollen ja komplexe Computer-Funktionen steuern und müssen daher angeben, wie die Gesamtfunktion in mehreren auf einander folgenden Funktionsschritten zu realisieren ist. In gleicher Weise verfährt die sogenannte Netzplantechnik, wenn die Teilaktivitäten eines umfangreichen Arbeitsplanes in ihrer zeitlichen Abfolge und Verflechtung überschaubar gemacht werden sollen. In der systemtheoretischen Modellsprache, die ich hier verwende, ist das Ablaufschema ein heuristisches Zwischenglied zwischen der Funktion und der Struktur des Systems, indem es eine zeitbezogene Struktur von Teilfunktionen angibt, ohne bereits die Aufbaustruktur des Systems festzulegen. Nimmt man allerdings die Annahme einer funktionsspezialisierten Aufbaustruktur zu Hilfe, so können die Teilfunktionen des Ablaufschemas auf Subsysteme der Aufbaustruktur verweisen, in denen sie real ablaufen. Das ist in Bild 12 am rechten Rand angedeutet; die Abkürzungen bezeichnen das Zielsetzungssystem ZS, das Informationssystem IS und das Ausführungssystem AS, die im nächsten Abschnitt als Teilsysteme des allgemeinen Handlungssystems eingeführt werden.

3.2.4 Struktur des Handlungssystems

Wenn ich nun von der funktionalen zur strukturalen Betrachtungsweise übergehe, muss ich den ursprünglich „schwarzen Kasten" durchsichtig machen und seine inneren Bestandteile und Relationen herausarbeiten. Dabei verbleibe ich allerdings weiterhin auf der allgemeinen Modellebene. Die Sub-

---

[1] Auf das Verhältnis zwischen „Zielen" und „Mitteln" werde ich in Abschnitt 3.6 zurückkommen.

systeme, die nun beschrieben werden, sind zunächst nur theoretische Konstrukte, die allein dadurch zu bestimmen sind, dass sie als Träger von Teilfunktionen gelten sollen. Dieser Interpretationsschritt lässt sich wie gesagt nicht zwingend ableiten. Für die Zerlegung einer Systemfunktion in Teilfunktionen gibt es im Allgemeinen mehrere mögliche Lösungen. Glücklicherweise liegen in der Systemtheorie bereits plausible Lösungsvorschläge vor, die, von Details abgesehen, einander sehr ähnlich und überdies, wie ich in Bild 12 angedeutet habe, mit der Konzeption des Handlungskreises vereinbar sind.[1] Aus diesen Vorschlägen bilde ich mit dem folgenden Strukturschema in *Bild 13* eine Synthese, die für die späteren Überlegungen besonders ergiebig erscheint.

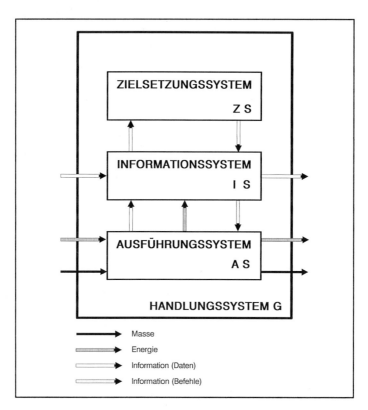

Bild 13 Grobstruktur eines Handlungssystems

Ich bediene mich dabei eines heuristischen Prinzips, das wohl auch den zitierten Vorschlägen zu Grunde gelegen haben dürfte. Dieses Prinzip der

---

[1] Greniewski/Kempisty 1963; Krausser 1972; Stachowiak 1973; Mesarovic/Pestel 1974; Miller 1978.

Modell des Handlungssystems

Strukturanalyse besteht darin, den jeweiligen Input-, Zustands- und Outputkategorien jeweils eigene Subsysteme zuzuordnen, für die Aufnahme der Inputs und die Abgabe der Outputs periphere Subsysteme anzunehmen und für die dazwischen liegenden Transformationsprozesse interne Subsysteme vorzusehen. Wie das Bild zeigt, kann daraus zunächst eine Grobstruktur gewonnen werden, die drei Subsysteme umfasst. Das ist zum einen das *Ausführungssystem* AS, dem die stofflichen und energetischen Attribute zukommen; das Ausführungssystem leistet damit Arbeit im engeren Sinn. Zweitens gibt es das *Informationssystem* IS, das es mit informationellen Attributen zu tun hat; hier laufen solche Handlungsfunktionen ab, die Information aufnehmen, verarbeiten und weitergeben, also insbesondere auch die Kommunikation mit anderen Handlungssystemen vornehmen. Schliesslich ist ein *Zielsetzungssystem* ZS zu erkennen, das systemintern die Ziele als Maximen des Handelns erzeugt. In diesem Schema wird mit den Pfeilen angedeutet, dass Ziele nicht immer willkürlich gesetzt werden, sondern auch von Informationen abhängen, die das Handlungssystem über äussere Umgebungsbedingungen und eigene Handlungsmöglichkeiten gewonnen hat.

Nun kann man die Funktionszerlegung für die Informations- und die Ausführungsfunktion verfeinern und wiederum Teilinstanzen postulieren, die den analysierten Teilfunktionen entsprechen. Auf diese Weise entsteht sozusagen eine theoretische Hierarchie des Handlungssystems; die Teilsysteme in Bild 13 kann man dann als Subsysteme, die Teilsysteme dieser Subsysteme, die ich mit *Bild 14* erläutern werde, als Sub-Subsysteme betrachten. Für das Informationssystem folgt die Funktionszerlegung den bereits erwähnten Quellen aus der Kybernetik. Für die Aufnahme von Information aus der Umgebung und aus dem Ausführungssystem ist ein *Rezeptorsystem* zuständig; manchmal ist auch von Sensoren die Rede. Entsprechend gibt es ein *Effektorsystem*, das Information an die Umgebung und an das Ausführungssystem weiterleitet, nicht zuletzt auch Steuerbefehle zur Koordination der Ausführungsfunktionen. Zwischen Rezeptor- und Effektorsystem befindet sich das *Informationsverarbeitungssystem*, das angebotene Information auswertet und transformiert sowie neue Information entwickelt. Indem es unter Anderem den Ist-Zustand der Umgebung und der Systemverfassung mit den gesetzten Zielen vergleicht und daraus neue Anweisungen für das Ausführungssystem ableitet, leistet es auch die Funktion eines Reglers.

Durchgängig steht das Verarbeitungssystem mit dem *Informationsspeicherungssystem* in Wechselwirkung, das früher eingegangene Information als „Erfahrung" aufbewahrt und über gezielte oder assoziative Prozeduren fallweise bereitstellt; auch die definierten Ziele werden hier gespeichert. Alle diese Informationen sind wenigstens teilweise in Ordnungsmustern miteinander verbunden, so dass man von einem *internen Modell* sprechen kann,[1] das Systemumgebung und Systemverfassung näherungsweise abbildet. Wenn das Verarbeitungssystem vor mehreren Handlungsalternativen steht, können diese Möglichkeiten und ihre jeweiligen Folgen zunächst im internen Modell durchgespielt werden. Schliesslich beeinflusst das interne Modell, insofern das Rezeptorsystem selektiv arbeitet, auch die Auswahl der wahrzunehmenden Informationen.

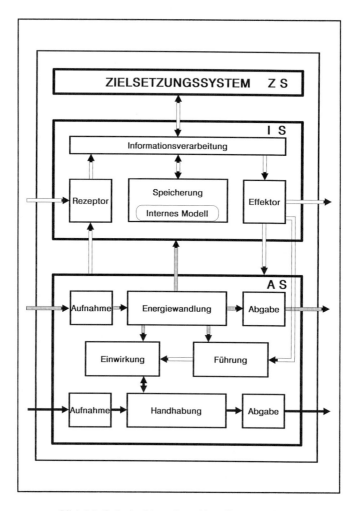

Bild 14 Feinstruktur eines Handlungssystems

---

[1] Steinbuch 1971, 131ff.

Bei der Zerlegung der Informationsfunktion habe ich mich wie gesagt auf existierende Ansätze beziehen können; darin wird jedoch die Ausführungsfunktion, also die stofflich-energetische Seite des Handelns, regelmässig vernachlässigt. So muss ich dafür auf eine eigene Analyse von Fertigungssystemen zurückgreifen,[1] die ich nun für den vorliegenden Zweck verallgemeinere. Das kann ich gut begründen, denn ein Fertigungsvorgang ist in funktionaler Betrachtung eine höchst komplexe Arbeitshandlung; so vermag eine Systembeschreibung der Fertigung auch alle anderen Formen arbeitenden Handelns abzudecken.

Analog zum Informationssystem besitzt auch das Ausführungssystem periphere Subsysteme, bei denen die Inputs münden und die Outputs ihren Ausgang nehmen; das sind, sowohl für Energie wie für Masse, die *Aufnahmesysteme* und die *Abgabesysteme*. Dazwischen liegt einerseits das *Energiewandlungssystem*, das die aufgenommene Energie in solche Formen umwandelt, wie sie von den anderen Subsystemen bzw. für die Abgabe an die Umgebung benötigt werden; und andererseits das *Handhabungssystem*, das die aufgenommene Masse für verändernde Einwirkung bereitstellt und nach der Umwandlung an das Abgabesystem weiterleitet. Das *Einwirkungssystem* leistet die unmittelbare stoffliche Veränderung an den Arbeitsgegenständen, wobei unter Umständen ein *Führungssystem* die dafür erforderlichen Bewegungsabläufe aus Daten des Informationssystems rekonstruiert und in Raum und Zeit verwirklicht.

Bild 14 veranschaulicht lediglich das theoretische Modell der Funktionszerlegung; die Blöcke, die ich verkürzend als „Subsysteme" bezeichnet habe, können nicht ohne Weiteres als wirkliche Komponenten aufgefasst werden, sondern ergeben sich zunächst aus einer idealisierenden Abstraktion. Beispielsweise ist für die Teilfunktion der Informationsaufnahme lediglich ein Rezeptorsystem modelliert worden, obwohl empirische Handlungssysteme bei realistischer Analyse immer mehrere Rezeptorsysteme besitzen; Menschen haben mehrere Sinnesorgane, und Organisationen empfangen Nachrichten aus der Umgebung auf verschiedenen Wegen. Das Rezeptorsystem im Modell repräsentiert also all diese unterschiedlichen Ausprägungen der Informationsaufnahme, und Entsprechendes gilt für die anderen Subsysteme. Auch habe ich weitgehend, bis auf das Handhabungssystem, darauf verzichtet, eigene Subsysteme für systeminterne Transport- und Übertragungsvorgänge einzuzeichnen, weil dadurch die Darstellung zu unübersichtlich geworden wäre; so muss man sich vorstellen, dass die Pfeile manchmal keine reinen Kopplungen bilden, sondern zusätzlich eine Übertragungsfunktion symbolisieren.

---

[1] Vgl. mein Buch von 1971, 140ff.

In theoretischer Analyse hat die Funktionszerlegung zunächst nur dazu dienen sollen, hypothetische Teilsysteme des Handlungssystems zu identifizieren. Bei der Beschreibung freilich ist es nicht ausgeblieben, dass ich auch strukturelle Verknüpfungen zwischen den Teilsystemen angeben musste; so habe ich also zugleich die Menge der Teile und die Menge der Relationen zwischen den Teilen vorgestellt. Die Pfeile, die in Bild 14 eingetragen sind, dürften, auch wenn ich sie nicht alle ausdrücklich besprochen habe, ohne Weiteres verständlich sein, wenn man die verschiedenen Lineaturen berücksichtigt, die schon mit Bild 12 erklärt worden waren.

3.2.5 Zusammenfassung

In diesem Hauptabschnitt habe ich das Modell des allgemeinen Handlungssystems skizziert. Wie in formaler Hinsicht die Allgemeine Systemtheorie, so stellt in materialer Hinsicht die Handlungstheorie das Integrationspotenzial bereit, das für eine interdisziplinäre Synthese in der Technologie erforderlich ist. In Anthropologie, Sozialwissenschaft und Technikphilosophie wird dem Phänomen des menschlichen Handeln inzwischen zentrale Bedeutung beigemessen, und so liegt es nahe, es hier auch zum Ausgangspunkt der Allgemeinen Technologie zu machen. Natürlich konnte keine allgemeine Handlungstheorie ausgeführt, sondern lediglich das Deutungsschema entwickelt werden, mit dem die Technik in ihren individuellen und sozialen Handlungszusammenhängen zu erfassen ist. Dem entsprechend werden auch die folgenden Abschnitte, die sich den empirischen Interpretationen des Handlungssystems zuwenden, vorwiegend auf die technologische Fragestellung ausgerichtet sein; gleichwohl können sie auch als Elemente einer allgemeinen Handlungstheorie gesehen werden.

Handeln verstehe ich als die Funktion eines Handlungssystems, die darin besteht, bestimmte, für die Anfangssituation kennzeichnende Inputs, Zustände und Ziele derart in Zustände und Outputs der Endsituation zu überführen, dass damit die Ziele erfüllt werden. Inputs, Zustände und Outputs lassen sich den Kategorien Masse, Energie und Information zuordnen und treten in Raum und Zeit auf. Zerlegt man die Handlungsfunktion, gelangt man über den Handlungskreis zu einer theoretischen Handlungsstruktur, die in erster Näherung die Funktionen der Zielsetzung, der Information und der Ausführung umfasst. In zweiter Näherung kann man die Informations- und die Ausführungsfunktion in weitere Teilfunktionen zerlegen, die sich in der einen oder anderen Ausprägung in jedem empirischen Handlungssystem wiederfinden lassen. Insbesondere wird mit der Informationsspeicherung und ihren internen Modellen die Bedeutung des Wissens für das Handeln hervorgehoben.

3.3 Menschliche Handlungssysteme

3.3.1 Hierarchie der Handlungssysteme

Im letzten Abschnitt habe ich das Grundmodell der Systemtheorie abstrakt interpretiert, indem ich theoretische Konstrukte einer allgemeinen Handlungstheorie dafür heranzog. Im nächsten Schritt nun will ich das allgemeine Modell des Handlungssystems, das auf diese Weise gewonnen wurde, empirisch interpretieren. Ich will, mit anderen Worten, reale Gebilde der Erfahrungswirklichkeit identifizieren, die jene Funktionen ausführen, die für das abstrakte Handlungssystem definiert worden waren. Auch für die abstrakten Subsysteme, die ja zunächst nur gedachte Träger von Teilfunktionen bilden, müssen empirische Belegungen gefunden werden, also menschliche Instanzen, die mit jenen Subsystemen korrespondieren. Wenn ich auch im Folgenden konkrete Handlungssysteme betrachte, will ich doch daran erinnern, dass ich mich weiterhin auf einer Modellebene bewege: Handlungs„systeme" sind die Untersuchungsgegenstände nur in soweit, als sie mit systemtheoretischen Mitteln beschrieben werden.

Immerhin besitzen diese Systeme reale Entsprechungen, und das hat Folgen für die Art und Weise, in der das hierarchische Konzept angewandt wird. Im theoretischen Modell hatte ich mich bei der Unterteilung in mehrere Ebenen allein von formalen Erwägungen leiten lassen können, doch im empirischen Modell müssen die Hierarchieebenen jetzt derart festgelegt werden, dass sie sich auch in der Erfahrungswirklichkeit als relativ zusammenhängende und einigermassen abgrenzbare Handlungsgebilde identifizieren lassen. Dieser Anforderung genügt in erster Näherung die dreistufige Hierarchie, die in *Bild 15* schematisch dargestellt ist. Die grundlegende Ebene bildet selbstverständlich das personale Handlungssystem G'', also das menschliche Individuum. Ebenso nahe liegend ist es, als Handlungssystem auf der Makroebene die staatlich verfasste Gesellschaft G anzunehmen; in Hinblick auf die wachsenden Globalisierungstendenzen kann man zusätzlich eine Weltgesellschaft G^+ konzipieren, die sich immerhin in zunehmendem Informationsaustausch abzuzeichnen beginnt. Zwischen der Mikroebene des Individuums und der Makroebene der Gesellschaft sehe ich der Einfachheit halber nur eine mittlere Ebene der Mesosysteme vor. Dazu zählen Verwaltungsorganisationen, Wirtschaftsunternehmen, Körperschaften, Vereine und ähnliche Handlungseinheiten mittlerer Grösse und mittlerer Reichweite.

Die empirische Abgrenzung des Mikrosystems Individuum versteht sich von selbst. Beim Meso- und Makrosystem jedoch stellen sich Schwierigkeiten ein, die in den Sozialwissenschaften wohl bekannt sind, ganz zu schweigen vom Megasystem Weltgesellschaft. Wenn man das Makrosystem als nationale Gesellschaft auffasst, ist es doch keineswegs mit einer einfachen Formel zu beantworten, worin deren Identitätsprinzip besteht – in der Staatsverfassung, in der Sprache oder in der Geschichte etwa –, und muss darum übergangen werden. Manche Mesosysteme sind zwar recht eindeutig abzugrenzen, vor allem wenn ihre Organisation und die Organisationszugehörigkeit formell definiert sind. Doch selbstverständlich könnte man sich eine weitergehende hierarchische Differenzierung vorstellen, beispielsweise „kleine" Mesosysteme wie Familien oder Primärgruppen, „grosse" Mesosysteme wie Industrieverbände oder Parteien und „grosse" Makrosysteme wie Staatenverbände, so dass sich insgesamt ein mindestens siebenstufiges Schema ergäbe. Derartige Verfeinerungen wären für eine sozialwissenschaftliche Systematisierung gewiss angezeigt;[1] für den vorliegenden Untersuchungszweck wird jedoch ein dreistufiges Schema vorläufig ausreichen.

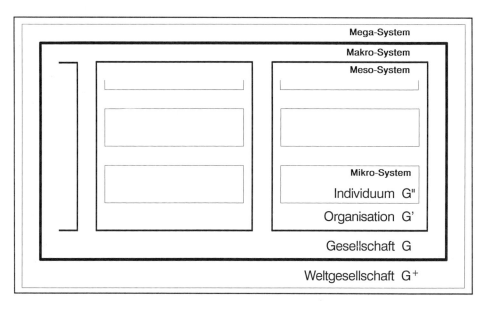

Bild 15 Hierarchie der menschlichen Handlungssysteme

Immerhin kommt bereits in der Dreistufigkeit das systemtheoretische Gesetz vom ausgeschlossenen Reduktionismus zum Ausdruck:[2] Gesellschaftliche Phänomene können nicht ausschliesslich auf psychische Phänomene der Individuen zurückgeführt werden,[3] aber auch nicht ohne Berücksichtigung

---

[1] Vgl. Stachowiak 1973, 82f.
[2] Vgl. den Anhang 7.1.
[3] So in radikalen Formen des „Methodologischen Individualismus"; vgl. G. Büschges in Endruweit/Trommsdorf 1989, 289f.

individueller Einflüsse verstanden werden;¹ man darf sie also weder auf die Mikroebene noch auf die Makroebene reduzieren. „Soziale Tatsachen" können zwar als makrosystemische „Realität eigener Art" behandelt werden,² aber doch so, dass auch die mikrosystemische Sphäre der Individualität zu ihrem Recht kommt. Andererseits ist das psychische Geschehen bei den Individuen wiederum nicht allein auf der Mikroebene zu verstehen, da von den Organisationen und der Gesellschaft regelmässig prägende Einflüsse ausgehen. Das ist die Konsequenz einer wirklich systemtheoretischen Auffassung, die individualistische und kollektivistische Einseitigkeiten überwindet und das Makrosystem Gesellschaft in gleicher Weise anerkennt wie das Mikrosystem Individuum.³ Neben dieser gewissermassen statischen Zuordnung sind natürlich auch die dynamischen Wechselwirkungen, die Differenzierungs- und Integrationsprozesse, zu beachten, die sich zwischen Makro-, Meso- und Mikrosystemen abspielen; darauf werde ich im übernächsten Abschnitt zurückkommen. Zunächst will ich jedoch für die drei Hierarchieebenen einige empirische Interpretationen skizzieren.

3.3.2 Personale Systeme

Das Modell des Handlungssystems auf der Mikroebene, das personale System, bildet ein menschliches *Individuum* ab. Hier ist die empirische Abgrenzung wie gesagt besonders einfach; das Handlungssystem entspricht dem wirklichen Menschen. Auch die Handlungsfunktionen sind ohne Weiteres als menschliche Tätigkeiten aufzufassen, als jenes individuelle Handeln, in dem die Menschen zielstrebig und planmässig ihre Umgebung beeinflussen.

Die abstrakten Teilsysteme aus Bild 13, die durch die Zerlegung der Handlungsfunktion bestimmt wurden, sind ebenfalls beim Individuum leicht zu identifizieren. Die motorisch-operativen Teilfunktionen, also alle jene Vorgänge, die mit körperlicher Arbeit verbunden sind, können durchweg dem Ausführungssystem zugeordnet werden. Sensorische und kognitive Teilfunktionen sowie jene motorischen Hilfsfunktionen, die mit der Abgabe von Information zusammenhängen, beispielsweise die Betätigung der Sprechwerkzeuge, sind im Informationssystem vereinigt. Die motivationalen Teilfunktionen schliesslich spielen sich im Zielsetzungssystem ab. Die Unterscheidung zwischen Informations- und Ausführungssystem sollte nur als Näherung betrachtet und nicht etwa im Sinn einer strikten Trennung von Geist und Körper missverstanden werden. Wenn auch die entsprechenden Hilfsfunktionen im

---

[1] So etwa Luhmanns „Systemtheorie".
[2] Diese Begriffe gehen auf Durkheim 1895 zurück; vgl. a. Linde 1972, 17f.
[3] So auch Bunge 1983, 150ff. Wenn ich in den Modellen das Individuum mit einem zweigestrichenen G, also mit G" abkürze, hat das allein formale Gründe und bedeutet keineswegs, dass das Individuum der Gesellschaft nachgeordnet wäre.

Schema nicht ausdrücklich bezeichnet werden, verweisen doch die eingezeichneten Relationen darauf, dass auch im Informationssystem energetische und im Ausführungssystem informationelle Vorgänge ablaufen.

Da ich hier keine „kybernetische Anthropologie"[1] entfalten will, muss ich es auch bei der Feinstruktur des Handlungssystems nach Bild 14 mit wenigen Hinweisen bewenden lassen. So liegt es nahe, als Rezeptorsysteme die menschlichen Sinnesorgane und den afferenten Teil des Nervensystems zu identifizieren. Umgekehrt umfassen Effektorsysteme den efferenten Teil des Nervensystems bis hin zu den motorischen Synapsen. Die Muskeln allerdings gehören zu den energetischen Subsystemen des Ausführungssystems. Unter den Einwirkungssystemen dominieren, in ihren Bewegungen durch ein neuronales Führungssystem koordiniert, die Hände, wiewohl natürlich auch andere Gliedmassen sowie Mund und Gebiss als Einwirkungssysteme ihre Bedeutung haben. Derartige physiologische Interpretationen wollte ich hier wenigstens angedeutet haben, um eine Vorstellung davon zu vermitteln, wie das Handlungsmodell auf der Mikroebene zu konkretisieren ist.

Für den Zusammenhang der Mikroebene mit Meso- und Makroebene ist es besonders wichtig, dass ein personales System mit anderen personalen Systemen in Relationen zusammen wirkt. Dieses Zusammenwirken zwischen den Menschen wird in der Soziologie meist *Interaktion* genannt; gegen einseitige Konzeptionen muss ich betonen, dass Interaktion sowohl als *Kooperation* wie als *Kommunikation* auftritt. Kooperation fasse ich als gemeinsame, stofflich-energetische Arbeit auf, die im Zuge entwickelter Arbeitsteilung auch zum wirtschaftlichen Austausch stofflicher und energetischer Güter führt. Obwohl Vieles darauf hindeutet, dass die Menschen ihre Sprache erst in der Kooperation ausgebildet haben, dass also die materielle Kultur der ideellen Kultur vorausgeht, absolutisieren gegenwärtig einflussreiche Sozialwissenschaftler die Kommunikation, so als würde in der Gesellschaft nicht mehr gearbeitet, sondern nur noch geredet.[2]

Aber selbstverständlich stammt ein erheblicher Teil der Information, die das Individuum mit seinem Rezeptorsystem aufnimmt, von anderen Menschen, und ein beträchtlicher Teil der Information, die vom Effektorsystem abgegeben wird, ist für andere Menschen bestimmt. Selbst Information über nichtmenschliche Tatbestände der Umgebung gewinnen die Menschen häufig nicht unmittelbar, sondern, so zu sagen aus zweiter Hand, durch Mitteilungen anderer Menschen. So ist Kommunikation, wenn auch nicht die einzige, so doch eine bedeutsame Form der Interaktion. Das interne Modell der Aussenwelt, das der Einzelne in seinem Gedächtnis speichert, speist sich somit

---

[1] Dazu Steinbuch 1972.
[2] Besonders Luhmann 1986, tendenziell inzwischen aber auch Habermas 1981 und später.

nicht nur aus primärer Erfahrung, sondern in erheblichem Umfang auch aus sekundärer, durch andere Menschen und die Medien vermittelter Information. Über solche Kommunikationskanäle werden übrigens auch Zielkonzepte ausgetauscht und dem individuellen Zielsetzungssystem mit mehr oder weniger Nachdruck zur Annahme anheim gestellt. Die Zielsetzung ist also nicht immer ein souveräner Akt des unabhängigen Individuums, sondern sie beschränkt sich häufig auf eine mehr oder minder freiwillige Zustimmung zu extern vorgegebenen Zielen. Selbst systemintern generierte Ziele von der Art vitaler Bedürfnisse erfahren ihre Konkretisierung oft doch erst unter dem Einfluss gesellschaftlicher Vorgaben.[1]

3.3.3 Soziale Mesosysteme

Schon bei der Beschreibung des personalen Systems habe ich dessen Interaktion mit anderen Individuen in Rechnung stellen müssen; damit habe ich bereits den ersten Schritt zur Charakterisierung sozialer Systeme getan. Im Rahmen des dreistufigen Hierarchie-Schemas wende ich mich nun den sozialen Mesosystemen zu, deren Subsystemmenge aus personalen Systemen besteht. Als empirisches Beispiel behandele ich im Folgenden vor allem das *Industrieunternehmen*, da dieser Typ unter den Mesosystemen für die späteren technologischen Überlegungen besonders wichtig ist. Selbstverständlich lässt sich das Modell aber auch auf andere Organisationen und Verbände anwenden.

Dieser Interpretationsschritt enthält die nicht-reduktionistische Voraussetzung, dass man einer Organisation von Menschen in einem nicht-metaphorischen und letztlich operationalisierbaren Sinn die Funktion des Handelns zusprechen kann.[2] Ein soziales Mesosystem verfolgt Ziele, die sich nicht auf die Ziele beteiligter Individuen reduzieren lassen, und es bewirkt Situationstransformationen, die einzelne Mikrosysteme, isoliert von einander, nicht zustandebrächten. Im Fall des Industrieunternehmens beispielsweise richtet sich die Produktion, die typische Funktion dieser Handlungssysteme, auf Ziele, die mit den individuellen Bedürfnissen und Wünschen der produzierenden Lohnabhängigen meist nur wenig zu tun haben. Und das Produktionsergebnis kann kaum noch den einzelnen Personen, sondern nur dem Mesosystem als Ganzem zugeschrieben werden – ein Umstand, der die gegenwärtige gesellschaftliche Organisation der Arbeit[3] und das darin dominierende individualistische Leistungsprinzip höchst fragwürdig macht.

---

[1] Moser/Ropohl/Zimmerli 1978.
[2] Von dieser Voraussetzung habe ich inzwischen auch in meiner Technikethik Gebrauch gemacht; wenn Organisationen Handlungssubjekte sind, tragen sie auch moralische Verantwortung. Vgl. mein Buch von 1996.
[3] Zur Krise der Arbeitsgesellschaft vgl. z. B. meinen Sammelband von 1985.

Wenn ich nun die Handlungsstruktur von Bild 13 für ein soziales Mesosystem konkretisieren will, so drängt sich im Beispielfall sogleich die bekannte Gliederung der klassischen *Unternehmensorganisation* auf, die im Grundsatz noch heute dominiert. Danach umfasst das Ausführungssystem die exekutiv tätigen Arbeiter in Werkstatt, Baustelle und Betrieb; das Informationssystem repräsentieren die Angestellten im mittleren Management, und die Zielsetzung fällt in die Kompetenz der Direktion und Geschäftsleitung. Auch Unternehmensorganisationen, die das traditionelle direktive Modell durch mehr oder minder kooperative „Führungsmodelle" ersetzen wollen, lassen doch die Exklusivität der Zielsetzungskompetenz in aller Regel unangetastet. Auch bleibt die Beteiligung der Arbeiter an informationellen Funktionen, wenn überhaupt vorgesehen, im Allgemeinen auf untergeordnete Vorgänge beschränkt.[1]

Es ist hier nicht der Ort, die gesellschaftskritischen Einwände gegen diese Organisationsform zu vertiefen, die an der personalen Trennung von Kopfarbeit und Handarbeit, von Zielsetzung, Planung und Ausführung, Anstoss nehmen. Bei dieser Art der Arbeitsgestaltung werden tatsächlich bestimmte Menschen eindeutig und ausschliesslich mit der Wahrnehmung ausgegrenzter Teilfunktionen betraut; die abstrakte Handlungsstruktur wird sozusagen buchstäblich in die konkrete Systemgestaltung übersetzt. Man würde jedoch die Systemtheorie gründlich missverstehen, wenn man sie als theoretische Rechtfertigung traditioneller Organisationsformen oder gar als wissenschaftliches Alibi autoritärer Unternehmensverfassungen ansähe. In Wirklichkeit nämlich präjudiziert die modelltheoretische Systemanalyse keineswegs bestimmte Formen konkreter Systemsynthese, die als Gestaltungsprozess ein empirisches Korrelat zum abstrakten Modell schafft. Vielmehr „sollen alle Möglichkeiten synthetischer Strukturierung offen gehalten werden",[2] damit nicht durch naiv-realistische Modellinterpretationen vorschnell einseitige Schlussfolgerungen für die Organisationsgestaltung gezogen werden.

Bei genauerem Hinsehen erweist sich überdies jene scheinbar naheliegende Interpretation als grobe Vereinfachung. Wohl gibt es immer wieder Fälle, in denen Menschen auf Teilfunktionen des Ausführungssystems beschränkt werden. Früher sind Galeerensklaven auf der Ruderbank und Knechte in der Tretmühle allein für die Energiezufuhr eingesetzt worden, und noch heute gibt es Handlanger an teilautomatisierten Produktionsmaschinen, die ausschliesslich die Funktion der Materialbereitstellung ausüben. Doch sind selbst im Ausführungssystem die meisten Tätigkeiten deutlich anspruchsvoller und

---

[1] Das gilt, wenn ich es richtig sehe, auch für die neuen „japanischen Modelle" und „fraktalen Fabriken"; vgl. Warnecke 1992.
[2] Kosiol 1962, 32.

Menschliche Handlungssysteme 113

können nicht ohne ein gewisses Mass sensumotorischer und kognitiver Leistungen bewältigt werden, so dass die damit beschäftigten Menschen auch an informationellen Funktionen beteiligt sind. Selbst handwerkliche Fertigkeiten vom Typ des unreflektierten Gewusst-wie haben ihre Quelle in gesammelter Erfahrung, und das heisst, systemtheoretisch gewendet, im internen Modell des Informationsspeicherungssystems. Die Geschichte der Arbeiterbewegung schliesslich belegt, dass sich die Menschen mit der Beschränkung auf ausführende Funktionen nicht abfinden wollen, sondern danach streben, an der Funktion der industriellen Zielsetzung beteiligt zu werden. Auch stehen Zielsetzung und Information in enger Wechselwirkung, so dass die Direktion mit ihren strategischen Entscheidungen von der Sachkenntnis des mittleren Managements abhängig bleibt; so erliegt sie womöglich einem „fiktiven Zentralismus".[1] Die Aufgabenverteilung zwischen Zielsetzung und Information kann also in der Praxis keineswegs so strikt realisiert werden, wie es das traditionelle Organisationskonzept vorspiegelt.

Grundsätzlich lässt das abstrakte Strukturmodell aber auch *partizipatorische* Organisationsformen zu,[2] selbst jenen weithin für utopisch gehaltenen Grenzfall, der sich in anarcho-syndikalistischen und rätedemokratischen Konzeptionen ausprägt. Statt wie im traditionellen Organisationsschema die einzelnen Menschen jeweils eindeutig und definitiv einer bestimmten abgegrenzten Teilfunktion zuzuordnen, verzichtet das egalitäre Organisationskonzept auf die dauerhafte Funktionsspezialisierung der Individuen. Dementsprechend sind alle Mitglieder der Organisation an allen Teilfunktionen zu beteiligen, wobei lediglich aus Gründen der Praktikabilität gewisse Delegations- und Rotationsprozeduren partieller und temporärer Abordnung vorgesehen werden. Den Subsystemen im abstrakten Handlungsmodell korrespondieren dann nicht mehr bestimmte Teilmengen von Menschen, sondern nurmehr die entsprechenden Teilaktivitäten aller assoziierten Produzenten. Jedes Organisationsmitglied ist dann gleichermassen an Zielsetzungs-, Informations- und Ausführungsfunktionen beteiligt. Eine solche Organisation würde sich nicht in wohletablierten, festgefügten Abteilungen und Rängen manifestieren, sondern lediglich im partiellen und temporären Zusammenschluss von Gremien und Kollektivorganen; gleichwohl würde es sich als alternative Konkretisierung des allgemeinen Handlungsmodells erweisen.

3.3.4 Soziales Makrosystem

Eröffnete sich bereits bei den Mesosystemen ein beträchtlicher Interpretationsspielraum, so konfrontiert uns das soziale Makrosystem mit einer noch

---

[1] Bahrdt 1956.
[2] Aus reformfreudigeren Zeiten z. B. Naschold 1971 und Vilmar 1973.

grösseren Vielfalt von möglichen empirischen Belegungen. Als Elemente aus der Menge der Teile müssen letztlich die wirklichen Menschen aufgefasst werden, doch zunächst will ich mich auf die Teilmengen von Menschen konzentrieren, die in Mesosystemen organisatorisch zusammenwirken. Noch einmal muss ich betonen, dass ich mich mit dieser Festlegung ausdrücklich von jenem abstrakten Interaktionismus distanziere, der in soziologischen „Systemtheorien" üblich ist und ein gesellschaftliches Subsystem lediglich als Teilmenge von Interaktionen bestimmt, ohne Rücksicht darauf, welche Personen diese Interaktionen austauschen. In meinem Modell enthalten gesellschaftliche Subsysteme jeweils eine Teilmenge von Menschen, der dann auch Teilmengen gesellschaftlicher Beziehungen und Verhältnisse zugeordnet sind.

Gleichwohl bekräftige ich die nicht-reduktionistische Auffassung, dass auch ein gesellschaftliches Makrosystem eigenständige Handlungen ausführt, die nicht allein als Menge individueller oder organisatorischer Handlungen verstanden werden können. Wie plausibel diese Annahme ist, sieht man leicht, wenn man sich die Aussenbeziehungen nationaler Gesellschaften vor Augen führt. Für die Binnenverhältnisse moderner Gesellschaften gelten recht kultivierte Wert- und Rechtssysteme; faktische Verstösse kommen wohl vor, werden aber allgemein missbilligt und wo immer möglich auch geahndet. Die Aussenbeziehungen dagegen werden immer noch weitgehend von kruder Machtpolitik beherrscht, und die Völker benehmen sich gegen einander wie Erpresser-, Räuber- und Mörderbanden. So unerquicklich dieser Befund ist, so nachdrücklich verweist er doch darauf, dass soziale Makrosysteme Handlungsformen praktizieren, die als Realität eigener Art aufgefasst werden müssen.

Würde man alle denkbaren empirischen Interpretationen des abstrakten Handlungsmodells auf der gesellschaftlichen Makroebene systematisch entfalten, so könnte man eine Typologie der Gesellschafts- und Herrschaftsformen gewinnen. Hier will ich mich damit begnügen, derartige Interpretationsmöglichkeiten am Beispiel demokratisch verfasster Industriegesellschaften zu skizzieren. Das *Zielsetzungssystem* bilden in diesem Fall die politischen Instanzen des Staates, vor allem die Regierung, das Parlament und die Parteien. Die Beteiligung der Bürger an parlamentarischen Wahlen steht dieser Deutung nicht entgegen, denn Wahlen bedeuten nicht so sehr politische Willensbildung als vielmehr die Akklamation zu einem der konkurrierenden vorgegebenen Zielprogramme. Ein derart legitimiertes Zielsetzungssystem übt dann, wenn auch auf Zeit, Herrschaft aus, in so weit Herrschaft die Chance bedeutet,[1] für ein Ziel bestimmten Inhalts bei angebbaren Personen

---

[1] Frei nach M. Weber 1921, 28.

Akzeptanz zu finden. Die Zielakzeptanz kann auf freiwilliger Zustimmung, auf Zwang oder auf subtilen Verfahren der Internalisierung beruhen. Selbstverständlich ist die Herrschaftskompetenz des Staates nur idealtypisch zu sehen; in Wirklichkeit gibt es deutliche Herrschaftsdefizite gegenüber bestimmten gesellschaftlichen Teilsystemen, die, abweichend von der Verfassung, politische und ökonomische Gegenmacht aufgebaut haben.

Zum *Informationssystem* kann man in erster Näherung die staatliche Verwaltung, die Rechtsprechung, die Organisationen der Massenkommunikation sowie die Institutionen der Wissenschaft, der Bildung und der Kunst rechnen. In allen diesen Mesosystemen finden sich die informationellen Teilfunktionen aus Bild 14, wenn auch in unterschiedlichem Umfang und in verschiedenartigen Ausprägungen. Betrachten wir beispielsweise die Wissenschaft, so dominiert in der empirischen Forschung die Rezeptorfunktion, in der theoretischen Forschung die Funktion der Informationsverarbeitung, in Lehre und Ausbildung die Effektorfunktion und im Bibliotheks- und Dokumentationswesen die Funktion der Informationsspeicherung. Als internes Modell des Makrosystems kommt in Gestalt des gesellschaftlichen Wissens das soziokulturell verbreitete Weltbild in Betracht, sofern es denn zu identifizieren ist. In modernen Gesellschaften ist nämlich die integrative Modellbildung kaum institutionalisiert, es sei denn, man billige, wenn schon nicht mehr der Religion, so doch vielleicht der Philosophie diese orientierungsstiftende Rolle zu.

In den Bereich des *Ausführungssystems* schliesslich gehören einmal die Organe staatlicher Gewaltausübung wie Polizei und Militär, dann aber vor allem die Organisationen der stofflich-energetischen Produktion sowie die entsprechenden Verteilungssysteme, also Industrieunternehmen, Handwerksbetriebe, Handelsgeschäfte und dergleichen mehr. Ein wesentlicher Teil des gesellschaftlichen Ausführungssystems ist demnach die Wirtschaft. Doch keineswegs darf man daraus den Schluss ziehen, die Wirtschaft stellte einen isolierten Bereich im Makrosystem dar – ein Irrtum, dem manche Schulen der Nationalökonomie und der Soziologie tatsächlich verfallen sind. In Wirklichkeit nämlich ist die Organisation der gesellschaftlichen Bedürfnisbefriedigung und Bedarfsdeckung eine soziopolitische Veranstaltung, an der das Informations- und das Zielsetzungssystem der Gesellschaft ebenfalls beteiligt sind. Freilich stellen sich derartige Irrtümer bei der Betrachtung einer privatwirtschaftlich verfassten Wirtschaftsordnung um so leichter ein, als darin die Wirtschaftseinheiten auf der Mesoebene in ihren Zielsetzungen relativ autonom sind und von staatlichen Vorgaben kaum beschränkt werden. Man mag sich darüber streiten, ob bei dieser Entkopplung der einzelwirtschaftlichen von der gesamtgesellschaftlichen Zielsetzung das weise Wirken einer „unsichtbaren Hand" letztlich Alles zum Besten regelt. Doch selbst wenn man

diesem liberalistischen Glauben anhängt, sollte man ein wirtschaftspolitisches Programm, das gewiss auch seine Stärken hat, nicht in den Rang eines sozialwissenschaftlichen Paradigmas erheben.[1]
Mehrfach habe ich bereits auf das systemtheoretische Gesetz vom ausgeschlossenen Reduktionismus hingewiesen. Daraus folgt, dass empirische Handlungssysteme nicht angemessen zu verstehen sind, so lange die Analyse auf eine einzige Hierarchieebene beschränkt bleibt. Auch grundsätzliche Alternativen der konkreten Systemgestaltung zeigen sich erst dann, wenn man für die Übertragung der abstrakten Handlungsfunktionen an empirische Funktionsträger alle Möglichkeiten quer durch die Hierarchieebenen in Betracht zieht. Das hat sich im letzten Unterabschnitt für die Realisierung von Zielsetzungssystemen gezeigt, bei denen sowohl zentralisierte als auch dezentralisierte Formen auftreten können. Wie schon bei industriellen Organisationen idealtypisch eine autoritäre und eine egalitäre Konzeption unterschieden werden konnte, lassen sich auch für das soziale Makrosystem ähnliche Grenztypen, ein autokratisches und ein radikaldemokratisches Herrschaftskonzept, bestimmen, zwischen denen natürlich wiederum zahlreiche Übergangsformen bestehen.
Entsprechende Spielräume der Interpretation und der Gestaltung gibt es bei der Verteilung informationeller Teilfunktionen innerhalb der Hierarchie. Auf jeder Ebene, bei den Individuen ebenso wie bei sozialen Mesosystemen und beim sozialen Makrosystem, existieren Informationssysteme, die in unterschiedlicher Weise für die Handlungsfunktionen der anderen Ebenen herangezogen werden können. Eine autokratische Regierung, die Informationen über die Umgebung allein mit ihrem eigenen, institutionell verfestigten Rezeptorsystem aufnimmt, stellt für diese Informationsfunktion das eine Extrembeispiel dar, eine populistische Regierung dagegen, die dafür nur die demoskopisch ermittelten Vorstellungen und Meinungen der einzelnen Bürger sammelt und rezipiert, das andere Extrembeispiel. Die in Wirklichkeit existierenden Mischformen können, auch bei den anderen Informationsfunktionen, sehr unterschiedlich ausgeprägt und sehr verschiedenartig gestaltet werden; das ist Gegenstand einer politologischen Systemtheorie.[2]

---

[1] Zur „unsichtbaren Hand" Smith 1776, 371 u. passim. Wenn man freilich diesen klassischen Text wirklich liest, stellt man fest, dass Smith nicht müde wird, immer wieder die Bedeutung gezielter Staatsinterventionen zu betonen. Smith war ein „sozialer Liberalist", und die heutigen Neoliberalisten sollten aufhören, den schottischen Moralphilosophen ständig gegen den Strich zu zitieren.
[2] Vgl. z. B. Deutsch 1969.

3.3.5 Zusammenfassung

In diesem Abschnitt habe ich gezeigt, wie das abstrakte Modell der Handlungssystemtheorie für die Beschreibung menschlicher Handlungssysteme konkretisiert werden kann. In erster Näherung habe ich dafür eine dreistufige Hierarchie angenommen, in der Individuen, Organisationen und die Gesellschaft in einander verschränkt sind. Mit knappen Strichen habe ich exemplarisch skizziert, wie die allgemeinen Modellelemente auf den einzelnen Hierarchiestufen realistisch zu deuten sind. Dabei schien es mir wichtig, auf die Vielfältigkeit der Interpretationsmöglichkeiten hinzuweisen. Die Allgemeine Systemtheorie selbst enthält keine politisch-ideologischen Vorentscheidungen. Sie vermag nicht nur die real existierende Gesellschaftsordnung zu beschreiben, sondern auch radikale Alternativen zu konzeptualisieren. Mir geht es, wie gesagt, nicht darum, eine umfassende Handlungssystemtheorie der Gesellschaft auszuarbeiten; dafür stellt diese Skizze lediglich Bausteine bereit. Vielmehr habe ich den konzeptionellen Rahmen umrissen, in den ich die Systemtheorie der Technik stelle.

Im übernächsten Abschnitt werde ich den gesellschaftstheoretischen Rahmen wieder aufgreifen, wenn ich die soziale Einbettung der technischen Sachen zu besprechen habe. Zunächst muss ich zu diesem Zweck aber zu den Sachen selbst kommen und den nächsten Abschnitt den gegenständlichen Manifestationen der Technik widmen.

3.4 Sachsysteme

3.4.1 Begriff und Hierarchie

In der einleitenden Definition des Technikbegriffs habe ich die *Sachsysteme* implizit bereits eingeführt und dort als nutzenorientierte, künstliche, gegenständliche Gebilde bezeichnet. Im vorliegenden Abschnitt werde ich diese Kennzeichnung im Detail erläutern. Dann werde ich das allgemeine Systemmodell dazu heranziehen, die Hierarchie der Sachsysteme, ihre Funktionen und ihre Strukturen in einer Art und Weise zu beschreiben, die keine spezifisch technikwissenschaftlichen Kenntnisse voraussetzt und doch alle sachtechnischen Hervorbringungen in ihren Prinzipien charakterisieren kann, so dass sich daraus auch eine Klassifikation der Sachtechnik ableiten lässt. Zunächst aber will ich begründen, warum ich überhaupt den neuen Ausdruck „Sachsystem" eingeführt habe, und ich muss einige Hinweise darauf geben, welchen Vorarbeiten dieses Konzept verpflichtet ist.

Obwohl wir im „technischen Zeitalter"[1] leben, gibt es paradoxerweise keinen angemessenen Oberbegriff für die technischen Hervorbringungen. Die hi-

---

[1] So der Titel von Freyer/Weippert/Papalekas 1965.

storisch gewachsene Vielfalt unterschiedlicher Bezeichnungen folgt keiner nachvollziehbaren Verwendungsregel. Wann ein technisches Gebilde „Maschine", wann „Gerät", wann „Apparat", wann „Aggregat" genannt wird, wann andererseits solche Namen, wie etwa bei Bauwerken, Fahrzeugen oder Kleidungstücken, unüblich sind, das hängt eher von zufälligen Sprachkonventionen ab als von den spezifischen Merkmalen des jeweiligen Gebildes. Selbst in naturwissenschaftlich-technologischen Nachschlagewerken findet man keine befriedigenden Definitionen; so wird beispielsweise für die „Maschine", die bisweilen als eine Art Schlüsselbegriff des „technischen Zeitalters" gilt, eine Erläuterung aus dem 19. Jahrhundert kolportiert, die allein auf Energiewandler zugeschnitten ist und auf andere Maschinen wie etwa die Rechenmaschine gar nicht zutrifft.[1]

Nun begegnet man in der Technik inzwischen immer häufiger dem Ausdruck „System", der allerdings wohl meist ganz unspezifisch für irgend welche Apparate oder Geräte verwendet wird; hin und wieder ist auch von einem „technischen System" die Rede. An diesen Sprachgebrauch kann ich anschliessen, wobei ich allerdings die systemtheoretische Beschreibung der technischen Gegenstände damit verbinde. Ferner ziehe ich den Begriff der *Sache* hinzu, wie ihn H. Linde präzisiert hat: „Als Sachen bezeichnen wir im Folgenden – im Unterschied zu naturgegebenen Dingen – alle Gegenstände, die Produkte menschlicher Absicht und Arbeit sind".[2] So gewinne ich mit dem „Sachsystem" tatsächlich einen brauchbaren Oberbegriff für die Menge der technischen Hervorbringungen. Wer sich mit der Einengung des Sachbegriffs auf Artefakte nicht anfreunden kann, der mag – in anderenfalls pleonastischer Weise – auch von „technischen Sachsystemen" sprechen.[3]

Dass eine Theorie der Sachsysteme benötigt wird, ist schon recht früh gesehen worden: „Für eine Philosophie der Technik scheinen mir zuerst einmal vordergründige, phänomenologische Beschreibungen der 'Sachen' der Technik notwendig zu sein, dann aber auch eine ontologische Kategorienlehre"; allerdings sieht S. Moser auch „die Schwierigkeit, dass die begrifflichen Hilfsmittel des Kolbenmaschinenbauers oder Strömungstechnikers z. B. nicht ausreichen für die Universalität des Gesamtphänomens der Technik".[4] Während Moser an dieser Stelle noch annimmt, dass sich „das begriffliche Rüstzeug auch nicht von Nachbarfächern entleihen lässt", werden zur gleichen Zeit die ersten systemtechnischen und kybernetischen Ansätze entwickelt, die genau jenes Rüstzeug zur Beschreibung der Sachsysteme bereit

---

[1] Brockhaus 1983, III, 223; vgl. auch das 8. Kapitel in meinem Buch von 1991.
[2] Linde, 1972, 11.
[3] Diesen Pleonasmus benutze ich in einigen Schemabildern, damit sie ohne erläuternden Text allgemein verständlich sind.
[4] Moser 1958, 81 u. 11ff.

stellen. So erklärt W. R. Ashby: „Die Kybernetik macht zum Gegenstand ihrer Forschung das Feld aller möglichen Maschinen und ist erst in zweiter Linie an der Tatsache interessiert, dass einige dieser Maschinen noch gar nicht [...] hergestellt werden. Kybernetik bildet den Rahmen, in den jede einzelne Maschine eingeordnet, in Relation zu anderen Vertretern ihrer Gattung gesetzt und verstandesmässig kategorisiert werden kann".[1]

Auch wenn Ashby den Maschinenbegriff in einem weiteren Sinne versteht, betont doch K. Hübner zu Recht die Bedeutung dieses Programms für „die genauere Erörterung, Präzisierung und Differenzierung der [...] allgemeinen Grundlagen zu einer Methode und Theorienbildung im Technischen überhaupt".[2] So beginnt die Ilmenauer Schule der Konstruktionswissenschaft, die Systemtheorie für die allgemeine Beschreibung technischer Gebilde fruchtbar zu machen.[3] Davon beeinflusst, habe ich eine Theorie der Fertigungssysteme konzipiert, die sich sehr leicht auf beliebige Sachsysteme verallgemeinern lässt, weil in der Fertigungstechnik auch die meisten anderen Techniken Hilfsfunktionen leisten.[4] Ein sehr ähnliches Konzept hat wenig später V. Hubka vorgelegt, und inzwischen ist das Modell der Sachsysteme, das ich gleich vorstellen werde, in seinen Grundzügen zum Handbuchwissen der technikwissenschaftlichen Nachschlagewerke geworden.[5]

Dieses Modell gewinne ich dadurch, dass ich die allgemeine Systembeschreibung nun auf künstlich gemachte Sachen anwende. In erster Näherung erweist sich dann das Sachsystem, wie es in *Bild 16* zu sehen ist, als eine weitere empirische Interpretation des abstrakten Handlungssystems. Zunächst nämlich stimmt diese Modelldarstellung mit Bild 11 weitgehend überein; das gilt auch für die mathematischen Definitionen[6]. Dabei muss ich jedoch einen markanten Unterschied sogleich betonen: Sachsysteme enthalten kein Zielsetzungssystem und erzeugen mithin keine eigenen Ziele; in wie weit sie gleichwohl menschliche Ziele verkörpern können und in welchem Masse ihre Funktionen mit Handlungsfunktionen äquivalent sind, wird in späteren Abschnitten zu erörtern sein. Sachsysteme repräsentieren wie gesagt konkrete künstliche Gegenstände, die aus natürlichen Beständen gemacht werden und greifbare Wirklichkeit in Zeit und Raum sind. Daraus folgt, dass sie, wie die Naturdinge, den Naturgesetzen unterliegen; ihre Funktionen

---

[1] Ashby 1956, 17; ähnlich in der Systemtechnik z. B. Hall/Fagen 1956, Goode/Machol 1957 u. a.
[2] Hübner 1968, 41; ähnlich schon Greniewski/Kempisty 1963, bes. 89ff.
[3] Zusammenfassend J. Müller 1970 und Hansen 1974.
[4] Zur Theorie der Fertigungssysteme vgl. meine Dissertation von 1971, zur Verallgemeinerung für eine allgemeine Techniktheorie mein Beitrag zum Kolloquium Technik und Gesellschaft 1970 an der TH Aachen, veröffentlicht in Lenk 1973, 223-233.
[5] Hubka 1973; zur weiteren Entwicklung vgl. das 5. Kapitel in meinem Buch von 1998.
[6] Vgl. den Anhang 7.1.

folgen physikalischen, chemischen oder biologischen Regelmässigkeiten. Das heisst – um dem geläufigen Missverständnis noch einmal zu widersprechen – keineswegs, dass die Sachsysteme nur dadurch konzipiert werden könnten, dass man die Naturgesetze planmässig darauf anwendet. Häufig sind die einschlägigen Naturgesetze bei der Entwicklung eines Sachsystems noch nicht bekannt, und selbst wenn sie es sind, führt kein zwangsläufiger Weg vom Naturgesetz zur technischen Realisierung.

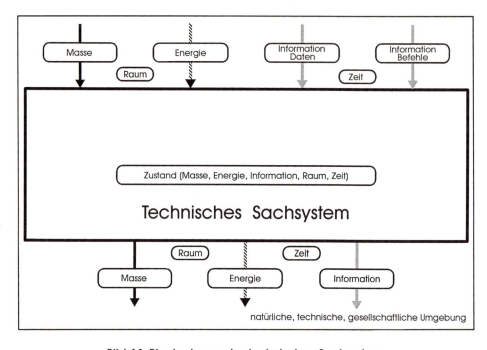

Bild 16 Blockschema des technischen Sachsystems

Ein grundlegendes Bestimmungsmerkmal des Sachsystems besteht darin, dass es künstlich, also von Menschen gemacht ist. Mit diesem Abgrenzungskriterium kann man jedoch bei der Tier- und Pflanzenzucht in Schwierigkeiten geraten, wenn natürliches Werden und menschliches Eingreifen untrennbar zusammen wirken; bei den jüngsten gentechnischen „Konstruktionen" spitzt sich diese Frage zu. Ich kann das hier nicht im Einzelnen diskutieren, gebe aber zu bedenken, dass Klassifikationen selten völlig trennscharf sind, sondern sinnvollerweise „unscharfe Ränder" vorsehen sollten. Man kann dann von Fall zu Fall nach Zweckmässigkeit entscheiden, ob man ein Züchtungsprodukt noch als Naturwesen oder bereits als Artefakt ansehen will.

Sachsysteme

Eine ähnliche Schwierigkeit stellt sich gelegentlich ein, wenn man zwischen technischen und ästhetischen Artefakten zu unterscheiden hat. Zwar habe ich die Abgrenzung damit angedeutet, dass ich die Sachsysteme als nutzenorientiert kennzeichnete, doch muss ich dann präzisieren, dass ich den Nutzen in der praktischen Brauchbarkeit für die Lebensbewältigung in Arbeit und Alltag sehe. Kunstwerke mögen manchen Menschen ebenso lebensnotwendig scheinen, doch sind sie tatsächlich Luxusprodukte, die ein Leben bereichern, dessen Grundbedürfnisse anderweitig gesichert sind. Gleichwohl mag die Durchmischung technischer und ästhetischer Aspekte, die ich bereits in der Einleitung erwähnt hatte, gelegentlich dazu führen, dass der Eine ein bestimmtes Artefakt vor allem technisch nutzt, während der Andere besonders dessen ästhetische Qualität geniesst. Es spricht für die Architektur und das Industriedesign unseres Jahrhunderts, dass sie mit manchen Produkten diese Doppelwirkung zu erzielen vermögen; klassifikatorische Zuordnungsprobleme scheinen mir demgegenüber zweitrangig.

Wie man dem Schemabild 16 entnimmt, befinden sich Sachsysteme grundsätzlich in einer natürlichen, einer technischen und einer gesellschaftlichen *Umgebung*. Wird ein neues Sachsystem in eine natürliche oder gesellschaftliche Umgebung gestellt, so greift es eben dadurch in Natur und Gesellschaft ein. Das neue Technikverständnis, das ich mit dem Technikbegriff mittlerer Reichweite umrissen habe, findet in diesem prinzipiellen Umgebungsbezug seine systemtheoretische Entsprechung. Dazu wird in diesem Buch noch viel zu sagen sein, doch da der vorliegende Abschnitt den Sachsystemen gewidmet ist, will ich mich hier auf die technische Umgebung konzentrieren.

Das Gesetz vom ausgeschlossenen Reduktionismus verlangt, auch das Sachsystem als Teil einer *Hierarchie* zu behandeln und insbesondere die technische Umgebung als Sach-Supersystem zu modellieren; im Vorgriff auf einen späteren Unterabschnitt muss ich schon hier erwähnen, dass im Sachsystem dann selbstverständlich auch Sach-Subsysteme anzunehmen sind. Mit Hilfe dieser Annahmen lässst sich nun die Sachsystem-Hierarchie in *Bild 17* konstruieren, die, obwohl sie bereits neun Ebenen enthält, je nach Untersuchungszweck noch weiter verfeinert werden könnte. Der Untersuchungszweck gibt auch den Ausschlag dafür, welche Hierarchieebene zum Ausgangspunkt der Systembeschreibung gemacht wird, also als Sachsystem ST definiert wird. Normalerweise wird man dafür die Ebene wählen, die im Schema als „Maschine, Gerät" bezeichnet ist; alle Bezeichnungen sind, nach dem oben Gesagten, natürlich nur Hilfsausdrücke, die in der technischen Praxis keineswegs so eindeutig gebraucht werden, wie man das aus dem Schema folgern könnte.

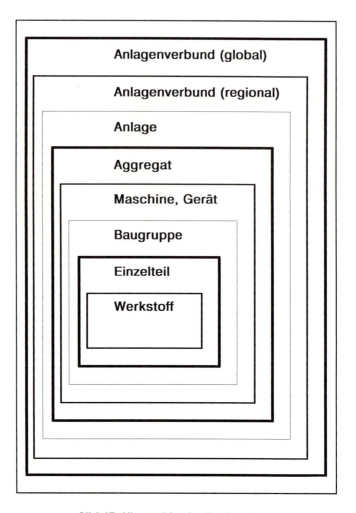

Bild 17 Hierarchie der Sachsysteme

Mit den Benennungen des Schemas setzt sich also eine „Maschine" ST aus „Baugruppen" ST' und Einzelteilen ST'' zusammen; die Werkstoffe repräsentieren die rangniedrigsten Sachelemente, da deren Bestandteile nicht mehr technologisch, sondern nur noch chemisch oder physikalisch zu verstehen sind. Andererseits mag die „Maschine" ein Teil der Supersysteme „Aggregat" ST^+ und „Anlage" ST^{++} sein. Kennzeichnend für die neuere technische Entwicklung ist der Umstand, dass die Sachsystem-Hierarchien mehr und mehr in Richtung auf globale Supersysteme wachsen; was ich im einleitenden Computerbeispiel mit dem Internet demonstriert hatte, gibt es in entsprechender Weise im Telefonsystem mit der weltweiten Vermittlungsvernetzung, und Produktionssysteme entwickeln inzwischen im Zuge der wirtschaftlichen Globalisierung auch sachtechnisch die gleiche Tendenz. Eine Folge dieser wachsenden Hierarchien ist es, dass neben artgleichen auch artverschiedene Sachsysteme zum Supersystem verknüpft werden; so steigen die Varietät und die Komplexität der höherrangigen Sachsysteme.

3.4.2 Funktionen

Da das Blockschema die Grundlage für die Funktionsbeschreibung liefert, muss ich auf Bild 16 zurückkommen. Die naturgesetzliche Basis technischer Funktionen impliziert, dass auch die Attribute, über denen sie definiert sind, physikalisch, chemisch oder biologisch beobachtbar und messbar sind; man kann sie als *Qualität*, also der Art nach, und als *Quantität* mit Hilfe des Zahlenwertes einer messbaren Grösse beschreiben. Die Attributkategorien, die hier wieder auftreten, hatte ich bereits für das Modell des abstrakten Handlungssystems in Abschnitt 3.2.3 erläutert; freilich erscheinen sie bei Sachsystemen in anschaulicherer Ausprägung. So mag ein stofflicher Input in der Rohstoffbeschickung einer Produktionsmaschine bestehen, ein energetisches Zustandsattribut im Tankinhalt eines Kraftfahrzeuges, und ein informationeller Output in den Schallwellen, die von der Hörkapsel eines Fernsprechapparates abgegeben werden. Bei den meisten Sachsystemen ist neben dem Raum auch die Zeit eine grundlegende Beschreibungskategorie; das sind *dynamische* Systeme. *Statische* Systeme, bei denen die Zeit keine Rolle spielt, bilden die Ausnahme.

Wenn man mit dem Blockschema von Bild 16 ein bestimmtes Sachsystem beschreiben will, so gibt es dafür zwei Möglichkeiten. Einerseits kann man sich darauf beschränken, allein die jeweils *wesentlichen Attribute* zu erfassen. Wesentlich sind diejenigen Attribute, über denen die geplanten und erwünschten Funktionen des Sachsystems definiert sind, beim Verbrennungsmotor beispielsweise die chemische Energie des Kraftstoffs als Input und die mechanische Nutzenergie als Output. Da die Auspuffgase und Geräuschemissionen für die geplante Funktion unerheblich sind, wird man sie bei dieser typisierenden Systembeschreibung vernachlässigen – eben so, wie die Ingenieure in der Vergangenheit derartigen Attributen wenig Beachtung schenkten, wenn nur die geplante Funktion erfolgreich geleistet wurde. Dass derartige *Nebenwirkungen* jedoch in Hinblick auf die natürliche und gesellschaftliche Umgebung keinesfalls ignoriert werden dürfen, ist inzwischen sattsam bekannt. Darum kann man andererseits das Modell von Bild 16 auch als umfassendes Suchschema benutzen, um allen denkbaren Nebenwirkungen und gegebenenfalls auch möglichen *Störeinflüssen* aus der Umgebung auf die Spur zu kommen. In diesem Fall mustert man sämtliche

Attributklassen daraufhin durch, ob sie nicht in dieser oder jener Hinsicht doch beachtlich sein könnten, und scheidet sie erst dann aus, wenn man das Gegenteil beweisen kann. So wird das Blockschema für die Technikfolgen-Analyse fruchtbar und unterstützt eine Technikgestaltung, die planmässig die ökotechnische und soziotechnische Optimierung eines Sachsystems verfolgt.[1]

Über den Inputs, den Zuständen und den Outputs des Sachsystems sind nun alle jene Funktionen möglich, die ich bereits in Abschnitt 3.2.3 für das allgemeine Handlungssystem vorgestellt habe. Als Sachsystemfunktionen können sie leicht für die verschiedenen Bereiche der Sachtechnik spezifiziert und mit den jeweiligen technikwissenschaftlichen Besonderheiten angereichert werden; an dieser Stelle also verschränkt sich die Allgemeine Technologie mit den speziellen Technologien. Ich will das hier nicht weiter ausführen, zumal eine vorzügliche Systematik vorliegt, die bereits beachtliche Schritte in die angedeutete Richtung gemacht hat.[2] Für die Orientierungsaufgabe, die dieses Buch erfüllen soll, reicht es, wenn ich auf die Ergebnisfunktionen und die Überführungsfunktionen zurück komme, weil damit nämlich fünf *charakteristische Funktionsklassen* der Sachsysteme zu bestimmen sind; dies zeigt die Übersicht in *Bild 18*.

Eine *Ergebnisfunktion* besteht bekanntlich darin, einen Input X abhängig von Raum und Zeit in einen Output Y zu transformieren; Y ist das Transformationsergebnis von X. In der linken Hälfte der Übersicht erkennt man die prinzipiellen Transformationsmöglichkeiten. Von *Wandlung*, Verarbeitung oder Produktion (im engeren sachtechnischen Sinn) spricht man, wenn der Output des Sachsystems verschieden vom Input ist. Wenn der Output von anderer Art ist als der Input, liegt *qualitative* Wandlung vor – wenn also etwa im Verbrennungsmotor die chemische Energie des Kraftstoffs in mechanische Energie transformiert wird. Unterscheidet sich dagegen der Output lediglich im Zahlenwert bestimmter Messgrössen vom Input, handelt es sich um *quantitative* Wandlung – wenn beispielsweise in einem Zahnradgetriebe die Eingangsdrehzahl in eine davon abweichende Ausgangsdrehzahl transformiert wird. Gelegentlich werden qualitative und quantitative Wandlung schärfer gegeneinander abgesetzt, bis hin zu unterschiedlichen Benennungen; für den allgemeinen Überblick scheint mir das entbehrlich.

Des weiteren werden in der linken Hälfte von Bild 18 zwei Fälle aufgeführt, in denen der Output gegenüber dem Input qualitativ und quantitativ unverän-

---

[1] Mehr dazu in meinem Buch von 1996.
[2] Wolffgramm 1978. Dieses Buch ist gleichzeitig mit der ersten Auflage der vorliegenden Arbeit entstanden, mir allerdings erst später bekannt geworden; vgl. die Diskussion zwischen H. Wolffgramm und mir in Banse 1997, 111-164.

Sachsysteme

dert bleibt, während Änderungen bei den Raum- und Zeitattributen auftreten. Wenn sich zwischen Input und Output sowohl die Orts- als auch die Zeitkoordinaten ändern, liegt die Funktionsklasse *Transport* vor. Bleiben hingegen auch die Ortskoordinaten konstant und es ändert sich allein die Zeit, so handelt es sich um die Funktionsklasse der *Speicherung*.

	Output-Attribute Y, RY, TY	Zustands-Attribut Z
Input-Attribute X, RX, TX	**WANDLUNG** Y ǂ X (qualitativ/quantitativ)	**ZUSTANDSVERÄNDERUNG** X ǂ const Z ǂ const
	TRANSPORT Y = X RY ǂ RX TY ǂ TX	**ZUSTANDSERHALTUNG** X ǂ const Z = const
	SPEICHERUNG Y = X RY = RX TY ǂ TX	RX, RY Raumkoordinaten TX, TY Zeitkoordinaten ǂ ungleich const unverändert

Bild 18 Funktionsklassen der Sachsysteme

In der rechten Hälfte der Übersicht werden für die Überführungsfunktion, also die Überführung eines Inputs in einen Systemzustand, lediglich zwei Funktionsklassen angegeben, auch wenn die Einteilung mit Hilfe von Raum- und Zeitattributen weiter verfeinert werden könnte. *Zustandsveränderung* liegt vor, wenn eine Änderung des Inputs eine Änderung des Zustandes auslöst. Zustandsveränderung tritt häufig als Nebenfunktion bei gesteuerten Sachsystemen auf, wenn nämlich ein Befehlsinput den Systemzustand derart ändert, dass dadurch die Ergebnisfunktion des Systems beeinflusst wird; beispielsweise verändert ein Schaltimpuls den Zustand eines Fernsehgerätes derart, dass es dann einen anderen Sender empfängt. Schliesslich gibt es die Funktionsklasse der *Zustandserhaltung*; sie besteht darin, den Systemzustand gegen störende Inputs konstant zu halten. Zustandserhaltung ist beispielsweise eine wichtige Funktion von Gebäuden, die das Raumklima gegen die Störeinflüsse von Wind und Wetter stabilisieren.
Zum Funktionsbegriff verweise ich noch einmal auf die Unterscheidung, die ich in Abschnitt 3.1 gemacht habe. Gerade bei Sachsystemen wird, nicht

zuletzt in der technischen Umgangssprache, häufig der teleologische Funktionsbegriff gebraucht, den ich wegen seiner Missverständlichkeit für unzweckmässig halte. Will man die teleologische Bestimmung eines Sachsystems zum Ausdruck bringen, indem man auf die Wirkung seiner Outputs abhebt, sollte man besser von seinem Ziel oder Zweck sprechen. Auch kann man es die *Aufgabe* des Sachsystems nennen, das beabsichtigte Ziel mit Hilfe bestimmter Inputs und unter bestimmten Randbedingungen zu erreichen. Denn es ist die Aufgabe, mit der so genau wie möglich angegeben wird, wozu das Sachsystem tauglich sein soll; diese Aufgabe kann erfüllt oder nicht erfüllt werden. Die *Funktion* dagegen ist die deskriptive Charakteristik des tatsächlichen Systemverhaltens und gibt an, was das System wirklich leistet. Die Aufgabe beschreibt mithin das *Soll*, die Funktion dagegen das *Ist* des Systemverhaltens. Eine technische Lösung ist erfolgreich, wenn die Funktion des ausgeführten Sachsystems der vorher gestellten Aufgabe entspricht. Die Aufgabe wird also dadurch erfüllt, dass ein Sachsystem die entsprechende Funktion verwirklicht.

Schliesslich muss ich noch auf eine merkwürdige Unterscheidung eingehen, die sich in der Literatur immer wieder findet.[1] Häufig werden nämlich technische Produkte und technische Verfahren einander derart gegenüber gestellt, als handele es sich dabei um zwei völlig verschiedene Klassen von Phänomenen. Tatsächlich jedoch sind die *Verfahren* nichts Anderes als Funktionen von Systemen. Meint man mit den technischen Verfahren die Vorgehensweisen arbeitender Menschen, so sind es die Funktionen von Handlungs- bzw. Arbeitssystemen; meint man damit die Operationen von Maschinen oder Anlagen, sind es die Funktionen von Sachsystemen. Ein überzeugendes Beispiel geben die Fertigungsverfahren, wie sie in einem Normblatt systematisiert sind; jedem Fertigungsverfahren, das dort genannt wird, entspricht eine Fertigungsmaschine, die das betreffende Verfahren ausführt.[2] Produkte und Verfahren sind lediglich verschiedene Aspekte der selben Sache; in systemtheoretischer Betrachtung kann man sie genau so gut als Sachsysteme und deren Funktionen auffassen.

3.4.3 Strukturen

Mit den Attributen und Funktionen habe ich die äusseren Eigenschaften und Verhaltensmerkmale von Sachsystemen skizziert. Jetzt gehe ich von der funktionalen zur strukturalen Betrachtungsweise über, indem ich den inneren Aufbau der Sachsysteme in den Blick nehme. Dass es innerhalb der Sachsy-

---

[1] Z. B. Hansen 1974, 18f; Hubka 1973, 17f; Wolffgramm 1978, besonders 1994/95 und 1997/98.
[2] DIN 8580; auch wenn es in einzelnen Fällen nicht komplette Maschinen sind, gibt es doch immer verfahrensspezifisches Werkzeug und Gerät.

steme *Subsysteme* gibt, habe ich bereits angedeutet, als ich die Hierarchie der Sachsysteme erläuterte. Die Teile eines Sachsystems können also wiederum als Sachsysteme beschrieben werden. Sie weisen ebenfalls Input-, Zustands- und Outputattribute der Kategorien Masse, Energie, Information, Raum und Zeit auf und verknüpfen diese in Funktionen der Wandlung, des Transportes, der Speicherung, der Zustandsveränderung und der Zustandserhaltung. Die Klassifikation, die ich im nächsten Unterabschnitt entwickeln werde, kann dann auf die Sach-Subsysteme ebenso angewandt werden wie auf die Sachsysteme. Soweit die Funktionen von Sach-Subsystemen mit bestimmten Teilfunktionen eines Handlungssystems äquivalent sind – darauf werde ich im nächsten Abschnitt näher eingehen –, kann man auch für das Sachsystem solche Subsystemtypen annehmen, wie sie in Bild 14 dargestellt worden sind, freilich mit Ausnahme des Zielsetzungssystems, das definitionsgemäss nur in menschlichen Handlungssystemen vorkommt. *Bild 19* beschränkt sich auf die formale Überlegung, die ich schon in Abschnitt 3.2.4 angedeutet hatte. Nach dem Verhältnis zur Umgebung des Sachsystems lassen sich periphere und interne Subsysteme unterscheiden. *Periphere* Subsysteme stehen über Inputs oder Outputs mit der Umgebung des Sachsystems in Beziehung; sie nehmen stoffliche, energetische oder informationelle Inputs aus der Umgebung auf oder geben entsprechende Outputs an die Umgebung ab. *Interne* Subsysteme dagegen sind nur mit anderen Subsystemen des betreffenden Sachsystems verknüpft; diese Subsysteme führen die für das System charakteristischen Transformationen von Masse, Energie oder Information aus.

Unter den Relationen zwischen den Sach-Subsystemen herrscht die *Kopplung* vor. So besteht die Struktur eines Sachsystems vor allem aus stofflichen, energetischen und informationellen Kopplungen. In Bild 19 sind als wichtige Kopplungsformen die Reihenkopplung, die Parallelkopplung und die Rückkopplung eingetragen. Abhängig von den jeweils regierenden naturwissenschaftlichen oder technologischen Prinzipien hat die Kopplungsform massgeblichen Einfluss auf die Gesamtfunktion des Sachsystems. Gibt es beispielsweise eine Störung in einem Subsystem der Reihenkopplung, fällt die gesamte Sachsystemfunktion aus. Ist dagegen eines von zwei parallel gekoppelten Subsystemen gestört, kann die Gesamtfunktion wenigstens zum Teil aufrecht erhalten werden. Davon macht man in der Sicherheitstechnik Gebrauch, indem man mehrere artgleiche Subsysteme parallel koppelt, so dass im Störfall das defekte Subsystem sogleich durch ein paralleles Subsystem ersetzt wird. Beträgt die Ausfallwahrscheinlichkeit eines Subsystems $1/n$, so gilt sie bei Reihenkopplung auch für das gesamte Sachsystem; bei Parallelkopplung verringert sie sich dagegen theoretisch auf $1/n^2$.

Systemmodelle der Technik

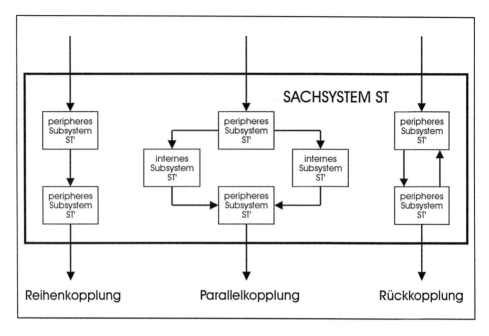

Bild 19 Strukturformen eines Sachsystems

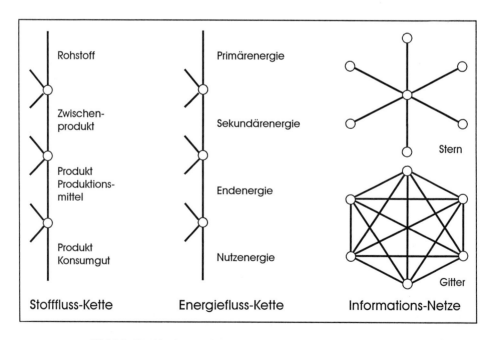

Bild 20 Strukturformen grosser sachtechnischer Verbünde

Neben den Kopplungsstrukturen spielen in Sachsystemen aber auch räumliche und zeitliche Relationen eine wichtige Rolle. Die Menge der Zeitrelationen bezeichnet man manchmal als Prozess- oder *Ablaufstruktur*. Solche Zeitrelationen bestimmen beispielsweise, dass zwei Inputs gleichzeitig auf ein Subsystem einwirken oder dass die eine Subsystem-Funktion vor der anderen abgelaufen sein muss. Die Menge der räumlichen Relationen heisst auch *Gebildestruktur*. So mag eine Raumrelation angeben, dass die Abtriebswelle des Motors mit der Antriebswelle des gekoppelten Getriebes fluchten muss. Solche räumlichen Relationen sind Gegenstand der klassischen Konstruktionstätigkeit und können darum hier nicht weiter vertieft werden.

In einem Sachsystem höherer Hierarchieebenen, einem Sachsystemverbund oder Netzwerk, kommen auch komplexere Kopplungen vor. Eine exemplarische Übersicht zeigt *Bild 20*, das die Darstellungsmittel der Graphentheorie, einer strukturalen Systemtheorie, benutzt, die nur Elemente („Knoten") und Relationen („Kanten") unterscheidet und die Elemente, hier die transformierenden Subsysteme, als kleine Kreise symbolisiert. Für die Struktur von Stoff- und Energietransformationen sind mehrfache Reihenkopplungen charakteristisch, die dann, wie angedeutet, durch zusätzliche Verbindungen und Verzweigungen vermaschte Ketten bilden. Vor Allem bei Stofffluss-Ketten können zwischen dem Rohstoff und dem Endprodukt zahlreiche weitere Knoten auftreten, wenn nämlich über mehrere Stufen Zwischenprodukte zunehmender Komplexität erzeugt werden oder wenn wiederholt das Produkt der einen Stufe zum Produktionsmittel der nächsten Stufe wird.

In der Informationstechnik dagegen dominieren komplexe Austauschnetze.[1] Beispielhaft habe ich in einfachster Form die Stern- und die Gitterstruktur dargestellt, weil dabei Sachsystemstrukturen in mehr oder minder erwünschter Weise mit sozialen Strukturen korrespondieren. Im *Stern* können die peripheren Elemente nur über das interne Element im Zentrum mit einander in Beziehung treten. Einerseits wird die Zahl der erforderlichen Verknüpfungen beträchtlich reduziert, doch andererseits ist der Umweg über das zentrale Element nicht nur umständlich, sondern kann auch in einer gesellschaftlichen Organisation gegebenenfalls vom Zentrum manipuliert und behindert werden; so entspricht die Sternstruktur dem Herrschaftsprinzip der Zentralisierung. Das *Gitter* dagegen erlaubt es jedem Element, unmittelbar mit jedem anderen in Kontakt zu treten. Dieses Prinzip der Dezentralisierung muss aber mit wesentlich höherem Verknüpfungsaufwand bezahlt werden.[2]

---

[1] Mehr dazu im 8. Kapitel meines Buches von 1998.
[2] Für n Elemente braucht man $n(n-1)$ Verbindungen oder, wenn eine Verbindung, wie in der Abbildung unterstellt, beidseitig zu benutzen ist, immerhin noch die Hälfte jenes Zahlenwertes. Man kann sich leicht davon überzeugen, dass im Schema für 6 Elemente $6 \cdot 5 / 2 = 15$ Kopplungen erforderlich sind.

3.4.4 Klassifikation

Dem „technischen Zeitalter" fehlt nicht nur der Name für seine kennzeichnenden Hervorbringungen, es hat lange Zeit für diese Produkte der materiellen Kultur[1] auch keine stimmige Klassifikation zu Wege gebracht. Während jeder Gymnasiast die Werke der Schönen Literatur in Lyrik, Dramatik und Epik einzuteilen und bei letzterer wiederum zwischen Epen, Romanen, Novellen und Erzählungen zu unterscheiden lernt, ist für die Sachsysteme keine ordnende Gliederung geläufig.[2] Vielleicht kennt man die Einteilung der Technikwissenschaften in Maschinenbau, Elektrotechnik und Bauwesen oder aus der Wirtschaftsstatistik die Systematik der Industriebranchen mit Metallverarbeitung, Elektroindustrie, chemischer Industrie, Büromaschinenindustrie usw. Beide Einteilungen aber sind, wie ich hier nicht im Einzelnen zeigen kann, weder empirisch stimmig noch theoretisch begründet, da sie sich geschichtlichen Zufälligkeiten verdanken.

Wenn ich es richtig sehe, ist es zuerst C. M. Dolezalek gewesen, der den Versuch unternommen hat, Hauptbereiche der Sachtechnik nach dem vorherrschenden Charakter der jeweiligen Produkte abzugrenzen.[3] Es hat sich dann herausgestellt, dass dieser frühe Ansatz systemtheoretisch begründbar ist, wenn man die „Produkte" als die vorherrschenden Outputs der Sachsysteme versteht und den Grundkategorien Masse, Energie und Information zuordnet. Zusätzlich benötigt man allerdings als eine zweite Ordnungsdimension die typische Funktionsklasse des Sachsystems, wobei in erster Näherung die Wandlung, der Transport und die Speicherung (vgl. Bild 18) genügen.[4] Hat man sich mit systemtheoretischem Denken angefreundet, ist diese Überlegung offenbar zwingend; denn etwa gleichzeitig mit meinem eigenen Ansatz,[5] aber unabhängig davon, sind zwei ganz ähnliche Systematisierungsvorschläge gemacht worden.[6]

Bild 21 zeigt diese zweidimensionale Klassifikation der Sachtechnik. Jede Zeile des Schemas entspricht einer bestimmten Outputkategorie. Wenn man alle Bereiche der Sachtechnik, die in einer Zeile zusammen gefasst sind, mit

---

[1] Zum Begriff der materiellen Kultur vgl. das 10. Kapitel in meinem Buch von 1991.
[2] Dass ich die folgende Klassifikation zur 19. und 20. Auflage der Brockhaus Enzyklopädie (zuletzt 1998, Bd. 21, 599-601) habe beisteuern dürfen, heisst noch lange nicht, dass sie inzwischen geläufig wäre; angesichts der Technophobie der deutschen Kultusministerien wird es wahrscheinlich noch Jahrzehnte dauern, bis das auch die Gymnasiasten lernen.
[3] Dolezalek 1962/63; einen Zwischenschritt zur endgültigen Einteilung findet man bei Dolezalek/Ropohl 1969, ähnlich auch in meinem Buch von 1971, 23f.
[4] In der ersten Auflage habe ich eine 17-dimensionale morphologische Systematik vorgestellt, die ich jetzt weglasse, weil sie für Orientierungszwecke zu differenziert ist.
[5] Vgl. Anm. 4 auf S. 119; die Matrix ist erstmals in meinem Aufsatz von 1976 veröffentlicht worden.
[6] J. Müller 1970, 59; Wolffgramm 1978, 35ff; Müller habe ich in der ersten Auflage bereits genannt, Wolffgramm ist mir wie gesagt erst später bekannt geworden. Auch Rodenacker 1970 hat verwandte Überlegungen angestellt.

einer übergreifenden Bezeichnung benennen will, bieten sich die bereits geläufigen Oberbegriffe *Energietechnik* und *Informationstechnik* zwanglos an. Dem entsprechend habe ich für die Kategorie Masse den bislang ungebräuchlichen Ausdruck *Materialtechnik* eingetragen. Jede Spalte des Schemas umfasst alle diejenigen Sachsysteme, die der betreffenden Funktionsklasse zuzurechnen sind. Dafür kann man die Oberbegriffe *Produktionstechnik*, *Transporttechnik* und *Speicherungstechnik* einsetzen. Die einzelnen Bereiche der Sachtechnik werden dann dadurch definiert, dass man die Zeilen des Schemas mit den Spalten kreuzt. So erhält man neun Felder, die jeweils eine bestimmte Klasse von Sachsystemen bestimmen.

Funktion / Output	WANDLUNG (Produktionstechnik)	TRANSPORT (Transporttechnik)	SPEICHERUNG (Speicherungstechnik)
MASSE (Materialtechnik)	Verfahrenstechnik Fertigungstechnik	Fördertechnik Verkehrstechnik Tiefbautechnik	Behältertechnik Lagertechnik Hochbautechnik
ENERGIE (Energietechnik)	Energiewandlungstechnik	Energieübertragungstechnik	Energiespeicherungstechnik
INFORMATION (Informationstechnik)	Informationsverarbeitungstechnik Mess-, Steuer- und Regeltechnik	Informationsübertragungstechnik	Informationsspeicherungstechnik

Bild 21 Klassifikation der Sachsysteme

Die Bezeichnungen in den Feldern sprechen grossenteils für sich. In einzelnen Fällen muss ich jedoch Kompromisse zwischen funktional korrekten und praktisch eingeführten Ausdrücken schliessen. So stehen gleich im ersten Feld links oben zwei konventionelle Bezeichnungen, aus denen die funktionale Differenz der betreffenden Technikbereiche nicht zu erkennen ist. Besonders unglücklich scheint mir das Wort „Verfahrenstechnik", da Verfahren natürlich in allen Technikbereichen angewandt werden; aber es hat sich im Ingenieurwesen derart eingebürgert, dass mir nichts Anderes übrig bleibt, als es zu übernehmen. Die *Verfahrenstechnik* ist dadurch gekennzeichnet, dass sie „Stoffe mit genau definierten chemischen und physikalischen Eigenschaften" hervorbringt; angesichts der biotechnischen Entwicklung muss man hier

noch biologische Eigenschaften ergänzen. Die *Fertigungstechnik* hingegen erzeugt gegenständliche Gebilde mit „definierter makrogeometrischer Gestalt" und mit „definierten Lagebeziehungen" zwischen deren Teilen.[1]
Auch beim Transport von Masse treten terminologische Schwierigkeiten auf. *Fördertechnik* und *Verkehrstechnik* werden nicht nach funktionalen Kriterien unterschieden, sondern mehr oder minder nach der Grösse der Transportstrecke; vor allem Sachsysteme, die innerbetrieblich für den Kurzstreckentransport genutzt werden, zählen zur Fördertechnik. Zunächst mag es verwundern, dass auch die *Tiefbautechnik* in diesem Feld vermerkt ist, zumal das Wort im Bauingenieurwesen nicht mehr sonderlich verbreitet ist. Tatsächlich aber leisten Bauwerke, die zum Tiefbau gerechnet werden, durchweg Hilfsfunktionen für Transport und Verkehr; das gilt gleichermassen für den Eisenbahngleisbau, den Strassenbau, den Tunnelbau, den Wasserbau usw. In der *Hochbautechnik* geht es dagegen um Gebäude, die in funktionaler Betrachtung der Speicherung von Gütern und Menschen dienen; allerdings tritt regelmässig die Funktion der Zustandserhaltung hinzu, die in diesem Schema nicht gesondert ausgewiesen ist.
Schliesslich gibt es einen Zweig der Bautechnik, der bei funktionaler Klassifikation zur Fertigungstechnik gehört, alle diejenigen Sachsysteme nämlich, die der Errichtung von Bauwerken dienen; denn auch beim Bauen geht es natürlich um die Erzeugung geometrisch definierter Gestalten und Lagebeziehungen. In manchen Fällen wird man die Spannung zwischen funktionaler Zuordnung und konventioneller Bezeichnung nicht überwinden können. Wie sich der Eisenhütteningenieur nie und nimmer „Verfahrenstechniker" wird nennen lassen, so wird der Bauleiter nicht als „Fertigungstechniker" gelten wollen, obwohl in beiden Fällen die unüblichen Bezeichnungen die sachlich korrekten sind.
Ähnliche Schwierigkeiten können übrigens im Feld links unten auftreten. Die Messtechnik, die Steuerungs- und die Regelungstechnik hat es schon gegeben, als das Wort „Informationstechnik" noch unbekannt war.[2] Seit sich nun die Informationstheorie auch in der Technologie verbreitet, wird es offenkundig, dass jene Bereiche der Technik zur Informationsverarbeitung gehören. Gleichwohl habe ich sie ausdrücklich genannt, weil wohl noch heute ein Uhrentechniker Schwierigkeiten damit hätte, als „Informationstechniker" angesprochen zu werden; schliesslich ist es noch nicht lange her, dass man versucht hat, für den gesamten Bereich ursprünglich „feinmechanischer" Geräte (Messtechnik, Büromaschinentechnik, optische Technik usw.) die neue Bezeichnung „Feingerätetechnik" zu lancieren, obwohl es sich samt

---

[1] Alle Zitate aus Dolezalek 1962/63.
[2] Eine der frühesten Fundstellen ist meines Wissens Dolezalek/Ropohl 1969.

Sachsysteme

und sonders um informationstechnische Sachsysteme handelt. Da mag die neue Klassifikation, die allmählich Zustimmung findet, über kurz oder lang auch die Fachsprache der Ingenieure positiv beeinflussen.

Am Beispiel der Bautechnik hatte ich bereits vermerkt, dass die Bauwerke, bevor sie ihre Funktion des Transportes oder der Speicherung leisten können, zunächst in einem fertigungstechnischen Prozess hergestellt werden müssen. Das gilt natürlich grundsätzlich für alle Sachsysteme in der Klassifikation. Unterscheidet man sie nicht nach ihrem vorherrschenden Output, sondern zieht man ihren sachtechnischen Ursprung in Betracht, erweisen sie sich allesamt als Produkte der Fertigungstechnik. So gesehen, ist die Fertigungstechnik gewissermassen die „Mutter" der Sachtechnik, zumal sie historisch damit angefangen hat, vorgefundene Naturstoffe zu bearbeiten, und erst in späteren Phasen verfahrenstechnisch aufbereitete Materialien verwendet hat.

Die Klassifikation dient selbstverständlich vor allem der Orientierung und nicht der detaillierten Beschreibung. Bei komplexen Sachsystemen, die zahlreiche und vielfach verknüpfte Subsysteme enthalten und auf höheren Ebenen der Hierarchie stehen, kommen neben der charakteristischen Technik die meisten anderen Techniken in unterstützender Funktion ebenfalls vor. Beispielsweise umfasst ein Fertigungssystem neben der gestaltgebenden Hauptfunktion auch förder- und lagertechnische, energietechnische und informationstechnische Nebenfunktionen, die dann bei der Strukturanalyse in entsprechenden Subsystemen identifiziert werden können.

Schliesslich kann man die einzelnen Felder des Klassifikationsschemas nach zusätzlichen Kriterien weiter unterteilen. So gibt es für die Fertigungstechnik die standardisierte Einteilung der Fertigungsverfahren nach DIN 8580, und auch für die Verfahrenstechnik kann man nach dem Charakter der jeweiligen Verfahren eine Feingliederung entwickeln.[1] Für die Energiewandlung gibt es seit dreissig Jahren einen besonders interessanten Klassifikationsvorschlag, der seltsamerweise bis heute nicht Gemeingut energietechnischer Lehrbücher geworden ist.[2] Trägt man in einer Matrix in den Zeilen die möglichen Energieinputs und in den Spalten die möglichen Energieoutputs ein, repräsentiert jedes Feld der Matrix einen bestimmten Typ von Energiewandlung. Je nachdem, wie viele physikalische Energieformen man unterscheidet – meist werden sieben angenommen, Wolffgramm nennt sechs und Zwicky zehn –, erhält man für die Menge aller denkbaren Energiewandler 36, 49 bzw. 100 verschiedene Möglichkeiten und kann dann prüfen, welche Möglichkeiten technisch bereits realisiert sind und welche unter Umständen noch zu entwickeln wären.

---

[1] Vgl. Wolffgramm 1978; ferner meinen Beitrag in Kahsnitz/Ropohl/Schmid 1997, 249-269.
[2] Zwicky 1966, 117; vgl. aber Wolffgramm 1978, 103.

Auf derartige Feineinteilungen will ich hier nicht näher eingehen, zumal sie von H. Wolffgramm bereits ein Stück weit vorangetrieben worden sind.[1] Statt dessen will ich abschliessend ganz kurz andeuten, welche Bedeutung einer derartigen Klassifikationsarbeit zukommt. Zunächst einmal schafft sie eine Ordnung stiftende Übersicht über die Menge der technischen Hervorbringungen. In der Biologie wird eine entsprechende Leistung, das „Systema naturae", das C. von Linné Mitte des achtzehnten Jahrhunderts geschaffen hat, noch heute gewürdigt; in der Technologie sind wir über die ersten Ansätze des J. Beckmann bis vor kurzem nicht hinaus gekommen.[2] Wenn es zu Recht anerkannt wird, dass wir uns mit einer stimmigen Systematik in der Welt des Gewordenen orientieren können, so benötigen wir mit dem gleichen Recht eine Systematik für die Welt des Gemachten. Klassifizierende Beschreibungen des Gegenstandsbereichs sind ein entscheidender Schritt bei der Fundierung einer Wissenschaft.

Neben dieser wissenschaftsimmanenten Bedeutung hat die skizzierte Klassifikation aber auch Vorteile für die technische Praxis. Sie stellt eine allgemeine Verständigungsbasis für die Experten der verschiedenen Spezialgebiete bereit, die bei komplexen Projekten zusammenarbeiten, und klärt diese über die grösseren Zusammenhänge auf, in denen ihr Spezialgebiet steht. Dann bietet die Systematik die Grundlage für die computergestützte Dokumentation technikwissenschaftlicher Publikationen und technischer Musterlösungen in sogenannten Konstruktionskatalogen. Da die Klassifikation theoretisch begründet ist, erfasst sie aber nicht nur die wirklichen, sondern auch die möglichen Sachsysteme; sie ist also auch ein heuristisches Suchschema zum Auffinden neuer technischer Möglichkeiten in der Konstruktionswissenschaft und in der technologischen Prognostik.

Schliesslich erweist sich die systematische Einteilung als eine Basis für die Strukturierung der technologischen Allgemeinbildung, die nicht nur in den Schulen, sondern auch im Grundstudium der Technikwissenschaften, in Ergänzungsstudien techniknaher Fächer (Betriebswirtschaftslehre, Arbeitswissenschaft, Arbeits- und Techniklehre, Medienwissenschaft, Fachjournalistik und dergleichen mehr) sowie in der populärwissenschaftlichen Publizistik zu vermitteln ist. Freilich darf auch die technologische Allgemeinbildung nicht bei der Sachtechnik stehen bleiben, und so wende ich mich nun im nächsten Abschnitt wieder den sachübergreifenden Perspektiven der Allgemeinen Technologie zu.

---

[1] Vgl. auch die 2. Auflage Wolffgramm 1994/95.
[2] Hier ist zu erwähnen, dass Beckmann mehrere Monate bei Linné studiert hat; vgl. Beckmann 1765/66.

3.5 Soziotechnische Systeme

3.5.1 Gesellschaftliche Arbeitsteilung

Die Modellierungsstränge, die ich in den letzten beiden Abschnitten entwickelt habe, will ich nun mit einander verflechten. Sowohl die menschlichen Handlungssysteme als auch die Sachsysteme haben sich als empirische Interpretationen des allgemeinen Handlungsmodells erwiesen. Diese formale Analogie darf freilich nicht unbesehen als substanzielle Übereinstimmung verstanden werden. Ob und in welcher Hinsicht eine Äquivalenz zwischen Handlungsfunktionen und Sachsystemfunktionen angenommen werden darf, will ich in diesem Abschnitt untersuchen, indem ich mich zunächst dem gesellschaftlichen Grundphänomen der Arbeitsteilung zuwende und dabei die Hypothese verfolge, dass auch das Zusammenwirken von Mensch und Technik aus dem Prinzip der Arbeitsteilung zu verstehen ist.[1]

Zunächst will ich den allgemeinen Begriff der Arbeitsteilung klären, „den zu denken im Grunde Voraussetzung des Denkens von Gesellschaft ist";[2] dazu eignet sich das Modell der Handlungssystemtheorie sehr gut. Wie man in *Bild 22* sieht, besteht das Prinzip der *Arbeitsteilung* darin, Handlungs- oder Arbeitsfunktionen, die zunächst in einem, gedachten oder wirklichen, Handlungssystem vereint sind, derart zu zerlegen, dass sie, jede für sich, einem eigenen Handlungssystem übertragen und dann freilich mit geeigneter Koordination wieder zur Gesamtfunktion verbunden werden. Der Umstand, dass nach vollzogener Arbeitsteilung zahlreiche verschiedene, auf Teilfunktionen spezialisierte Handlungssysteme nach irgend einem Koordinationsprinzip miteinander kooperieren und interagieren müssen, bestätigt Dahrendorfs Urteil, dass Arbeitsteilung und Vergesellschaftung auf das Engste mit einander verwoben sind.

Freilich bedeutet das nicht, dass Gesellschaft erst aus der Arbeitsteilung entsteht, denn umgekehrt setzt die Arbeitsteilung voraus, dass mehrere kooperationsfähige Handlungssysteme existieren, weil man sonst ja die ursprüngliche Gesamtfunktion gar nicht auf verschiedene Funktionsträger aufteilen könnte.[3] Arbeitsteilung und Vergesellschaftung gehen so zu sagen Hand in Hand. Das ist schon bei der ersten, der natürlichen Form der Arbeitsteilung geschehen, als die biologische Funktion der Fortpflanzung in eine männliche und eine weibliche Teilfunktion zerlegt wurde, die nur dadurch

---

[1] In der ersten Auflage habe ich in diesem Zusammenhang von „Segregation" gesprochen; statt dessen benutze ich jetzt den geläufigen Ausdruck „Arbeitsteilung", weil man neue oder neuartig belegte Bezeichnungen nicht ohne Not einführen sollte. Allerdings muss ich das geläufige Wort um so sorgfältiger erläutern, als es alles Andere als eindeutig ist.
[2] Dahrendorf 1965 (Arbeitsteilung), 512.
[3] Vgl. Durkheim 1893, bes. 335ff, in seiner Auseinandersetzung mit H. Spencer.

zur geschlechtlichen Arbeitsteilung führen konnte, dass sich zugleich die Lebewesen in männliche und weibliche Varianten differenzierten, die dann die verschiedenartigsten Formen der Kooperation entwickelt haben.

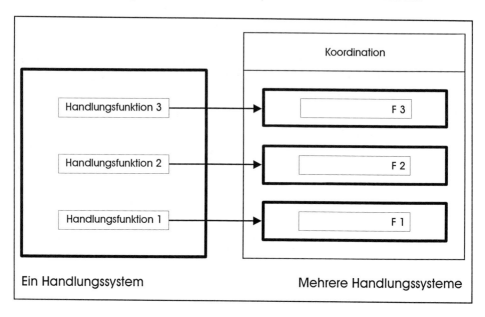

Bild 22 Prinzip der Arbeitsteilung

Auch in der menschlichen Geschichte ist die weiter gehende Arbeitsteilung stets mit zunehmender Assoziation der Menschen verbunden geblieben. Ursprünglich hatte jede Familie oder Sippe in der sogenannten Subsistenzwirtschaft alle Bedarfsgüter für sich selbst produziert. Eine Arbeitsteilung zwischen Produktion und Konsumtion,[1] also die *Wirtschaftsteilung*, mit der die Tauschwirtschaft begann, konnte erst dann einsetzen, als eine hinreichend grosse Anzahl von Menschen mit einander in Beziehung standen. Erst dadurch wurde spezialisierte Produktion für fremden Bedarf sinnvoll, und erst dadurch konnte der Produzent, der nur noch bestimmte Produkte herstellte, jene Bedarfsgüter von Anderen erhalten, die er nun nicht mehr selbst erzeugte. So ist ein gewisses Mass gesellschaftlicher Assoziation die Voraussetzung dafür, dass Handlungs- und Arbeitsfunktionen überhaupt auf mehrere Handlungssysteme aufgeteilt werden können, und andererseits führt Arbeitsteilung, wenn sie vollzogen wird, dazu, die gesellschaftliche Verflechtung weiter zu verdichten.

---

[1] Auf die Arbeitsteilung zwischen Produktion und Konsumtion komme ich im 4. Kapitel zurück.

Historisch hat sich die gesellschaftliche Arbeitsteilung in verschiedenen Dimensionen entfaltet, die in der sozialwissenschaftlichen Literatur unterschiedlich benannt werden. Indessen liegt immer das gleiche Prinzip zu Grunde, wie es in Bild 22 dargestellt ist. Die Unterschiede lassen sich dadurch präzisieren, dass man die Art und die Hierarchieebenen der jeweils beteiligten Handlungssysteme spezifiziert. So vollzieht sich die *soziale Differenzierung* auf der gesellschaftlichen Makroebene und teilt gesamtgesellschaftliche Funktionen auf gesellschaftliche Teilbereiche, die Politik, das Recht, die Wirtschaft, die Kultur, die Wissenschaft usw., auf. Die *Produktionsteilung* überträgt Teilfunktionen der gesamtgesellschaftlichen Produktionsfunktion auf produzierende Handlungssysteme der Mesoebene, also auf Wirtschaftsbranchen und Produktionsbetriebe, während die *Berufsdifferenzierung* derartige Teilfunktionen auf Handlungssysteme der Mikroebene, nämlich auf spezifisch qualifizierte arbeitende Menschen aufteilt. Auf der Mikroebene gibt es als Grenzfall die *intrapersonale Arbeitsteilung*, wenn ein und die selbe Person bei mehrfacher Wiederholung einer Handlung zunächst als Funktionsträger 1, dann als Funktionsträger 2 und so fort agiert. Schliesslich kann man auch die *wissenschaftliche Spezialisierung* mit diesem Modell beschreiben. Waren ursprünglich alle gesellschaftlichen Erkenntnisfunktionen in der Philosophie vereint, sind sie inzwischen auf eine Vielzahl von Einzeldisziplinen verteilt worden. Schon A. Smith und E. Durkheim führen diese Teilung der Erkenntnis und des Wissens als Sonderfall der gesellschaftlichen Arbeitsteilung an, und Durkheim fragt sich vor hundert Jahren bereits, wie „eine derartige, in eine Vielheit von Einzelstudien zersplitterte, zusammenhanglose Wissenschaft" wieder ein „solidarisches Ganzes" werden könnte.[1] Durkheim postuliert für diesen Sonderfall wie für die gesellschaftliche Arbeitsteilung überhaupt, was ich in Bild 22 rechts oben eingetragen habe: eine irgendwie geartete *Koordination* des arbeitsteilig Getrennten.[2] Spätestens seit A. Smith[3] scheiden sich in Sozialphilosophie und Gesellschaftswissenschaft die Geister an der Frage, ob solche Koordination in selbsttätiger Abgleichung zu Stande kommen kann oder einer gezielten Steuerung bedarf. Beispielsweise sind für die Arbeitsteilung zwischen Produktion und Konsumtion immer wieder die alternativen Koordinationsformen *Markt* und *Plan* diskutiert worden, und in der Mischform der real existieren-

---

[1] Smith 1776, 14; Durkheim 1893, 84f u. 425.
[2] Mit diesem Buch versuche ich wie gesagt die Koordination technologischen Wissens mit philosophisch-systemtheoretischen Mitteln zu bewerkstelligen; soweit dieser Versuch eine gewisse Anerkennung findet, vermag er Durkheims Bedenken gegen die Möglichkeiten der Philosophie (ebd., 430ff) zu zerstreuen.
[3] Smith 1776, der diese Frage wie gesagt differenzierter beantwortet hat, als Manche es heute wahrhaben wollen.

den „sozialen Marktwirtschaft" wird immer wieder von Neuem diskutiert und experimentiert, wie das optimale Mischungsverhältnis jener Koordinationsprinzipien zu bestimmen wäre.

Die verschiedenen Ausprägungen der gesellschaftlichen Arbeitsteilung sind grossenteils historisch gewachsen und nicht planmässig gestaltet worden. Das gilt natürlich gleichermassen für die jeweiligen Koordinationsformen, die sich in der einen oder anderen Weise herausgebildet haben.[1] Ganz anders verhält es sich dagegen mit der wirtschaftlich-technischen Arbeitsteilung auf der Mesoebene der Produktionsorganisationen, die auch als *Arbeitszerlegung* bezeichnet wird.[2] Arbeitszerlegung ist grundsätzlich das Resultat planmässiger arbeitsorganisatorischer Gestaltung, die auch die Koordination in Form direktiver Leitungsinstanzen ausdrücklich vorgibt. Was ich in der Modellanalyse des Handlungssystems systemtheoretisch rekonstruiert habe, ist im Fall der Arbeitszerlegung längst bewährtes Organisationswissen.

In der Organisationstheorie wird zwischen der Aufgabenanalyse und der Aufgabensynthese unterschieden.[3] Die Aufgabenanalyse stellt die Gesamtfunktion des Handlungs- oder Arbeitssystems der Mesoebene auf und zerlegt diese in Teilfunktionen, wie es in der linken Hälfte von Bild 22 angedeutet ist. Soweit dabei verschiedene Funktionsarten auftreten, spricht die Organisationstheorie von der Verrichtungsanalyse. Soweit sich die Arbeitsfunktionen auf verschiedene Gegenstände – in der Systemsprache: auf verschiedene Input- und Output-Attribute – beziehen, wird das in der Objektanalyse erfasst. Schliesslich thematisiert die Organisationstheorie ausdrücklich das Koordinationsproblem, indem sie in der Aufgabenanalyse zwischen Entscheidung und Ausführung sowie zwischen Planung, Durchführung und Kontrolle unterscheidet.

Mit der Funktionszerlegung in Abschnitt 3.2.3, besonders in Bild 13 und 14, bin ich allerdings über die organisationstheoretische Aufgabenanalyse hinausgegangen, um die Konzeption des soziotechnischen Systems vorzubereiten. Wie *Bild 23* zeigt, führt die arbeitsorganisatorische Funktionszerlegung zu einer Kette einzelner Arbeitshandlungen, die, nacheinander, gegebenenfalls auch nebeneinander, ausgeführt, die Gesamtfunktion des Handlungs- oder Arbeitssystems realisieren. Meine handlungssystemtheoretische Funktionszerlegung dagegen analysiert noch die einzelne Arbeitshandlung innerhalb der Kette, indem sie zwischen Zielsetzung, Information und Ausführung sowie den Teilfunktionen im Informations- und Ausführungssystem unterschei-

---

[1] Gewisse Spielarten der soziologischen „Systemtheorie" scheinen dies für die moderne Gesellschaft zu bestreiten; vgl. z. B. Luhmann 1986.
[2] So zuerst Bücher 1919, 307; vgl. auch Brandt 1965.
[3] Vgl. hierzu und zum Folgenden Kosiol 1962.

det. Während die einzelnen Arbeitshandlungen nach Art der Verrichtung und des Objekts durchaus verschieden sein mögen, sind sie doch formal darin einander gleich, dass sie sich immer aus jenen Teilfunktionen zusammensetzen.

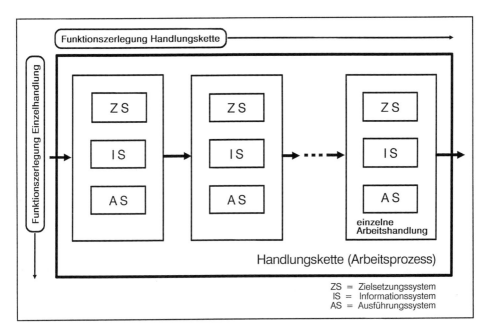

Bild 23 Funktionszerlegung bei Handlungskette und Einzelhandlung

Die Funktionszerlegung in der Handlungskette bildet die klassische Arbeitszerlegung ab, während die Funktionszerlegung der Einzelhandlung auf eine technologische Arbeitszerlegung hinausläuft. Das „Prinzip [der grossen Industrie], jeden Produktionsprozess, an und für sich und zunächst ohne alle Rücksicht auf die menschliche Hand, in seine konstituierenden Elemente aufzulösen, schuf die ganz moderne Wissenschaft der Technologie".[1] „Alle entwickelte Maschinerie besteht aus drei wesentlich verschiedenen Teilen, der Bewegungsmaschine, dem Transmissionsmechanismus, endlich der Werkzeugmaschine oder Arbeitsmaschine".[2] Wenn Marx, hier bereits für die Maschinerie, die Teilfunktionen der Antriebsbewegung, der Energieübertragung und der Bearbeitung nennt, so macht er damit einen ersten Schritt zu jener Funktionszerlegung, die ich in Bild 14 verfeinert habe.

[1] Marx 1867, 510.
[2] Marx 1867, 393; Reuleaux 1875, 13, schreibt diese Einteilung, die er seinerseits kritisiert, dem französischen Physiker und Ingenieur J. V. Poncelet (1788-1867) zu.

Mit den letzten Bemerkungen habe ich, zitatbedingt, bereits dem Folgenden vorgegriffen, da Marx nicht eindeutig zwischen Aufgabenanalyse und Aufgabensynthese unterscheidet. Erst in der Aufgabensynthese nämlich werden die zerlegten Teilfunktionen, wie in Bild 22, unterschiedlichen Funktionsträgern zugewiesen. Für die traditionelle Organisationstheorie kommen dafür nur menschliche Arbeitskräfte in Betracht, so dass in dieser Sicht die Arbeitszerlegung eine Form der gesellschaftlichen Arbeitsteilung darstellt. Bei der Zerlegung einer Handlungskette enthalten die Einzelhandlungen, wenn auch häufig in sehr reduziertem Umfang, immer noch die Funktion der Zielsetzung und können darum tatsächlich nur auf menschliche Funktionsträger aufgeteilt werden.

Auf die psychosozialen Probleme einer überspitzten Arbeitszerlegung kann ich hier nicht eingehen. Ich muss jedoch anmerken, dass solche Probleme ganz besonders bei *fixer* Arbeitszerlegung anwachsen, wenn also die Zuordnung von Teilfunktionen zu spezialisierten Arbeitskräften auf Dauer angelegt ist, so dass die einzelne Person langfristig nichts Anderes als die einmal festgelegte Teilfunktion zu leisten hat. Dagegen können Monotonie und Unterforderung durch *variable* Arbeitszerlegung gemildert werden, wenn der Arbeitskraft in zeitlichem Wechsel nach einander unterschiedliche Teilfunktionen zugewiesen werden; bestimmte Formen der variablen Arbeitszerlegung sind in der Arbeitswissenschaft als „job rotation" bekannt.[1]

Eine besondere Pointe erhält die Aufgabensynthese nun aber, wenn Teilfunktionen nicht an Menschen, sondern an Sachsysteme übertragen werden. Dann ergibt sich eine Art der Arbeitsteilung, die zwar dem Inhalt nach schon seit Längerem, dem Begriff nach aber selbst heute noch kaum bekannt ist: die soziotechnische Arbeitsteilung.

3.5.2 Soziotechnische Arbeitsteilung

Es ist A. Smith gewesen, der die soziotechnische Arbeitsteilung im Kern bereits erkannt hat. Gleich im ersten Kapitel seines klassischen Buches, in dem er das berühmte Beispiel der Stecknadelfabrikation beschreibt, erklärt er den Produktivitätseffekt der Arbeitsteilung mit drei verschiedenen Faktoren: „(1) der grösseren Geschicklichkeit jedes einzelnen Arbeiters, (2) der Ersparnis an Zeit, die gewöhnlich beim Wechsel von einer Tätigkeit zur anderen verlorengeht und (3) der Erfindung einer Reihe von Maschinen, welche die Arbeit erleichtern, die Arbeitszeit verkürzen und den Einzelnen in den Stand setzen, die Arbeit Vieler zu leisten". Und Smith ergänzt, „dass es vermutlich die Arbeitsteilung war, die den Anstoss zur Erfindung solcher Maschinen gab", weil die Konzentration auf eine Teilfunktion der Arbeit für die Idee ihrer

---

[1] Vgl. z. B. G. Schreyögg u. U. Reuther in Kahsnitz/Ropohl/Schmid 1997, 319-331.

Soziotechnische Systeme

Technisierung förderlich ist.[1] In einem anderen Zusammenhang beschreibt Smith das Modelldenken, das auch die soziotechnische Arbeitsteilung anleitet: „Systeme ähneln in vieler Hinsicht Maschinen. Eine Maschine ist ein kleines System, das geschaffen wird, um jene verschiedenen Bewegungen und Wirkungen auszuführen und mit einander zu verbinden, die der Handwerker auslöst. Ein System ist eine erdachte Maschine, die man erfindet, um in der Vorstellung jene verschiedenen Bewegungen und Wirkungen mit einander zu verbinden, die in der Realität bereits ausgeführt werden".[2]
Andeutungsweise erwähnt zur gleichen Zeit auch J. Beckmann die soziotechnische Arbeitsteilung, wenn er anmerkt: „Die Geschicklichkeit der Handwerker und die Künstlichkeit der Werkzeuge stehen meistens in verkehrter Verhältnis. Je künstlicher die Werkzeuge, desto einfältiger die Arbeit".[3] Wie selbstverständlich übernimmt G. W. F. Hegel diese Gedanken für sein „System der Bedürfnisse", in dem er die Teilung zwischen Bedürfnis und Arbeit, also die Wirtschaftsteilung, als Grundlage der „bürgerlichen Gesellschaft" beschreibt: „Die Abstraktion des Produzierens macht das Arbeiten ferner immermehr *mechanisch* und damit am Ende fähig, dass der Mensch davon wegtreten und an seine Stelle die *Maschine* eintreten lassen kann".[4]
Jene frühen Andeutungen kann ich nun mit den systemtheoretischen Mitteln, die ich inzwischen eingeführt habe, sehr genau entfalten. *Bild 24* konkretisiert das allgemeine Prinzip von Bild 22 für die soziotechnische Arbeitsteilung. In der linken Hälfte des Schemas ist als Träger der Arbeitshandlung das ursprünglich eine Handlungssystem zu sehen. Darunter könnte man in anthropologischer Sicht einen konkreten Menschen verstehen, der die gesamte Arbeit ausführt. In organisationstheoretischer Sicht, die ich der breiteren Anwendbarkeit wegen bevorzuge, repräsentiert dieser Block ein gedachtes, abstraktes Handlungssystem, das einer theoretischen Aufgabenanalyse und Funktionszerlegung unterzogen wird. Will man nun dieses abstrakte Handlungssystem empirisch realisieren – oder will man die Arbeit, die ursprünglich ein Einzelner ausgeführt hatte, unter mehreren Handlungsträgern verteilen –, dann kann man in der Aufgabensynthese die theoretisch ermittelten Teilfunktionen entweder an menschliche Handlungssysteme oder an technische Sachsysteme übertragen. Je nach Machbarkeit und Wünschbarkeit wird man von Fall zu Fall das Eine oder das Andere tun, und so gestaltet man ein Handlungssystem, in dem menschliche und technische Funktionsträger zusammenwirken.

---

[1] Smith 1776, 12ff.
[2] Smith 1795, IV, 19, der die Modellmethode an dieser Stelle allerdings auf die Astronomie anwendet (Übersetzung von mir); vgl. auch J. Wieland in Krohn/Küppers 1992, 363-387.
[3] Beckmann 1777, 13f (Einleitung, § 9, Anm. 1).
[4] Hegel 1833, §§ 189ff, zit. § 198 (kursiv im Original).

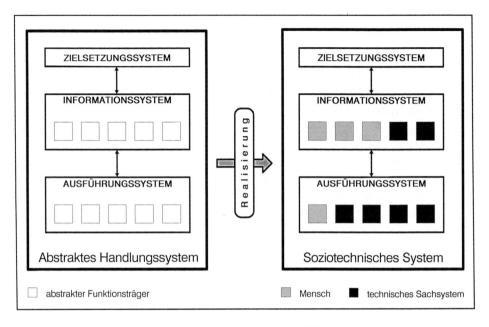

Bild 24 Soziotechnische Arbeitsteilung

Ein solches Handlungssystem, wie es schematisch in der rechten Hälfte von Bild 24 dargestellt ist, soll *soziotechnisches System* heissen. Ein soziotechnisches System ist mithin ein Handlungs- oder Arbeitssystem, in dem menschliche und sachtechnische Subsysteme eine integrale Einheit eingehen. Der Begriff des soziotechnischen Systems ist Ende der 1950er Jahre vom Londoner Tavistock Institute of Human Relations geprägt worden.[1] Programmatisch wollte man damit die Einseitigkeiten einer ingenieurwissenschaftlich dominierten Ergonomie und einer sozialwissenschaftlich dominierten Industriesoziologie überwinden, indem man schon mit dem Wort zum Ausdruck brachte, dass in der Arbeitsorganisation technische und gesellschaftliche Momente unauflöslich miteinander verbunden sind. Wenig später hat E. Grochla diesen Gedanken aufgegriffen und die Aufgabe der Organisationslehre entsprechend erweitert: Neben die „soziale Integration von Menschen", die klassische Organisationsaufgabe, tritt nun „die Integration von Mensch und Sachmittel zu Mensch-Maschine-Systemen".[2] Inzwischen gehört es in der Arbeitswissenschaft zum Lehrbuchwissen, ein Arbeitssystem als soziotechnisches System zu verstehen.[3]

---

[1] Emery/Trist 1960; vgl. a. Fürstenberg 1975, 76; Borries 1980, 128ff.
[2] Grochla 1966, 76.
[3] REFA 1993, 118ff.

Soziotechnische Systeme 143

Zwar hat sich die Arbeitswissenschaft auf Grund ihrer fachgeschichtlichen Herkunft bislang vor allem auf die Produktionsarbeit in der Industrie konzentriert, und in der Industriearbeit haben sich die Handlungsverflechtungen zwischen Mensch und Maschine lange Zeit mit besonderer Deutlichkeit gezeigt. Doch da diese Art von Arbeit bloss eine besondere Form technischen Handelns darstellt, braucht auch das Modell des soziotechnischen Systems nicht darauf beschränkt zu bleiben, zumal die Ausbreitung der Informationstechnik im sogenannten Dienstleistungssektor und die zunehmende Technisierung der Haushalte den Bereich soziotechnischen Handelns ausserordentlich vergrössert hat. All dies spricht für meine grundlegende Modellentscheidung, das Konzept des soziotechnischen Systems technikphilosophisch zu verallgemeinern: Der technische Charakter der Gesellschaft und der gesellschaftliche Charakter der Technik verschmelzen in der Symbiose soziotechnischer Systeme.[1]

Mit den letzten Bemerkungen habe ich bereits angedeutet, dass auch für soziotechnische Systeme eine Systemhierarchie entsprechend Bild 15 anzunehmen ist. Auch in dieser Hinsicht erweitere ich das arbeitswissenschaftliche Konzept, das sich zunächst nur auf die Mikroebene des individuellen Arbeitsplatzes bezogen hat. Doch schon für die soziologische Perspektive in der Arbeitswissenschaft liegt es nahe, auch die Mesoebene der industriellen Arbeitsorganisation mit diesem Modell zu erfassen, und das gilt dann natürlich auch für andere Handlungssysteme der Mesoebene wie Verwaltungen, Büros oder Haushalte. Schliesslich kann man die Gesellschaft als soziotechnisches System der Makroebene verstehen, in dem soziale und sachtechnische Teilsysteme mit einander verflochten sind. Stellt man die Hierarchie der Sachsysteme aus Bild 17 dieser soziotechnischen Hierarchie gegenüber, dann gibt es zwar keine eindeutigen Zuordnungen, denn auch der einzelne Mensch wirkt mit globalen Anlagenverbünden zusammen, und die Gesellschaft hat es mit Sachsystemen vergleichsweise niederen Ranges wie dem Kraftfahrzeug zu tun. Gleichwohl fallen die Verflechtungen und Durchdringungen von Technischem und Sozialem auf der jeweiligen Makroebene dieser Systemarten besonders ins Auge; daraus erklärt sich wohl das starke Interesse der Techniksoziologie an den „grossen technischen Systemen".[2]

Die entscheidende Voraussetzung der soziotechnischen Arbeitsteilung liegt wie gesagt darin, dass Funktionen von Sachsystemen mit Teilfunktionen

---

[1] Eigenartigerweise kann sich die Techniksoziologie der letzten zwanzig Jahre mit dieser Modellvorstellung nicht recht anfreunden; anders dagegen inzwischen Schmutzer 1994, bes. 300ff, der meiner Konzeption näher steht, als es seine wenigen Zitate ausweisen. Vgl. auch die Auseinandersetzung mit techniksoziologischer Kritik in meinem Aufsatz von 1995 (Modelltheorie).

[2] Vgl. z. B. Hughes 1983; Mayntz/Hughes 1988; Braun/Joerges 1994 sowie die ebd., 44-49, angegebene Literatur.

menschlichen Handelns äquivalent sind. Will man prüfen, ob diese Voraussetzung erfüllt ist, kann man jenes Äquivalenzkriterium verallgemeinern, das A. M. Turing für Computerfunktionen vorgeschlagen hat. In einem Gedankenexperiment stellt man sich zwei „schwarze Kästen" vor, in denen, unerkennbar für einen Beobachter, ein Mensch bzw. ein Sachsystem sich befindet. Beiden Systemen gibt der Beobachter den selben Input ein. Wenn darauf hin beide Systeme den selben Output hervorbringen, ohne dass der Beobachter einen Unterschied zwischen menschlicher und technischer Funktionsausführung feststellen könnte, dann ist die technische Funktion mit der menschlichen Funktion äquivalent.[1] Ist dieses Äquivalenzkriterium erfüllt, dann liegt eine *soziotechnische Identifikation* vor.

"T" = Teilfunktion technisiert / Teilfunktionen der Arbeit / Technisierungsstufen	AUSFÜHRUNG				INFORMATION				ZIELSETZUNG
	EINWIRKUNG	ENERGIEUMSATZ	FÜHRUNG	HANDHABUNG	EFFEKTOR	SPEICHERUNG	REZEPTOR	VERARBEITUNG	
HANDARBEIT	-	-	-	-	-	-	-	-	-
HANDWERKLICHE ARBEIT	T	-	-	-	-	-	-	-	-
MECHANISIERTE ARBEIT	T	T	-	-	-	-	-	-	-
EINFACHE MASCHINENARBEIT	T	T	T	-	-	-	-	-	-
ENTWICKELTE MASCHINENARBEIT	T	T	T	T	-	-	-	-	-
ENTWICKELTE MASCHINENARBEIT	T	T	T	T	T	-	-	-	-
AUTOMATISIERTE MASCHINENARBEIT	T	T	T	T	T	T	-	-	-
AUTOMATISIERTE MASCHINENARBEIT	T	T	T	T	T	T	T	-	-
AUTOMATISIERTE MASCHINENARBEIT	T	T	T	T	T	T	T	T	-

Bild 25 Systematik soziotechnischer Identifikationen

In Technikphilosophie und Technikgeschichte ist es Gemeingut, dass soziotechnische Identifikationen zuerst für stoffliche Funktionen, später dann für energetische und schliesslich auch für informationelle Funktionen stattgefunden haben.[2] In *Bild 25* systematisiere ich diese Einsicht, indem ich die Funktionszerlegung aus Bild 14, wenn auch in leicht vereinfachter Form, dafür fruchtbar mache. In den Spalten des Schemas sind die wichtigsten Teilfunktionen des Ausführungs- und des Informationssystems eingetragen, und

---

[1] Turing 1956.
[2] Vgl. etwa die Zusammenfassung bei Gehlen 1957, 19.

in den Zeilen steht jeweils ein „T", wenn eine soziotechnische Identifikation vorliegt, wenn, mit anderen Worten, die betreffende Handlungsfunktion in äquivalenter Weise durch ein Sachsystem dargestellt werden kann. So ergibt sich eine Systematik der Technisierungsstufen. Den verschiedenen Stufen habe ich in der linken Spalte zur besseren Orientierung Hilfsbezeichnungen aus der Produktionstechnik zugeordnet. Damit zeige ich zugleich, dass die übliche Unterscheidung von Mechanisierung und Automatisierung zu grobmaschig ist.

Das Schema vermittelt einen systematischen Überblick, insofern alle Stufen der Technisierung gegenwärtig durchaus noch vorkommen. Man kann das Schema aber auch historisch lesen, da die Reihenfolge, in der eine Arbeitsfunktion nach der anderen technisiert wird, in erster Näherung die zeitlichen Phasen widerspiegelt, in denen sich die technische Entwicklung vollzogen hat. Natürlich ist das Schema nicht vollständig, da noch zahlreiche andere soziotechnische Kombinationen möglich sind; beispielhaft erwähne ich die Jahrtausende alte Töpferscheibe, die bei rein manueller Tonbearbeitung und bei Antrieb durch die Füsse allein die Teilfunktion der Führung sachtechnisch vergegenständlicht. Worauf es mir ankommt, ist die Einsicht, dass in soziotechnischen Systemen immer menschliche und sachtechnische Teilsysteme zu einer integralen Handlungseinheit verbunden sind. Unterstellt man, dass die Zielsetzung trotz aller computergestützten Informationsaufbereitung jedenfalls in letzter Instanz grundsätzlich eine menschliche Funktion bleibt, dann sind die Sachsysteme nur als Teile von soziotechnischen Systemen zu verstehen.

Indem das Schema die Stufen zunehmender Technisierung darstellt, spiegelt es zugleich die Stufen abnehmenden Arbeitseinsatzes wider und kann darum auch für die arbeitswissenschaftliche Systematisierung von Arbeitsplatzqualifikationen herangezogen werden. Die soziotechnische Arbeitsteilung ist gleichbedeutend mit der Verringerung menschlicher Arbeitsbeiträge, und so ist die Technisierung nicht nur eine Folge der Arbeitsteilung, sondern bewirkt ihrerseits auch neue Formen der Arbeitszerlegung. Werden beispielsweise – um eine weitere Kombination zu nennen, die im Schema aus Gründen der Übersichtlichkeit nicht ausdrücklich gezeigt wird – bei ansonsten automatisierter Maschinenarbeit allein die Handhabungsfunktionen der Aufnahme, Bereitstellung und Abgabe des Materials wegen technischer oder wirtschaftlicher Schwierigkeiten nicht technisiert, so folgt daraus eine äusserst stumpfsinnige, vom Maschinenrhythmus diktierte Teilarbeit, auf die menschliches Arbeitshandeln gewaltsam reduziert wird. Glücklicherweise ist von der weiteren Entwicklung der Robotik zu erwarten, dass solche „Lückenbüsser" der Automatisierung immer seltener werden.

Schliesslich muss ich darauf aufmerksam machen, dass die soziotechnische Arbeitsteilung hier zunächst nur für die einzelne Arbeitshandlung dargestellt wurde, deren Koordination vielfach bereits informationstechnisch erfolgt. Blickt man aber auf Bild 23 zurück, so erinnert man sich, dass die einzelne Arbeitshandlung häufig Teil eines Arbeitsprozesses ist, der in eine Handlungskette zerlegt wurde. In der Handlungskette treten zusätzliche Koordinationsfunktionen auf, die mit förder- und informationstechnischen Mitteln partiell ebenfalls dem Menschen abgenommen werden. Eine vollständige „realtechnische Integration von Sachmitteleinheiten (Maschinensysteme)",[1] wie sie mit dem Leitbild der computer-integrierten Produktion[2] zeitweilig angestrebt wurde, scheint freilich bei komplexen Handlungsprozessen daran zu scheitern, dass die soziotechnische Identifikation anspruchsvoller Planungs-, Steuerungs- und Überwachungsfunktionen entweder grundsätzlich unmöglich ist oder doch praktisch zu aufwendig wäre.[3] So können auch hochtechnisierte Maschinenkomplexe nur als soziotechnische Systeme funktionieren.

3.5.3 Gesellschaftliche Integration

Gesellschaftliche Arbeitsteilung bedarf der ergänzenden Arbeitsverbindung, Differenzierung erfordert komplementäre Integration.[4] Bei der Arbeitszerlegung in betrieblichen Organisationen wird diese grundlegende Einsicht planmässig angewandt, indem eigene Koordinationsinstanzen eingerichtet werden. Für andere Ausprägungen der gesellschaftlichen Arbeitsteilung dagegen sind, abgesehen von staatlichen und rechtlichen Rahmenregelungen, effektive Steuerungsinstanzen, die zielstrebig und umfassend die entsprechende Koordination besorgen würden, kaum zu identifizieren. Gleichwohl zeichnet sich Gesellschaft gerade dadurch aus, dass sich „kleinere" Handlungseinheiten in „grössere" Handlungeinheiten integrieren, die dann auch Funktionen leisten, die allein aus den „kleineren" Handlungseinheiten nicht hinreichend zu erklären sind. Darin liegt offensichtlich das zentrale Problem der theoretischen Soziologie, auf welche Weise so etwas wie Gesellschaft überhaupt denkbar ist.

Wenn ich in Anlehnung an Durkheim die Gesellschaft als eine Realität eigener Art auffasse, stehe ich also vor der Grundfrage, wodurch sich diese eigenständige Realität konstituiert, wie, mit anderen Worten, die besondere „Seinsweise" sozialer Meso- und Makrosysteme in realistischer Weise zu be-

---

[1] So schon Grochla 1966, 76.
[2] Eingeweihte sprechen von „CIM", das für „computer integrated manufacturing" steht.
[3] Vgl. z. B. Brödner 1985; Spur 1993.
[4] In der ersten Auflage hatte ich von „Aggregation" gesprochen; da dieses Wort als reine „Anhäufung" missverstanden werden kann, greife ich nun auf den systemtheoretisch genaueren Ausdruck „Integration" zurück.

Soziotechnische Systeme

schreiben ist, wenn sie voraussetzungsgemäss nicht auf die Beschaffenheit der personalen Mikrosysteme reduziert werden kann. Auf diese gesellschaftstheoretische Grundfrage kann ich hier selbstverständlich nur in so weit eingehen, als sie auch mit der Technisierung zusammenhängt. Wenn ich das ausdrücklich in realistischer Weise tun will, dann meine ich damit, dass ich gesellschaftliche Ganzheiten keineswegs zu dämonischen Wesenheiten entstellen will. Soziale Systeme sind keine geheimnisvollen Entitäten mit unfassbarem Eigenleben. In der Handlungssystemtheorie sind sie Modelle, mit denen die Integration von Gesellschaftsmitgliedern und die Emergenz integraler Funktionen und Strukturen beschrieben werden kann, solcher Funktionen und Strukturen also, die aus der Verflechtung der Gesellschaftsmitglieder als neue Qualitäten auftauchen.[1]

Wie also integrieren sich die personalen Systeme zu sozialen Meso- und Makrosystemen? Wie bilden sich kollektive Zielsetzungssysteme aus der Vielfalt individueller Zielsetzungen? Wie konstituiert sich ein Informationssystem auf der Meso- oder Makroebene angesichts der mannigfachen Disparitäten personaler Informationssysteme? Und wie assoziieren sich die individuellen Ausführungssysteme zur arbeitsteiligen gesellschaftlichen Produktion? Wie überhaupt sind, mit einem Wort, gesellschaftliche Verhältnisse als überindividuelle Erscheinungen zu begreifen, obwohl es doch letzten Endes immer wirkliche Menschen in ihren wirklichen Lebensbeziehungen sind, die da Ziele setzen, Information bewältigen und Arbeit ausführen?

Für dieses Integrationsproblem gibt es, wie bereits mehrfach angedeutet, zwei Lösungsversuche, die mir abwegig erscheinen. Die kollektivistische Lösung spricht den gesellschaftlichen Phänomenen den Charakter geheimnisvoller Wesenheiten zu, ohne zu klären, auf welche Weise diese Ganzheitsqualitäten auf den Beiträgen der wirklichen Menschen aufruhen.[2] Die individualistische Lösung dagegen versteht soziale Erscheinungen nur als Vereinigungsmenge der individuellen Erscheinungen und verfehlt dadurch die emergenten Qualitäten gesellschaftlicher Ganzheiten.[3] Darum bevorzuge ich wie gesagt die Lösung der Handlungssystemtheorie, die den eigenständigen Charakter sozialer Systeme aus der Relationenmenge erklärt, die über der Menge der Individuen und der Organisationen existiert, ohne darüber die Beiträge der Einzelnen und der Organisationen zu vernachlässigen.[4] In einer solchen Konzeption aber können auch die technischen Sachsysteme

---

[1] Zum Begriff der Emergenz vgl. Krohn/Küppers 1992.
[2] Diesen Fehler begeht nicht nur der traditionelle „Holismus", sondern tendenziell auch die soziologische „Systemtheorie"; vgl. Luhmann 1986.
[3] Diesen Fehler begeht der „methodologische Individualismus", von dem leider auch der kritische Rationalismus nicht frei ist; vgl. Vanberg 1975.
[4] So auch Bunge 1983, 150ff.

ihren theoretischen Platz einnehmen, und die Frage nach der gesellschaftlichen Integration wird dann auch zur Frage nach der soziotechnischen Integration.

Gesellschaftliche Integrationsvorgänge werden sehr überzeugend von der soziologischen Rollentheorie herausgearbeitet.[1] Die *Rollenerwartungen*, die ein Mensch in Hinsicht auf das mutmassliche Handeln eines anderen Menschen hegt, und die Erwartungserwartungen, die der Andere in der Interaktion dem Einen unterstellt, sind tatsächlich nichts Anderes als interne Modelle eines interpersonalen Relationengeflechts, die sich in der Kommunikation und Kooperation herausgebildet haben.[2] Auch die *normativen Standards*, die eine relative Gleichförmigkeit und Stabilität sozialen Handelns garantieren sollen und vielfach als entscheidende Faktoren gesellschaftlicher Integration gelten, lassen sich als überindividuell verfestigte Muster interpersonaler Interaktionserwartungen deuten. Das gesellschaftliche Zielsetzungssystem ist somit weder die Vereinigungsmenge der personalen Zielsetzungssysteme noch eine Instanz jenseits der personalen Systeme. Vielmehr umfasst es eine Menge von Zielsetzungsrelationen zwischen den individuellen Zielsetzungssystemen, die Erwartungen hinsichtlich dessen darstellen können, was der Andere will, kann oder soll, aber auch die verschiedenen freiwilligen oder unfreiwilligen Abgleichungsstrukturen vom Konsens bis zur Herrschaft.

Neben der normativen Integration findet in der Soziologie auch die gesellschaftliche Kommunikationsstruktur inzwischen einige Beachtung, wenngleich Sektoralisierungs- und Integrationstheorien zu diesen Fragen heftig mit einander konkurrieren. Zweifellos gibt es so etwas wie gesellschaftliches Wissen, das als Schnittmenge der individuellen Wissensvorräte Allen gemeinsam, als Vereinigungsmenge hingegen ungleich verteilt ist und von den Einzelnen über Kommunikationsprozesse nicht immer leicht zu erschliessen ist.[3] Die gesellschaftliche Produktionsstruktur dagegen, die in der arbeitsteiligen Kooperation doch auch ihre integrierenden Momente besitzt, wird in den Sozialwissenschaften der letzten Jahre merkwürdigerweise kaum beachtet, so als würden die Menschen nur mit einander reden und nicht auch mit einander arbeiten. Aber solchen Andeutungen systematisch nachzugehen, wäre die Aufgabe einer allgemeinen Gesellschaftstheorie.

Hier interessiert mich vor allem ein spezieller Aspekt des Integrationsproblems, der wieder zum engeren Thema führt, nämlich der gesellschaftliche

---

[1] Zur Rollentheorie Dahrendorf 1958; vgl. auch Esser 1996, 231ff.
[2] Da Rollenerwartungen und Erwartungserwartungen nicht notwendig erfüllt werden, sondern durchaus auch fehlgehen können, sprechen Soziologen wie T. Parsons und N. Luhmann in diesem Zusammenhang von „doppelter Kontingenz"; W. Rammert (in Weingart 1989, 165) meint gar, man verfehle die soziologische Perspektive, wenn man diesen Terminus nicht benutzt.
[3] Mehr dazu schon bei Berger/Luckmann 1966.

Integrationseffekt der Technik. Die zuvor skizzierten Relationen, die überhaupt erst soziale Meso- und Makrosysteme konstituieren, könnten ja bloss momentan existieren und schon im nächsten Augenblick völlig andere Formen annehmen. Erst wenn interindividuelle Beziehungen eine überindividuell garantierte relative Dauerhaftigkeit annehmen, gerinnen sie zu sozialen Verhältnissen. Damit aber erhebt sich die Frage, worauf die relative Dauerhaftigkeit solcher Strukturen beruht, worin, mit anderen Worten, die langfristige Verfestigung von Zielsetzungs-, Informations- und Ausführungsmustern ihren Grund hat. Die Antwort auf diese Frage kann an die vorherige Analyse der Rollenerwartungen anknüpfen, die in den internen Modellen der Individuen präsent sind. Tatsächlich kann es nur gespeicherte und regelmässig abrufbare Information sein, welche die Überzeitlichkeit von Handlungsmustern garantiert: *normative* Information über die Zielsysteme, die man nicht nur kennt, sondern von denen man auch annehmen muss, dass sie von Anderen ebenfalls verfolgt und unter Umständen mit der Androhung von Sanktionen durchgesetzt werden; *kognitive* Information über die Welt, aber auch über den Umstand, dass Andere diese Information ebenfalls besitzen und für gültig halten; und *operative* Information über die Prozeduren typisierter Handlungsvollzüge, verbunden mit der Überzeugung, dass die Anderen es auch so machen. So ist der tiefere Kern dessen, was in der soziologischen Fachsprache als „Institution" bezeichnet wird, tatsächlich zunächst individuell gespeicherte Information, die mit dem Bewusstsein verknüpft ist, dass solche Information auch bei anderen Menschen relativ verbreitet ist.

Im Verlauf der soziokulturellen Entwicklung kommt es dann freilich zur einer Objektivierung der Institutionen. Ursprünglich waren es allein die zwischenmenschlichen Mitteilungs- und Sozialisationsverfahren, mit denen interne Modelle gebildet und übertragen wurden, aber diese Verfahren waren nicht besonders zuverlässig und beständig. Dann traten vergegenständlichte Informationsspeicher hinzu, die in der Verallgemeinerung und Verstetigung überindividueller Modelle sehr viel leistungsfähiger sind. So entfaltet sich die Kultur der Gesellschaft vor allem auch als Menge objektivierter Informationsspeicher. Von der Höhlenmalerei über Handschrift und Buchdruck bis zur elektronischen Datenbank spannt sich eine lückenlose Kette zunehmender Vergegenständlichung gesellschaftlichen Wissens, das nun tatsächlich in entpersönlichter, objektivierter Gestalt vorliegt. Das soziale System verfügt über ein Wissen, das sich von den Köpfen der Menschen abgelöst hat und unabhängig davon bestehen kann.

Die Träger dieses gespeicherten Wissens aber sind Artefakte, von Menschen künstlich geschaffene Sachsysteme, und gehören mithin zur Technik. Andere Sachsysteme verkörpern, auch wenn Informationsspeicherung nicht ihre kennzeichnende Funktion ist, gleichwohl normative und operative Informationen, indem sie etwa auf bestimmte Zielkonzeptionen ausgelegt sind und bestimmte Umgangsweisen verlangen.[1] So erweisen sich die Sachsysteme als Kristallisationen gesellschaftlicher Verhältnisse, eine Einsicht, die lange vor der Soziologie von der Archäologie begriffen worden ist; „denn diese schliesst vom Resultat, dem Produkt, zurück auf die lebendige Gesellschaftsformation".[2] So übernehme ich die These von H. Linde, dass technische Artefakte den Charakter gesellschaftlicher Institutionen haben,[3] und ich radikalisiere diese These mit der Behauptung, dass es vor allem technische Artefakte sind, die gesellschaftliche Integration auf Dauer stellen.[4] Die überindividuelle Existenz der interpersonalen Relationen mag, in internen Modellen fixiert und durch reziproke Widerspiegelungen verstetigt, der momentanen Beliebigkeit der Individuen entzogen sein, doch besitzt sie trotz Allem keinen archimedischen Angelpunkt ausserhalb der personalen Systeme, solange sie nicht in Artefakten vergegenständlicht wird. Gesellschaft, verstanden als Phänomen sozialer Integration, gibt es mithin nur in den Köpfen der Menschen und in den Artefakten – nirgendwo sonst!

Hatte die soziotechnische Arbeitsteilung den *gesellschaftlichen Charakter der Technik* erwiesen, so enthüllt die soziotechnische Integration den *technischen Charakter der Gesellschaft*. Technische Artefakte sind nicht akzidenzielles Beiwerk einer Gesellschaft, die wesentlich auf nicht-technischer Kultur gründen würde; vielmehr ist die Sachtechnik ein substanzieller Kern fortgeschrittener Vergesellschaftung. Damit dieser Befund indessen nicht im Sinn eines technologischen Determinismus missverstanden wird, variiere ich eine schon früher benutzte dialektische Figur: *Die Technik ist ein gesellschaftliches Produkt. Die Technik ist eine objektive Wirklichkeit. Die Gesellschaft ist ein technisches Produkt.*[5]

---

[1] Vgl. Linde 1972, bes. 66ff; im 4. Kapitel werde ich ausführlich darauf zurückkommen.
[2] Bahr 1973, 39; vgl. auch Marx 1867, 195.
[3] Linde 1972, 64; so inzwischen auch Hennen 1992.
[4] Ähnlich Zimmerli 1988, 13ff, für Integrationstendenzen der Weltgesellschaft.
[5] Nach Berger/Luckmann 1966, 65

3.6 Zielsysteme

3.6.1 Begriff und Struktur

Bei der Definition und Analyse der Handlungssysteme in den vorangegangenen Abschnitten hat der Begriff des Zieles eine besondere Rolle gespielt. Das Handeln zeichnet sich vor anderen menschlichen Verhaltensweisen gerade dadurch aus, dass es darauf gerichtet ist, Ziele zu erreichen. Technisches Handeln verfolgt entweder das Ziel, Sachsysteme zu verwirklichen (Herstellungshandeln), oder es verfolgt die unterschiedlichsten anderen Ziele, indem es Sachsysteme als Mittel einsetzt (Verwendungshandeln). Darum muss ich nun den Zielbegriff klären und danach einige Probleme besprechen, die sich aus dem Verhältnis von Zielen und Mitteln ergeben.

„Ein *Ziel* ist ein als möglich vorgestellter Sachverhalt, dessen Verwirklichung erstrebt wird. [...] Sachverhalte sind z. B. Zustände, Gegenstände, Handlungen, Prozesse, Beziehungen. Einen bereits bestehenden Sachverhalt in Zukunft zu erhalten, bedeutet einen Sonderfall der vorstehenden Definition. Ein Ziel wird in einem Zielsatz formuliert. Ein Zielsatz enthält zwei Bestandteile: (a) die beschreibende Kennzeichnung des Sachverhaltes, (b) die Auszeichnung dieses Sachverhaltes als erstrebt, erwünscht, gefordert, befürwortet. Wenn der Zielcharakter eines gemeinten Sachverhaltes aus dem Zusammenhang eindeutig ersichtlich ist, genügt häufig schon die Kennzeichnung des Sachverhaltes".[1]

Über die weiteren Definitionen jener Richtlinie gehe ich nun aber noch hinaus, wenn ich den Zielbegriff zum Oberbegriff für jeden finalen Ausdruck erkläre, mit dem, ohne Rücksicht auf Inhalt, Form, Herkunft, Geltungs- und Erstreckungsbereich, mögliche Sachverhalte oder Klassen von Sachverhalten normativ ausgezeichnet werden. Dazu gehören insbesondere: Bedürfnisse, Wünsche, Zwecke, Interessen, Normen und Werte. Gewiss betont man mit „Bedürfnis" und „Wunsch" vor allem den subjektiven Charakter der Zielsetzung. Von einem „Zweck" spricht man vorzugsweise dann, wenn ein Ziel mit einem bestimmten Mittel erreicht werden soll. „Interessen" bezeichnen die verfestigten Ziele abgrenzbarer gesellschaftlicher Gruppen. „Normen" heben ausdrücklich auf die soziale Herkunft, Geltung und Kontrolle gewisser Ziele ab, und „Werte" stehen für sehr allgemeine und prinzipielle Zielkomplexe mit universellem Geltungsanspruch.[2] Gleichwohl scheint mir ein gewissermassen neutraler Oberbegriff für all diese finalen Konzepte zweckmässig, und selbst die „Werte" können mit einem allgemeinen Zielbegriff plausibel expliziert werden.

---

[1] VDI 3780, 3; bei der Formulierung des Richtlinientextes habe ich seinerzeit mitgewirkt.
[2] Vgl. die Definitionen ebd., 4f.

Nun verfolgt ein Handlungssystem in der Regel nicht nur ein einziges Ziel, sondern mehrere Ziele, und zwischen den verschiedenen Zielen gibt es meist gewisse Zusammenhänge. Dieser Umstand legt es nahe, auch auf eine Menge von Zielen das allgemeine Systemmodell anzuwenden. Ein *Zielsystem* ist dann eine Menge von Zielen und eine Menge von Relationen zwischen diesen Zielen.[1] Während Handlungssysteme und Sachsysteme greifbare Phänomene in der objektiven Realität modellieren, bilden Zielsysteme, jedenfalls in rationaler Rekonstruktion, sprachlich formulierte Vorstellungen von Menschen, Organisationen oder Gesellschaften ab. Darum sind Zielsysteme auch keine aktiven Instanzen, die eine eigene Funktion hätten, sondern lediglich abstrakte Struktursysteme. So lange Ziele als solche bedeutsam sind, können die damit gemeinten Sachverhalte – abgesehen vom Sonderfall der Bestandswahrung – empirisch gar nicht existieren, sondern werden lediglich mit Vorstellungsgebilden und sprachlichen Zeichen im zielsetzenden Handlungssystem antizipiert.

Wie ich mit den verschiedenen finalen Ausdrücken schon angedeutet habe, können Ziele unterschiedliche Grade der Konkretisierung aufweisen. So kann man ganz allgemein das Ziel einer „menschengerechten Technik" aufstellen, auf einer mittleren Ebene „benutzerfreundliche Produkte" anstreben und im konkreten Einzelfall das Ziel verfolgen, dass beim Betrieb der Spülmaschine der Geräuschpegel in der Küche unter 50 Dezibel liegt. Wie bei einer Begriffshierarchie erweisen sich die allgemeineren Ziele als Oberbegriffe der konkreteren Ziele und können darum auch als Oberziele bezeichnet werden. In der Sprache der extensionalen Logik umfassen die „benutzerfreundlichen Produkte" die Abstraktionsklasse aller Produkte, deren Eigenschaften optimal auf die Bedürfnisse und Wünsche der Benutzer abgestimmt sind. Ganz offensichtlich stellt die geräuscharme Spülmaschine eine spezifische Konkretisierung jenes Oberzieles dar. Sie ist nicht etwa ein Mittel, mit dessen Hilfe das Oberziel zu erreichen wäre, sondern sie verwirklicht das Oberziel in sich selbst; diese Feststellung ist wichtig, wenn man diese logische Implikation von der später zu besprechenden Instrumentalrelation präzise abgrenzen will.

Die verschiedenen Abstraktionsebenen der Ziele können systemtheoretisch in einer *Zielhierarchie* abgebildet werden. Ein Ziel wird demnach als Subsystem eines Oberzieles betrachtet und enthält seinerseits Unterziele als Sub-Subsysteme. Die rangniedrigsten, konkretesten Ziele kann man, wie in der Umgangssprache üblich, *Zwecke* nennen, und die ranghöchsten, allgemeinsten Ziele sollen *Werte* heissen. Auch Werte nämlich sind, unbeschadet

---

[1] Vgl. hierzu und zum Folgenden die formalen Definitionen im Anhang 7.2; ferner Zangemeister 1970, 89ff, sowie mein Buch von 1975, 58ff.

ergänzender und differenzierender wertphilosophischer Erwägungen,[1] Abstraktionsklassen möglicher erstrebter Sachverhalte. Im Prinzip kann jedes Ziel, mit Ausnahme der ganz konkreten Zwecke, als System von Unterzielen analysiert werden. Dabei lassen sich freilich die Unterziele keineswegs zwingend aus dem höherrangigen Ziel ableiten; die Konkretisierung von Zielen ist wie jede Systeminterpretation ein schöpferischer Vorgang, in dem zusätzliche Information erzeugt wird. Umgekehrt kann man auch nicht jedes Zielsystem eindeutig einem einzigen Oberziel zuordnen; es ist durchaus fraglich, ob eine konsistente Hierarchisierung von den konkreten Zwecken bis zu den allgemeinen Werten möglich oder sinnvoll ist. Das systemtheoretische Hierarchiekonzept soll ja keine Neuauflage der scholastischen Analogia entis begründen, sondern lediglich als Denkwerkzeug dienen.

Auf jeder Hierarchieebene ist das Zielsystem eine geordnete Menge von Zielen. Die strukturale Ordnung wird durch verschiedene Typen von Relationen hergestellt; mindestens eine der Relationenmengen muss beschreibbar sein, damit von einem Zielsystem überhaupt die Rede sein kann. Da gibt es zunächst die *Indifferenzrelation*, die angibt, dass zwei Ziele völlig unabhängig von einander sind, dass man, mit anderen Worten, jedes dieser Ziele verfolgen kann, ohne die Erfüllung des anderen Zieles dadurch zu beeinträchtigen. Umgekehrt verhält es sich mit der *Konkurrenzrelation*, mit der die Unverträglichkeit von Zielen beschrieben wird. In diesem Fall muss man, wenn man das eine Ziel verfolgt, das andere Ziel notwendigerweise verfehlen. Vor allem wenn eine solche Konkurrenzrelation besteht, aber auch in anderen Fällen, kommt eine *Präferenzrelation* in Betracht, die dem einen Ziel den Vorrang gegenüber dem anderen Ziel einräumt.

Um diese Übersicht nicht all zu verwickelt zu machen, beschränke ich mich hier auf zweistellige Relationen und unterstelle überdies binäre Zielwerte, die nur die Ausprägungen „erfüllt" und „nicht erfüllt" besitzen. In Wirklichkeit liegen die Zielwerte meist auf ordinalen oder kardinalen Skalen mit zahlreichen Abstufungen, so dass die genannten Relationen weiter differenziert werden müssen. Bei der Konkurrenzrelation beispielsweise geht es dann nicht mehr um Alles oder Nichts, sondern um die quantitative Abwägung, in welchem Masse der Erfüllungsgrad des anderen Zieles zu Gunsten des einen Zieles zu verringern ist. Solche Abwägungen werden um so schwieriger, je mehr Ziele gleichzeitig zu beachten sind, und formale Methoden wie die Nutzwertanalyse, die es gestattet, verschiedene Handlungsalternativen nach mehreren gewichteten Zielen gleichzeitig zu beurteilen, können derartige Probleme wohl übersichtlicher machen, aber auch nicht eindeutig lösen.[2]

---

[1] Oldemeyer 1978.
[2] Mehr dazu in Abschnitt 5.4.2, 275ff und Bild 43.

Von besonderer Bedeutung ist die *Instrumentalrelation*, die auch als Zweck-Mittel-Beziehung bekannt ist. Sie besteht darin, dass dadurch, dass das eine Ziel erfüllt ist, auch das andere Ziel erfüllt werden kann. Wenn man das Ziel „geräuscharme Spülmaschine" erreichen will, kann man unter anderem das Mittel wählen, das Gehäuse der Maschine aus schallisolierendem Werkstoff herzustellen. Ist dann aber schalldämmendes Material am Herstellungsort zunächst nicht verfügbar, wird dieses seinerseits zum Ziel, das man etwa dadurch erreichen kann, dass man als Mittel ein Transportfahrzeug einsetzt, das dieses Material von einem entfernten Hersteller heranschafft. Andererseits kann aber auch die geräuscharme Spülmaschine wiederum ein Mittel darstellen, mit dem man ein anderes Ziel erreichen möchte, zum Beispiel die Kosteneinsparung durch Betrieb mit billigem Nachtstrom, was bei einer lauten Maschine den Nachbarn nicht zuzumuten wäre.

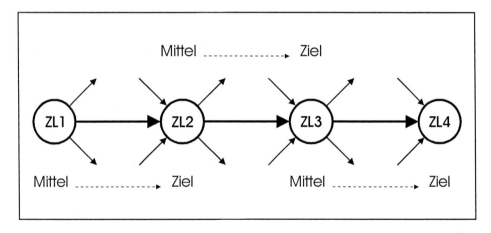

Bild 26 Zielkette

Das Beispiel illustriert, was systematisch in *Bild 26* dargestellt ist: Die Instrumentalrelation lässt sich im Prinzip beliebig oft wiederholen, so dass eine Zielkette entsteht. Dabei ist bemerkenswert, dass ein und dasselbe Element in der Zielkette sowohl als Ziel wie auch als Mittel verstanden werden kann, je nach dem, ob man es als Nachglied oder als Vorglied der Instrumentalrelation auffasst. Allerdings ist die einfache Zielkette nur ein idealisierter Sonderfall; in Wirklichkeit bilden die Instrumentalrelationen in einem Zielsystem häufig vernetzte Maschenstrukturen. In Bild 26 ist das durch die zusätzlichen Pfeile angedeutet, die bei den Elementen konvergieren oder divergieren. Dahinter aber steht ein technikphilosophisches Problem, dem ich einen eigenen Abschnitt widmen muss.

3.6.2 Zweck-Mittel-Problem

Wie manche anderen philosophischen Probleme ergibt sich auch das Zweck-Mittel-Problem grossenteils aus der Vieldeutigkeit der Allgemeinsprache und aus ihrer ontologischen Interpretation, hinter unterschiedlichen Bezeichnungen ständen grundsätzlich auch verschiedenartige Phänomene. Weil die Sprache zwischen „Mitteln" und „Zwecken" unterscheidet, hat sich im philosophischen Denken vielfach die unausgesprochene Vorstellung festgesetzt, die Welt zerfalle in ein „Reich der Mittel" und ein „Reich der Zwecke".[1] Die Mittel assoziiert man mit der Sphäre des objektiv und wertneutral Gegebenen, die Zwecke dagegen mit der Sphäre des subjektiv und werthaft Gemeinten. Mit diesem Dualismus von Mitteln und Zwecken unterstellt man, es lasse sich säuberlich das Sein vom Sollen und das Können vom Wollen scheiden. Was für die theoretische Erkenntnis ein sinnvolles methodologisches Prinzip ist,[2] wird unbesehen auf die Theorie praktischen Handelns übertragen. Dann aber wird die Trennung von Mitteln und Zwecken, von der man durchweg ausgeht, verschiedenartig beurteilt; eine affirmative Position hält diese Trennung für gut und richtig, während eine kritische Position dem Zweck-Mittel-Dualismus, ohne seine Existenz zu bezweifeln, beträchtliche Mängel anlastet.

Die affirmative Position benutzt diese Argumentationsfigur dazu, die Wirtschaft und die Technik dem Bereich der objektiven Mittel zuzuordnen und auf diese Weise jeder bewertenden Zieldiskussion und politischen Auseinandersetzung zu entziehen.[3] Diese Auffassung ist vor allem bei Industriellen und Ingenieuren immer noch sehr beliebt. Die Technik, so sagt man, beschränke sich auf die Bereitstellung wertneutraler Mittel, die zum Guten wie zum Bösen eingesetzt werden können, und sie habe mit den Zielen, die beim Gebrauch der technischen Mittel verfolgt würden, nichts zu schaffen. Die kritische Position andererseits beanstandet, dass sich die Experten auf die Mittel konzentrieren und die Frage vernachlässigen, „ob die Ziele als solche vernünftig sind". Sie sieht darin das Übergewicht einer „instrumentellen Vernunft",[4] die über den „technischen" Fragen der Mittelbeherrschung die „praktische" Verständigung über Normen und Werte sowie die „emanzipatorische" Reflexion veränderbarer Abhängigkeitsverhältnisse vernachlässigt und damit in „technokratische" Beschränktheit verfällt.[5] Mit der affirmativen Position teilt

---

[1] Anders inzwischen Rohbeck 1993, der allerdings trotz sorgfältiger Analyse der Problemgeschichte schliesslich doch nicht alle Unklarheiten zu beseitigen vermag. Die Wörter „Zweck" und „Ziel" verwende ich wie gesagt als synonyme Ausdrücke.
[2] Zum Wertfreiheitsprinzip vgl. Albert 1968, 62ff, sowie mein Buch von 1996, 31ff.
[3] Für die Wirtschaft hat das bereits Myrdal 1933 kritisiert.
[4] Horkheimer 1947, Titel und 15.
[5] Habermas 1968, 122ff u. 155ff.

sie im übrigen die Ansicht, dass in der modernen Technisierung „die Mittel die Ziele dieses Prozesses" bestimmen.[1] Tatsächlich hat es in der Technikforschung Stimmen gegeben, die mit der einprägsamen Formel „Can implies Ought" festgestellt haben, man solle Alles machen, was man technisch und wirtschaftlich machen kann.[2] Natürlich ist dieser „technologische Imperativ" ethisch absurd;[3] er scheint aber als eine Art von Hintergrundideologie immer noch eine Rolle zu spielen.

In bemerkenswertem Kontrast zur Verbreitung derartiger Pauschalurteile steht die durchgängige Unschärfe der zu Grunde liegenden Begriffe. Definiert man das *Mittel* als „Ding, Prozess usw., das bzw. der auf Grund bestimmter Eigenschaften von Menschen benutzt wird, um einem bestimmten Zweck zu realisieren",[4] so könnte man auf den ersten Blick auch die Realisierungshandlung selbst zu den Mitteln rechnen,[5] ein Sprachgebrauch, der nicht gerade selten ist, mir jedoch unzweckmässig erscheint. Es liegt nämlich im Begriff der Handlung, dass sie einen bestimmten Zweck realisiert; sie ist also in sich selbst die Realisierung und kann dann nicht zugleich deren Mittel bilden. Darum sollte man grundsätzlich das Mittel als einen Zusatz zur Handlung auffassen, als ein zusätzliches Werkzeug oder Instrument, das der Handelnde wirksam zum Einsatz bringt, indem er dessen Wirkungsweise ausnutzt.

Tatsächlich gründet die Instrumentalrelation in einer Kausalbeziehung, und manche Verwirrung in der Zweck-Mittel-Diskussion lässt sich auflösen, wenn man, wie in *Bild 27* und *28*, die Entsprechungen von Kausalstruktur und Finalstruktur analysiert.[6] In der linken Hälfte der Bilder ist jeweils das Modell einer einfachen Kausalstruktur zu sehen, das im Informationssystem eines Handlungssystems deskriptiv gespeichert ist. Das Modell identifiziert bestimmte Phänomene als Ursachen, die bestimmte andere Phänomene als Wirkungen hervorbringen. In diesem deskriptiven Modell wendet man die bekannten Begründungsverfahren an. *Induktiv* versucht man aus einzelnen Ursachen und Wirkungen auf ein allgemeines Gesetz zu schliessen; auch wenn der Induktivismus wissenschaftstheoretisch nicht haltbar ist,[7] spielt er doch in

---

[1] So Schelsky 1961, 450; dieser Topos findet sich bei zahlreichen „rechten" und „linken" Technikkritikern. Zu dieser unheiligen Allianz vgl. Klems 1988.
[2] So H. Ozbekhan, zit. nach Lenk 1971, 114.
[3] Mumford 1967/70, 548; Rapp 1978, 148; vgl. mein Buch von 1996.
[4] Klaus/Buhr 1975, 800.
[5] Das ist wohl auf Hegels Sprachspiel zurück zu führen, der die Handlung als „das Mittlere" und dann als die „Vermittlung" zwischen vorgestelltem und realisiertem Zweck kennzeichnet; vgl. Rohbeck 1993, 97ff.
[6] Die Unterscheidung von „Kausalnexus" und „Finalnexus" führt Rohbeck 1993, 236f, auf N. Hartmann zurück, hätte sie aber für seine eigenen Überlegungen wesentlich fruchtbarer machen können.
[7] Das hat vor allem Popper 1934 gezeigt.

der Lebenspraxis eine grosse Rolle. *Deduktiv* leitet man aus einem allgemeinen Gesetz und einer einzelnen Ursache eine einzelne Wirkung ab; das ist die Standardform der wissenschaftlichen Erklärung. Dann aber gibt es noch eine dritte Möglichkeit, indem man aus einem allgemeinen Gesetz und einer einzelnen Wirkung auf eine bestimmte Ursache schliesst; dieses Verfahren hat Ch. S. Peirce als *abduktiven* Schluss bezeichnet und geltend gemacht, dass die Abduktion im praktischen Handeln dominiert, weil dieses vor allem an bestimmten Wirkungen interessiert ist und nur darum nach den auslösenden Ursachen fragt.[1] Die beiden Bilder zeigen freilich, dass die Verhältnisse in Wirklichkeit komplizierter sind: Soweit verschiedene allgemeine Gesetze in Betracht kommen, kann ein und die selbe Wirkung auf mehreren unterschiedlichen Ursachen beruhen, und andererseits kann ein und die selbe Ursache mehrere unterschiedliche Wirkungen auslösen.

Auf derartigen Kausalmodellen, die freilich meist nur unzureichend strukturiert werden, baut ein Zielsetzungssystem auf, wenn es, wie in den rechten Hälften der Bilder dargestellt, eine bestimmte Wirkung, die gerade nicht vorliegt, zum Zweck erklärt und eine bekannte Ursache als Mittel in Betracht zieht. Zwar ist der abduktive Schluss die Voraussetzung dafür, für eine erwünschte Wirkung eine mögliche Ursache zu identifizieren, doch gehört er noch zum deskriptiven Kausalmodell. Erst die *praktische Schlussfolgerung* überführt die Kausalstruktur in die Finalstruktur, indem sie eine mögliche Wirkung als Zweck setzt und dafür das angemessene Mittel angibt. Weder die Zwecke noch die Mittel sind objektive Gegebenheiten; beide sind finale Interpretationen der Kausalstruktur durch zielsetzende Menschen.

Es versteht sich, dass in der Kausalstruktur die „Wirkungen" ihrerseits weitere Wirkungen hervorrufen und dann wieder zu „Ursachen" werden. Das ist der Grund dafür, dass in der finalen Interpretation Zielketten wie in Bild 26 entstehen. Weil die Finalstruktur eine pragmatische Interpretation ist, kann ein und das selbe Phänomen einmal als „Zweck" und das andere Mal als „Mittel" aufgefasst werden; jedes „Mittel" kann zum „Zweck" und jeder „Zweck" kann zum „Mittel" werden. „Mittel" bezeichnen mithin überhaupt keine abgrenzbare Klasse von Sachverhalten. Der Zweck-Mittel-Dualismus begeht, in seiner affirmativen ebenso wie in seiner kritischen Variante, den Fehler, das Zweck-Mittel-Schema zu hypostasieren, also das Modell mit der Wirklichkeit zu verwechseln. Die Welt lässt sich nicht säuberlich in das „Reich der Ziele" und das „Reich der Mittel" aufteilen. „Mittel" und „Zwecke" sind korrelative Ausdrücke, deren jeweilige Bedeutung nicht durch die gemeinten Sachverhalte, sondern allein durch ihre Stellung innerhalb der Instrumentalrelation definiert wird.

---

[1] Vgl. dazu Hubig 1997, 36ff.

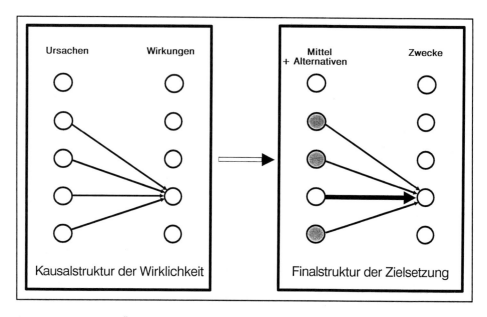

Bild 27 Äquivalenz von Mitteln (bei konvergenten Relationen)

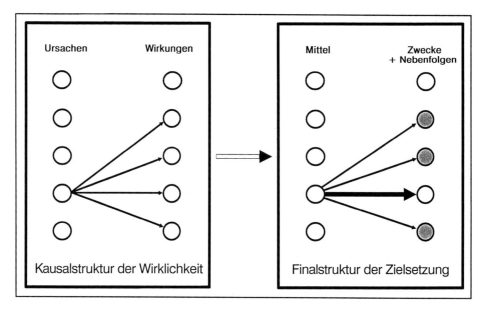

Bild 28 Multivalenz eines Mittels (bei divergenten Relationen)

Zielsysteme

Durch ihre Stellung in der Finalstruktur können allerdings Mittel und Zwecke unter Umständen einen modalen Unterschied aufweisen. Zwecke sind grundsätzlich *mögliche* Sachverhalte, während Mittel, wenn sie für die Zielerfüllung wirksam gemacht werden sollen, *wirkliche* Sachverhalte sein müssen. Freilich zeigt das Modell der Zielkette, dass nicht selten das Mittel ebenfalls noch nicht gegeben ist und auch erst herbei geführt werden muss, so dass es dann seinerseits wieder zum Ziel wird. Auch die Modalität also ist kein zureichendes Kriterium, um Mittel und Zwecke eindeutig von einander abzugrenzen. Die verbreitete Dichotomie zwischen der „Welt des Instrumentellen" und der „Welt des Praktischen", zwischen „Technik" und „Politik", zwischen „Arbeit" und „Interaktion", die ohnehin auf ein problematisches Sprachmuster aus der Antike zurückgeht,[1] vermag also auch aus dem Zweck-Mittel-Schema keine Rechtfertigung zu beziehen, sondern ist umgekehrt für dessen Fehlinterpretation verantwortlich. Mit diesem Resultat ist der Technokratiethese ein entscheidendes theoretisches Fundament entzogen.

Mit den Modellvorstellungen, die ich hier entwickelt habe, möchte ich nun noch einige subtile Komplikationen des Zweck-Mittel-Schemas besprechen, die im Kern schon von G. Myrdal erkannt worden sind. Er kritisiert „die folgenden gänzlich ungerechtfertigten Voraussetzungen", die wir machen müssten, „wenn wir objektiv die Mittel in Hinblick auf 'gegebene' Ziele diskutieren sollten: (1) Den Mitteln wird nicht ein unabhängiger, sondern nur ein instrumentaler Wert zuerkannt; (2) den Zielen wird nur unabhängiger Wert zuerkannt, sie werden niemals als Mittel für andere Ziele betrachtet; (3) keine anderen Wirkungen der Mittel als die 'gegebenen' Ziele haben unabhängigen Wert".[2]

Die erste der kritisierten Annahmen betrifft die Auswahl eines Mittels, wenn der selbe Zweck mit mehreren Mitteln erreicht werden kann, wie das in Bild 27 angedeutet ist. Statt vorschnell das erstbeste Mittel zu wählen, wird man in der Regel auch die mehr oder minder äquivalenten Alternativen prüfen, die sich aus der Analyse der Kausalstruktur ergeben. Bei der Auswahl spielt dann die Tauglichkeit für den gegebenen Zweck gewiss eine wichtige Rolle, aber sie ist nicht das einzige Beurteilungskriterium. Berücksichtigt man nämlich die Multivalenz jedes Mittels nach Bild 28, dann muss man auch erwägen, welches der tauglichen Mittel die wenigsten negativen und die meisten positiven Nebenwirkungen mit sich bringt; damit scheint mir klarer beschrieben, was im Zitat etwas unscharf als „Eigenwert" des Mittels bezeichnet wird. Man muss, mit anderen Worten, die gesamte Kausalstruktur in die Finalstruktur eines Zielsetzungssystems überführen und alle möglichen Ursa-

---

[1] Vgl. Abschnitt 3.2.1.
[2] P. Streeten in der Einführung zur Neuausgabe von Myrdal 1933, 23.

chen und Wirkungen der Kausalstruktur in der Gestalt eines komplexen Zielsystems modellieren. „Gegeben" ist nämlich in der Regel nicht nur *ein* Ziel, sondern mehr oder minder explizit ein System von Zielen, und der „Eigenwert" entpuppt sich dann meist als Tauglichkeit hinsichtlich eines zweiten oder dritten Ziels. So liegt der Fehler der kritisierten Voraussetzung (1) nicht darin, den Eigenwert der Mittel zu übersehen, sondern darin, die Mehrzahl von Zielen zu vernachlässigen, die von einem Mittel berührt werden.

Die Kritik an der zweitgenannten Voraussetzung kann ich vorbehaltlos übernehmen, denn sie ist mit dem Modell der Zielkette (Bild 26), in das ich die Zielkonvergenzen und Mitteldivergenzen vorsorglich bereits eingetragen habe, leicht zu begründen. Für den Zweck-Mittel-Dualismus wäre es schierer Dezisionismus, also eine offenkundige Willkürentscheidung, angesichts alternativer Zielmöglichkeiten ein bestimmtes Ziel zu präferieren. Betrachtet man hingegen die möglichen Ziele wiederum als Mittel in divergenten Instrumentalrelationen, so kann man jenes Mittel-Ziel begründen, das die nachgliedrigen Ziele optimal erfüllt. Man kann also die Wahl eines Zieles $ZL2$ gegenüber alternativen Zielen ZLj damit rechtfertigen, dass es nicht nur das Ziel $ZL3$ besser erfüllt, sondern auch mit anderen Zielen ZLq, auf die es in divergenten Relationen einwirkt, besser verträglich ist. Ziele brauchen also nicht willkürlich gesetzt zu werden, sondern können wie die Mittel mit einer praktischen Schlussfolgerung begründet werden.

Freilich kann ein solches Begründungsverfahren keine normative Letztbegründung liefern. Man geriete wie bei der Begründung deskriptiver Gesetze in das so genannte „Münchhausen-Trilemma": Man müsste die Zielkette in einem infiniten Regress immer weiter verfolgen, oder man müsste, indem man sich auf vorherige Begründungsschritte beruft, in einen logischen Zirkel verfallen, oder man müsste das Begründungsverfahren willkürlich abbrechen.[1] Diese Überlegung zwingt dazu, die Idee einer normativen Letztbegründung aufzugeben, doch zwingt sie keineswegs zu der rigorosen Begründungsabstinenz, die dezisionistische Anhänger des Zweck-Mittel-Dualismus pflegen, wenn sie auch partielle Zielbegründungen innerhalb einer endlichen Zielkette als „unwissenschaftlich" verurteilen wollen. Wer auf der affirmativen Position des Zweck-Mittel-Dualismus beharrt und das Modell der Zielkette ignoriert, betreibt eine gordische Variante der dritten Münchhausen-Strategie, indem er das Geflecht der Mittel und Ziele zerschlägt, ehe er auch nur versucht hat, die Zielkette ein Stück weit zu verfolgen.

Schon M. Weber, der manchmal fälschlich für den naiven Zweck-Mittel-Dualismus in Anspruch genommen wird, hat die *Zweckrationalität* darin gesehen, dass man „sein Handeln nach Zwecken, Mitteln und Nebenfolgen

---

[1] Die Analyse des „Münchhausen-Trilemmas" stammt von Albert 1968, 11ff.

Zielsysteme

orientiert und dabei sowohl die Mittel gegen die Zwecke, wie die Zwecke gegen die *Nebenfolgen*, wie endlich auch die verschiedenen *möglichen Zwecke gegeneinander* rational abwägt".[1] Damit hat er nicht nur die Bewertung von Zwecken, sondern auch die Berücksichtigung von Nebenfolgen in seine Theorie rationalen Handelns eingeschlossen und der dritten Voraussetzung des naiven Zweck-Mittel-Schemas den Boden entzogen, das nämlich die Multivalenz der Mittel (Bild 28) verkennt. Wie eine Ursache in der Regel mehrere Wirkungen ausübt, erfüllt auch das Mittel nicht allein den „gegebenen" Zweck, sondern erzeugt weitere Folgen, die man als „Nebenwirkungen" so gerne beiseite zu schieben pflegt. Tatsächlich aber unterscheiden sich die Nebenfolgen ihrem Status nach vom Ziel nur dadurch, dass man sie nicht von Anfang an bedacht und beabsichtigt hat. Nichts hindert indessen die Zielanalyse daran, auch solche Folgen oder deren Vermeidung zu weiteren Zielen zu erklären.[2] Die Analyse der Mittel vermag die Konstruktion eines Zielsystems aber nicht nur positiv zu beeinflussen, sondern auch negativ, wenn sich nämlich herausstellt, dass für ein bestimmtes Ziel überhaupt kein taugliches Mittel greifbar und denkbar ist; dann muss man das ursprüngliche Ziel aufgeben oder wenigstens derart modifizieren, dass sich dann dafür doch ein Mittel finden lässt.

Schliesslich kann man das Zielsystem auch dann ändern, wenn man in der Kausalstruktur eine neue Ursache entdeckt, für deren Wirkung zunächst keine Zielperspektive erkennbar ist. Erst wenn man diese Wirkung als nützlich und wünschenswert akzeptiert, erklärt man sie zu einem neuen Ziel, und erst dann macht man die Ursache zu einem neuen Mittel. Offenbar meint die Technokratiethese solche Vorgänge, wenn sie behauptet, in der modernen Technisierung bestimmten die Mittel die Ziele. Sie übersieht dabei jedoch, dass eine neue Ursache erst dann als Mittel gelten kann, wenn ihre mögliche Wirkung durch einen hinzu tretenden normativen Entschluss zum Ziel erklärt wird. Was also in der pauschalen Technikkritik als Verselbständigung der Mittel dämonisiert wird, ist in Wirklichkeit nichts Anderes als die *zielprägende Potenz technischer Möglichkeiten*.

Dass aber die Menschen neue Möglichkeiten bereitwillig – und manchmal vorschnell – als neue Ziele sich zu eigen machen, ist sicherlich kein Fehler, der allein der Technik anzulasten wäre. Die „Dialektik von Können und Wollen"[3] charakterisiert die Grundverfassung des Menschen, und für Marx und

---

[1] Weber 1921, 13; Hervorhebung von mir.
[2] Darin vor allem unterscheidet sich eine *Innovative Technikbewertung* von der bislang praktizierten reaktiven Technikfolgen-Abschätzung; vgl. mein Buch von 1996.
[3] Habermas 1968, 119, der an dieser Stelle, abweichend von anderen Passagen, den Zweck-Mittel-Dualismus dialektisch aufhebt. Den reflektierten Umgang mit dieser Dialektik nennt Rohbeck 1993, 244ff, „technologische Urteilskraft".

Engels ist „die Erzeugung neuer Bedürfnisse die erste geschichtliche Tat".[1] Problematisch werden solche geschichtlichen Taten allerdings durch einen Umstand, auf den zuvor schon Hegel aufmerksam gemacht hat: „Es wird ein Bedürfnis daher, nicht sowohl von denen, welche es auf unmittelbare Weise haben, als vielmehr durch solche hervorgebracht, welche durch sein Entstehen einen Gewinn suchen".[2]

Zusammenfassend muss ich feststellen, dass sich das Zweck-Mittel-Schema nur in der hier entwickelten Differenzierung und Relativierung aufrecht erhalten lässt. Bedenkt man die Wechselwirkungen zwischen „Mitteln" und „Zwecken" sowie ihren ständigen Rollentausch innerhalb von Zielketten, wird man auf jede ontologische Bedeutung dieser Begriffe verzichten müssen und sie nur in einem pragmatisch wohldefinierten Sinn verwenden können. Es ist dies der tiefere Grund, warum ich schon in der Einleitung Bedenken geäussert habe, die Technik als ein Mittelsystem zu deuten. Das technische Sachsystem mag im Verwendungszusammenhang unter Vorbehalt als Mittel verstanden werden, im Entstehungszusammenhang dagegen ist es ein Ziel technischen Handelns. Grundsätzlich sind es zwar Menschen, welche die Ziele setzen, aber es sind nicht unbedingt diejenigen Menschen, welche die Sachsysteme nutzen. Aus der soziotechnischen Arbeitsteilung erwachsen die normativen Probleme der Technisierung, und diese verlangen eine sorgfältige Analyse, die nicht dadurch ersetzt werden kann, dass man einem angeblich verselbständigten „Reich der technischen Mittel" eine dämonische Eigengesetzlichkeit andichtet. Wenn sich in der modernen Gesellschaft etwas verselbständigt hat, dann sind es nicht die technischen Mittel, sondern die ökonomischen Ziele. Theoretisch ist das mit der Konzeption der Zielsysteme durchsichtig zu machen, und politisch ist Hegels Notiz wieder zu beherzigen, dass das arbeitsteilige Wirtschaftssystem „blind und elementarisch sich hin und her bewegt und als ein wildes Tier einer beständigen strengen Beherrschung und Bezähmung bedarf".[3]

---

[1] Marx/Engels 1845/46, 28; zum Bedürfnisproblem vgl. Moser/Ropohl/Zimmerli 1978 und die Zusammenfassung im 4. Kapitel meines Buches von 1991.
[2] Hegel 1833, § 191. Die dominierende Rolle der Ökonomie bei der Technisierung wird „technozentrischen" Autoren wie Teusch 1993 stets ein Buch mit sieben Siegeln bleiben; vgl. zum Zweck-Mittel-Problem ebd., 116ff u. 459ff.
[3] Hegel 1803/04, 230.

4 Verwendung von Sachsystemen

4.1 Verwendung und Entstehung

Das Modell soziotechnischer Handlungssysteme, das ich im vorigen Kapitel entwickelt habe, will ich im Folgenden, getrennt nach Verwendungs- und Entstehungszusammenhang, anreichern, vertiefen und konkretisieren. Nach der genetisch-chronologischen Reihenfolge müsste ich eigentlich mit dem Entstehungszusammenhang beginnen; denn normalerweise müssen Sachsysteme zunächst hergestellt werden, ehe man sie verwenden kann. Wenn ich trotzdem zuerst die Technikverwendung bespreche, so hat das mehrere Gründe: (a) In der Frühgeschichte der Menschheit werden die ersten Vorformen der Technik zufällig gefundene Naturgegenstände gewesen sein, deren nutzbringende Verwendungsfähigkeit die Menschen entdeckt haben, bevor sie ähnliche Gegenstände selber zuzurichten lernten; historisch geht also die Verwendung der Herstellung voraus. (b) Da die wenigsten technischen Artefakte mit blossen Händen hergestellt werden können, setzt systematisch die Produktion von Artefakten die Verwendung von technischen Arbeitsmitteln voraus. (c) Heute dominieren die Verwendungszusammenhänge auch in quantitativer Hinsicht; denn alle Menschen nutzen technische Gegenstände, während nur ein Teil der Menschen für deren Herstellung tätig ist. All dies spricht dafür, die Technikverwendung als das allgemeinere und umfassendere Phänomen zu betrachten.

Freilich reproduziert diese analytische Gliederung die faktische Arbeitsteilung zwischen Konsumtion und Produktion, die erst in der Moderne zur gesellschaftlichen Regel geworden ist. Damit wird, wie schon Hegel beschrieben hat, der unmittelbare Zusammenhang von Bedürfnis und Arbeit aufgelöst.[1] In der ursprünglichen Subsistenzwirtschaft waren die Entstehung von Bedürfnissen, die Herstellung von Gütern für die Bedürfnisbefriedigung und die Befriedigung der Bedürfnisse in ein und der selben Einheit verbunden gewesen. Die Wirtschaftsteilung zwischen Produktion und Konsumtion dagegen erzeugt das Koordinationsproblem, welche Bedürfnisse, die ja nicht mehr seine eigenen sind, der Produzent zu befriedigen hat und welche Güter, die er nicht mehr selber produziert, der Konsument benötigt. Dieses Grundproblem will ich mit der Kapitelgliederung keineswegs verdrängen, sondern trotz der analytischen Trennung von Verwendung und Entstehung bei den folgenden Überlegungen doch durchgängig im Auge behalten.

---

[1] Hegel 1833, §§ 182ff.

Um dies zu unterstreichen, stelle ich diesem Kapitel einige Bemerkungen über den prinzipiellen Zusammenhang zwischen Konsumtion und Produktion, zwischen Technikverwendung und Technikentstehung voran. Ich stütze mich dabei auf eine brillante Analyse von K. Marx, die ich zur besseren Übersicht in Bild 29 schematisiert habe.[1] Danach sind *Produktion* und *Konsumtion* im Grunde perspektivische und korrelative Begriffe, die nur in Hinsicht auf ein und das selbe Produkt eindeutig von einander zu trennen sind; Gleiches gilt für die entsprechenden Ausdrücke *Entstehung* und *Verwendung*. Betrachtet man ein bestimmtes Sachsystem wie beispielsweise eine Kaffeemühle, so umfasst der Entstehungszusammenhang Alles, was zur Realisierung dieser Maschine erforderlich ist, also die Erfindung, die Entwicklung, die Konstruktion und die Herstellung. Der Verwendungszusammenhang dagegen ist dadurch gekennzeichnet, dass die Maschine zum Zerkleinern von Kaffeebohnen eingesetzt wird.

Aber „derselbe Gebrauchswert, der das Produkt dieser, bildet das Produktionsmittel jener Arbeit. Produkte sind daher nicht nur Resultat, sondern zugleich Bedingung des Arbeitsprozesses".[2] Dieser *Doppelcharakter* des Sachsystems als Produkt und als Produktionsmittel kommt im Beispiel darin zum Ausdruck, dass das Produkt Kaffeemühle zugleich Produktionsmittel für die Kaffeezubereitung ist. Zwar ist es in der Ökonomie unüblich, die Haushaltsproduktion auch als „Produktion" zu bezeichnen, und dann gälte die Kaffeemühle nicht im Privathaushalt, wohl aber im Kaffeehaus als Produktionsmittel. Trotzdem ist der Akt der Verwendung in beiden Fällen durchaus der gleiche, so dass aus technologischer Sicht das Produkt in der Verwendung immer auch ein Produktionsmittel darstellt: entweder für die Herstellung eines anderen Produktes oder, sofern es unmittelbar konsumtiv verzehrt wird, für die Reproduktion der Arbeitskraft.

Umgekehrt sind bei der Herstellung des betrachteten Produktes Güter verbraucht worden, vor allem das Rohmaterial und die Arbeitskraft, zu einem kleinen Teil aber auch die Herstellungsmaschinen und -einrichtungen, die proportional zur Produktionsmenge abgenutzt werden. Wenn darum Marx die Produktion als Konsumtion und die Konsumtion als Produktion bezeichnet, so ist an dieser zugespitzten Ausdrucksweise richtig, dass bei der Produktion eines bestimmten Produktes andere Produkte konsumiert und bei der Konsumtion dieses Produktes andere Produkte produziert werden. In fortgesetztem Rollentausch bilden Produktion und Komsumtion ebenfalls eine Kette, die der Zielkette aus Bild 26 entspricht. Das betrachtete Produkt ist gleichermassen Ziel der Produktion und Mittel der Konsumtion, und hinsichtlich dieses

---

[1] Marx 1857/58, 11ff.
[2] Marx 1867, 196.

Verwendung und Entstehung

Produktes sind Produktion und Konsumtion, Entstehung und Verwendung, natürlich eindeutig zu unterscheiden. Aber sie sind über dieses Produkt auch auf das Engste mit einander verknüpft, und die Pfeile in Bild 29 deuten diese Verknüpfungen an.

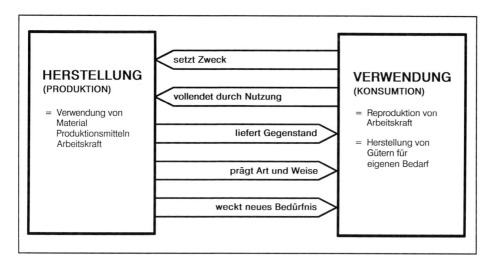

Bild 29 Technikherstellung und -verwendung (nach K. Marx)

Trivialerweise setzt die Konsumtion prinzipiell der Produktion ihren Zweck. Nur wenn jemand zum Zerkleinern von Kaffeebohnen ein Sachsystem verwenden will, kann die Herstellung von Kaffeemühlen zu einem Produktionszweck werden. Dieses grundsätzliche Bedingungsverhältnis besteht auch noch im anonymen Markt, wenn die Produktion ihren Zweck zunächst antizipiert, dann aber doch darauf angewiesen bleibt, dass sich Verwender im Nachhinein einen solchen Zweck zu eigen machen. Überdies findet die Produktion erst im Verwendungsprozess ihre Vollendung: „Eine Eisenbahn, auf der nicht gefahren wird, die also nicht abgenutzt, nicht konsumiert wird, ist nur eine Eisenbahn *dynámei*, nicht der Wirklichkeit nach".[1] Sachsysteme blieben, würden sie nicht genutzt, tote Dinge; sie werden zu dem, was sie dem Produktionsziel entsprechend sein sollen, „erst und nur durch notwendig hinzutretende objektspezifische profane Akte der Verwendung".[2]

Andererseits ist die Konsumtion in dreifacher Weise von der Produktion abhängig. Wiederum ist es trivial, dass der Entstehungsprozess den Gegenstand der Verwendung liefert; niemand könnte eine Kaffeemühle einsetzen,

---

[1] Marx 1857/58, 12; „dynamei" (im Original griechisch) heisst „der Möglichkeit nach".
[2] Linde 1972, 12.

wenn diese nicht zuvor produziert worden wäre. Weniger trivial ist dagegen der Befund, dass der Entstehungsprozess, wie er sich im Produkt vergegenständlicht hat, auch die Art und Weise der Verwendung prägt. So ist die haushaltstypische Kaffeemühle für kleine Chargen dimensioniert und eignet sich darum nicht dazu, grössere Mengen von Kaffeepulver auf Vorrat zu erzeugen; also wird sie bei jeder Kaffeezubereitung von Neuem eingesetzt. Was bei der alten, mit Kraft und Ausdauer zu bedienenden Handmühle oft ein feierliches Ritual war, erledigt sich bei der modernen Elektromühle durch beiläufigen Schalterdruck, und solche Bequemlichkeit mag zu häufigerem Kaffeegenuss anregen.

Schliesslich beeinflusst die Produktion die Konsumtion auch dadurch, dass sie oft das Bedürfnis nach dem erzeugten Produkt überhaupt erst weckt; „das Bedürfnis, das sie [die Konsumtion] nach ihm fühlt, ist durch die Wahrnehmung desselben geschaffen".[1] So ist das Bedürfnis nach der so genannten Kaffeemaschine vielfach wohl erst dadurch entstanden, dass Menschen durch Werbung oder Vorbild mit diesem Gerät bekannt gemacht worden sind. Marx und Engels haben die Bedürfnisinnovation an sich, wie gesagt, keineswegs verurteilt, sondern zustimmend beschrieben, „dass das befriedigte erste Bedürfnis selbst, die Aktion der Befriedigung und das schon erworbene Instrument der Befriedigung zu neuen Bedürfnissen führt".[2] Das schliesst freilich nicht aus, die inzwischen masslos angeschwollene Flut industrieller Innovationen kritisch zu prüfen, in wie weit sie „wahren" Bedürfnissen gerecht werden oder nur Scheinbefriedigungen verschaffen und dabei unnötige ökologische Belastungen mit sich bringen.[3]

All diese Verflechtungen und Wechselwirkungen zwischen der Entstehung und Verwendung von Sachsystemen blieben einigermassen unproblematisch, wenn Produktion und Konsumtion in überschaubarer Weise mit einander koordiniert wären. Tatsächlich aber ist dies in modernen Industriegesellschaften die Ausnahme geworden, dann etwa, wenn der Privathaushalt eine Auftragsarbeit von einem Handwerker ausführen lässt, oder wenn ein Industriebetrieb eine bestimmte Sondermaschine gemeinsam mit dem Maschinenhersteller entwickelt. Im Regelfall dagegen wird die Koordination von Produktion und Konsumtion dem anonymen Marktgeschehen überlassen, das günstigenfalls die Mengen- und Preisverhältnisse ins Gleichgewicht bringt, aber kaum die subtilen Sozialbeziehungen berücksichtigen kann, die sich über den Wechselwirkungen zwischen Technikentstehung und Technik-

---

[1] Marx 1857/58, 14.
[2] Marx/Engels 1845/46, 28.
[3] Zu den „wahren" Bedürfnissen Marcuse 1964, 25f; zur Kritik Moser/Ropohl/Zimmerli 1978; vgl. neuerdings Steffen 1995.

verwendung aufbauen und die Technisierung zu einem Prozess gesellschaftlicher Veränderung machen, den vor allem die Produzenten bestimmen und den die Konsumenten nolens volens nachzuvollziehen haben.

Das wird sich in den allgemeinen Prinzipien und in zahlreichen Details zeigen, wenn ich nun zunächst die Technikverwendung im Einzelnen analysiere. Dabei unterstelle ich, dass die Sachsysteme, die zu verwenden sind, bereits existieren, und dass ihre Verwendung wiederum der Produktion im weiteren Sinn dient, also menschlichen Arbeits- und Handlungsvollzügen. Im Mittelpunkt steht die Frage, welche Rolle die Sachsysteme im Verwendungszusammenhang spielen und in welcher Weise sie die Bedürfnis- und Handlungsformen der Nutzer beeinflussen. Freilich soll, nach dem zuvor Gesagten, nicht vergessen werden, dass die Sachsysteme keineswegs vom Himmel fallen. Auch wenn ich sie im Gang der Untersuchung vorläufig als gegeben hinnehme, sind sie doch tatsächlich aus zielstrebigen und planmässigen Herstellungsprozessen hervorgegangen, denen ich mich dann im fünften Kapitel wieder zuwenden werde.

In den folgenden Abschnitten werde ich das technische Verwendungshandeln in seiner Ablaufstruktur, seinen Bedingungen, Folgen und Zielen jeweils zunächst grundsätzlich und allgemein besprechen. Daran wird sich dann jedes Mal eine differenzierte und mit Beispielen illustrierte Untersuchung anschliessen, die den besonderen Ausprägungen der Prinzipien auf den drei Hierarchiestufen nachgeht, also jene Besonderheiten hervorhebt, die sich beim Individuum, bei den Organisationen und bei der Gesellschaft insgesamt einstellen.

4.2 Ablaufstruktur der Sachverwendung

4.2.1 Allgemeines

Im Abschnitt 3.5 hatte ich das Grundmodell des soziotechnischen Systems eingeführt und als Integration von menschlichen und sachtechnischen Teilsystemen definiert. Ich will nun herausarbeiten, was das im Einzelnen bedeutet, und mich dabei weiterhin von den Implikationen leiten lassen, die das systemtheoretische Modell mit sich bringt. Selbstverständlich ist ein soziotechnisches System nicht immer schon gegeben, sondern muss sich für die Verwendung eines Sachsystems zunächst erst bilden. Die soziotechnische Systembildung folgt typischen Ablaufmustern, die ich, wie schon in Abschnitt 3.2, als Ablaufstruktur beschreiben kann; Phänomene, Bedingungen und Folgen der Sachverwendung werden also gewissermassen genetisch erschlossen. Dabei lehne ich mich an die grundlegende Struktur des „Handlungskreises" aus Bild 12 an, den ich nun für die Sachverwendung erweitere.

Auf den ersten Blick erkennt man in *Bild 30* die Struktur des einfachen Handlungskreises wieder und bemerkt lediglich eine zusätzliche „Schleife", welche die Teilfunktion der Planung um zwei weitere Teilfunktionen ergänzt. Darin freilich ereignen sich diejenigen Vorgänge, die aus einem menschlichen ein soziotechnisches System machen. Während das Handlungssystem planend den Ist-Zustand der Umgebung registriert, entdeckt es, dass eine geplante Handlungsfunktion teilweise oder vollständig von einem Sachsystem übernommen werden könnte; das ist die *soziotechnische Identifikation*. Ist ein solches Sachsystem verfügbar, geht das Handlungssystem eine Verbindung damit ein. So entsteht eine neuartige Handlungseinheit, in der nunmehr das menschliche und das technische System zusammenwirken. Das ist die *soziotechnische Integration*: Aus dem ursprünglich menschlichen Handlungssystem wird ein soziotechnisches Handlungssystem, das jetzt als Ganzes die Handlungs- oder Arbeitsfunktion realisiert.

Als Handlungssystem hatte ich nämlich jene Instanz definiert, welche die Handlungsfunktion leistet; mithin hat sich bei der soziotechnischen Integration der Zustand des Handlungssystems geändert, so dass diese Integration als internes Handeln zu betrachten ist. Diese Auffassung von der Sachverwendung unterscheidet sich beträchtlich von bekannten Deutungen der Technikphilosophie, die in technischen Gebilden reine Mittel sehen, die dem Handelnden vermeintlich äusserlich bleiben. Weil solche Deutungen die systemkonstitutive Rolle der technischen Sachen im Handlungssystem verkennen, ziehen sie auch abwegige Folgerungen; entweder übersehen sie die tiefgreifenden Einflüsse auf die Planung und Ausführung des Handelns, oder sie dämonisieren diese als Verselbständigung der technischen Mittel, während tatsächlich nicht die Verselbständigung der Sachen, sondern deren Integration die Veränderungen im Handlungssystem bewirkt. Jedes sachverwendende externe Handeln setzt ein internes Handeln voraus, das darin besteht, das betreffende Sachsystem zu integrieren und auf diese Weise ein soziotechnisches System zu bilden. Darin gründen dann auch zahlreiche Weiterungen, die für die Technisierung von Handlungssystemen charakteristisch sind.

Im Vorgriff auf das fünfte Kapitel will ich schon hier auf einen Sonderfall der Ablaufstruktur hinweisen, der gleichwohl nahe liegt. Es ist der Fall, in dem die soziotechnische Identifikation zunächst lediglich virtuell geschieht. Das Handlungssystem entdeckt bei der Planung eine Teilfunktion, die eigentlich technisierbar sein sollte, findet jedoch kein entsprechendes Sachsystem vor. Dann kann die virtuelle Identifikation den Impuls zur Erfindung eines neuartigen Sachsystems bedeuten und einen Entstehungsprozess auslösen; im Prinzip also bleiben Verwendung und Entstehung immer auf einander bezogen.

Ablaufstruktur der Sachverwendung

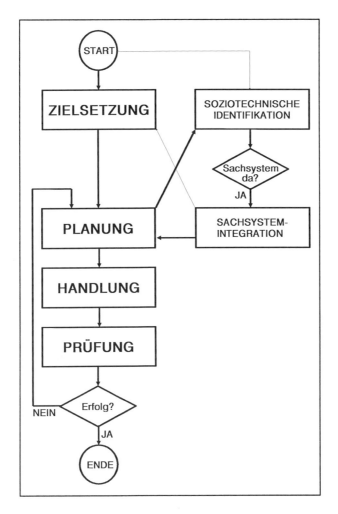

Bild 30 Ablaufstruktur der Sachverwendung

Das Ablaufmuster, das ich bis jetzt dargestellt habe, beginnt, wie idealtypisch jedes Handeln, mit einer Zielsetzung, die dann dadurch leichter oder überhaupt realisiert werden soll, dass dafür ein Sachsystem heran gezogen wird. Weil am Anfang das Ziel steht, kann man ein solches soziotechnisches Verwendungshandeln als *zieldominant* bezeichnen; dem entsprechen die dickeren Pfeile in Bild 30. Es gibt aber auch eine *mitteldominante* Variante der Sachverwendung, die im Schema durch dünne Pfeile markiert wird. Dann beginnt der Verwendungsablauf nicht mit der Zielsetzung, sondern mit der soziotechnischen Identifikation, also mit der Wahrnehmung eines Sachsystems, das bestimmte Handlungsfunktionen übernehmen könnte. Was bei der zieldominanten Variante als „Schleife" der Handlungsplanung untergeordnet war, wird nun zum Ausgangspunkt des Verwendungshandelns. Das Handlungssystem lernt also zunächst ein neues Sachsystem kennen, antizipiert die dadurch eröffneten Handlungsmöglichkeiten, integriert womöglich das Sachsystem versuchsweise und erprobt es so zu sagen spielerisch. Dadurch entdeckt es die Wünschbarkeit der neuen Möglichkeiten und erklärt sie schliesslich zu neuen Zielen.

Wenn man mystifizierende Redensarten liebt, mag man für die mitteldominante Ablaufstruktur den Topos der Technokratiedebatte aufgreifen, dass nun „die Mittel die Ziele bestimmen".[1] Allerdings ist dieses Phänomen nicht erst mit der modernen Technik aufgetreten, sondern charakterisiert gerade auch die ersten Anfänge der Technik. In jener vorgeschichtlichen Entwicklungsphase werden die Menschen zunächst in mehr oder minder spielerischem Umgang mit vorgefundenen Gegenständen, mit Steinen, Stöcken und dergleichen, entdeckt haben, dass diese als Werkzeuge zu gebrauchen waren und neue Handlungsmöglichkeiten eröffneten. Solche Verwendungsinnovationen werden wohl immer noch gelegentlich, und nicht zuletzt von Kindern, gemacht. Im Regelfall jedoch werden die möglichen Handlungsziele von den Sachsystemen so zu sagen mitgeliefert. Aber auch das heisst nicht, dass sich die „Mittel" gegenüber den „Zielen" verselbständigen würden. Tatsächlich werden die Ziele von den Produzenten des Sachsystems vorgeprägt und mit dem Sachsystem dem Nutzer nahe gelegt. In keinem Fall ist das ein Zwang der technischen Mittel, sondern lediglich ihre zielprägende Potenz, denn es bliebe bei der entdeckten Möglichkeit, wenn nicht die Menschen diese Möglichkeit ausdrücklich zum Ziel erheben würden.

4.2.2 Hierarchiestufen

Grundsätzlich kann die Sachverwendung nach der einen wie nach der anderen Strukturvariante ablaufen, und es sind zweifellos auch Mischformen möglich. Wenn ich mich nun der Frage zuwende, wann und unter welchen Bedingungen die eine oder die andere Variante vorherrscht, muss ich die dreistufige Hierarchie der menschlichen Handlungssysteme heranziehen, die ich in Abschnitt 3.3 entwickelt hatte: die Unterscheidung von personalen Systemen, sozialen Mesosystemen und dem sozialen Makrosystem.

Wenn *personale Systeme* Sachsysteme verwenden, bilden einzelne Menschen eine Handlungseinheit mit dem Artefakt. So könnte vordergründig der Eindruck entstehen, als wäre die Sachverwendung auf dieser Ebene eine ganz und gar private, persönliche und individuelle Angelegenheit. Darum muss ich erläutern, warum ich auch diese individuelle Mensch-Maschine-

---

[1] Die Technokratiedebatte setzt mit Schelsky 1961 ein; vgl. Koch/Senghaas 1970; Lenk 1973.

Einheit als soziotechnisches System bezeichne. Die individuelle Sachverwendung geschähe nämlich nur dann in einer gesellschaftsfreien Zone, wenn das Modell der „Robinson-Technik" zuträfe, wenn also der Nutzer zugleich der Hersteller des Artefakts wäre und ausserdem in keinerlei Interaktion mit anderen Menschen stände.[1] In der modernen Industriegesellschaft wären solche Voraussetzungen bekanntlich äusserst wirklichkeitsfremd. Sachsystemherstellung und -verwendung sind durchweg arbeitsteilig von einander geschieden. So geht der Ursprung des Sachsystems, das von der einen Person verwendet wird, auf mindestens eine andere Person zurück, meist jedoch auf ein komplexes Geflecht industrieller Organisationen. Daraus folgt eine zentrale Aussage dieses Buches: *Indem ein Individuum in sein Handeln ein Sachsystem einbezieht, geht es ein gesellschaftliches Verhältnis ein.* Darum bildet schon die individuelle Sachverwendung ein soziotechnisches System.

Zunächst will ich an einem Beispiel zeigen, dass in der individuellen Sachverwendung sowohl die zieldominante wie auch die mitteldominante Ablaufform auftreten können. So mag ein Mensch von sich aus den Wunsch verspüren, bildliche Eindrücke dauerhaft zu dokumentieren. Denkt er darüber nach, wie er sich diesen Wunsch erfüllen kann, mag er zunächst prüfen, ob er zeichnerische Fähigkeiten besitzt oder doch erwerben kann; schliesslich kommt er auf die Idee, dass es auch Fotoapparate gibt. Nach dieser soziotechnischen Identifikation beschafft er sich das Sachsystem, macht sich damit vertraut und bildet auf diese Weise ein soziotechnisches System, das nun den ursprünglichen Wunsch handelnd erfüllen kann. Beim Fotografieren wächst der Mensch mit der Kamera zu einer Handlungseinheit zusammen, deren Wahrnehmungsfähigkeit fortan eine neue, teils reduzierte und teils gesteigerte, Qualität gewinnt. Einerseits verengt sich die Ansicht der Wirklichkeit auf fotografische Formate und typisierte Motive, doch andererseits wächst die Beobachtungsschärfe gegenüber figurativen Strukturen und optischen Details. Dies geschieht freilich nicht, weil die Kamera ein „Eigenleben" entwickeln würde, sondern weil der Mensch, der nun ein Mittel für sein anfängliches Bedürfnis gefunden hat, damit zugleich sich selbst verändert.

Gewiss hat es ein ursprüngliches Bedürfnis nach der Speicherung visueller Information bei einzelnen Menschen wohl immer gegeben; frühere Praktiken des stets mitgeführten Skizzenblocks oder der Portraitmalerei sprechen eine deutliche Sprache. Gewiss wird sich Mancher auch genau darum eine Kamera zugelegt haben, weil ihn jenes Bedürfnis ausdrücklich dazu bewogen

---

[1] Genau genommen, trifft diese Voraussetzung nicht einmal auf Robinson Crusoe zu, der sich trotz der erzwungenen Vereinzelung auf der einsamen Insel immer noch auf das technische Wissen stützen konnte, das er in der britischen Zivilisation erworben hatte.

hat. Die meisten zeitgenössischen Fotoamateure dürften jedoch auf dem mitteldominanten Weg zum Fotografieren gekommen sein. Zunächst ist ihnen die Kamera auf irgend eine Art und Weise bekannt geworden, durch Beobachtung anderer Fotografen, durch Reklame der Fotoindustrie oder vielleicht auch als unerwartetes Geschenk. Dann erst sind ihnen die Nutzungsmöglichkeiten klar geworden, und schliesslich haben sie die Möglichkeit zum Ziel erhoben, jedes Familienereignis und jede Ferienreise mit selbst gemachten Bildern fest zu halten.

Das Beispiel kann ich jetzt mit einer Hypothese verallgemeinern. Ein Handlungssystem tendiert immer dann zur zieldominanten Sachverwendung, wenn es (a) bereit und in der Lage ist, Handlungen in sorgfältiger Planung vorzubereiten und dabei rational und kreativ mehrere Handlungsalternativen zu vergegenwärtigen, und wenn (b) nutzbare Sachsysteme sich nicht schon massenhaft anbieten, sondern erst in einem zielstrebigen Suchprozess ausfindig gemacht werden müssen. Offenkundig ist in der modernen Industriegesellschaft keine dieser beiden Voraussetzungen für die individuelle Sachverwendung besonders typisch. Die Bereitschaft und Fähigkeit zum zweckrationalen Planen hält sich bei den Individuen in Grenzen; zum Einen fehlt es meist an der Kraft, den Motivdruck so lange auszuhalten, bis man in einem langwierigen Planungsprozess ein zuvor unbekanntes Handlungsmittel entdeckt, und zum Anderen stehen den Menschen im Privatleben meist nicht die Kapazitäten zur Informationsgewinnung und -verarbeitung zur Verfügung, die für eine systematische Markterkundung erforderlich wären. Wenn etwa ein Hobbykoch eine aufgeschlagene Sauce zubereiten will, denkt er zwar an die notwendigen Zutaten, wird aber die Planung kaum so weit treiben, im Voraus zu klären, wie er während der Zubereitung jene Temperatur ermitteln soll, die für das Emulgieren des flüssigen Fettes mit dem Eigelb am günstigsten ist. Noch unwahrscheinlicher ist es, dass er dann eine Marktanalyse anstellt, ob für diesen Zweck geeignete Thermometer, zum Beispiel in das Rührwerkzeug integrierte Thermoelemente mit externem Anzeigegerät, von einschlägigen Herstellern angeboten werden.[1]

Die zieldominante Ablaufstruktur ist mithin für die individuelle Sachsystemverwendung nicht besonders charakteristisch. Gewiss kommen Ausnahmen vor, dann wohl auch gelegentlich mit der Konsequenz, das vorgestellte Sachsystem eigens anzufertigen; Beispiele findet man bei Hobbybastlern und Heimwerkern. Aufs Ganze gesehen überwiegt jedoch bei der privaten Techniknutzung die mitteldominante Ablaufform. Das folgt nicht zuletzt daraus, dass die zweitgenannte Voraussetzung zieldominanter Verlaufsformen in

---

[1] Obwohl ich diese mögliche Innovation schon in der ersten Auflage beschrieben habe, hat sie in den zurückliegenden zwanzig Jahren meines Wissens kein Hersteller aufgegriffen.

industriellen „Überflussgesellschaften" eben gerade nicht zutrifft. Im Gegenteil werden hier die Konsumenten fortgesetzt mit einer Überfülle neuer Angebote überschwemmt, und ein Grossteil dieser Sachsystemangebote legt dem potentiellen Verwender auch gleich die zugehörigen Zielsetzungen nahe, die er mit dem betreffenden Sachsystem verfolgen kann. Wer wäre schon von sich aus darauf gekommen, er müsste seine freie Zeit mit Video- und Computerspielen vertreiben, wenn nicht ein pfiffiges Produktmanagement die entsprechenden Geräte und Programme auf den Markt gebracht und erst damit dem Produkt ein Bedürfnis verschafft hätte? Welcher Durchschnittsmensch hätte den Wunsch verspürt, die Uhrzeit mit der Genauigkeit von hundertstel Sekunden zu messen, wenn nicht digitale Quarzuhren angepriesen würden, die dies vermögen? Wer auch würde wohl die „schönsten Wochen des Jahres" in organisierten Nomadenlagern verbringen wollen, wenn ihn nicht das Grossangebot von Wohnwagen auf die Idee gebracht hätte, sein mobiles Schlafzimmer mit auf die Reise zu nehmen?

Wie die Beispiele zeigen, hat freilich die zielprägende Potenz der Sachsysteme ihre menschlichen Urheber. Die Zielsetzungen, die von den technischen Mitteln induziert werden, entsprechen den Funktionen, die von den Herstellern in die Sachsysteme hinein gelegt worden sind. Wenn die Zielsetzungen der Sachverwendung von den technischen „Mitteln" zwar nicht determiniert, aber doch geprägt werden, so ist dies nicht den Sachsystemen an sich zuzuschreiben, sondern jenen soziotechnischen Systemen, welche die Sachsysteme erfinden, konstruieren, produzieren und verkaufen. Wenn man der bekannten, schon in Abschnitt 3.3.4 zitierten Definition der Herrschaft von M. Weber folgt, so liegt in der zielprägenden Potenz der Sachsysteme tatsächlich eine herrschaftsähnliche Einflussnahme. Aber es sind nicht die technischen Sachen, die ihre Benutzer beherrschen, sondern die Urheber dieser Sachen.[1] Freilich liegt die Eigenheit dieser Art von Herrschaft darin, dass sie sich hinter dem Rücken der Akteure etabliert; denn die Konsumenten werden der Zielprägung meist gar nicht gewahr, und die Produzenten lassen sich nicht von gesellschaftspolitischen, sondern allein von ökonomischen Triebkräften leiten. So erweist sich die sachvermittelte Herrschaft nicht als Ausfluss menschlicher Absicht, sondern als objektives Nebenprodukt einer Wirtschaftsteilung, der es an aufgeklärter Koordination fehlt.[2]

Für die Sachverwendung in *soziotechnischen Mesosystemen* will ich mich auf einen besonders signifikanten Typus beschränken, auf den Industriebetrieb, der als ein kennzeichnendes Phänomen des technischen Zeitalters

---

[1] Ähnlich auch Popitz 1992, 160ff, der in diesem Abschnitt den institutionellen Charakter der Sachen vernachlässigt und darum von Macht statt von Herrschaft spricht.
[2] Etliche mögliche Gegenmassnahmen habe ich in meinem Buch von 1985 diskutiert.

gelten kann. Wenn inzwischen allerorten das „Ende der Industriegesellschaft" proklamiert wird, findet das seine Stütze allein in wirtschaftsstatistischen Zahlen, die tatsächlich nichts Anderes als die Erfolge der Sachverwendung in der Güterherstellung dokumentieren. Wenn der Beschäftigtenanteil im industriellen Sektor fortgesetzt sinkt, liegt das daran, dass eine immer noch wachsende Industrieproduktion mit ständig steigender Arbeitsproduktivität erzielt wird und darum immer weniger menschliche Arbeitskraft bindet. Die damit einher gehende Verringerung der Arbeitskosten schlägt natürlich auch auf den Umsatzanteil des industriellen Sektors durch, doch sinkende Geldanteile sind kein verlässlicher Indikator für die wirklichen Gütermengen. Industrielle Produktionsorganisationen werden also auch bei sinkender Arbeitsintensität wegen steigenden Technisierungsgrades ihre bedeutende Rolle im technischen Zeitalter behalten.

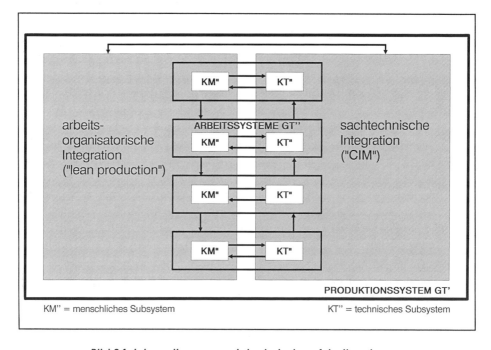

Bild 31 Integration von soziotechnischen Arbeitssystemen

Mit *Bild 31*, auf das ich auch später noch zurückkommen werde, rufe ich in Erinnerung, dass ein soziotechnisches Mesosystem, hier also ein Produktionssystem, aus mit einander verknüpften soziotechnischen Mikrosystemen besteht, die auch als Arbeitssysteme bezeichnet werden. Jedes Arbeitssystem umfasst ein menschliches und ein sachtechnisches Subsystem und leistet einen Teilbeitrag zur Produktionsfunktion. Die Sachverwendung im Arbeitssystem ist das klassische Thema der Arbeitswissenschaft, und so weit sie sozialpsychologische Aspekte berücksichtigt, hat sie auch immer das Problem gesehen, dass ein solches Arbeitssystem nicht aus der eigenen Zielsetzung des Arbeiters, sondern aus der Zielsetzung der Organisation entsteht. Welcher Arbeiter an welche Maschine gestellt wird und welche Arbeitshandlung durch eine Rationalisierungsinvestition vollständig technisiert wird, das sind Vorgänge, die im Allgemeinen von der übergeordneten Unternehmenspolitik bestimmt werden, ohne dass die betroffenen Menschen Einfluss darauf nehmen könnten. Die individuelle Sachverwendung kann dann grundsätzlich nicht zieldominant sein, und mitteldominant ist sie auch nur in so weit, als die Arbeitsmittel den Arbeitern von der Organisation vorgegeben werden. So zeigt schon der erste Schritt in der Analyse des Verwendungsablaufs, dass in einem Industriebetrieb die individuelle Sachverwendung in der korporativen Sachverwendung aufgeht; damit bewährt sich das nicht-reduktionistische Hierarchiemodell.

Im soziotechnischen Mesosystem freilich überwiegt die zieldominante Variante der Sachverwendung. Die Produktionsziele, die ein Industriebetrieb verfolgt, gehen in aller Regel der Produktionsplanung voraus, in der dann erst die erforderlichen Produktionsmittel identifiziert werden. Dabei bestätigt sich meine Hypothese, dass die zieldominante Verwendungsform um so eher auftritt, je planungsfähiger das betreffende Handlungssystem ist. Im Industriebetrieb gibt es dafür eigene Abteilungen mit spezifisch qualifizierten Mitarbeitern, die bei der Produktionsplanung die Einsatzfähigkeit vorhandener Universalmaschinen prüfen, gegebenenfalls auf dem Maschinenmarkt nach geeigneten Spezialmaschinen suchen oder gar zu jener dritten Verwendungsvariante übergehen – die ich hier nur kurz andeuten konnte, weil sie ins nächste Kapitel gehört –, indem sie nach der Identifikation technisierbarer Arbeitsfunktionen entsprechende Sachsysteme eigens herstellen lassen; gelegentlich nehmen sie sogar die Herstellung der benötigten Produktionsmittel in eigene Regie und machen auf diese Weise die Wirtschaftsteilung rückgängig.[1]

Bei aller verbreiteten Zieldominanz sollen freilich auch in industriellen Korporationen mitteldominante Verwendungsformen vorkommen.[2] So heisst es, die Anschaffung von Grossrechnern sei in der Vergangenheit nicht immer von wohldefinierten Organisationszielen bestimmt, sondern manchmal allein von der Idee geleitet worden, das Unternehmen müsse mit modernster Technik

---

[1] Vgl. z. B. Pfeiffer 1965, 71 ff.
[2] Begreiflicherweise werden solche „irrationalen" Unternehmensentscheidungen im Regelfall nicht ausdrücklich dokumentiert.

aufwarten können; sinnvolle Nutzanwendungen habe man dann erst erkundet, als die elektronische Datenverarbeitung schon eingerichtet war. Freilich geht diese Deutung davon aus, dass sich die Produktionsorganisation allein an den sachlichen Produktionszielen orientiert; später werde ich in einer weiter gehenden Zielanalyse zeigen, dass diese Sicht zu einfach ist, weil Korporationen keineswegs allein das Sachziel der Produkterstellung verfolgen.

Für das *soziotechnische Makrosystem* kann ich hier nur ein paar knappe Hinweise geben, die sich auf die staatliche Organisation der technisierten Gesellschaft beschränken. Als Technikverwender tritt der Staat vor allem mit Sachsystemen auf den höheren Stufen der Sachsystemhierarchie auf, also mit so genannten grossen technischen Systemen, die der flächendeckenden Versorgung mit Transportleistungen, Energie und Information dienen. Aus diesen Bereichen gibt es denn auch prominente Beispiele für zieldominante Verwendungsverläufe. So entschied in Deutschland die Regierung Anfang der 1880er Jahre, ein staatliches Telefonsystem einzusetzen. In den 1950er Jahren hat die Bundesregierung vorübergehend sogar ein eigenes Ministerium eingerichtet, um in Deutschland die „friedliche Anwendung" der Atomenergie voran zu treiben. Schliesslich ist das inzwischen weltweit genutzte *Internet* ursprünglich vom US-amerikanischen Verteidigungsministerium mit dem erklärten Ziel eingeführt worden, auch in Krisenfällen den ungestörten Nachrichtenaustausch zu gewährleisten.

Selbstverständlich besteht auf allen Hierarchiestufen jene Dialektik von Können und Wollen, von der schon in Abschnitt 3.6 die Rede war. Auch zieldominante Verwendungsabläufe können davon profitieren, dass geeignete Mittel bereits bekannt sind, und die zielprägende Potenz sachtechnischer Mittel tut auch auf der Meso- und Makroebene ihre Wirkung. Gleichwohl sind dort die Planungs- und Entscheidungsprozesse viel stärker formalisiert und systematisiert als in der persönlichen Sphäre der Individuen, und darum werden wirklich mitteldominante Verwendungsformen in wirtschaftlichen und staatlichen Organisationen eher die Ausnahme bleiben.

4.3 Soziotechnische Identifikation

Ein soziotechnisches System kann sich nur dann bilden, wenn eine Handlungs- oder Arbeitsfunktion identifiziert worden ist, die von einem Sachsystem geleistet werden kann. Das gilt unabhängig davon, ob ein geeignetes Sachsystem für ein zuvor gesetztes Ziel aufgefunden oder ob für ein vorgefundenes Sachsystem nachträglich ein damit erreichbares Ziel aufgestellt wird. Eine Sachsystemfunktion ist genau dann identifiziert, wenn sie äquivalent zu einer Teilfunktion des Handlungssystems ist. So enthält beispielsweise die Handlungsfunktion der Kaffeezubereitung die Teilfunktion, die Kaffeebohnen zu zerkleinern. Dieser Teilfunktion ist die Funktion der Kaffeemühle äquivalent und mithin als handlungsrelevant identifiziert.

Die Identifikation einer Sachsystemfunktion erfolgt während der Handlungsplanung. Diese nämlich zerlegt die spätere reale Handlung, indem sie diese informationell vorwegnimmt, in Teilfunktionen. Bei der zieldominanten Verwendungsform ist die Folge der Teilfunktionen meist schon mehr oder minder explizit festgelegt, wenn für bestimmte Teilfunktionen ein Sachsystem identifiziert werden kann. Bei der mitteldominanten Verwendungsform hingegen ergibt sich nicht nur die gesamte Handlungsfunktion, sondern auch deren spezifische Zusammensetzung aus Teilfunktionen durchweg auf Grund der bereits identifizierten Sachsystemfunktion. Hat man die Funktion der Kaffeemühle als Teilfunktion der Kaffeezubereitung entdeckt, wird man fortan das Mahlen der Kaffeebohnen zum Bestandteil des Handelns machen – statt sich beispielsweise danach umzuschauen, wie man fertig gemahlenes Kaffeepulver beschaffen kann.

Bevor eine Sachsystemfunktion als handlungsrelevant identifiziert und in eine konkrete Handlung integriert worden ist, erweist sie sich als blosse *Potenzialfunktion*. Erst wenn die Potenzialfunktion in einem soziotechnischen System eingesetzt wird, verwirklicht sie sich als *Realfunktion*. Das hat Marx gemeint, wenn er für die Eisenbahn und ähnliche Beispiele feststellt, dass die Konsumtion „den Produkten erst das Subjekt schafft, für das sie Produkte sind" und ihnen erst „den letzten finish" gibt.[1] Sachsysteme wären Nichts als tote Dinge, wenn sie nicht genutzt würden. Autos, die, noch nicht verkauft, auf Halde stehen, sind keine wirklichen Autos. Die Funktionen der Sachsysteme, die ich im dritten Kapitel systematisiert habe und die in höchster Differenzierung ingenieurtechnisch geplant und industriell erzeugt werden, bleiben Potenzialfunktionen, so lange sie sich nicht im Verwendungsakt realisieren. In den Sachsystemen präsentiert sich die Technik allein als Handlungsmöglichkeit; erst im Verwendungshandeln wird sie technische Wirklichkeit. In diesem Umstand liegt der tiefere Grund für die Unzulänglichkeit der traditionellen ingenieurwissenschaftlichen Perspektive, die von den Verwendungszusammenhängen durchweg absieht und daher die Realfunktion im soziotechnischen System gar nicht in den Blick bekommt. Wäre das anders, brauchte beispielsweise die „Bedienungsfreundlichkeit" nicht zusätzlich gefordert zu werden, sondern wäre von vorn herein eine Selbstverständlichkeit.

---

[1] Marx 1857/58, 12f.

Bislang bin ich stillschweigend davon ausgegangen, dass ein Sachsystem nur eine einzige charakteristische Funktion besitzt; ich habe, mit anderen Worten, die *Unifunktionalität* des Sachsystems unterstellt. Dann ist die Identifikation natürlich unproblematisch, und das Sachsystem wird während seiner gesamten Nutzungsdauer nichts Anderes als diese Funktion darstellen. Bei genauerer Betrachtung erweist sich diese Annahme jedoch als zu einfach. In Wirklichkeit nämlich ist ein Sachsystem meist durch zahlreiche Attribute gekennzeichnet, zwischen denen folglich auch mehrere verschiedene Funktionen bestehen. Es ist die *Multifunktionalität* der Sachsysteme, welche die Identifikation einer bestimmten Funktion durchaus zu einem kreativen Akt des Verwenders machen kann. „Jedes nützliche Ding [...] ist ein Ganzes vieler Eigenschaften und kann daher nach verschiedenen Seiten nützlich sein. Diese verschiedenen Seiten und daher die mannigfachen Gebrauchsweisen der Dinge zu entdecken ist geschichtliche Tat".[1]

Ich will dieses weit verbreitete Phänomen zunächst mit zwei extremen Beispielen illustrieren, die nun nicht unbedingt als „geschichtliche Tat" verstanden werden sollen, aber die erstaunlichen Weiterungen der Multifunktionalität eindrucksvoll belegen. So leistet ein Auto vor Allem natürlich die Funktion der gesteuerten Ortsveränderung, doch da der Verbrennungsmotor, der es antreibt, auch giftige Abgase erzeugt, kann diese Nebenfunktion vom Autobesitzer unter bestimmten Bedingungen zur Selbsttötung eingesetzt werden; das Auto wandelt sich vom Fahrzeug zur Waffe. Oder ein Taschenrechner, der für die numerische Informationsverarbeitung bestimmt ist, erweist sich auf einmal als Spielzeug zur Erzeugung von Wörtern; einige der Zifferzeichen in der Sieben-Segment-Anzeige nämlich können als Buchstaben gelesen werden, wenn sie auf dem Kopf stehen. Auf dieser Entdeckung beruhen eine Reihe von Knobelspielen für die ungeplante Verwendung des Gerätes. Multifunktionalität kann, wie im zweiten Beispiel, zufällig zustande kommen. Es gibt aber auch Formen von Multifunktionalität, die theoretisch begründet und daher unabweislich sind. Das sind einerseits sehr einfache Sachsystemfunktionen, die sich gerade darum in die verschiedensten Handlungsfunktionen einfügen können, und zum Anderen die Phänomene der so genannten Kuppelproduktion; dazu gehört das makabre erste Beispiel.

Sehr einfache Sachsystemfunktionen, die sich natürlich vor allem bei Sachelementen wie Werkzeugen finden, sind so elementar und unspezifisch, dass sie von sich aus keine bestimmte Handlung charakterisieren. Die mechanischen Funktionen eines Steines beispielsweise sind so einfach, dass er gleichermassen als Schlagwerkzeug, als Wurfgeschoss, als Briefbeschwerer, als Türhalter und für viele andere Handlungszwecke verwendet werden kann.

[1] Marx 1867, 49f.

Auch ein Werkzeug wie das Messer ist eben nur zum Schneiden da, und es ist in dieser Funktion nicht angelegt, ob ein Stück Brot oder ein Hals abgeschnitten wird. Es ist die Multifunktionalität solcher Sachsysteme, die, normativ gewendet, als Multivalenz in Erscheinung tritt und nicht nur den guten Gebrauch, sondern auch den schlechten Missbrauch ermöglicht.[1]

Eine ausserordentlich hohe Multifunktionalität weisen informationstechnische Systeme auf, und zwar aus dem Grund, dass Simplizität und Komplexität zusammen treffen. Wie ich schon im einleitenden Computerbeispiel angedeutet hatte, sind die Elementarfunktionen der Signalverarbeitung höchst einfach. Erst durch gerätetechnische Vervielfachung und Integration sowie durch programmierungsstrategische Interpretation und Verknüpfung werden dann die simplen Grundfunktionen zu den verschiedenartigsten Informationsprozessen kombiniert, die dann eine Vielzahl sehr unterschiedlicher realer Prozesse simulieren. Aus ähnlichen Gründen können auch Systeme der Nachrichtenübertragung neue Funktionen übernehmen. So kann das Telefonnetz, das für die Übertragung analoger Sprache eingerichtet worden war, nun auch digitale Daten zwischen Computern übermitteln.

Schliesslich treten Zusatzfunktionen regelmässig bei der Kuppelproduktion auf.[2] Dieses Phänomen hat wohl zunächst in der Betriebswirtschaftslehre Beachtung gefunden, weil es vor allem in der Verfahrenstechnik Komplikationen für die Kostenrechnung mit sich bringt. Tatsächlich aber lässt es sich technologisch verallgemeinern und besteht darin, dass bei der Transformation eines Inputs aus naturgesetzlichen Gründen zwangsläufig mehrere Outputs anfallen. Eine Glühlampe zum Beispiel setzt neben ihrer Hauptfunktion, elektrische Energie in Lichtstrahlung umzuwandeln, notwendigerweise einen gewissen Anteil des Energieinputs in Wärmeenergie um. An diesem Beispiel erkennt man, dass die Umweltbelastungen, die von Sachsystemen ausgehen, grossenteils auf das Prinzip der Kuppelproduktion zurückgehen. Stoffliche und energetische Emissionen sind eben unerwünschte Outputs, die zwangsläufig zugleich mit dem bezweckten Output entstehen und, wenn sie schädlich sind, durch zusätzliche technische Massnahmen neutralisiert werden müssen. Inzwischen versucht man, von einem solchen *additiven Umweltschutz* zu einem *integrierten Umweltschutz* überzugehen, der das allgemeine Prinzip der Technikethik beachtet, Sachsysteme mit unerwünschter Multifunktionalität durch unifunktionale Sachsysteme zu ersetzen.

Schliesslich gibt es Sachsysteme, die zwar nur auf eine Funktion ausgelegt sind, dabei aber ein breites Spektrum von Input- und Outputausprägungen beherrschen. Eine Bohrmaschine beispielsweise ist zwar nur zum Bohren da,

---

[1] Mehr zur normativen Problematik und ihren Lösungsmöglichkeiten in meinem Buch von 1996.
[2] Riebel 1979; vgl. auch Haar 1999.

aber sie kann mit zahlreichen Antriebsdrehzahlen und Vorschubgeschwindigkeiten ausgestattet sein, so dass sie mit entsprechenden Bohrwerkzeugen die verschiedensten Bohraufgaben erledigen kann. Solche Sachsysteme mit breitem Funktionsspektrum innerhalb der selben Funktion nennt man häufig *Universalmaschinen*. Offensichtlich lässt sich ein Sachsystem um so leichter und häufiger mit Teilfunktionen des Handelns oder der Arbeit identifizieren, je universeller seine Hauptfunktion ausgelegt ist. Aber Universalität ist etwas Anderes als echte Multifunktionalität.

Multifunktionale Sachsysteme geben gelegentlich ebenfalls Anlass zu der ungenauen Redensart, die Mittel bestimmten die Zwecke. Tatsächlich ist natürlich ihre Hauptfunktion geschaffen worden, damit ein zuvor gesetzter Zweck erfüllt wird. Nur die Nebenfunktionen wirken dann von Fall zu Fall im Sinn der zielprägenden Potenz der Mittel, wenn nämlich jemand eine Nebenfunktion als handlungsrelevant identifiziert und dafür ein neues Ziel setzt. Es kommt aber auch vor, dass man einen bestimmten Zweck verfolgt und während der Handlungsplanung die Nebenfunktion eines multifunktionalen Sachsystems identifiziert. Multifunktionalität kann also zielprägend wirken, muss es aber nicht mit Notwendigkeit.

Jedenfalls verleiht die Multifunktionalität der Sachverwendung gewisse Spielräume, die man freilich angesichts der Tendenz zur Funktionsspezialisierung moderner Industrieprodukte nicht überschätzen sollte. Wenn die Identifikation einer Teilfunktion des Handlungsplanes mit einer Sachfunktion nicht gelingt, kommt die Sachverwendung natürlich nicht zustande, es sei denn, das Handlungssystem ändere seinen Handlungsplan. Bei der mitteldominanten Sachverwendung allerdings wird diejenige Handlung ins Auge gefasst, für dessen Teilfunktion eine entsprechende Sachfunktion bereits im Voraus identifiziert worden ist; dann prägt das Sachsystem nicht nur die Zielsetzung, sondern auch den Handlungsverlauf. Da dieser Abschnitt die Funktionalität der Sachsysteme betrifft, brauche ich auf die gesellschaftlichen Hierarchiestufen hier nicht im Einzelnen einzugehen; die Überlegungen gelten gleichermassen für Personen, Organisationen und die Gesellschaft.

4.4 Soziotechnische Integration

4.4.1 Allgemeines

Wenn ein menschliches Handlungssystem bei einem Sachsystem eine Funktion identifiziert hat, die mit einer Teilfunktion des Handelns äquivalent ist, verbindet es sich mit diesem Sachsystem zu einer Handlungseinheit. Das menschliche Handlungssystem nimmt also das Sachsystem so zu sagen in sich auf und verwandelt sich dann in ein soziotechnisches Handlungssystem.

Soziotechnische Integration

Es ist dies freilich keine geheimnisvolle Metamorphose, sondern schlicht und einfach die Tatsache, dass eine Handlung nicht mehr allein von Menschen ausgeführt wird, sondern erst durch die hinzutretende Funktion des Sachsystems zustande kommt. Die handelnde Instanz kann mithin nurmehr als Symbiose von Mensch und Maschine gedacht werden.

Wenn man einen Gedanken von S. Freud aufgreifen will, kann diese Einsicht eine neuerliche Kränkung des menschlichen Souveränitätsanspruchs bedeuten. Zuerst hat sich der Mensch in der kopernikanischen Wende damit abfinden müssen, dass seine Erde nicht der Mittelpunkt der Welt ist. Dann hat ihn seit Ch. Darwin die Biologie darüber belehrt, dass er nicht aus einem übernatürlichen Schöpfungsakt, sondern wie alle anderen Lebewesen aus der natürlichen Evolution stammt. Des Weiteren hat die Psychologie begründete Zweifel an der Selbstgewissheit der bewussten Rationalität aufkommen lassen; das nennt Freud selbst die dritte Kränkung. Aber bei dieser Zählung hat er K. Marx und die Sozialwissenschaft vergessen, die den Menschen darüber aufgeklärt haben, dass seine individuelle Autonomie durch gesellschaftliche Prägung eingeschränkt wird.

Fünftens schliesslich enthüllt die Technologie, dass menschliches Handeln wesentlich auf sachliche Artefakte angewiesen ist; dass inzwischen selbst für geistige Leistungen die Computer immer unentbehrlicher werden, ist dabei lediglich die neueste Erscheinungsform der technologischen Kränkung.[1] Gewiss ist die fünfte Kränkung weniger arg als die früheren; denn die Artefakte, ohne die der Mensch in seinem Handeln kaum noch auskäme, sind sein eigenes Werk. Doch ändert das für die meisten Menschen wenig, da ihnen, wie ich hier realistischerweise annehmen darf, die Sachsysteme als fertige Bestandteile ihrer Handlungspläne von Anderen vorgegeben werden. So gesehen, ist die technologische Kränkung eng verwandt mit der soziologischen Kränkung; beide bestehen darin, dass die persönliche Selbstbestimmung durch überindividuelle Mächte beschnitten wird. Technik ist Menschenwerk, aber dem Einzelnen erscheint sie als fremde soziotechnische Macht.

Gleichwohl lassen sich Menschen auf die soziotechnische Integration ein, und man kann zwei verschiedene Integrationsprinzipien unterscheiden. Früher sind diese Prinzipien unter dem Gesichtspunkt der „Organprojektion" beschrieben worden,[2] also in Hinblick darauf, welche Rolle die Sachsysteme im Vergleich mit der organischen Ausstattung des einzelnen Menschen spielen.

---

[1] Zum Grundgedanken Freud 1917. Vgl. die Übersicht von Vollmer 1995, 43ff, der noch weitere „Kränkungen" aufzählt und zu Recht auf die Problematik der Numerierung hinweist. Inzwischen hat sich auch Rohbeck 1993, 10, die Idee der technologischen Kränkung zu eigen gemacht. G. Anders 1956, 21ff, erlebt diese Kränkung als „prometheische Scham".

[2] So schon Kapp 1877.

A. Gehlen hat diesen Gedanken ausgeführt, wenn er zwischen Organentlastung, Organverstärkung und Organersatz unterscheidet. Organentlastung bedeutet, dass Sachsysteme die Funktion eines menschlichen Organs übernehmen, „so wie der Wagen mit Rädern das physische Schleppen von Lasten überflüssig macht". Organverstärkung besteht darin, dass Artefakte die Leistung eines menschlichen Organs potenzieren, beispielsweise der Hammer, der die Kraft der Hand bündelt, oder das Mikroskop, das die Wahrnehmungsfähigkeit des Auges steigert. Organersatz schliesslich meint nicht etwa, wie der doppeldeutige Ausdruck vermuten lassen könnte, dass vorhandene Organleistungen auf Sachsysteme übergehen, sondern dass Funktionen ergänzt werden, die dem menschlichen Organismus gar nicht zur Verfügung stehen, beispielsweise das Fliegen mit dem Flugzeug, das „die uns nicht gewachsenen Flügel ersetzt".[1]

Im Grundsatz sind Gehlens Unterscheidungen stichhaltig; sie haben freilich den Schönheitsfehler, auf die natürlichen Organe des einzelnen Menschen fixiert zu bleiben und dann soziotechnische Phänomene der gesellschaftlichen Meso- und Makroebene nicht angemessen erfassen zu können. Der Grossrechner in einem Wirtschaftsunternehmen übernimmt nicht nur einzelne Organleistungen, sondern beispielsweise die gesamte Organisationsfunktion des Rechnungswesens. Auch gerät bei modernen Sachsystemen der Vergleich mit natürlichen Organen ins Groteske: Die frühen Flugapparate haben vielleicht noch an tierische Flügel erinnert, aber ein heutiges Grossflugzeug, das Hunderte von Menschen befördert, kann man gewiss nicht mehr mit den Flügeln eines Vogels auf eine Stufe stellen.

Ich ziehe es darum vor, Gehlens organismische Wendungen in die systemtheoretische Sprache zu übersetzen und damit seinen Grundgedanken die theoretische Verallgemeinerung zu verleihen. In *Bild 32* symbolisieren die beiden Rechtecke zum einen die Menge der menschlichen Handlungsfunktionen und zum anderen die Menge der sachtechnisch realisierbaren Handlungsfunktionen. In der Mitte des Bildes überdecken die Rechtecke einander zur Schnittmenge jener menschlichen Handlungsfunktionen, die zugleich auch sachtechnisch dargestellt werden können. Diese Schnittmenge repräsentiert diejenigen Funktionen, die Gehlen die „Entlastungstechniken" nennt. Ich bevorzuge für dieses Prinzip die geläufigere Bezeichnung *Substitution*, die frei ist von der erwähnten Doppeldeutigkeit des Wortes „Ersatz". Die Substitution menschlicher Funktionen durch Sachsystem-Funktionen ist das Technisierungsprinzip, das in den Deutungen der Technik bislang vorherrscht und in der Ökonomie als Substitution von Arbeit durch Sachkapital verstanden wird. Ortega y Gasset hat das Substitutionsprinzip auf die

---

[1] Alle Zitate bei Gehlen 1957, 8.

einprägsame Formel gebracht, „dass die Technik [...] die Anstrengung ist, Anstrengung zu ersparen".[1]

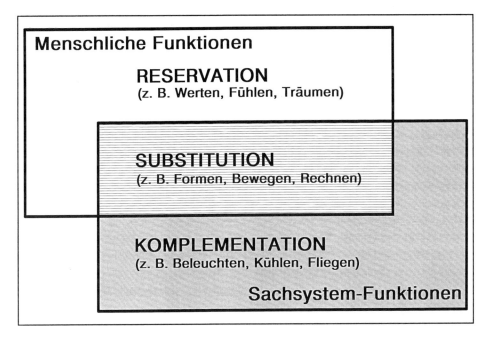

Bild 32 Prinzipien der Technisierung

In der Tat spielt das Substitutionsprinzip bei der Sachverwendung eine bedeutende Rolle. Trinkgefässe ersetzen die hohle Hand, Motoren ersetzen die menschliche Muskelkraft, maschinelle Schlittenführungen ersetzen die sensumotorische Koordination von Handbewegungen, Rechenmaschinen ersetzen einfache Intelligenzleistungen, und die Liste der Beispiele liesse sich beliebig verlängern. Wie ich bereits mit Bild 25 erläutert habe,[2] erreicht die Substitution in der *Automatisierung*, der fortgeschrittensten Stufe der Technisierung, ihren gegenwärtigen Höhepunkt: „Automatisierung heisst, einen Vorgang mit technischen Mitteln so einzurichten, dass der Mensch weder ständig noch in einem erzwungenen Rhythmus für den Anlauf des Vorganges tätig zu werden braucht".[3]
Wenn ich auf die Begriffe zurück komme, die ich in den letzten Abschnitten entwickelt hatte, dann kann ich das Substitutionsprinzip folgendermassen

---

[1] Ortega y Gasset 1949, 42.
[2] Vgl. Abschnitt 3.5.2.
[3] Dolezalek 1966.

beschreiben: Der Handlungsplan eines menschlichen Handlungssystems enthalte eine Teilfunktion, die von einem einzelnen Menschen oder einer Gruppe von Menschen geleistet werden kann. Wird dann ein Sachsystem identifiziert, dessen Funktion mit jener Teilfunktion äquivalent ist, und vom Handlungssystem integriert, so entsteht ein soziotechnisches System. Im soziotechnischen System wird also die betreffende Teilfunktion vom menschlichen auf den sachtechnischen Funktionsträger verlagert. Es vollzieht sich mithin eine substitutive Integration. Bestimmte Subsysteme des Handlungssystems sind nun nicht länger körperliche Organe oder soziale Entitäten, sondern technische Gebilde.

Im Zuge der Integration werden soziotechnische Relationen, also Verknüpfungen zwischen den menschlichen und den sachtechnischen Funktionsträgern hergestellt. Während die Gesamtfunktion erhalten bleibt, nimmt die Struktur des Handlungssystems eine neue Qualität an. Bei dieser Beschreibung wird die Fruchtbarkeit des systemtheoretischen Ansatzes für das Technikverständnis besonders deutlich: Weil ein und das selbe theoretische Modell sowohl soziale wie technische Systeme zu erfassen vermag, kann es auch die Integration dieser verschiedenen Systemtypen abbilden und damit jene besondere Qualität soziotechnischer Systeme in den Griff bekommen, die einer isoliert sozialwissenschaftlichen eben so wie einer isoliert technikwissenschaftlichen Perspektive entgehen müsste. Die Veränderungen, die das Handlungssystem bei der Integration von Sachsystemen erfährt, werde ich in den nächsten Abschnitten noch genauer erörtern. Jedenfalls ist festzuhalten, dass die reine Substitution nicht die Handlungsfunktion selbst tangiert, sondern lediglich die Art und Weise ihrer Realisierung modifiziert.

Völlig anders liegen dagegen die Dinge, wenn ein Sachsystem nach dem Prinzip der *Komplementation* integriert wird. Aus Bild 32 entnimmt man, dass hier eine Sachsystem-Funktion eingesetzt wird, die bei den Menschen nicht angelegt ist und manchmal, wie bei der weltweiten Bildübertragung des Fernsehens, auch in der Natur keinerlei Vorbild besitzt. Ich habe dafür einen neuen Ausdruck einführen müssen, weil die komplementäre Integration in der bisherigen Technikforschung nicht gebührend gewürdigt worden ist. Gewiss ist es ein Gemeinplatz technikphilosophischer Deutungen, dass die Technik den menschlichen Handlungsspielraum erweitert, und tatsächlich hat A. Gehlen wie gesagt das Phänomen identifiziert, auch wenn er es als „Organersatz" unglücklich bezeichnet hat. Doch überwog lange Zeit die Auffassung vom substitutiven Charakter der Technisierung. So hat in der Automatisierungsdebatte C. M. Dolezalek ausdrücklich darauf aufmerksam machen müssen, dass die Vorgänge, die mit technischen Mitteln einzurichten sind, „innerhalb, aber auch ausserhalb des Leistungsbereiches eines

Soziotechnische Integration

Menschen liegen" können.[1] Eben jener letztere Fall ist kennzeichnend für die komplementäre Integration.

Dann nämlich stellt das Sachsystem, mit dem sich ein menschliches Handlungssystem verbindet, eine Funktion dar, die ein menschlicher Funktionsträger grundsätzlich nicht zu leisten vermöchte. Der Handlungsplan, dessen Teilfunktion mit der betreffenden Sachsystem-Funktion identifiziert wird, könnte von einem menschlichen Handlungssystem gar nicht verwirklicht werden, wenn nicht das entsprechende Sachsystem in das Handlungssystem integriert und mit diesem gemeinsam ein soziotechnisches System bilden würde. Wer beabsichtigt, in der Dunkelheit der Nacht ein Buch zu lesen, kann diese Absicht nur verwirklichen, wenn er sich ein technisches Beleuchtungsmittel verschafft. Bei der Komplementation wird vom Sachsystem eine Funktion bereit gestellt, der im menschlichen Handlungssystem nichts Vergleichbares entspricht. Beleuchtungseinrichtungen, Kühlmaschinen, Flugzeuge, Fernsehgeräte und vieles Andere leisten Funktionen, die von den Menschen nicht auch anderweitig zustande gebracht werden könnten, sondern allein in der technischen Realisierung die neuartigen Handlungs- und Erlebnismöglichkeiten schaffen.

Die beiden Integrationsprinzipien sind freilich als Idealtypen zu verstehen, die nicht immer in reiner Form auftreten. Vor allem die reine Substitution findet man nur gelegentlich; Beispiele bieten sich etwa in der medizinischen Technik, wenn Seh- oder Hörhilfen eine verloren gegangene menschliche Fähigkeit ersetzen oder gar künstliche Organe die Stelle natürlicher Funktionsträger einnehmen. In den meisten Fällen aber überlagert sich der Substitution jenes Phänomen, das A. Gehlen als „Organverstärkung" bezeichnet. Aus den schon genannten Gründen nenne ich dieses Phänomen, ohne Bezug auf menschliche Organe, die *quantitative Steigerung der Funktionsfähigkeit*, die sich bei der Komplementation eben so zeigt wie bei der Substitution; darum ist sie im Schema auch nicht als eigenes Prinzip hervorgehoben worden.

In aller Regel können Sachsysteme – um zunächst bei der Substitution zu bleiben – mehr leisten als die menschlichen Funktionsträger, die von ihnen ersetzt werden. Selbst wenn die Handlungsfunktion in ihren charakteristischen Leistungswerten gleich bleibt, so trägt doch ein Sachsystem meist dazu bei, dass die Funktion ausdauernder, gleichmässiger und präziser ausgeführt wird. Eine mechanische Rechenmaschine beispielsweise, die dem menschlichen Rechner an Rechengeschwindigkeit kaum überlegen ist, übertrifft diesen doch an Ausdauer und Genauigkeit; sie ermüdet nicht und macht keine Fehler.

---

[1] Dolezalek 1966.

Häufiger freilich überbietet die Sachsystemfunktion die menschliche Leistung beträchtlich. Das trifft durchweg dann zu, wenn menschliche Muskelleistung durch Energie wandelnde Sachsysteme substituiert wird. Ein Mensch kann mit seinen Körperkräften eine Dauerleistung von rund 100 Watt erbringen.[1] Ersetzt man die Muskelleistung durch Elektromotoren, so finden sich schon bei so einfachen Geräten wie Kaffeemühlen, Saftpressen oder Rührgeräten Leistungswerte in dieser Grössenordnung. Eine elektrische Lokomotive mit einer Leistung von 7.500 Kilowatt gar entspricht der physischen Leistung von 75.000 Menschen. Man kann es sich kaum vorstellen, dass eine solche Menge von Menschen vor einen Eisenbahnzug gespannt würde, ganz zu schweigen von der Geschwindigkeit der Lokomotive, die für Menschen nicht erreichbar ist. Unter solchen Umständen erweist sich die Substitution in Verbindung mit der quantitativen Steigerung der Funktionsfähigkeit fast schon als eine Art Komplementation, da die betreffende Funktion nur im Prinzip, aber nicht mehr praktisch von Menschen allein geleistet werden kann. Entsprechendes gilt für die Bearbeitungsleistungen spezialisierter Werkzeuge, für die Empfindlichkeit hochgezüchteter Messinstrumente und für die Verarbeitungsgeschwindigkeit der Computer.

Schliesslich muss ich noch kurz darauf hinweisen, dass es menschliche Handlungsfunktionen gibt, die grundsätzlich nicht technisiert werden können. Dieser Funktionstyp ist wohl für A. Gehlen noch zu selbstverständlich gewesen, als dass er ihn eigens benannt hätte. Da aber gewisse Propagandisten der so genannten „Künstlichen Intelligenz" diese Selbstverständlichkeit seit einiger Zeit bestreiten, darf man jedenfalls ihren formalen Ort nicht aussparen. In Bild 32 ist das die weisse Fläche links und oben, und versuchsweise führe ich dafür den Begriff *Reservation* ein; ich glaube nämlich, dass Bewusstseinsaktivitäten wie das Werten, das Fühlen oder das Träumen tatsächlich den Menschen vorbehalten bleiben.

4.4.2 Hierarchiestufen

Die Prinzipien der soziotechnischen Integration, die ich im letzten Abschnitt präzisiert habe, kommen auf jeder der drei Hierarchiestufen vor, nehmen dabei aber durchaus verschiedene Ausprägungen an. Bei den *Mikrosystemen* des individuellen Handelns betrifft die Substitution unmittelbar die Arbeitsfunktionen des einzelnen Menschen, sowohl im privaten wie im beruflichen Bereich. Da letzterer überwiegend durch Mesosysteme bestimmt ist, beschränke ich mich zunächst auf den privaten Bereich. Da ist einmal die Funktion der Fortbewegung weithin durch verkehrstechnische Systeme, vor

---

[1] Dieser Wert errechnet sich aus einem Arbeitsumsatz von 8.400 Kilojoule/Tag; die kurzzeitige Spitzenleistung kann allerdings 1.600 Watt erreichen. REFA 1993, 220ff, und eigene Berechnung.

Soziotechnische Integration

allem auch durch das Kraftfahrzeug, substituiert worden, zum anderen übernehmen verschiedene Arten von Arbeitsmaschinen einen beträchtlichen Teil der Reinigungsaufgaben im Haushalt, und schliesslich treten gewisse informationstechnische Geräte an die Stelle menschlicher Gestaltungstätigkeit, so die Kamera statt des Zeichnens und Malens, Rundfunk und Plattenspieler statt des Musizierens und dergleichen mehr.

Ein anderer Teil der neuen Informationstechniken dagegen ist der Komplementation zuzurechnen, so das Fernsprechen und das Fernsehen, aber auch manche Computeranwendungen. Während etwa ein Textverarbeitungsprogramm – wenn auch mit bemerkenswerten Zusatzqualitäten – im Grunde lediglich das manuelle Schreiben substituiert, vermögen Simulationsprogramme Erlebniswelten aufzubauen, die ohne das Medium für die Menschen unerreichbar wären. Natürlich tendieren gerade die komplementativen Technikformen zum Typus der mitteldominanten Sachverwendung, da ihre Funktionen für die Menschen neu sind und darum kaum angestrebt werden konnten, so lange man die neuen Sachsystemmöglichkeiten noch nicht kannte. Einerseits übt dann im Einzelfall die sachvermittelte Zielprägung einen herrschaftsähnlichen Einfluss auf die Handlungswahl der Menschen aus, doch andererseits vergrössert die Vielzahl konkurrierender Sachsystemangebote im Falle des Komplementationsprinzips auch das Spektrum möglicher Ziele. So wäre der anregende Zeitvertreib mit dem computerisierten Flugsimulator überhaupt keine Handlungsmöglichkeit, wenn diese Computeranwendung nicht angeboten würde.

Wenn man aber die Freiheit eines Menschen an der Menge seiner möglichen Handlungsalternativen misst, so erweitert die komplementäre Technisierung ohne jeden Zweifel die menschliche Freiheit. Offenbar ist darin die Faszination begründet, die von vielen Sachsystemen ausgeht und oft genug auch beträchtliche Nachteile und Belastungen vergessen lässt. Man denke an den finanziellen Aufwand, den die Menschen für das eigene Auto aufbringen müssen, ganz zu schweigen von den Unfallgefahren, die mit dem Autofahren verbunden sind. Solche Kosten werden freilich grossenteils vernachlässigt, weil der Zuwachs an Handlungs- und Erlebnismöglichkeiten, den das Auto tatsächlich vermittelt, Priorität besitzt. Man darf also den Zuwachs an Freiheit, den die Technik auch bietet, keineswegs unterbewerten oder gar abstreiten. Die Chance, aus sachvermittelter Herrschaft entlassen zu werden, wöge für die meisten Menschen gering, wenn sie sich dafür wieder dem Zwang naturhafter Beschränkung ausliefern müssten. Es ist wohl ein Dilemma der Sachverwendung, dass die Menschen, wenn sie den erweiterten Freiheitsspielraum der Sachtechnik ausschöpfen, zugleich in sachvermittelte Fremdbestimmung geraten können.

Auf der *Mesoebene* der industriellen Organisationen beziehen sich die Integrationsprinzipien nicht in erster Linie auf individuelle, sondern auf organisatorische Funktionen. Weil die soziotechnische Identifikation nicht für individuelle Arbeitsfunktionen, sondern unmittelbar für Organisationsfunktionen vorgenommen wird, besitzen auch die Integrationsformen eine andere Qualität. Die organisatorische Substitution wird durch eine weit getriebene Arbeitszerlegung erleichtert. Hat man Arbeitskräfte bereits derart spezialisiert, dass sie nur noch eine eng umrissene Teilfunktion leisten, führt die weitere Technisierung dazu, dass die entsprechenden Arbeitskräfte vollends substituiert werden. Hier liegt der theoretische Kern des Freisetzungsphänomens, das darin besteht, einen ganzen Menschen durch ein Sachsystem zu ersetzen. Da die Freisetzung die Funktionszerlegung von Einzelhandlungen zur Voraussetzung hat, kann sie überhaupt erst auf der Mesoebene auftreten. Nur ein Mensch, der auf Subfunktionen des Informations- oder Ausführungssystems reduziert und von der Zielsetzungsfunktion ausgeschlossen worden ist, kann völlig substituiert werden.

An dieser Stelle kann ich noch einmal auf die historisch-genetische Interpretation von Bild 25 verweisen. Gerade für soziotechnische Mesosysteme des Typs Industriebetrieb ist ein Technisierungsverlauf charakteristisch, der zunächst das Ausführungssystem erfasst – die Mechanisierung und Automatisierung der Sachherstellung – und gegenwärtig mit elektronischen Rechenanlagen, mit automatisierter Textverarbeitung, mit rechnergestütztem Konstruieren usw. mehr und mehr auf die so genannten Verwaltungstätigkeiten des Informationssystems übergreift.[1] Im Zuge dieses Technisierungsprozesses werden nicht mehr nur einzelne Menschen, sondern häufig bereits ganze Arbeitsgruppen und Abteilungen substituiert. So wird inzwischen beispielsweise die Funktion der Lohnabrechnung nicht mehr zuerst auf Menschen übertragen und dann erst sukzessive technisiert, sondern direkt mit der Funktion einer elektronischen Rechenanlage identifiziert.

Ferner muss ich in diesem Zusammenhang daran erinnern, dass teilweise auch die Koordination der arbeitsteilig zerlegten Teilfunktionen ihrerseits durch Sachsysteme substituiert werden kann. Die Konzeption der computerintegrierten Produktion (CIM), die schon in Bild 31 angedeutet worden ist, hat zeitweilig sogar die vollständige Technisierung der Koordinationsfunktionen ins Auge gefasst. Zwar ist diese technikzentrierte Konzeption durch neue arbeitsorientierte Organisationsmodelle – so teilweise unter dem unglücklichen Schlagwort „lean production"[2] – inzwischen relativiert worden, doch ändert

---

[1] Diese Entwicklung, die ich in der ersten Auflage als Tendenz beschrieb, hat sich inzwischen weithin durchgesetzt, vor Allem auf Grund der seinerzeit noch kaum bekannten Kleincomputer.
[2] Das heisst so viel wie „Sparproduktion".

Soziotechnische Integration

das Nichts an der Tatsache, dass, wie Bild 31 deutlich macht, die soziotechnische Integration nicht nur auf der Mikroebene der Arbeitssysteme, sondern vor allem auch auf der Mesoebene des Produktionssystems vor sich geht. Freilich ist in den produktionsstrategischen Diskussionen grössere Aufmerksamkeit auf die Frage zu richten, in welchem Umfang Koordinationsfunktionen überhaupt der Substitution zugänglich sind oder nicht eher in die Domäne der Reservation fallen, also menschliche Funktionen enthalten, die grundsätzlich nicht technisierbar sind.[1]

Während Substitutionsphänomene im Mittelpunkt der Diskussion stehen, schenkt die Technikforschung der Komplementation auch auf der Mesoebene bislang wenig Beachtung. Zum Teil liegt das daran, dass die quantitativen Messverfahren der Ökonometrie meist nur hochaggregierte Grössen erfassen und die Qualität der Technisierung daher kaum in den Blick bekommen.[2] Gewiss ist die Steigerung der Arbeitsproduktivität, die zwischen 1950 und 1995 auf das Sechsfache gewachsen ist,[3] zu einem guten Teil auf die kontinuierliche Substitution von Arbeit durch Sachkapital und auf kontinuierliche Leistungssteigerungen der substitutiven Sachsysteme zurückzuführen. Aber neben nicht-technischen Veränderungen der Organisation und des Arbeitseinsatzes haben dieses Wachstum mit Sicherheit auch komplementäre Technisierungsformen beeinflusst, die ja ebenfalls die monetäre Wertschöpfung erhöhen, auch wenn sie in gewissem Umfang zusätzliche Arbeit benötigen. So stellen beispielsweise die Produktionsverfahren in der Halbleiterelektronik derart hohe Präzisionsanforderungen in mikroskopischen Dimensionen, dass menschliche Arbeitskräfte diese Bauelemente überhaupt nicht herstellen könnten: Solche Sachsysteme können nur noch von Sachsystemen produziert werden.

Auch sind durch komplementäre Techniken wie das Flugzeug oder das Fernsehen viele neue soziotechnische Mesosysteme entstanden: Fluggesellschaften, Flughäfen, Sendeanstalten usw. Wegen ihrer hohen Arbeitsintensität dürften solche Dienstleistungsorganisationen nicht gerade die Arbeitsproduktivität steigern, aber sie haben einen beträchtlichen Anteil an einer Technisierung, die durch Komplementation neue Handlungsmöglichkeiten und erweiterte Handlungsspielräume schafft. Während die Substitution grundsätzlich Arbeitskräfte freisetzt, die bei fehlenden Kompensationsgele-

---

[1] Zu dieser Problematik Spur 1997.
[2] Vgl. dazu Huisinga 1996, 129ff.
[3] Ermittelt man nicht, wie in der Ökonomie üblich, die relativen, sondern die preisbereinigten absoluten Zuwächse der Arbeitsproduktivität, so ergibt sich aus den Zahlen des Statistischen Bundesamtes und meinen eigenen Berechnungen für den genannten Zeitraum ein nahezu linearer Anstieg mit einem jährlichen Wachstum von durchschnittlich 1,14 DM je Arbeitsstunde (in Preisen von 1991).

genheiten arbeitslos werden, haben komplementäre Techniken die Tendenz, neue Arbeitsplätze zu schaffen.[1] Darin liegt der Grund, warum die Industriegesellschaften, seit das Wirtschaftswachstum die Freisetzungen nicht mehr zu kompensieren scheint, mit aller Macht auf Innovationen und neue Produkte drängen und dabei natürlich solche technischen Neuerungen im Auge haben, die dem Prinzip der Komplementation entsprechen.

Mit diesen Bemerkungen bin ich zum soziotechnischen *Makrosystem* übergegangen; überhaupt ist die Dreiteilung, die ich durchgängig verwende, natürlich nur modellanalytisch sinnvoll, während sich in Wirklichkeit die drei Ebenen vielfach durchdringen. Auf der Makroebene sind es vor Allem die sogenannten grossen technischen Systeme, deren soziotechnische Integration Beachtung verdient. Allerdings schaffen diese grossen Sachsystem-Komplexe, wie ich später zeigen werde, vielfach nur die sachtechnischen Bedingungen für die Sachverwendung bei den Mikro- und Mesosystemen und können darum nicht immer eindeutig dem einen oder anderen Integrationsprinzip zugeordnet werden.

So könnte man die elektrische Energieversorgung zunächst als vergesellschaftete Substitution menschlicher Körperkräfte ansehen, doch habe ich schon mit dem Lokomotivenbeispiel gezeigt, wie anfechtbar diese Deutung ist. Die sachtechnisch bereit gestellten Energiemengen liegen in einer Grössenordnung, die von einem menschlichen Kollektiv unmöglich erreicht werden könnte, selbst wenn man es nach dem Muster der altägyptischen Pyramidenarbeiter oder römischen Galeerensklaven organisieren würde.[2] So trägt das Stromversorgungssystem tatsächlich eher komplementäre Züge. Bei den Telekommunikationssystemen hingegen, die man auf den ersten Blick für rein komplementär halten würde, kommen durchaus auch substitutive Nutzungen vor, wenn Jemand beispielsweise den Besuch beim Nachbarn durch ein Telefongespräch ersetzt. Aufs Ganze gesehen freilich überwiegt bei der informationstechnischen Netz- und Medienintegration, die unter dem Schlagwort „Multimedia" betrieben wird, die Komplementation. Die Informations- und Kommunikationsmöglichkeiten der digitalen Computernetze übertreffen nach Menge, Vielfalt, Reichweite und Geschwindigkeit Alles, was Menschen ohne sachtechnische Unterstützung je untereinander hätten austauschen können. Und sie sind dabei, etwas zu erzeugen, was der konventionellen Politik der Nationalstaaten noch höchst befremdlich erscheint: das soziotechnische Globalsystem.

---

[1] Zum Problem der „technologischen Arbeitslosigkeit" vgl. A. Schmid in Kahsnitz/Ropohl/Schmid 1997, 495ff.

[2] Die Höchstlast der öffentlichen Stromversorgung liegt in Deutschland bei mehr als 60 Gigawatt; das entspricht dem körperlichen Leistungsvermögen von 600 Millionen Menschen. Mit anderen Worten stehen jedem Erwachsenen zehn „elektrische Arbeitssklaven" zur Verfügung.

4.5 Bedingungen

4.5.1 Verfügbarkeit

In den letzten beiden Abschnitten habe ich beschrieben, wie sich ein soziotechnisches System konstituiert, und verschiedene Möglichkeiten für die Funktionsverteilung zwischen menschlichen und sachtechnischen Komponenten besprochen. Damit jedoch die beschriebenen Ablaufphasen zustande kommen und in soziotechnisches Handeln einmünden können, müssen einige Bedingungen erfüllt sein, die ich nun analysieren will.

Wenn ein Sachsystem in ein Handlungssystem integriert und im Handeln genutzt werden soll, so muss dieses Sachsystem allererst verfügbar sein. Die Verfügbarkeit meint mehr als blosses Vorhandensein.[1] Es ist zum Beispiel denkbar, dass Jemand die Kamera, die es ja gibt, mit seinen bildnerischen Plänen identifiziert, sie jedoch weder integrieren noch verwenden kann, weil ihm in einer konkreten Situation keine Kamera zur Verfügung steht. Es gibt eine Reihe von Gründen, die ein Handlungssystem tatsächlich von der Nutzung eines Sachsystems ausschliessen, obwohl dieses prinzipiell vorhanden ist. Allgemein bedeutet Verfügbarkeit die Disposition eines Sachsystems, am richtigen Ort und zur richtigen Zeit mit genau jener Funktion genutzt werden zu können, die mit der vorher bestimmten Handlungsfunktion identifiziert worden ist. So stehen der Verfügbarkeit vor Allem raum-zeitliche Disparitäten und konkurrierende Nutzungen entgegen. Ein Sachsystem ist immer dann nicht verfügbar, wenn es nicht orts- und zeitgerecht eingesetzt werden kann oder wenn es, obzwar in Reichweite, gerade von einem anderen Handlungssystem genutzt wird. Dagegen ist ein Sachsystem verfügbar, wenn der sofortigen und uneingeschränkten Nutzung Nichts im Wege steht.

Schon die individuelle Sachverwendung auf der *Mikroebene* muss wie gesagt als ein gesellschaftliches Verhältnis begriffen werden, und dafür kann ich nun weitere Argumente anführen, wenn ich die möglichen Formen der Verfügbarkeit betrachte. Unter den Umständen einer industriellen Warenproduktion ist nämlich der Zugang zur Nutzung von Sachsystemen bestimmten gesellschaftlichen Regelungen unterworfen. Das sind insbesondere das Eigentum, der Besitz auf Zeit (Pacht, Miete, Leasing), die begrenzte Teilhabe sowie das Verhältnis der Lohnarbeit. Alle diese Regelungen schränken die Verfügbarkeit der Sachsysteme ein, indem sie ganz bestimmte Konditionen dafür festlegen; indem sie die Verteilung von Nutzungsmöglichkeiten regeln, sind sie gesellschaftlicher Natur.

---

[1] In der Fachsprache der Betriebsingenieure heisst „Verfügbarkeit" heute so viel wie der Zeitanteil störungsfreier Funktionstüchtigkeit an der Betriebszeit. Dieser Bedeutung schliesse ich mich nicht an, zumal dieser Sachverhalt treffender als „zeitlicher Ausnutzungsgrad" bezeichnet werden kann; vgl. mein Buch von 1971, 88ff.

Eigentum begründet eine auf Dauer gestellte, unbedingte und mit dem Recht auf ausschliessliche Nutzung ausgestattete Verfügbarkeit. Ausdrücklich heisst es in § 903 des Bürgerlichen Gesetzbuches: „Der Eigentümer einer Sache kann [...] mit der Sache nach Belieben verfahren und andere von jeder Einwirkung ausschliessen". „Um die Ausschliessung sanktionierbar zu machen, bedarf es einer Rechtsordnung eines Staates".[1] Die Garantie uneingeschränkter Sachverwendung auf der Mikroebene wird mithin vom sozialen Makrosystem gewährt. Diese Institutionalisierung der Nutzungsmöglichkeit macht aus dem Sachverhältnis ein Sozialverhältnis. Die soziotechnische Handlungseinheit, die aus der Integration von Mensch und Sachsystem erwächst, gewinnt ihre Beständigkeit aus einer gesellschaftlichen Norm. Wäre die ständige Verfügbarkeit des Sachsystems nicht überindividuell gesichert, so bliebe das individuelle Handlungspotenzial der Technisierung unkalkulierbar; ohne soziale Gewährleistung wäre die relative Dauerhaftigkeit der soziotechnischen Systembildung in Frage gestellt.

Freilich hat der Einzelne für die soziale Gewährleistung dauerhafter Nutzungsmöglichkeit einen Preis zu entrichten. Damit meine ich nicht nur den Kaufpreis, der zu entrichten ist, wenn man sich die Ware, als die das Sachsystem angeboten wird, aneignen will. Der Preis besteht vielmehr auch darin, dass man sich angesichts begrenzter Zahlungsmittel mit dem Kaufakt auf das betreffende Sachsystem längerfristig festlegt.[2] Wer sich ein Fernsehgerät kauft, wird bei durchschnittlichen Einkommens- und Vermögensverhältnissen nicht gleichzeitig auch eine Videokamera anschaffen können. Mit der Wahl des Sachsystems entscheidet er sich für die eine und gegen die andere Handlungsmöglichkeit, jedenfalls im Augenblick und für eine gewisse Zeitdauer. Dabei bindet er sich an das Produkt, das er gewählt hat, da eine Revision der Kaufentscheidung mit beträchtlichen finanziellen Verlusten verbunden wäre; so bald man ein Gerät aus dem Laden getragen hat, ist es auf dem Markt nur noch die Hälfte wert. Indem die Aneignung des Sachsystems die eine Handlungsmöglichkeit eröffnet, schliesst sie aus ökonomischen Gründen gleichzeitig andere soziotechnische Handlungsmöglichkeiten aus.

Eine zweite Form, die Verfügbarkeit eines Sachsystems zu sichern, ist der entgoltene Besitz auf Zeit. Je nach der Art des Sachsystems und den Konditionen des Überlassungsvertrages spricht man von Pacht, Miete oder Leasing.[3] Auch diese Form bildet ein Sachverhältnis, das überindividuell durch

---

[1] H. Abromeit u. K. Schredelseker zum Stichwort „Eigentum" in von Eynern 1973, 87-93.
[2] Linde 1972, 66ff.
[3] Natürlich wäre dieser Anglizismus entbehrlich, denn das Wort heisst nichts Anderes als „Pacht" bzw. „Miete".

Rechtsnormen garantiert ist. Freilich bedeutet dieses Sachverhältnis eine schwächere Bindung als das Eigentum. Erstens braucht der Verwender nicht langfristig Geldmittel in Höhe des Warenwertes festzulegen, sondern entrichtet lediglich ein periodisches Nutzungsentgelt, das den Eigentümer für die Überlassung des Sachsystems entschädigt und sich in der Höhe am Zinssatz für das eingesetzte Kapital orientiert. Zweitens kann der Verwender die Nutzungsvereinbarung meist kurzfristig auflösen und die Sachverwendung ohne finanzielle Verluste beenden. Diesen Vorteilen steht der Nachteil gegenüber, dass sich der Eigentümer, der die Verfügbarkeit des Sachsystems gewährt, in der Regel gleiche Kündigungsrechte vorbehält. Damit aber kann der Bestand des soziotechnischen Systems von den Entscheidungen eines fremden Handlungssystems abhängig werden: Die Handlungsmöglichkeiten, die aus der soziotechnischen Integration erwachsen, bedeuten lediglich Freiheit auf Widerruf.

Besonders spürbar tritt diese Problematik bei der Miete von Privatwohnungen zu Tage. Die Wohnung ist der Mittelpunkt der persönlichen Lebensgestaltung, und die Menschen sind verständlicherweise damit besonders eng verwachsen. Ein unbeschränktes Kündigungsrecht des Vermieters erwiese sich darum als ständige Bedrohung für den Bestand dieser fundamentalen soziotechnischen Handlungseinheit. So ist es folgerichtig, dass der Gesetzgeber den Grundsatz der Unverletzlichkeit der Person in diesem Fall auf die Unverletzlichkeit des soziotechnischen Mikrosystems ausgedehnt und die Eigentümerrechte an Mietsachen eingeschränkt hat, um die hier wirklich lebenswichtige Symbiose zwischen Mensch und Sachsystem vor unfreiwilliger Auflösung zu schützen. Übrigens zeigt dieses Beispiel, dass Besitz auf Zeit nicht nur, wie das Eigentum, auf relativ abstrakten gesellschaftlichen Institutionen beruht, sondern darüber hinaus sehr konkrete soziale Verhältnisse begründet; das Verhältnis des Mieters zu seinem Hauswirt kann in der alltäglichen Lebenswirklichkeit höchst fühlbare Formen annehmen.[1]

Als dritte Form der Verfügbarkeit nenne ich die *begrenzte Teilhabe*. Begrenzte Teilhabe an einem Sachsystem kommt immer dann in Frage, wenn dieses zu umfangreich und zu aufwendig ist, als dass es von einem einzelnen Menschen angeeignet oder in Besitz genommen werden könnte, vor Allem, wenn die individuelle Nutzung durch die Tatsache, dass auch andere Verwender davon Gebrauch machen, nicht oder nur unwesentlich eingeschränkt wird. Die Konditionen der begrenzten Teilhabe können verschieden gestaltet sein, je nachdem, wer der Eigentümer des Sachsystems ist und wie sich das Ausmass der Nutzung feststellen und zurechnen lässt. Das reicht vom exakt berechneten Fahrpreis für die Eisenbahnfahrkarte über pauschale

---

[1] Linde 1972, 59.

Gebühren für den öffentlich-rechtlichen Rundfunk bis zur unentgeltlichen Teilhabe an öffentlich finanzierten Sachsystemen wie dem allgemeinen Wegenetz. Der gesellschaftliche Charakter der Sachverwendung erhält in diesem Fall zusätzliche Akzente. Nicht nur beruht die Verfügbarkeit auf einem Rechtsverhältnis wie schon beim Eigentum, und nicht nur impliziert die Verfügbarkeit die Interaktion zwischen dem verwendenden und dem gewährenden Handlungssystem wie schon beim Besitz auf Zeit. Überdies sind die Handlungssysteme, welche die Sachsysteme zur Verfügung stellen, durchweg auf der sozialen Meso- oder Makrosysteme angesiedelt. Schliesslich führt die Sachverwendung meist zu mehr oder minder ausgeprägten Interaktionen mit anderen gleichzeitig auftretenden Verwendern: den Mitreisenden im Eisenbahnabteil, den anderen Gästen in der öffentlichen Badeanstalt oder den anderen Strassenbenutzern im Autobahnstau.

Schliesslich gibt es eine vierte, wenn auch uneigentliche Form der Verfügbarkeit, nämlich die Sachverwendung in der *Lohnarbeit*. Die Lohnarbeit oder, wie man es „modern" ausdrückt, die „Erwerbsarbeit in abhängiger Beschäftigung" ist ein Phänomen, das nur in Organisationen der Mesoebene auftritt; wenn ich sie trotzdem schon jetzt erwähne, dann darum, weil auch in der Lohnarbeit einzelne Menschen mit Maschinen umgehen, die ihnen im Rahmen des Arbeitsverhältnisses zur Verfügung gestellt werden. Selbstverständlich ist die Zielsetzungskompetenz des unmittelbaren Verwenders dann äusserst begrenzt, und das Sachsystem wird ihm nur mit der Massgabe überlassen, dass er es für vorgegebene Ziele nutzt. Aber auch in der Lohnarbeit geht der Mensch mit dem Sachsystem eine soziotechnische Integration ein, in der nun allerdings die technische Systemkomponente, so sehr sie zu einem konstitutiven Teil dieser Handlungseinheit wird, doch grundsätzlich der selbstbestimmten Verfügung des Verwenders entzogen bleibt. Ob, wann, wie lange und wozu der das Sachsystem zu nutzen hat, darüber entscheidet nicht der individuelle Verwender, sondern das soziotechnische Mesosystem. Während der Einzelne die aktuelle Sachverwendung selbstverständlich zu optimieren hat, ist doch der strukturelle Bestand der soziotechnischen Integration völlig ungesichert; in diesem Gegensatz zwischen funktionaler Einheit und struktureller Brüchigkeit besteht das soziotechnische Dilemma der Lohnarbeit.

Die Spannung zwischen individueller Sachverwendung und organisatorischer Sachverfügung ist freilich nichts Anderes als die technische Zuspitzung des allgemeineren Problems der fremd bestimmten Arbeit, die aus der gesellschaftlichen Arbeitsteilung erwächst. Es ist hier nicht der Ort, dieses Problem, das seit K. Marx wohlbekannt ist, im Einzelnen zu besprechen, und es ist, angesichts fortdauernder Massenarbeitslosigkeit, wohl auch nicht die Zeit, in der die „Humanisierung des Arbeitslebens" auf der Tagesordnung stände;[1] Vielen ist die Existenz des Arbeitsplatzes verständlicherweise wichtiger als dessen Qualität. Gleichwohl möchte ich daran erinnern, dass es Modelle der Mitbestimmung und der Selbstverwaltung gibt, die nicht nur das allgemeine Problem der Zwangsarbeit, sondern auch die besonderen Spannungen der fremd bestimmten Sachverwendung mildern könnten. Schliesslich ist es zu wenig bekannt, dass in Deutschland zahlreiche von der Belegschaft selbst verwaltete Betriebe sehr erfolgreich arbeiten; auch das Genossenschaftswesen, das man vor allem in der Landwirtschaft findet, bildet eine beachtenswerte Alternative zu den direktiven Koordinationsformen privatwirtschaftlicher Unternehmen.

Genossenschaftliches Eigentum an Produktionsmitteln ist auf der *Mesoebene* die konsequenteste Ausprägung, da dann wie auf der Mikroebene bei den nunmehr assoziierten Technikverwendern Eigentumstitel und Verfügungsberechtigung zusammenfallen. Beim kapitalistischen Wirtschaftsunternehmen dagegen schliesst das Privateigentum an den Produktionsmitteln die unmittelbaren Sachverwender von der Verfügung aus. Für die abhängig Beschäftigten spielt es eine untergeordnete Rolle, ob Eigentumstitel und Verfügungsberechtigung in der Person eines Eigentümerunternehmers vereinigt oder, wie bei der Rechtsform der Aktiengesellschaft, zwischen Kapitaleignern und Managern aufgeteilt sind. In diesem Fall können Eigner, wenn sie nur kleine Kapitalanteile halten, unter Umständen gar nicht in die Handlungspläne des soziotechnischen Mesosystems eingreifen, da das Management, das mit der Verfügung betraut ist, meist lediglich an allgemeine Vorgaben der Aktionärsmehrheit gebunden ist. Noch nuancierter gestaltet sich das Eigentumsverhältnis bei Mesosystemen mit öffentlich-rechtlicher Verfassung; bei einer Verwaltungsbehörde oder einem Staatsbetrieb ist der eigentliche Eigentümer das Makrosystem, während für die Verfügungsberechtigung innerhalb des Mesosystems die verschiedenen Formen der bürokratischen Kompetenzverteilung auftreten.

Bei bestimmten Typen von Sachsystemen, zum Beispiel Rechenanlagen, Büromaschinen oder Fahrzeugen, machen Mesosysteme häufig von der Verfügungsform der Miete Gebrauch, die dann als „Leasing" bezeichnet wird. Abgesehen von steuer- oder haushaltsrechtlichen Gründen wird das Leasing besonders bei Sachsystemen bevorzugt, die einem raschen technischen Wandel unterliegen. So bald eine Neuentwicklung auf den Markt kommt, kann der Verwender den alten Mietvertrag auflösen und ohne fi-

---

[1] Vgl. aber die Bilanz des früheren Schwerpunktprogramms unter diesem Namen, die W. Pöhler in meinem Sammelband von 1985, 115ff, gibt; ferner den Beitrag von G. Schreyögg u. U. Reuther in Kahsnitz/Ropohl/Schmid 1997, 319ff, und andere Beiträge in diesem Handbuch.

nanzielle Verluste zur Nutzung des modernsten Techniktyps übergehen. So vermag der Verwender die längerfristige Festlegung zu vermeiden, die mit der Aneignung von Sachsystemen verbunden zu sein pflegt. Da sich die Vermieter diesen Nutzungsvorteil über den Mietzins zusätzlich entgelten lassen, ist diese Form der Verfügbarkeit, die grundsätzlich auch Einzelpersonen offen steht, nur für Mesosysteme interessant, die den Mehraufwand mit wirtschaftlichen Gründen rechtfertigen können.

Ein weiterer Vorteil des Leasing besteht darin, dass der Vermieter meist alle Wartungs- und Reparaturleistungen vertraglich übernimmt, die während der Nutzungsdauer anfallen. So sichert sich der Verwender die dauerhafte Funktionsfähigkeit des Sachsystems, für die er sonst eigenen Aufwand treiben müsste. So weit der Verwender nicht am Sacheigentum um seiner selbst willen interessiert ist, sondern vor allem an der unbeeinträchtigten Dauernutzung – eine Annahme, die natürlich auf Mesosysteme eher zutrifft als auf einzelne Menschen –, erscheint das Leasing, wenn unerwartete Kündigung durch den Vermieter nicht zu befürchten und der Mietzins in vernünftigen Grenzen zu halten ist, bei gewissen Typen von Sachsystemen als die angemessenste Form der Verfügbarkeit.

Die Sachverfügung auf der *Makroebene* bezieht sich vor allem auf die so genannten „grossen technischen Systeme", also auf die Transportnetze der Verkehrs-, der Energie- und der Kommunikationstechnik. Vielfach bilden derartige Netze in technologischer Sicht eine Art „natürliches" Monopol; beispielsweise wäre es funktional völlig sinnlos, zwischen zwei Orten mehrere mit einander konkurrierende Strassen anzulegen, weil eine einzige Strasse zugleich notwendig und hinreichend ist. Früher sind solche quasi-monopolistischen Netze meist als Staatseigentum angelegt worden, und für das Strassennetz gilt das weithin auch heute noch. Dahinter stand wohl die zutreffende Vorstellung, dass die angemessene Teilhabe der Bürger und gesellschaftlichen Organisationen am besten durch eine auf Eigentum gegründete staatliche Verfügung zu gewährleisten ist. Gewiss haben staatliche Monopole nicht selten zur Schwerfälligkeit und Unwirtschaftlichkeit tendiert, doch ist es eine offene Frage, ob dies dem Prinzip oder lediglich den Modalitäten seiner Anwendung anzulasten ist. Da die gegenwärtig vorherrschende neoliberalistische Wirtschaftspolitik die vorschnelle Antwort in der Enteignung des Staates gefunden zu haben glaubt, gehen technische Netze inzwischen, vor allem in der Kommunikationstechnik, mehr und mehr in das Eigentum grosser Mesosysteme über, und der Staat wird auf die „Nachtwächterrolle" zurück gedrängt, mit Aufsichtsbehörden und Kontrollkommissionen dafür zu sorgen, dass die Monopolqualitäten der Netze nicht dem Gemeinwohl zuwider missbraucht werden. Der aus meiner Systematik folgende Gedanke, der

Bedingungen

Staat könne im Wege des Leasing das Verfügungsrecht behalten, ohne mit der technisch-wirtschaftlichen Optimierung belastet zu sein, scheint den Verfechtern der „Deregulierung" gar nicht gekommen zu sein.
Die Gemeinwohlverantwortung des Staates für die technischen Netzwerke folgt vor Allem aus der Tatsache, dass die private Mikronutzung entsprechender Sachsysteme auf die öffentlichen Nutzungsvoraussetzungen dieser Makronetze angewiesen ist.[1] Wenn es um die Verfügbarkeit eines bestimmten Sachsystems geht, muss man nämlich in vielen Fällen auch die technische Sachhierarchie in Betracht ziehen, der es zugehört. So profitiere ich vom privaten Radiogerät nur dann, wenn Sendeanlagen betrieben werden, deren Programme ich empfangen kann; auf der einsamen Insel am Ende der Welt ist das mobile UKW-Radio völlig nutzlos. Die funktional auf einander bezogenen Sachsysteme Sender und Empfänger aber gehören zu verschiedenen Handlungssystemen; ob das eine Handlungssystem sein Sachsystem verwenden kann, hängt dann von jenem anderen Handlungssystem ab, das über die korrelativen Sachsysteme verfügt. Diese bedingenden Sachsysteme sind dem Einzelnen eben grundsätzlich nur in der Form der begrenzten Teilhabe verfügbar, ein Umstand, der das private Eigentum am „Endgerät" beträchtlich relativiert. Auch diese Überlegung spricht für meine zentrale These, dass schon die individuelle Sachverwendung, und sei sie noch so privat, tatsächlich gesellschaftlichen Charakter trägt und ohne den gesellschaftlichen Bedingungsrahmen gar nicht denkbar wäre.

4.5.2 Integrierbarkeit

Damit eine soziotechnische Integration zustande kommt, muss das Sachsystem in das Handlungssystem, das die Sachverwendung vorhat, integriert werden können.[2] Die Teilfunktion des Sachsystems und die übrigen Handlungs- oder Arbeitsfunktionen müssen auf einander abgestimmt sein, und vor Allem müssen auch die Kopplungen zwischen Maschine und Mensch zwanglos herzustellen sein. Teile, die zu einer Ganzheit zusammen gefügt werden sollen, müssen integrale Qualität besitzen, wenn sie zu einander passen sollen; anderenfalls ist eine gesonderte Anpassung erforderlich, indem man entweder die betreffenden Teilsysteme ändert oder zusätzliche Anpassungselemente einfügt. Auf der sachtechnischen Ebene kennt man dieses Problem beispielsweise bei der Anschlussfähigkeit von Stecksystemen; integrale Qualität hat das Elektrogerät mit dem so genannten Euro-Stecker, der in jede Steckdose passt, während man für einen deutschen Schutzkontakt-Stecker in anderen Ländern ein Anpassungsteil, einen so genannten Adapter

---

[1] So für das Auto schon Krämer-Badoni u. a. 1971, 55.
[2] Techniksoziologen nennen dies auch „Kontextualisierung"; vgl. z. B. Joerges 1996, 114f.

benötigt. Mangelnde Anschlussfähigkeit oder Kompatibilität kann aber auch in funktionalen Eigenschaften begründet sein, wenn das Elektrogerät beispielsweise eine Nennspannung von 230 Volt benötigt, während das Stromnetz im fremden Land eine Spannung von 110 Volt anbietet; dann muss die integrale Qualität durch einen dazwischen geschalteten Transformator hergestellt werden.

Für die Integration von Mensch und Maschine können die Integrationsschwierigkeiten schon auf der *Mikroebene* wesentlich subtiler und verwickelter sein. Unter den Bedingungen der industriellen Massenproduktion werden die Sachsysteme für einen anonymen Nutzerkreis produziert und sind darum für durchschnittliche Nutzererfordernisse ausgelegt, die dann nicht jedem einzelnen Nutzer völlig gerecht werden. Oft genug tragen noch heute die technischen Gebrauchsgüter den Stempel der vorherrschend technizistischen Orientierung der Entwicklungsingenieure, die über der erfolgreichen Realisierung der Hauptfunktion nur allzu schnell die Bedienungs- und Nebenfunktionen vernachlässigen. Es ist bekannt, wie schwer es Industrial Design und Ergonomie lange Zeit hatten und zum Teil noch heute haben, ihren Einfluss auf die Produktgestaltung geltend zu machen; gewiss spielen dabei allerdings auch wirtschaftliche Hindernisse eine Rolle.

Es kommt also immer wieder vor, dass ein angebotenes Sachsystem, das von einem Menschen integriert werden soll, nicht über hinreichende integrale Qualität verfügt. Prinzipiell gibt es dann zwei Möglichkeiten, diese Diskrepanz zu überwinden: (a) die Anpassung des Menschen an die Maschine und (b) umgekehrt die Anpassung der Maschine an den Menschen. Nach dem zuvor Gesagten braucht es nicht Wunder zu nehmen, wenn in der Vergangenheit die Anpassung der Menschen überwog. Die Anpassung der Maschine würde ja eine Änderung des bereits produzierten Sachsystems erfordern; dazu ist der Verwender im Allgemeinen nicht in der Lage, und der Hersteller wird das aus Kostengründen auch nicht tun, sondern allenfalls negative Nutzererfahrungen bei der Weiterentwicklung einer neuen Produktserie berücksichtigen.

Andererseits zeichnen sich die Menschen, im Gegensatz zur relativen Starrheit der Sachsysteme, durch beträchtliche Anpassungsfähigkeit und „Verhaltensplastizität" aus,[1] so dass sie im Stande sind, sich sehr weitgehend auf die Anforderungen des Sachsystems einzustellen. Freilich ist das meist mit physischen oder psychischen Belastungen verbunden. Typische Belastungsformen in den Mensch-Maschine-Relationen, so etwa ungewöhnliche Anspannungen der Körperhaltung, besondere Körperkräfte oder übermässige Wahrnehmungs- und Reaktionsleistungen, sind von der Arbeitswissenschaft sehr

---

[1] Vgl. Gehlen 1961, 57ff.

Bedingungen

sorgfältig untersucht und den Grenzwerten gegenüber gestellt worden, die den Menschen durchschnittlich zugemutet werden können.[1] Indem man ergonomische Erkenntnisse, die man aus den Verwendungszusammenhängen gewinnt, mit der Entwicklung neuer Sachsysteme rückkoppelt, gelangt man allmählich zu einer menschengerechten Integration, die nicht mehr die Anpassungsleistungen vom Menschen verlangt, sondern vom Sachsystem, und das heisst im Grunde: von denen, die das Sachsystem gestalten. Bedauerlicherweise hinkt allerdings, wie ich schon beim einleitenden Computerbeispiel beanstanden musste, die integrale Qualität der Sachsysteme immer wieder ihrer Funktionsfähigkeit hinterher. Offenbar haben viele Entwickler und Hersteller ihre eigentliche Aufgabe immer noch nicht begriffen, nämlich nicht nur Sachsysteme zu perfektionieren, sondern vor allem soziotechnische Systeme zu optimieren.

Auf der *Mesoebene* der Industriebetriebe treten zusätzliche Schwierigkeiten bei der Integration der menschlichen und sachtechnischen Organisationsteile auf, die ich schon in Bild 31 angedeutet hatte. Weil einzelne Maschinen und Geräte in der Regel zu höherrangigen Produktionssystemen verknüpft werden, geht es einerseits um die Kompatibilität der Sachsysteme unter einander, dann aber auch um die Anschlussfähigkeit der Sachsystemkomplexe an die jeweilige Beschaffenheit der sozialen Organisation. Wollte beispielsweise ein Unternehmen eine straff zentralisierte Linienorganisation aufrecht erhalten, bei der die unteren Ränge nur auf dem Umweg über die Leitungsinstanz Informationen und Anordnungen austauschen können, wäre ein betriebsinternes Computernetz mit wahlfreiem Zugang an jedem Arbeitsplatzcomputer völlig inkompatibel, weil es mit der sachtechnischen Dezentralisierung das organisatorische Zentralisierungsprinzip untergraben würde. Auch muss man, um ein weiteres Beispiel zu nennen, das Entlohnungssystem und den Technisierungsgrad auf einander abstimmen; ein Leistungslohn, der die individuelle Beeinflussbarkeit der Arbeitsleistung voraussetzt, wäre unverträglich mit dem starren Maschinentakt einer automatisierten Produktionsanlage. Diese und andere Integrationsprobleme sind in Arbeits- und Produktionswissenschaft natürlich nicht unbekannt. Hier habe ich sie lediglich erwähnen müssen, um zu zeigen, in welchem Masse die soziotechnischen Systeme von der Integrierbarkeit der Sachsysteme abhängen.

Auch für die gesellschaftliche *Makroebene* kann ich nur beispielhaft andeuten, wie ernst die Bedingung der Integrierbarkeit zu nehmen ist. Da gibt es, vergleichbar dem Dezentralisierungsproblem in der Unternehmensorganisation, den Fall, dass ein totalitärer Staat, der im freien Informationsaustausch der Bürger eine Bedrohung sieht, moderne Formen der Informations- und

---

[1] Als Überblick REFA 1993.

Kommunikationstechnik nicht für integrationsfähig hält; in einer solchen Situation ist es natürlich zu begrüssen, wenn die neue Technik die Anpassung des sozialen Systems veranlasst und die totalitären Strukturen aufbricht. Andererseits befürchten skeptische Beobachter, dass besonders verletzbare und riskante grosse technische Sachsysteme wie Kernkraftwerke eine derart hohe Absicherung gegen Sabotage und Terror nötig machen, dass sich dies zu einem demokratiewidrigen Polizeistaat auswüchse; das hiesse, dass bestimmte Ausprägungen der Sachtechnik grundsätzlich nicht in eine rechtsstaatliche Demokratie integrierbar wären. Neben solchen zugespitzten Beispielen gibt es aber auch ein regelrechtes technopolitisches Programm, das sich auf das Integrationsproblem bezieht: die so genannte *Angepasste Technik*.[1] Dieses Programm macht geltend, dass die moderne Sachtechnik der Industrieländer nicht ohne Weiteres in die andersartigen Kulturen von Entwicklungsländern integriert werden kann; wenn man diese Kulturen nicht zur bedingungslosen Anpassung zwingen wolle, müsse die Sachtechnik selbst an diese anderen Kulturen angepasst werden. Verständlicherweise ist dieses Programm auch in den Ländern, an die es sich wendet, zwischen Modernisten und Anti-Modernisten umstritten.

4.5.3 Beherrschbarkeit

Ein Sachsystem ist beherrschbar, wenn es seine Funktion regelmässig in genau jener Art und Weise leistet, die durch die Zielsetzung und die Teilfunktionen des Handlungsplanes vorgegeben ist; das bedeutet, dass seine Funktion jederzeit eindeutig reproduzierbar ist. Die Beherrschbarkeit hat eine sachtechnische und eine menschliche Komponente. Die sachtechnische Komponente besteht in dem Grad an Determination, mit dem der planmässige Vollzug der Sachfunktion durch die Konstruktion des Sachsystems determiniert ist. Man braucht nur die Spurführung eines Schienenfahrzeuges mit der eines Strassenfahrzeuges zu vergleichen, um die diesbezüglichen Unterschiede zwischen funktionsähnlichen Sachsystemen ermessen zu können. Das Schienenfahrzeug wird zwangsläufig auf seiner Spur geführt, während das Strassenfahrzeug jederzeit von der Spur abweichen kann, wenn der Fahrzeugführer nicht fortgesetzt steuernd eingreift.

Offenbar hängen solche unterschiedlichen Grade von Beherrschbarkeit mit dem Ausmass zusammen, in dem das Sachsystem Befehle und Daten konstruktionsbedingt selbst zu speichern vermag, wie im Beispiel die Fahrtroute, die im Schienenstrang gespeichert ist. Ein Sachsystem ist also um so beherrschbarer, je zwangsläufiger seine Funktion installiert ist und je weniger Freiheitsgrade dabei im Spiel sind. In einem weiteren Sinne ist auch an die

---

[1] Zur Atomenergie Jungk 1979; zur „Angepassten Technik" Bierter 1993.

Bedingungen

Beherrschbarkeit ungeplanter und häufig unerwünschter Nebenfunktionen zu denken. Selbst wenn die Hauptfunktion problemlos reproduzierbar ist, mag die Beherrschbarkeit im Ganzen doch in Frage gestellt sein, wenn gewisse Nebenfunktionen dazu tendieren, sich selbständig zu machen, wenn also beispielsweise eine ungeschickte Konstruktion des Rad-Schiene-Systems dazu führen würde, bei bestimmten Geschwindigkeiten im Fahrwerk Schwingungen hervorzurufen, die schliesslich das Schienenfahrzeug entgleisen liessen.[1]

Andererseits kommt es bei der Beherrschbarkeit aber auch auf die menschliche Komponente an, auf die Fähigkeit der Menschen im soziotechnischen System, die Sachfunktion zielgerecht auszulösen und zu steuern. Meist reicht es nämlich nicht aus, die Sachfunktion identifiziert und integriert zu haben. Die planmässige Verwendung erfordert es, dass auch die Nebenfunktion der Steuerung bekannt ist und vollzogen werden kann, dass also dem Sachsystem die dafür notwendigen Inputs funktions-, orts- und zeitgerecht bereit gestellt werden. Die Menschen müssen mithin entsprechende Kenntnisse besitzen und bestimmte Relationen zum Sachsystem herstellen, in denen sie darauf einwirken. Würde den Menschen solche Bedienungskompetenz fehlen, so bliebe im harmlosesten Fall der erwartete Nutzeffekt einfach aus; in schwer wiegenderen Fällen dagegen würde das Sachsystem zerstört oder gar der Mensch gefährdet. H. Linde spricht in diesem Zusammenhang vom „Risiko mechanisch ausgelöster Sanktionen [...] bei regelwidriger Handhabung".[2]

Die Bedeutung der Bedienungskompetenz kommt auch darin zum Ausdruck, dass jedem Sachsystem, das nicht völlig trivial ist, eine Bedienungsanleitung mitgegeben wird. In dieser Anleitung werden jene Steuerungsfunktionen beschrieben, die nicht schon in konstruktiver Konkretisierung in dem Sachsystem verkörpert wurden. Bei komplexen Sachsystemen können sich derartige Bedienungsanleitungen zu umfangreichen Handbüchern auswachsen, und für ein so multifunktionales Sachsystem wie den Computer ist mit der Informatik sogar eine eigene Bedienungswissenschaft entstanden. Andererseits freilich verfolgt die Automatisierung mit ihrem Prinzip der sachtechnischen Programmierung die Tendenz, die menschliche Komponente der Beherrschbarkeit zu minimieren und durch gesteigerte Zwangsläufigkeit der Sachfunktion die Beherrschbarkeit insgesamt zu verbessern. Die Diskussion über diese Strategie, menschliche Fehlbarkeit mit sachtechnischer Perfektion zu überwinden, kann wohl nicht abstrakt geführt werden, sondern muss die

---

[1] Da ich kein Eisenbahningenieur bin, vermag ich nicht zu sagen, ob mein Beispiel allein fiktiven Charakter hat.
[2] Linde 1972, 70.

jeweiligen Besonderheiten des Einzelfalls in Betracht ziehen. Gleichwohl kann man das folgende Beherrschbarkeitstheorem formulieren: Die sachtechnische und die menschliche Komponente der Beherrschbarkeit stehen zu einander in reziprokem Verhältnis; je weniger die Sachfunktion determiniert ist, desto höher sind die Anforderungen an die Bedienungskompetenz der Menschen im soziotechnischen System, und diese Anforderungen sinken in dem Masse, in dem die sachtechnische Reproduzierbarkeit wächst.

Zu diesem Ergebnis gelangen auch die soziotechnischen *Mesosysteme*, wenn sie der Schwierigkeit begegnen wollen, dass ihnen die angesammelte Kompetenz der Mitarbeiter, also die menschliche Komponente der Beherrschbarkeit, durch die Fluktuation des Personals abhanden kommen kann. Sie müssen also institutionelle Vorkehrungen treffen, damit das technische Können und Wissen, das sie für den Vollzug ihrer Handlungs- und Arbeitsfunktionen andauernd benötigen, nicht durch individuelle Zufälligkeiten immer wieder beeinträchtigt wird. Generell gibt es dagegen drei mögliche Strategien: (a) die Professionalisierung, (b) die Taylorisierung und (c) die Automatisierung.

Die *Professionalisierung* verstehe ich hier im weiteren Sinn als Herausbildung fest umrissener Qualifikationsmuster, die in formalisierten Lehrgängen erworben und in definierten beruflichen Positionen eingesetzt werden. Die Professionalisierung fixiert typische Wissensrepertoires, die man von jedem Angehörigen des betreffenden Berufs erwarten kann. Dies garantiert dem soziotechnischen Mesosystem die prinzipielle Austauschbarkeit derjenigen Mitarbeiter, die eine entsprechende Berufsausbildung nachweisen können. Es verdient hervor gehoben zu werden, dass die Professionalisierung vielfach an bestimmten Typen von Sachsystemen orientiert ist; das gilt für Kranführer oder Dreher ebenso wie für Stenotypistinnen oder Programmierer.

Als *Taylorisierung* bezeichne ich, ebenfalls im erweiterten Sinn, eine Methodik der Arbeitsanalyse und -gestaltung, die im Ansatz auf F. W. Taylor zurückgeht.[1] Indem diese Methodik die elementaren Teilfunktionen der Arbeitshandlungen erfasst, beschreibt und misst, zielt sie zunächst darauf ab, die Arbeitsleistung zu steigern und die Lohnfindung auf nachprüfbare Kriterien zu stützen. Der nicht zu unterschätzende Nebeneffekt der Taylorisierung liegt dann aber auch darin, die für eine bestimmte Arbeitshandlung erforderlichen Qualifikationen in Tätigkeitsbeschreibungen zu objektivieren und auf diese Weise subjektive Fertigkeit und Geschicklichkeit, also auch technisches Können und Wissen, von ihrer Bindung an den einzelnen Menschen abzulösen und überindividuell verfügbar zu machen. Was mit der Professionalisierung beginnt, wird mit der Taylorisierung weiter getrieben: Die einzelne

---

[1] Taylor 1911.

Bedingungen

Arbeitskraft wird zum austauschbaren Träger vorbestimmter, überindividuell definierter Qualifikationen, die durch betriebliche Anlernprozesse ohne besondere Schwierigkeit zu übertragen sind.

Die *Automatisierung* schliesslich wendet das oben genannte Beherrschbarkeitstheorem konsequent an, indem sie die Abhängigkeit des Mesosystems von den individuellen Fähigkeiten der Arbeitskräfte dadurch abbaut, dass sie die personalen Qualifikationen vollends durch Sachsysteme ersetzt, dass sie also die Arbeit vollständig technisiert. Die Unzuträglichkeiten vieler Arbeitssituationen, die sich im Gefolge der Taylorisierung dramatisiert haben und Programme zur Humanisierung des Arbeitslebens herausgefordert haben, können durch die Automatisierung letzten Endes weitgehend beseitigt werden. Für ein Grossteil industrieller Tätigkeitsfelder ist ein verklärendes Arbeitsethos, das die berufliche Arbeit zum vornehmsten Vehikel menschlicher Lebenserfüllung hochstilisiert, sicherlich fehl am Platze. Vorausgesetzt, dass die sozialen Probleme der Freisetzung zu lösen sind, gilt für solche Formen fremd bestimmter Tätigkeit: Die Arbeit humanisieren heisst, sie abschaffen!

4.5.4 Zuverlässigkeit

Die Zuverlässigkeit ist ein Mass für die zeitbezogene Funktionsfähigkeit eines Sachsystems, also für die Erwartung, dass ein Sachsystem zu einem bestimmten Zeitpunkt oder für eine bestimmte Zeitdauer seine Funktionen tatsächlich ausführt. Während die Beherrschbarkeit die Eindeutigkeit der Systemfunktion betrifft, geht es bei der Zuverlässigkeit um die Qualität der Strukturbestandteile. So weit eine entsprechende Datenbasis vorliegt, wird die Zuverlässigkeit als Wahrscheinlichkeitswert, eine Zahl zwischen Null und Eins, angegeben; beispielsweise kann man für die Glühlampe eines bestimmten Typs ermitteln, mit welcher Wahrscheinlichkeit sie bei Inbetriebnahme, nach hundert oder nach tausend Betriebsstunden leuchten wird. Selbstverständlich würde sich Niemand auf ein Sachsystem einlassen, dessen Zuverlässigkeit bereits im Neuzustand gegen Null ginge, und bei den erwähnten Glühlampen liegt diese ja nahe bei Eins; die anfängliche Funktionsfähigkeit ist also so gut wie gewiss.

Gleichwohl muss man sich der Tatsache bewusst sein, dass die Zuverlässigkeit grundsätzlich nicht den Wert Eins annehmen kann, dass man sich also auf ein Sachsystem niemals hundertprozentig verlassen kann. In der technischen Praxis sind die so genannten „Vorführ-" oder „Dreckeffekte" nur all zu bekannt. So sehr sich die Ingenieure bemühen, die Zuverlässigkeit der Sachsysteme, jedenfalls bei vertretbaren Kosten, zu steigern, sind doch das Verhalten von Werkstoffen, die Wechselwirkungen zwischen Bauteilen, die Art der Abnutzung, die verschiedenen Umgebungseinflüsse und vieles Andere niemals in allen Einzelheiten vorher zu sehen, so dass mit Störungen oder Ausfällen immer gerechnet werden muss, vor Allem natürlich bei zunehmendem Alter des Sachsystems. Die Zuverlässigkeit sinkt mit dem Alter und der Betriebsdauer; darin besteht die funktionale Obsoleszenz.

So schwebt die prinzipielle Begrenztheit der Zuverlässigkeit wie ein Damoklesschwert über jeder Sachverwendung.[1] Die Funktion des Sachsystems ist nicht nur blosse Potenzialfunktion, die sich erst im Verwendungsakt realisiert; sie ist auch zunächst nur Momentanfunktion, deren Zuverlässigkeit nachlässt, je öfter sie realisiert wird. Verwendet man ein Sachsystem nur ein einziges Mal, womöglich gar im neuwertigen Zustand, hat man die besten Chancen, das daran geknüpfte soziotechnische Handeln erfolgreich zu vollziehen. Meist jedoch soll ein Sachsystem, vor Allem, wenn es zum privaten Eigentum geworden ist, regelmässig immer wieder genutzt werden, und der Verwender ist darum begreiflicherweise an der Dauerfunktion des Sachsystems interessiert, zumal sich die soziotechnische Handlungseinheit durch Routine stabilisiert. Um so bedrohlicher ist dann die mit zunehmender Lebensdauer abnehmende Zuverlässigkeit, die eben nicht nur einen sachtechnischen Störfall, sondern zugleich einen soziotechnischen Störfall heraufbeschwört.

Gewiss kann man die Dauerzuverlässigkeit des Sachsystems durch planmässige Wartung, Instandhaltung und allfällige Reparatur verbessern. Das aber erfordert in der Regel Eingriffe in die Struktur des Sachsystems, die mit der Technikherstellung grössere Verwandtschaft haben als mit der Technikverwendung. Will der Nutzer mit derartigen Eingriffen die Dauerfunktion des Sachsystems langfristig sichern, benötigt er zusätzliche Information über dessen Struktur. Kennt er sich darin nicht aus, muss er die Sicherung der Dauerfunktion anderen Handlungssystemen überlassen, die über derartiges Wissen verfügen: den Service- und Reparaturbetrieben, die nicht selten den Herstellerunternehmen zugehören. Auch die Bedingung der Zuverlässigkeit tendiert also dazu, die Technikverwendung in soziale Beziehungen und Verhältnisse einzubinden.

Die gesellschaftliche Abhängigkeit, die sich aus der Sicherung der Zuverlässigkeit ergibt, betrifft vor Allem die private Sachverwendung der einzelnen Menschen und Haushalte, weil denen im Allgemeinen das Wissen und Können fehlen, um Wartung und Reparatur in eigener Zuständigkeit vorzunehmen, und weil sie meist auch nicht die Kompetenz besitzen, eine vorsorgliche Instandhaltung planmässig zu organisieren. So rechnet der Einzelne in unbegründetem Optimismus mit unbegrenzter Zuverlässigkeit und wird dann im unpassendsten Augenblick mit dem Störfall konfrontiert, der den augenblicklichen Handlungsplan zunichte macht. Auf der Mesoebene dagegen

---

[1] Zahlreiche Beispiele im 3. Kapitel meines Buches von 1985.

Bedingungen

wird in den Betrieben die Sicherung der Zuverlässigkeit als eigene Organisationsaufgabe ernst genommen und von entsprechenden Abteilungen und Fachleuten betreut. Freilich treten bei anspruchsvollen Spezialmaschinen auch hier Instandhaltungs- und Reparaturprobleme auf, die den Verwender überfordern und von der Serviceabteilung des Herstellers abhängig machen.

Mangelnde Zuverlässigkeit durchkreuzt aber nicht nur soziotechnische Handlungspläne, sondern kann auch Sachwerte und Menschenleben gefährden. Wenn mein Radio ausfällt, muss ich auf den Musikgenuss verzichten, und mehr passiert nicht; wenn dagegen die Bremsen meines Autos auf gebirgiger Strecke versagen, kann es mich das Leben kosten. Wenn gar der Kühlkreislauf eines Atomkraftwerkes zusammenbricht, stehen Tausende von Menschenleben und die Bewohnbarkeit ganzer Landstriche auf dem Spiel. Wegen der dramatischen Gefahren, die mangelnde Zuverlässigkeit in sich bergen kann, ist die sachtechnische Sicherheit schon früh als Aufgabe des gesellschaftlichen Makrosystems erkannt worden und wird heute von einer Vielzahl staatlicher und öffentlich-rechtlicher Institutionen und Regelungen gestaltet und überwacht.[1]

4.5.5 Logistik

Schliesslich muss ich eine Bedingung der Sachverwendung erwähnen, die zwar vielfach nicht prinzipiell notwendig, aber praktisch doch selten entbehrlich ist. Ich meine Versorgungs- und Entsorgungssysteme auf der Meso- oder Makroebene, die Hilfsstoffe und Energie bereit stellen oder abführen, die ein Sachsystem für seine Funktion benötigt. Man nennt solche Einrichtungen, die meist die Form von Netzwerken haben, auch „Infrastruktursysteme", doch scheint es mir passender, sie als *logistische Systeme* zu bezeichnen. Der ursprünglich aus dem Militärwesen stammende Ausdruck „Logistik" wird heute ganz selbstverständlich für das Transportwesen und besonders für die stoffliche und energetische Ver- und Entsorgung in Wirtschaft und Industrie benutzt.[2] Es spricht Nichts dagegen, in einer weiteren Verallgemeinerung jede Ver- und Entsorgung, die der Sachverwendung dient, zur Logistik zu rechnen.

Beispielsweise benötigt ein Radiogerät üblicherweise ein logistisches System, das elektrische Hilfsenergie bereitstellt, sei es ein Stromnetz oder sei es, bei netzunabhängigen Geräten, ein Produktions- und Distributionssystem für Bat-

---

[1] Die Literatur zur Risikoproblematik und Sicherheitstechnik ist inzwischen kaum noch überschaubar; vgl. Banse 1996 und die dort genannten Quellen.
[2] In einer völlig anderen Bedeutung kann „Logistik" auch so viel wie „formalisierte Logik" heissen; das meine ich hier natürlich nicht, will aber ausdrücklich darauf hinweisen, da die missliche Äquivokation nicht aus der Welt zu schaffen ist.

terien, das aus ökologischen Gründen ausserdem um ein Entsorgungssystem zu ergänzen ist. Der Unterschied zum Verfügbarkeitsproblem in Sachhierarchien besteht darin, dass logistische Systeme lediglich Nebenfunktionen des Sachsystems zu gewährleisten haben, während es im anderen Fall um die Hauptfunktion geht. Auf den ersten Blick mag die Unterscheidung ein wenig spitzfindig erscheinen, und tatsächlich sind die konkreten Schwierigkeiten, die bei der Zuordnung zu verschiedenen Handlungssystemen auftreten, in beiden Fällen recht ähnlich. Tatsächlich jedoch ist die Unterscheidung wichtig, da die Verfügbarkeit funktional korrelativer Sachsysteme für bestimmte Sachsystemnutzungen absolut unentbehrlich ist, die Existenz logistischer Systeme dagegen meist nur faktisch, nicht aber prinzipiell benötigt wird. So ist in den letzten Jahren für die Entwicklungsländer ein Radiogerät erfunden worden, in das man einen handbetriebenen Generator und einen Akkumulator integriert; eine kurzzeitige Muskelanstrengung reicht aus, um so viel elektrischen Strom zu erzeugen, dass man damit das Radio ein paar Stunden betreiben kann. Das ist nicht nur ein schönes Beispiel für „angepasste Technik", sondern illustriert auch, dass es zu logistischen Systemen Alternativen geben kann, während die Verfügbarkeit des Senders für diese Sachverwendung natürlich unumgänglich ist.[1]
Freilich können die einzelnen Menschen und privaten Haushalte im Allgemeinen nur dann zu logistisch autarken Alternativen übergehen, wenn ihnen von den Herstellern entsprechende Produkte angeboten werden. Organisationen der *Mesoebene* dagegen besitzen einen grösseren Handlungsspielraum, indem sie die benötigten logistischen Systeme zu einem gewissen Teil internalisieren können. Ein bekanntes Beispiel ist die elektrische Stromversorgung, die grössere Unternehmen mit einem hauseigenen Kraftwerk verwirklichen können; wenn sie als Energiequelle Wind, Wasser oder Sonnenstrahlung einzusetzen vermögen, entfällt auch die Anlieferung stofflicher Energieträger. Andererseits sind Produktionsbetriebe angesichts wachsender Produktionsteilung und sinkender Fertigungstiefe in immer stärkerem Masse auf die logistischen Systeme der Verkehrstechnik angewiesen; das erkennt man an der ständigen Steigerung des Güterverkehrsaufkommens. Wenn ganz allgemein ein Grossteil der Sachsysteme nur unter der Bedingung verwendet werden kann, dass geeignete logistische Systeme bereit stehen, belegt auch dieser Umstand den durch und durch gesellschaftlichen Charakter der modernen Technikverwendung.

---

[1] In meinem Buch von 1998, 103f, habe ich dafür die Unterscheidung zwischen logistischen und strategischen Netzen vorgeschlagen.

4.6 Erster Exkurs über technisches Wissen

Als ich im letzten Abschnitt die Bedingungen der Sachverwendung erörterte, kam ich nicht umhin, gewisse informationelle Bedingungen im soziotechnischen System anzudeuten, die oft dem Begriff des technischen Wissens zugeordnet werden. Insofern ist technisches Wissen als eine weitere Bedingung der Sachverwendung anzusehen. Andererseits aber kann technisches Wissen zum Teil auch als Folge der Sachverwendung betrachtet werden. Da dieses Thema also sowohl in den vorigen wie in den folgenden Abschnitt gehört, scheint es mir angebracht, dafür einen Exkurs einzuschieben. Ein zweiter Exkurs wird sich dann im fünften Kapitel mit der Rolle des technischen Wissens in soziotechnischen Entstehungszusammenhängen beschäftigen.

Der Begriff des technischen Wissens ist bislang nur unzureichend präzisiert worden, obwohl er in der Literatur durchaus geläufig ist[1] und manchmal sogar zum Bestimmungsmerkmal der Technik überhöht wird. Wenn ich meinerseits den Technikbegriff handlungstheoretisch eingeführt habe, will ich damit die Wissensdimension doch keineswegs verdrängen, zumal das Handeln unlösbar mit dem Wissen verbunden ist. Manche Erörterungen zum technischen Wissen leiden nun allerdings an den Mehrdeutigkeiten des Technikbegriffs, die auch hier durchschlagen. Legt man nämlich den weiten Technikbegriff zu Grunde, so kann man jede Kenntnis irgend welcher zweckrationaler Verfahrensprozeduren als „technisches Wissen" auffassen. Nun lege ich zwar Wert auf die Einsicht, das auch die Sachtechnik in ihrer Verwendung wie in ihrer Entstehung in menschliche Handlungs- und Arbeitsabläufe eingebettet ist, doch will ich wie gesagt nicht so weit gehen, jedes Wissen, das beliebige Handlungs- und Arbeitsverfahren betrifft, umstandslos als „technisch" zu bezeichnen.

Wer zum Beispiels eine Prozedur kennt, einen Hund zu einem bestimmten Verhalten abzurichten, der besitzt wohl ein spezifisches Verfahrenswissen. Er kennt eine Reihe von Teiloperationen, die je nach den erzielten Zwischenerfolgen in einer bestimmten Reihenfolge auszuführen sind, er kennt die näheren Modalitäten dieser Teiloperationen, und er weiss, wie sie auszuführen sind. Solches Verfahrenswissen besteht darin, den Algorithmus der Verfahrensfunktion zu kennen, die Zerlegung in Teilfunktionen und deren zeitliche Verknüpfung zu überschauen und die Realisierung der Teilfunktionen zu beherrschen. Doch all dies möchte ich nicht als technisches Wissen bezeichnen, so lange nicht Artefakte mit im Spiel sind. Verfahrenswissen ist nicht per se technisches Wissen, eben so wenig, wie Handlungs- und Arbeitsverfahren per se technische Verfahren sind.

---

[1] Vgl. das 7. Kapitel in meinem Buch von 1998; ferner de Vries/Tamir 1997.

Ich muss hier an die bereits früher erwähnten Unklarheiten erinnern, die mit dem Begriff des technischen Verfahrens verbunden und mit den jetzt zu besprechenden Schwierigkeiten offenbar verwandt sind.[1] Technische Verfahren sind in meinem Verständnis identisch mit den Funktionen von Sachsystemen. Algorithmen, die von personalen oder sozialen Handlungssystemen bei der Herstellung von Artefakten eingesetzt werden, mag man als soziotechnische Arbeitsverfahren bezeichnen. Handlungsverfahren dagegen, die weder Artefakte hervorbringen noch Artefakte verwenden, haben in meiner Terminologie Nichts mit Technik zu tun und implizieren in so fern auch keinerlei technisches Wissen. Technisches Wissen soll hier stets eine kognitive Repräsentation bezeichnen, in der Sachsysteme eine wesentliche Rolle spielen. In soziotechnischen Verwendungszusammenhängen wird technisches Wissen erst dann bedeutsam, wenn eine Handlungs- oder Arbeitsfunktion mit einer Sachfunktion identifiziert wird und wenn das betreffende Handlungssystem darauf hin das entsprechende Sachsystem integriert. Es stell sich dann freilich schnell heraus, dass es verschiedene Formen des technischen Wissens gibt, die ich in *Bild 33* zusammen gefasst habe und nun im Einzelnen besprechen will.

Wenn ich in diesem Schema an erster Stelle das *technische Können* nenne, will ich damit zum Ausdruck bringen, dass diese Kompetenz auch informationelle Anteile umfasst. Vielleicht liegt es daran, dass manche Autoren das technische Können stillschweigend zum technischen Wissen rechnen; W. Pfeiffer beispielsweise macht in seinem Konzept der „gütertechnischen Information" keinen Unterschied zwischen Wissen und Können.[2] Dem gegenüber möchte ich einerseits die anthropologische Verschiedenartigkeit der beiden Phänomene betonen, andererseits aber das technische Können doch als Teil des technischen Wissens betrachten, weil die pragmatischen und die kognitiven Anteile dieser Handlungskompetenz in der Praxis häufig eng mit einander verflochten sind.

Technisches Können bedeutet die besondere Fertigkeit und Geschicklichkeit eines Handlungssystems im Umgang mit Sachsystemen. Bei der Sachverwendung ist technisches Können gleichbedeutend mit Bedienungskompetenz, wobei freilich „Bedienung" in einem sehr weiten Sinn zu verstehen ist. Allgemein bedeutet dies, dass ein Handlungssystem alle menschlichen und sozialen Funktionen, die auf das Sachsystem bezogen sind, so einzurichten und abzustimmen versteht, dass sich die Sachfunktion planmässig und reibungslos in die gesamte Handlung einfügt; das betrifft alle nicht technisierten Teilfunktionen des Ausführungssystems und gewisse Rezeptor- und Effek-

---

[1] Vgl. Abschnitt 3.4.2.
[2] Pfeiffer 1971, 79ff.

torfunktionen im Informationssystem. Beim einzelnen Menschen bedeutet technisches Können jene psychisch programmierte Koordination sensumotorischer Abläufe, die in der Psychologie als „Automatisierung" bezeichnet wird.[1] Besonders augenfällige Beispiele sind die Geschicklichkeit, die zum Spielen eines Musikinstrumentes erforderlich ist, oder die Fertigkeit, die der Umgang mit Handwerkzeugen erfordert. Wer sich je in einem Schlosserpraktikum damit abgemüht hat, an einem Eisenquader mit der Feile eine völlig ebene Fläche herzustellen, der weiss, dass beim Aufbau solcher sensumotorischen Automatismen kognitive Prozesse eine sehr untergeordnete Rolle spielen; ein langer Weg geduldigen Übens liegt zwischen dem kognitiven Wissen, wie man es macht, und der praktischen Erfahrung, dass man es kann. Manchmal trüben sogar kognitive Rücksichten die Geschicklichkeit des Handlungsvollzugs; Stenotypistinnen etwa verlieren an Schreibgeschwindigkeit, wenn ihnen der Zusammenhang zwischen dem zu schreibenden Text und den Anschlagbewegungen ihrer Finger zu Bewusstsein kommt.

So klar allerdings der Unterschied zwischen Können und Wissen erkennbar ist, so offenkundig ist es auch, dass entscheidende Faktoren des technischen Könnens unter die Kategorie der Information fallen. Die sensumotorische Koordination bei den Menschen besteht in der Verknüpfung rezeptorischer und effektorischer Information in der Form eines Regelkreises; sie bildet also eine Art unbewusster Informationsverarbeitung, deren Programm ebenfalls unbewusst als Information gespeichert ist. Dass diese Auffassung zutrifft, erkennt man nicht zuletzt an der Art und Weise, wie technisches Können von automatisierten Sachsystemen abgelöst wird; die für die technische Automatisierung kennzeichnenden Funktionen werden dann nämlich von informationstechnischen Einrichtungen übernommen. Wenn ich übrigens die Beispiele für technisches Können aus der Sphäre individueller Kompetenz genommen habe, dann liegt das daran, dass technisches Können durchweg den einzelnen Menschen zugesprochen wird. Es bedürfte weiter gehender Untersuchungen, ob sich auf der Meso- und Makroebene analoge organisatorische und institutionelle Automatismen feststellen lassen.

Technisches Können ist zwar informationell zu erklären, hat aber meist wenig mit explizitem Wissen zu tun. Anders steht es um die folgenden Ausprägungen, die nun tatsächlich kognitives Wissen im engeren Sinn darstellen. Als *funktionales Regelwissen* bezeichne ich jene Kenntnisse, die sich auf die Funktion von Sachsystemen beziehen. Es sind dies Informationen über das Verhalten des Sachsystems, also über die Reaktionen, die auf bestimmte Impulse folgen. Dieses technische Funktionswissen hat gewissermassen be-

---

[1] Vgl. den Beitrag von A. C. Zimmer über komplexe motorische Fertigkeiten in Hoyos/Zimolong 1990, 148ff.

havioristischen Charakter, indem es von der inneren Verfassung des Sachsystems absieht; es behandelt das Sachsystem als „Schwarzen Kasten" und begreift es nicht aus inneren Ursachen, sondern allein mit seinen äusseren Wirkungen. Die Kenntnis des funktionalen Verhaltens ist nicht aus Kausalgesetzen abgeleitet, sondern aus der Erfahrung gewonnen, die man mit Reaktionsregelmässigkeiten des Sachsystems gemacht hat. Entweder hat man die Funktion des Sachsystems durch eigene Beobachtung kennen gelernt und verlässt sich auf die regelmässige Wiederholbarkeit des Funktionsablaufes, oder man verdankt diese Informationen anderen Menschen, deren Erfahrungen man meist ohne besondere Zweifel übernimmt. Natürlich wird technisches Funktionswissen vor Allem auch von den Technikherstellern vermittelt, die solche Funktionsbeschreibungen in der Werbung und in den Bedienungsanleitungen publizieren.

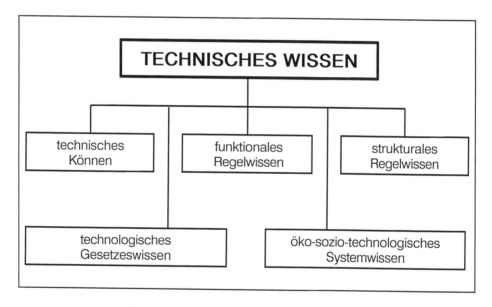

Bild 33 Formen des technischen Wissens

Einen ähnlichen Status besitzt das *strukturale Regelwissen*, das sich jedoch, im Unterschied zum Funktionswissen, auf den inneren Aufbau und die konstruktive Beschaffenheit eines Sachsystems bezieht. Das technische Strukturwissen umfasst Kenntnisse über die Zusammensetzung des Sachsystems aus Subsystemen, über deren Verknüpfungen sowie über die Art und Weise, wie Subsysteme und Kopplungen konkret gestaltet und ausgeführt sind; auch mag es Erfahrungen darüber enthalten, welche strukturalen Merkmale regelmässig mit bestimmten funktionalen Verhaltensmerkmalen zusammenfallen. Das strukturale Regelwissen ist ebenfalls vorwiegend durch Erfahrung geprägt und nicht theoretisch begründet. Häufiger noch als das Funktionswissen hat es der Einzelne nicht selber gewonnen, sondern von Anderen übernommen.

Zum technische Können hatte ich bereits ausdrücklich vermerkt, dass es meist eine habitualisierte Verhaltensroutine darstellt, die unterhalb der Bewusstseinsschwelle abläuft. Aber auch das funktionale und strukturale Regelwissen sind nicht immer in expliziter Form präsent, sondern oft nur in impliziter Form latent vorhanden.[1] Häufig hat es sich als angesammelte Erfahrung im Langzeitgedächtnis der Handlungssysteme abgesetzt und ist nicht immer gezielt zu aktivieren. Schon J. Beckmann hat darüber geklagt, dass die Handwerker ihre Kenntnisse, auch wenn sie diese praktisch erfolgreich benutzen, den aussen stehenden Beobachtern nicht ohne Weiteres mitteilen können;[2] und die selbe Erfahrung machen heute die Protagonisten der „künstlichen Intelligenz", wenn sie das Expertenwissen für entsprechende Computerprogramme objektiv erfassen wollen. Trotz aller „Verwissenschaftlichung" scheint in den Köpfen der Menschen unendlich viel verborgen geblieben zu sein, was sie nicht auf blossen Abruf, sondern nur in besonderen Situationen persönlicher Motivation und praktischer Assoziationskraft an das Licht der Vernunft zu bringen vermögen; vermutlich liegt darin das Geheimnis der Kreativität.

Nicht selten ist das Regelwissen eine unausgereifte Vorform oder eine vereinfachte Aufbereitung der höchstentwickelten Ausprägung des technischen Wissens, die ich als *technologisches Gesetzeswissen* bezeichne. Erst diese Wissensform genügt den Standards der wissenschaftlichen Methodologie und ist durch theoretisch systematisierte und empirisch geprüfte Gesetzesaussagen gekennzeichnet. Technologisches Gesetzeswissen betrifft funktionale und strukturale Zusammenhänge sowie die naturalen Effekte, die den Funktions- und Strukturprinzipien der Sachsysteme zu Grunde liegen. So hat das technologische Gesetzeswissen eine enge Verwandtschaft zum naturwissenschaftlichen Wissen, auch wenn es damit keineswegs identisch ist.[3]

Man muss sich nun vergegenwärtigen, welche Rolle die verschiedenen Ausprägungen des technischen Wissens bei der Sachverwendung spielen. An Hand von Beispielen hatte ich bereits oben festgestellt, dass besonders bei relativ einfachen Werkzeugen und Geräten dem technischen Können eine grosse Bedeutung zukommt. Aber auch für den Umgang mit höher entwik-

---

[1] Vgl. Polanyi 1966 und Luhn 1998.
[2] Beckmann 1777, Vorrede (unpaginiert)
[3] Zu den Unterschieden u. a. F. Rapp in meinem Sammelband von 1981, 25ff, sowie das 7. Kapitel in meinem Buch von 1998; vgl. auch den knappen Überblick im 1. Kapitel dieses Buches.

kelten Sachsystemen sind häufig beträchtliche Fertigkeiten erforderlich; man denke an das Schreiben mit der Schreibmaschinen- oder Computertastatur, an das Führen eines Kraftfahrzeuges oder an die Bedienung konventioneller Werkzeugmaschinen. Bezeichnenderweise gibt es in allen diesen Fällen institutionalisierte Kurse und Lehrgänge, die den Verwendern die nötige Bedienungskompetenz vermitteln, und formalisierte Prüfungen, in denen diese Kompetenz begutachtet und zertifiziert wird.

Erst die fortschreitende Automatisierung macht mit der Technisierung informationeller Funktionen das technische Können teilweise überflüssig und entwertet zuvor aufgebautes „menschliches Kapital". Ein Indiz für diese Entwicklung sind die Qualifikationsverschiebungen in der industriellen Arbeit. Traditionelle Facharbeit tritt nach Beobachtungen der Industriesoziologie zu Gunsten angelernter, weniger anspruchsvoller Tätigkeiten zurück, die in weiteren Technisierungsschritten ebenfalls automatisiert werden; das ist die Entwicklung, die als technische Freisetzung bezeichnet wird.[1] Ähnliche Tendenzen bahnen sich bei einfachen Bürotätigkeiten an; wenn die Programme zur automatischen Spracherkennung, an denen allenthalben gearbeitet wird, hinreichende Leistungsfähigkeit erreichen, wird auch die Fertigkeit der Tastaturbedienung, die Generationen von Schreibkräften für die Eingabe von Texten mühsam sich erwerben mussten, nicht mehr benötigt werden.

Gegenüber dem technischen Können, das offenbar tendenziell entbehrlich wird, bleibt funktionales Regelwissen eine notwendige Bedingung jeglicher Sachverwendung. Schon die einleitende Phase im Verwendungsablauf, die Identifikation einer Sachfunktion mit einer Handlungsfunktion, wäre ohne technisches Funktionswissen überhaupt nicht möglich. Wenn dann das Sachsystem eingesetzt wird, muss das Handlungssystem die einschlägigen Steuerungsfunktionen kennen. Erst muss man wissen, dass Fernsehgeräte audiovisuelle Information von anderen Orten in das häusliche Wohnzimmer transportieren können; wem das heute trivial erscheint, der sollte nicht vergessen, das dieses Wissen vor fünfzig Jahren noch keineswegs verbreitet war. Will man sich dann mit dem Fernsehgerät zum soziotechnischen System verbinden, so muss man auch wissen, wie das Gerät ein- und auszuschalten ist, mit welchen Bedienelementen Lautstärke und Bildqualität zu beeinflussen sind und wie ein bestimmter Sender gewählt wird; wer jemals in einem fremden Hotelzimmer mit solchen Fragen konfrontiert war, muss einräumen, dass solches Funktionswissen auch heute noch keineswegs trivial ist. Derartiges Funktionswissen ist notwendig, aber im Normalfall für die Sachverwendung auch hinreichend. Der durchschnittliche Benutzer kennt das Sachsystem nur als „Schwarzen Kasten", und er braucht für die erfolgreiche Verwendung im Re-

---

[1] Vgl. die Entwicklung der Qualifikationstheorie bei Kern/Schumann 1970 und 1984.

gelfall nicht mehr zu wissen. Zu Recht freilich stell H. Linde fest, das der „mit wachsender Komplizierung des Gerätes einher gehende Trend zur Minimierung des zur Verwendung des Gerätes erforderlichen Sachverstandes" in Wahrheit auf einer Täuschung beruht, da er nur die Momentanfunktion, nicht jedoch die Dauerfunktion des Sachsystems betrifft. Im Wartungs- und Reparaturfall nämlich wird „der scheinbar beurlaubte Sachverstand" um so dringlicher benötigt,[1] nun allerdings in der anspruchsvolleren Form des strukturalen Regelwissens.

Wer es als beherzter Laie schon einmal mit der Reparatur eines Gerätes versucht hat, weiss, dass meine methodologische Redeweise dann im ersten Schritt handgreifliche Realität gewinnt: Der „Schwarze Kasten" muss geöffnet werden, damit man hinein sehen kann, und technisches Strukturwissen ist schon für diesen schlichten Vorgang erforderlich, weil nämlich die Ingenieure viele geheimnisvolle Mittel ersonnen haben, um den „Kasten" zu verschliessen, Mittel, die man erst durchschauen muss, um ihn wieder öffnen zu können. Ist das gelungen, braucht man weiteres Strukturwissen, um im Inneren diejenigen Subsysteme oder Kopplungen zu identifizieren, die offensichtlich defekt sind. Geht etwa das Betriebsgeräusch meines Computers vom üblichen Rauschen in ein Ohren betäubendes Heulen über, muss ich zunächst das Gehäuse entfernen, um dann die Quelle des Lärms zu lokalisieren. Wenn ich schliesslich den kleinen Kühlventilator am zentralen Prozessor als Übeltäter identifiziere, muss ich herausfinden, wie er demontiert und durch einen neuen Lüfter ersetzt werden kann. Hin und wieder gelingen solche Versuche der Eigenreparatur.[2]

Natürlich wird technisches Strukturwissen nur im Ausnahmefall benötigt und ist beim durchschnittlichen Verwender keineswegs immer vorhanden. Dann müssen andere Handlungssysteme herangezogen werden, die auf die Erhaltung und Wiederherstellung der Dauerqualität spezialisiert sind und besondere Kenntnisse dafür angesammelt haben. Aber auch diese Wartungs- und Reparatursysteme kommen im Allgemeinen mit strukturalem Regelwissen aus. Technologisches Gesetzeswissen, das bei Monteuren und Reparaturbetrieben ohnehin nur selten vorhanden ist, muss höchstens für besonders schwierige Fälle bemüht werden. In der Sachverwendung spielt technologisches Gesetzeswissen mithin keine besondere Rolle.

Technisches Wissen ist nicht nur ein mentales Phänomen der einzelnen Menschen. Es umfasst nicht nur die reproduzierbaren Gedächtnisinhalte des In-

---

[1] Linde 1972, 71.
[2] Im konkreten Fall war ich verblüfft, dass der Fachhandel alle nur erdenklichen Lüftertypen bereit hält; was ich hier stolz beschreibe, scheint also unter kompetenteren Computernutzern allgemeine Praxis zu sein.

dividuums, sondern auch die in Organisationen und in der Gesellschaft gespeicherten und reproduzierbaren Informationen. Wissen ist dann nicht nur ein subjektives Vermögen der Einzelnen, sondern in gewissen Grenzen auch der Objektivation fähig. Ich brauche für diese Behauptung keinen „objektiven Geist" zu bemühen, weil nämlich die extrapersonale Informationsspeicherung auf höchst konkreten materiellen Grundlagen beruht. Alles Wissen, das nicht als Gedächtnisinhalt von Personen auftritt, existiert, wie schon früher gesagt, ausschliesslich in artifiziellen Informationsspeichern.[1] Das sind nicht nur solche Artefakte, bei denen, wie im Falle von Handschriften, Büchern, Datenbanken usw., die Informationsspeicherung die Hauptfunktion darstellt, sondern praktisch auch alle anderen Sachsysteme, in so weit sie technisches Wissen verkörpern.

In wie weit sich diese Behauptung auch auf technisches Herstellungswissen erstreckt, werde ich in einem zweiten Exkurs im nächsten Kapitel besprechen. Technisches Verwendungswissen jedenfalls verkörpert sich in den Sachsystemen in dem Masse, als es im Verwendungsakt vom Handlungssystem nicht mehr eigens aufgebracht werden muss. Das gilt wie gesagt besonders für das technische Können und für einen Teil des technischen Funktionswissens, die im Zuge fortschreitender Technisierung und Automatisierung weitgehend an die informationstechnischen Subsysteme des Sachsystems übertragen werden. Wenn man diese Perspektive zuspitzt, kann man sogar behaupten, dass vor Allem bei mitteldominanter Sachverwendung und bei komplementärer Integration erst die Sachsysteme das technische Handlungswissen einführen, mit dem dann das soziotechnische System erfolgreich operiert.

Technisches Wissen ist gleichermassen Bedingung und Folge der Sachverwendung. Ein Minimum funktionalen Regelwissens ist die notwendige Bedingung jeder Sachverwendung; das gilt auch dann, wenn dieses Funktionswissen erst aus der Begegnung mit dem Sachsystem gewonnen wird. Dann aber kann sich das technische Funktionswissen mit der Verwendung auch erweitern, vor Allem, wenn dabei ursprünglich unbekannte und unvorhersehbare Nebenfunktionen in Erscheinung treten. Ähnlich ist es mit dem technischen Können bestellt. Bei Sachsystemen, die technisches Können erfordern, sind minimale Fertigkeiten die notwendige Bedingung dafür, dass man sie überhaupt benutzen kann; andererseits wird die Geschicklichkeit im Umgang mit dem Sachsystem wachsen, je häufiger man es benutzt.

[1] Ich weise noch einmal auf den terminologischen Streit unter Informationsphilosophen hin, die extrapersonale Signalstrukturen nicht als „Wissen", oft nicht einmal als „Information" bezeichnen wollen; vgl. neuerdings Janich 1998 und die daran anschliessende Diskussion. Ich denke dagegen, dass in der vorliegenden Fussnote Wissen enthalten ist – selbst dann, wenn sie niemand liest.

Strukturales Regelwissen und technologisches Gesetzeswissen dagegen sind für die momentane Sachverwendung keine unabdingbaren Voraussetzungen. Technische Strukturwissen wird erst dann zur Bedingung, wenn man die Dauerzuverlässigkeit des Sachsystems selber sichern will. Beide Ausprägungen des technischen Wissens dürften sich auch nur selten als Folge der Sachverwendung einstellen. Am ehesten kann dies mit dem technischen Strukturwissen geschehen, wenn das soziotechnische System durchgängig auch die Dauerfunktion des Sachsystems betreut und daraus weitere Erfahrungen gewinnt. Die so genannte Verwissenschaftlichung der Technik ist jedenfalls im Rahmen soziotechnischer Verwendungszusammenhänge kaum zu bemerken; im Gegenteil überwiegt die Tendenz zur Habitualisierung und zur Trivialisierung des Technikeinsatzes.

Eingangs hatte ich hervorgehoben, dass eine sozialphilosophische Untersuchung, so bald sie veröffentlicht wird, selbst zu einem Element der gesellschaftlichen Wirklichkeit werden kann, indem sie das einschlägige Wissen vermehrt oder doch wenigstens in einer zuvor nicht geläufigen Form neu gliedert und damit den Menschen zu einer neuen Definition ihrer soziotechnischen Situation verhilft. So will ich gerne damit rechnen, dass das *öko-sozio-technologische Systemwissen*, das ich hier auf der Metaebene der wissenschaftlichen Modellkonstruktion entfalte, durch seine Verbreitung so zu sagen in die Objektebene eindringt. Dies entspräche durchaus der Zielsetzung dieses Buches, da ich in diesem Systemwissen eine notwendige Voraussetzung für den *aufgeklärten Umgang mit der Technik* sehe.

4.7 Folgen

4.7.1 Naturveränderung

Das technische Wissen ist, wie ich im vorstehenden Exkurs angedeutet habe, nicht nur eine Bedingung, sondern auch eine Folge der Technikverwendung; das gilt in besonderem Masse für das ökotechnologische Systemwissen, das mit dem massenhaften Technikeinsatz in der zweiten Hälfte des zwanzigsten Jahrhunderts entstanden und gewachsen ist. Zwar ist die Emission schädlicher Abgase in der „Kuppelproduktion" der Verbrennungsmotoren prinzipiell angelegt, doch haben sich diese Abgase kaum bemerkbar gemacht, so lange nur wenige Kraftfahrzeuge benutzt wurden; erst der gewaltige Anstieg der Kraftfahrzeugdichte,[1] zusammen mit anderen Schadstoffquellen, hat die Luftverunreinigung so weit getrieben, dass die Schädlichkeit nicht mehr zu übersehen war und dann auch wissenschaftlich erforscht wur-

---

[1] Beispielsweise ist in Westdeutschland zwischen 1950 und 1990 der PKW-Bestand von einer Million auf 30 Millionen Fahrzeuge gewachsen.

de. Das Beispiel zeigt übrigens auch, dass die analytische Unterscheidung der verschiedenen Hierarchieebenen, die ich immer wieder heranziehe, nicht so weit getrieben werden darf, dass darüber die Verflechtungen übersehen würden. Die meisten Umweltveränderungen hielten sich bei vereinzelter individueller Sachverwendung in engen Grenzen und könnten dann durchweg vernachlässigt werden. Dramatische Grössenordnungen werden im Allgemeinen erst erreicht, wenn bei kollektiver Technikverwendung im gesellschaftlichen Massstab die Einzelfolgen kumulieren.

An einem anderen Beispiel möchte ich zeigen, dass auch die Unterscheidung zwischen Bedingungen und Folgen der Sachverwendung nur in analytischer und momentaner Betrachtung sinnvoll ist, in synthetischer und diachroner Sicht jedoch verschwimmt. Für mobile elektronische Geräte stellt der Batterienachschub eine logistische Verwendungsbedingung dar, aber dann tritt die Folge ein, dass die verbrauchten Batterien zu Abfall werden, der wegen schädlicher Bestandteile nicht einfach deponiert oder verbrannt werden kann. Ferner zieht die massenhafte Verwendung solcher Geräte wachsende Produktionsmengen in der Batterieherstellung nach sich, die dann ebenfalls die natürliche Umwelt stärker belastet.

Grundsätzlich hat jede Sachtechnik Naturveränderungen zur Folge.[1] Wegen ihrer stofflichen Konkretheit überformen sie notwendig das *Erscheinungsbild der Erdoberfläche*, das freilich nach Jahrtausende lang betriebener Agrikultur ohnehin nicht mehr Viel mit unberührter Natur zu tun hat. Immerhin wird von den meisten Menschen land- und forstwirtschaftlich gestaltete Landschaft noch als halbwegs natürlich empfunden, während rein sachtechnische Artefakte als künstliche Zutat erscheinen. Das gilt vor Allem für grosse Sachsysteme, insbesondere also für bautechnische Produkte aller Art – vom einzelnen Haus bis zur Autobahntrasse. Aber auch vergleichsweise kleinere Sachsysteme haben bei entsprechender Anhäufung den selben Effekt; man denke an die sonntäglich überfüllten Grossparkplätze am Rande der Erholungsgebiete.

Da Sachsysteme aus relativ beständigen Werkstoffen bestehen, überlebt ihre stoffliche Substanz durchweg ihre Nutzungsdauer; nach Ende ihrer Verwendungszeit werden sie zu Abfall, den man nicht ohne Weiteres verschwinden lassen kann. So lange sich die Sachverwendung in Grenzen hielt, konnte die Menge der unvermeidlichen Deponate vielleicht noch hingenommen werden, doch seit die Technisierung ein Massenphänomen geworden ist, sind die Schrott- und Müllhalden derart angewachsen, dass sie die Erdoberfläche in unerträglicher Weise zu verunstalten drohen – ganz zu schweigen von

---

[1] Zur Ökologie z. B. Begon/Harper 1998 und Odum 1999; vgl. auch das 4. Kapitel in meinem Buch von 1985 und das 3. Kapitel in meinem Buch von 1991.

Boden- und Grundwasserverseuchungen, die von Schadstoffen in den Deponaten ausgehen können. Es ist ein trauriges Symptom für den unaufgeklärten Umgang mit der Technik, dass die Menschen, und vor Allem die Ingenieure und Industriellen, bis in die Gegenwart hemmungslos Unmengen von Künstlichkeiten in die Welt gesetzt haben, ohne sich darum zu kümmern, was aus den Resten wird, wenn sie nicht mehr verwendet werden können. Inzwischen ist nun wenigstens das Problem erkannt worden, und allmählich beginnt man auch mit Lösungsversuchen, die von der naturverträglichen Auflösung bis zur Wiederverwendung der Materialien reichen. Wenn schon die Sachsysteme unvermeidlich das Erscheinungsbild der Ökosphäre verändern, sollen sie das wenigstens nur so lange tun, wie sie verwendet werden.
Bei der Beschreibung der Sachsysteme in Abschnitt 3.4 hatte ich schon darauf hingewiesen, dass man mit Hilfe von Bild 16 auch die ökologischen Bedingungen und Folgen der Sachsysteme ermitteln kann; dabei erweisen sich die Bedingungen der Sachfunktion, wenn sie verwendet wird, wie gesagt auch als Folgen für die Umgebung des Sachsystems. Offensichtlich gilt das für die stofflichen und energetischen Inputs, die den *Ressourcen* der natürlichen Umwelt entnommen werden. So hat die massenhafte Verwendung von Verbrennungsmotoren und Ölheizungen zur Folge, dass die Erdölvorräte der Erde in wenigen Jahrzehnten erschöpft sein werden – wenn man nicht endlich begreift, dass eine dauerhaft tragbare Entwicklung nur mit unerschöpflichen Energiequellen solarer Herkunft denkbar ist.[1]
Auf der anderen Seite führen unbeabsichtigte Outputs zu den unerwünschten *Emissionen*, die mit der zunehmenden Technikverwendung ständig wachsen. Stoffliche Emissionen kann man, wie schon früher erwähnt, dadurch zu vermeiden suchen, dass man zu Funktionsprinzipien übergeht, bei denen keine problematischen Kuppelprodukte auftreten. Seit es beispielsweise der Lackiertechnik gelungen ist, wasserlösliche Farbstoffe einzusetzen, kann die Emission mehr oder minder giftiger chemischer Lösungsmittel vermieden werden. In der Energietechnik dagegen ist eine solche Strategie nur begrenzt einzusetzen, weil hier die Kuppelproduktion aus naturgesetzlichen Gründen unvermeidlich ist. Der Zweite Hauptsatz der Energetik lehrt, dass bei jeder Energieumwandlung grundsätzlich Verlustenergie, meist in Form von Wärme, auftritt. Wohl kann man, wie etwa die so genannten Energiesparlampen der letzten Jahre zeigen, zu verlustärmeren Umwandlungsformen übergehen, doch ist es unmöglich, energetische Emissionen völlig zu vermeiden. Immerhin sind die ökologischen Folgen grundsätzlich messbar und inzwischen allgemein bekannt. Interessanter erscheinen mir darum die psychosozialen Folgen, denen ich mich jetzt zuwenden will.

---

[1] Vgl. z. B. Schäffler 1999.

4.7.2 Handlungsprägung

Eine charakteristische und schwer wiegende Folge der Sachverwendung sehe ich in der Prägung der Handlungsfunktion. Je nach den Umständen nimmt die Handlungsprägung verschiedene Verlaufsformen an. Bei der zieldominanten Ablaufstruktur liegen im idealtypischen Fall der Handlungsplan und die Funktionszerlegung fest, bevor einzelne Teilfunktionen mit Sachfunktionen identifiziert werden. Verwendet man dann für diese Teilfunktionen tatsächlich Sachsysteme, wird zunächst wohl keine Handlungsprägung auftreten; auch zusätzliche Bedienungsfunktionen, die in die Handlungsfunktion aufgenommen werden müssen, sollen nicht als Handlungsprägung gelten, da sie den Handlungsablauf nur geringfügig modifizieren.

Bei regelmässiger Wiederholung der Sachverwendung kann sich freilich das Bild schon ändern, weil das Handlungssystem nun dazu tendiert, seine Pläne am vertrauten Sachsystem zu orientieren. So kann man das Ziel der Informationsgewinnung grundsätzlich auf mannigfache Weise verfolgen: Man kann eigene Erkundungen vornehmen, man kann Information von anderen Menschen erhalten, oder man kann ein Rundfunkgerät, ein Fernsehgerät oder das Computernetz dafür einsetzen; und man kann den Handlungsablauf von Fall zu Fall unterschiedlich gestalten. Ist man aber einmal die Integration mit dem Fernsehgerät eingegangen, wird man von jetzt an das Informationsbedürfnis sehr viel öfter mit dem Fernsehen zu befriedigen suchen.

Damit aber legt man sich auf genau diejenige Handlungsform fest, die für die zielentsprechende Nutzung des betreffenden Sachsystems geboten ist. So schränkt die Verfügbarkeit eines bestimmten Sachsystems die Menge möglicher Handlungsalternativen auf jenen einen Handlungstyp ein, der durch das vorhandene Sachsystem nahe gelegt wird. Regelmässige Sachverwendung kann also dazu führen, eine Handlungsform, die zunächst ohne Rücksicht auf ein Sachsystem konzipiert worden war, nach der Sachintegration einer auf Dauer gestellten Standardisierung und Typisierung zu unterwerfen, wie sie in gesellschaftlichen Zusammenhängen sonst von moralischen Regeln oder sozialen Normen auszugehen pflegt.

Dann gibt es aber auch Verwendungsfälle, in denen die Handlungsfunktion regelrecht verändert wird, damit eine vorhandene Sachfunktion eingepasst werden kann. Man denke etwa an einen Produktionsbetrieb, der ein Werkstück, das eigentlich in spanloser Umformung hergestellt werden sollte, mit einem spanenden Bearbeitungsverfahren fertigt, weil er nur solche Werkzeugmaschinen zur Verfügung hat. In solchen Fällen wird das ursprüngliche Ziel durchaus erfüllt, doch die Tatsache, dass ganz bestimmte Sachsysteme dafür verwendet werden, verändert immerhin die konkrete Realisierung der Handlungsfunktion. Schliesslich kann die standardisierte Sachverwendung

sogar ein ursprüngliches Ziel modifizieren. So mag ein Mensch, der grundsätzlich mit dem Auto reist, einen bestimmten Urlaubsort in den Schweizer Bergen aufsuchen wollen, doch sein Urlaubsziel ändern, wenn er erfährt, dass jener Ort nicht mit dem Auto erreicht werden kann.
Besonders eindrucksvolle Fälle von Handlungsprägung treten definitionsgemäss bei der mitteldominanten Ablaufstruktur auf, da dann der Handlungsplan nicht durch ein vorgängiges Ziel, sondern durch die Möglichkeit der Sachverwendung bestimmt wird. Werden Ziel und Planung des Handelns überhaupt erst dadurch ausgelöst, dass man ein bestimmtes Sachsystem entdeckt hat, geht die Handlungsprägung geradezu in eine Handlungskonstitution über. Sowohl die Tatsache, dass eine solche Handlung überhaupt in Betracht gezogen wird, wie auch die Art und Weise, in der sie konzipiert und ausgeführt wird, folgen vor Allem aus der Existenz des betreffenden Sachsystems. Gleichwohl möchte ich auch in diesem Zusammenhang keinen mysteriösen Sachzwang beschwören, denn auch ein soziotechnisches Handeln dieser Art wird vom Sachsystem nicht völlig determiniert. Wie ich schon früher betont hatte, wird auch bei der mitteldominanten Ablaufstruktur die Funktion des Zielsetzungssystems nicht grundsätzlich ausser Kraft gesetzt. So gross auch die „Sachdominanz" – wie H. Linde zutreffend sagt – sein mag, so bedeuten die unverkennbaren Einflüsse der Sachverwendung auf Zielsetzung und Handlung doch keineswegs, dass das Handlungssystem diesen Einflüssen unwiderruflich ausgeliefert wäre. Grundsätzlich vermag sich ein entsprechender Entschluss des Zielsetzungssystems gegen jede Sachdominanz zu behaupten.
Auf der *Mikroebene* der individuellen Sachverwendung tritt, wie ich schon früher gezeigt habe, die mitteldominante Verwendungsform besonders häufig auf. Dementsprechend spielt hier die Handlungsprägung eine besondere Rolle. Meist geht das mit der Sachfunktion vorgegebene Verwendungsprogramm nicht nur theoretisch, sondern auch praktisch der individuellen Handlungsplanung voraus und lenkt diese in bestimmte Bahnen. Ein sehr einfaches und instruktives Beispiel ist das Wegenetz, das in den Kulturländern Wald und Flur durchzieht und eine dem organisierten Strassenbau vorausgehende, rudimentäre Vorform der Verkehrstechnik darstellt. In aller Regel lässt sich der Wanderer, statt in Richtung seines Zieles quer feldein zu laufen, von diesen vorgebahnten Wegen leiten; er kommt meist gar nicht auf den Gedanken, seine Route selber planen und gestalten zu können, da er sich durch das Verwendungsprogramm des Wegenetzes zuverlässig orientiert und entlastet weiss und die Vorprägung seiner Wanderung zustimmend in Kauf nimmt. Dass es freilich immer auf die Zustimmung des Handelnden ankommt, zeigt das Gegenbeispiel der Trampelpfade in Garten- und Parkan-

lagen, mit denen sich der Eigensinn der Benutzer bemerkbar macht, wenn die Anlagenplaner deren Bedürfnisse vernachlässigt haben.

Auch in der modernen Technik gibt es, wie schon erwähnt, Formen der ungeplanten Verwendung. Häufiger jedoch werden die individuellen Handlungspläne durch die Verwendungsprogramme der Sachsysteme präformiert. Auto, Fernsehen, Kamera, Küchenmaschine und dergleichen prägen die Handlungsabläufe im privaten Alltag ganz ähnlich, wie die durchrationalisierten Produktionstechniken die Arbeitsabläufe in der Industrie fixieren. Dabei wird die individuelle Handlungsprägung häufig durch kollektive Vervielfachung verstärkt und verfestigt. „Wenn auf der Strasse eine Menge Menschen beim Beginn eines Regens gleichzeitig den Regenschirm aufspannen", will M. Weber darin kein soziales Handeln sehen, sondern ein reaktives, gleichmässiges Massenhandeln;[1] tatsächlich jedoch kommt in diesem Beispiel meines Erachtens der gesellschaftliche Charakter sachvermittelter Handlungsprägung zum Ausdruck.

Die Gleichmässigkeit solchen Massenhandelns ist nämlich weder ein Zufall noch die blosse Folge des verbreiteten Zieles, nicht nass zu werden; sie resultiert vor Allem aus der allgemeinen Verbreitung des Regenschirms und des darin verkörperten Verwendungsprogramms. Der Einzelne aber befolgt dieses Programm nicht nur darum, weil er selbst den Regenschirm besitzt, sondern auch, weil er durch das gleich gerichtete Handeln der Anderen darin bestärkt wird. Diese Verstärkung wiederum ist daran geknüpft, dass auch die Anderen das gleiche Sachsystem besitzen und dessen Verwendungsprogramm ebenfalls befolgen. Die Sachverwendung veranlasst also nicht nur eine auf Dauer gestellte Typisierung des individuellen Handelns, sondern in ihrer Massenhaftigkeit auch eine Normierung kollektiven Handelns im soziotechnischen Makrosystem, die freilich auf die Mikroebene zurück wirkt. In ihrem Einfluss auf menschliches Handeln spielen die Sachsysteme die selbe Rolle wie soziale Normen; zugespitzt ausgedrückt, sind sie selber vergegenständlichte Normen.

Auch auf der *Mesoebene* gibt es Phänomene der Handlungsprägung, obwohl hier die zieldominante Ablaufform vorherrscht. Die hohen Kapitalwerte, die in Industrieanlagen investiert sind, zwingen die Betriebe zur längerfristigen Bindung an diese Sachsysteme und engen dadurch den Handlungsspielraum ein. So wird ein Industriebetrieb dazu tendieren, seine Produktionsziele und -abläufe derart auszurichten, dass er die einmal beschafften

---

[1] Weber 1921, 11f. Wenn Weber meint, solches Handeln sei nur „kausal, nicht aber sinnhaft durch fremdes Handeln bestimmt", dann hat er an dieser Stelle den Hersteller des Regenschirms vergessen. Vorher (ebd. 6) sagt er nämlich ausdrücklich, dass jedes Artefakt „lediglich aus dem Sinn deutbar und verständlich ist, den menschliches Handeln der Herstellung und Verwendung dieses Artefakts verlieh".

und nun vorhandenen Sachsysteme möglichst lange und möglichst intensiv nutzen kann. Dadurch kann sich die anfänglich zieldominante Verwendungsform später in eine mitteldominante verwandeln, weil nicht selten die Lebensdauer der Sachsysteme länger besteht als das Produktionsziel, zu dessen Erfüllung sie beschafft worden sind. Natürlich will sich ein Industriebetrieb durch die gegebene Sachausstattung nicht daran hindern lassen, neue Produktionsziele zu setzen und zu verfolgen, aber die Produktionsplanung wird dadurch doch gewissen Restriktionen unterworfen; eine Strickwarenfabrik beispielsweise mag jede Art von Maschenware produzieren können, aber sie vermag nicht von heute auf morgen zu Webstoffen überzugehen, weil sich die Strickmaschinen nicht in Webstühle verwandeln lassen. Um solche Einschränkungen möglichst gering zu halten, haben die Industrieunternehmen, soweit sie nicht reine Einprodukt-Betriebe sind, stets auf grösstmögliche Elastizität der maschinellen Ausstattung Wert gelegt, indem sie multifunktionalen, universellen und flexiblen Sachsystemen den Vorzug gaben. Diesem Bemühen stand freilich lange Zeit die geringe Elastizität hochtechnisierter und automatisierter Fertigungssysteme entgegen. Erst die neuere informationstechnische Entwicklung macht es möglich, auch universelle und flexible Produktionssysteme zu automatisieren.[1]

Mit fortschreitender Technisierung werden die Phasen der Produktionsplanung und -vorbereitung immer wichtiger und umfangreicher; auch darin liegt eine Art von Handlungsprägung, die von der Sachverwendung ausgeht. Konnte ein Industriebetrieb früher, als die informationellen Teilfunktionen noch weitgehend von menschlichen Arbeitskräften getragen wurden, ein beträchtliches Mass von Intuition und Spontaneität sich leisten und viele Details dem Erfahrungswissen und Improvisationstalent der Arbeiter überlassen, erfordert die Automatisierung die planende Vorausbestimmung aller Produktionsmodalitäten bis in die kleinsten Einzelheiten. Die Arbeitsabläufe werden auf diese Weise weitgehend berechenbar und überraschungsfrei, büssen jedoch früher mögliche Variationsspielräume ein, die nicht nur von den beteiligten Menschen geschätzt wurden, sondern auch die Anpassungsfähigkeit der Organisation erhöht hatten.

Während einschlägige Beispiele für die materielle Produktion seit Langem bekannt sind, zeichnen sich entsprechende Tendenzen nun auch für den informationellen Bereich der Verwaltung ab. Wenn etwa die Korrespondenz einer Abteilung durch die elektronische Textverarbeitung schematisiert wird – manchmal sogar derart, dass eine zentrale Stelle die Textbausteine entwirft und vorschreibt –, dann wird man bald nicht mehr bereit und fähig sein, individuell abgestimmte Briefe zu verfassen. Auch in der Verwaltung also ver-

---

[1] Vgl. mein Buch von 1971; ferner Spur 1993 und 1997.

lagern sich Arbeitsfunktionen von der Ausführung zur Planung. Dabei kommt es vor, dass bestimmte Sachsysteme durch Überschusskapazität zusätzliche Handlungsfunktionen induzieren. Das gibt es nicht selten bei der Computerverwendung, wenn neben den Aufgaben, für die der Rechner beschafft wurde, weitere, früher nicht erforderliche, Arbeiten verrichtet werden, weil man Alles nutzen möchte, was der Computer zu bieten hat; ich denke an überzüchtete Statistiken, wirklichkeitsfremde Modellrechnungen und dergleichen mehr.

Auch auf der staatlich-gesellschaftlichen *Makroebene* sind sachbedingte Handlungsprägungen unverkennbar. Besonders gravierend scheint mir – um nur ein wichtiges Beispiel zu nennen – der Einfluss des Fernsehens auf den Stil staatlichen Handelns und politischer Teilnahme: Politiker sind zu mehr oder minder mittelmässigen Staatsschauspielern verkommen, und Wähler bilden sich ein, das politische Geschehen authentisch zu erleben, bloss weil die Staatsschauspieler allabendlich mit ihren Medienspektakeln die häuslichen Wohnstuben beehren. Es zeichnet sich ab, dass die Richtlinien der Politik bald von den Einschaltquoten bestimmt werden, und die kraftvolle, nonkonformistische und vielleicht ein wenig spröde politische Persönlichkeit, die es im Opportunismus der Parteiintrigen schon menschlich schwer genug hat, scheitert vollends vor dem technischen Tribunal der populistischen „Talkshow"-Inszenierung; an konkreten Fällen aus der jüngsten Vergangenheit fehlt es nicht. Auch dies ist, wohl gemerkt, kein Sachzwang, sondern eine technische Prägung, der sich das staatliche Handeln mit Hilfe geeigneter institutioneller Vorkehrungen durchaus entziehen könnte.

4.7.3 Strukturveränderung

Strukturveränderung bedeutet im engeren Sinn eine Umbildung des Relationengeflechts zwischen den Subsystemen, im weiteren Sinn dann aber auch die Modifikation der Subsysteme selbst. Die Integration zwischen menschlichen und technischen Systemteilen besteht ja darin, dass zwischen ihnen ganz bestimmte Relationen gebildet werden. Konstitutiv für das soziotechnische System sind jeweils diejenigen Kopplungen, die der Integration der Sachsystemfunktion in die gesamte Handlungsfunktion dienen. Eine Folge der soziotechnischen Integration besteht nun häufig darin, dass sich *zusätzliche soziotechnische Relationen* herausbilden. Die Multifunktionalität vieler Sachsysteme bringt es mit sich, dass sich das Handlungssystem nicht nur auf die bezweckte Funktion, sondern auch auf weitere Eigenschaften des Sachsystems einstellen muss, von denen es nicht unberührt bleibt.

Beispielsweise braucht für die Hauptfunktion einer Handbohrmaschine der Mensch lediglich einen Schalter zu betätigen und die Vorschubbewegung in

Richtung der Bohrachse zu bewerkstelligen. Eine zusätzliche Relation ergibt sich jedoch aus der schweren Masse der Maschine und besteht darin, dem Fallgewicht mit Händen und Armen eine entsprechende Kraft entgegen zu setzen; übrigens hat es auch bei diesem Produkt viel zu lange gedauert, bis für die genannte Relation eine ergonomisch befriedigende Lösung, nämlich ein senkrecht unterhalb des Schwerpunktes der Maschine angebrachter Haltegriff, entwickelt wurde. Zu den zusätzlichen Relationen gehören insbesondere Geräusch-, Wärme- und sonstige Nebenwirkungen. Auch sind die ästhetischen Relationen nicht zu vergessen, die sich vor Allem im visuellen und haptischen Kontakt zwischen Mensch und Sachsystem einstellen können.

Eine zusätzliche Relation möchte ich besonders hervorheben, die sich auf eine spezifische Nebenfunktion der Sachsysteme gründet. Ich meine jene Informationsfunktion, die das Sachsystem als Statussymbol für den gesellschaftlichen Rang seines Verwenders erscheinen lässt. „Für viele Leute ist ein Auto nicht nur ein Auto. Sondern ein Mittel, den Anderen zu zeigen, wer man ist oder was man darstellen möchte. Das Auto soll Reichtum dokumentieren. Oder Eleganz. Oder Kühnheit. Oder Sex".[1] Nichts belegt meine grundlegende These von der integralen Handlungseinheit aus Mensch und Artefakt eindrucksvoller, Nichts zeigt die Engmaschigkeit der soziotechnischen Integration deutlicher als die Tatsache, dass das Sachsystem zur Quelle von Information über seinen Verwender wird. Aus dem Umstand, dass sich ein Mensch mit einem bestimmten Sachsystem verbunden hat, wird gefolgert, dass gewisse Merkmale dieses Sachsystems Information über die sonst nicht erkennbaren Eigenschaften des Verwenders übermitteln.[2]

Offenkundig steht eine solche symbolische Deutung in einem Wechselwirkungszusammenhang, wie er bei gesellschaftlichen Rollen- und Statuszuschreibungen üblich ist. Erst unterstellt ein Beobachter die primäre Identifikation des Verwenders mit den Haupt- und Nebeneigenschaften des genutzten Sachsystems und leitet daraus die sekundäre Identifikation von Nebeneigenschaften mit den vermuteten Eigenschaften des Verwenders ab. Dieser wiederum berücksichtigt die Chance solcher Zuschreibungen, so bald sie ihm bekannt geworden sind, bei der Entscheidung, mit welchem Sachsystem er sich verbinden soll. Die Informationsfunktion, die das Sachsystem in dieser Hinsicht leistet, ist zwar an sachtechnische Merkmale gebunden, kommt aber nur durch ein gesellschaftliches Interpretationsverfahren zu

---

[1] Der Volkswagen Käfer gibt dafür wenig her, heisst es dann sinngemäss in diesem Anzeigentext, denn er steht für Vernunft; zit. aus Krämer-Badoni u. a. 1971, 57f.
[2] Auf den Symbolcharakter der Sachsysteme hat in den letzten Jahren vor allem K. H. Hörning aufmerksam gemacht; vgl. zuletzt sein Beitrag in: Technik und Gesellschaft 1995, 131ff.

Stande. Es liegt nicht in der Natur der Sache, dass die Fahrer roter Sportwagen Frauenhelden wären, sondern sie gelten als solche auf Grund gesellschaftlicher Zuschreibung. Kleider machen Leute, sagt der Volksmund zur Repräsentationsfunktion textiler Sachsysteme; „hast du was, dann bist du was", behaupteten eine Zeit lang die Sparkassen. Dass sich das Prestige eines Handlungssystems an die angeeigneten Sachsysteme knüpft, ist in so weit verständlich, als diese die soziotechnische Handlungseinheit funktional konstituieren – auch wenn der Schluss vom Haben auf das Sein nicht selten fehl gehen dürfte.

Schliesslich gehören zu den zusätzlichen Relationen die sozialen Beziehungen, die sich mit und auf Grund der Sachverwendung bilden. Vor Allem die verschiedenen Formen der Verfügbarkeit haben in dieser Hinsicht auch unterschiedliche Auswirkungen. Am wenigsten betrifft dies das Privateigentum, das darum wohl auch unter den Vorzeichen des dominierenden Individualismus, wann immer möglich, bevorzugt wird. Soziale Beziehungen, die man nicht aus freien Stücken, sondern mit Rücksicht auf eine Sachverwendung zwangsläufig eingeht, bergen immer auch belastende Konfliktpotentiale in sich. Bekannt sind die häufigen Schwierigkeiten, die aus der sozialen Dimension von Mietverhältnissen erwachsen. Das private Auto steht vor der Tür, wann immer man es braucht; das Gemeinschaftsauto, das nur im Wege begrenzter Teilhabe verfügbar ist („car sharing"), erfordert regelmässige und nicht immer gelingende Abstimmungen mit den übrigen Partnern. Und die begrenzte Teilhabe am Strassennetz macht vielfältige Orientierungen am Handeln der anderen Verkehrsteilnehmer nötig; dafür haben sich nicht nur freiwillige Handlungsregeln herausgebildet, sondern auch umfangreiche gesetzliche Regelungen samt den zugehörigen Rechtsinstanzen. Dies sind nur Einzelbeispiele für die allgemeine Beobachtung, dass der Prozess der Vergesellschaftung im technischen Zeitalter ganz wesentlich von den Modalitäten der Sachverwendung geprägt wird.

Auch auf der *Mesoebene* führt die Technisierung zu soziotechnischen Relationen, die nicht in der Hauptfunktion der eingesetzten Sachsysteme begründet sind. Wird, um ein Beispiel aus dem letzten Abschnitt aufzugreifen, eine Rechenanlage, die ursprünglich allein für die Buchhaltung bestimmt war, nun auch für irgendwelche statistischen Aufgaben eingesetzt, so sind neue Informationsflüsse zu organisieren, die den Rechner mit den erforderlichen Daten versorgen. Eine laufende Datenerfassung wird aber nicht nur durch die Verarbeitungsmöglichkeiten des Computers angeregt, sondern mag sich auch aus den Planungserfordernissen erklären, die mit der zunehmenden Automatisierung von Produktionssystemen anwachsen. Jede Planung steht und fällt mit der Kontrolle der Planungsresultate, und so müssen neue Befehls- und Rückmelderelationen geschaffen werden, welche die informationelle Komplexität des soziotechnischen Mesosystems erhöhen. Die selbe Tendenz wohnt der Dezentralisierung von Verwaltungsaufgaben inne, die mit Hilfe der Arbeitsplatzcomputer inzwischen fortschreitet. In Abschnitt 3.4.3 hatte ich, vor Allem auch mit Bild 20, darauf hin gewiesen, dass eine dezentrale Struktur erheblich mehr Kopplungen enthält als die zentralisierte Form. Dem trägt man inzwischen Rechnung, in dem man überall betriebsinterne Datennetze ausbaut.

Mit den Netzwerken ist das Stichwort gefallen, mit dem zusätzliche soziotechnische Relationen auf der *Makroebene* zu charakterisieren sind. Auch hier erweisen sich ursprüngliche Bedingungen der Sachverwendung bei entsprechender Expansion schliesslich als Folgen. Weil Haushalte und Betriebe für den Technikeinsatz elektrische Energie benötigen, die sie meist nicht selbst gewinnen, musste ein flächendeckendes Netz der Stromversorgung aufgebaut werden. Weil mit dem Wachstum der industriellen Produktionssysteme weder die Rohstoffversorgung noch der Güterabsatz auf den Standort beschränkt blieben, wurden vielfältige Verkehrsbeziehungen erforderlich. Die Abstimmung all dieser Verkehrsbewegungen wiederum kann nur durch den Ausbau von Kommunikationsnetzen sicher gestellt werden, die, abgesehen von ihrer eigenständigen Rolle in der Technisierung der Kommunikation, insofern auch als Folge der Transporttechnik anzusehen sind.

Im Gefolge der Sachverwendung entstehen aber nicht nur zusätzliche Relationen zwischen Mensch und Sachsystem; es kommt gelegentlich auch zu einer *Modifikation von Subsystemen*. Vor Allem beim Integrationsprinzip der Substitution tendieren die menschlichen Subsysteme, deren Funktion vom Sachsystem ersetzt wird, dazu, ihre früheren Fähigkeiten zu verlieren. Da beispielsweise körperliche Kraft heute weitgehend durch energietechnische Sachsysteme substituiert worden ist, wird die menschliche Muskulatur kaum noch beansprucht und büsst an Leistungsfähigkeit ein. Mangel an körperlicher Betätigung und Bewegung kann zu ernster Kreislaufinsuffizienz führen, die bereits als eine Art Zivilisationskrankheit gilt. Um dem entgegen zu wirken, haben die Menschen inzwischen hochtechnisierte Kraftsportstudios geschaffen, die man so zu sagen als sekundäre Folge der Sachverwendung ansehen kann.

Aber auch im kognitiven Bereich gibt es Rückbildungen. So dürfte die Gedächtnisleistung bei früheren Generationen deutlich höher gewesen sein als heute, da die Allgegenwart technischer Informationsspeicher das menschliche Erinnerungsvermögen vielfach überflüssig macht. Auch hört man aus dem Schulalltag, dass die jungen Menschen kaum noch im Kopf rechnen können, weil sie von Anfang an auf den elektronischen Taschenrechner vertrauen. Freilich stehen derartigen Abbauphänomenen auch Modifikationen mit positiver Tendenz gegenüber. Dazu zählen insbesondere jene pragmatischen und kognitiven Qualifikationen, die im Exkurs über technisches Wissen erwähnt wurden und wie gesagt mit verbreiteter Sachverwendung zunehmen. Schliesslich gibt es Veränderungen, die weder Verlust noch Gewinn bedeuten; dazu mögen organisatorische und administrative Umstellungen auf der Meso- und Makroebene gehören, die vom Einsatz bestimmter Sachsysteme veranlasst werden.

4.7.4 Logistische Abhängigkeit

Logistische Ver- und Entsorgungssysteme sind häufig eine notwendige Bedingung der Sachverwendung; dadurch aber gerät der Nutzer solcher Sachsysteme in eine logistische Abhängigkeit. Das soziotechnische Handlungssystem, das auf die Sachverwendung angewiesen ist, bindet sich an die „Infrastruktur" der Versorgungsbetriebe, des Rohstoff- und Ersatzteilnachschubs und der Service- und Instandhaltungseinrichtungen; es würde so zu sagen handlungsunfähig, wenn diese logistischen Dienste ausblieben. Man braucht nur an Ereignisse wie den totalen Stromausfall in einer Millionenstadt zu denken, um die logistische Abhängigkeit soziotechnischer Systeme ermessen zu können. In dieser Abhängigkeit zeigt sich eine höchst problematische „Fragilität"[1] und Verletzbarkeit der technischen Kultur.

So werden denn inzwischen Konzepte einer „mittleren Technologie" diskutiert,[2] die auf die Autarkie soziotechnischer Mikro- und Mesosysteme abzielen. Dazu gehört etwa die Dezentralisierung der Energiegewinnung aus leicht verfügbaren Quellen wie Wind, Wasser und Sonne, die aufbereitende Eigenverwertung von Abfällen und Abwärme, aber auch die Vereinfachung der Sachsysteme und die Vermehrung technischen Strukturwissens mit dem Ziel, den einzelnen Verwender zur selbständigen Wartung und Instandhaltung zu befähigen. Dass energieautarke Wohnhäuser in gemässigten Breiten technisch machbar sind, ist mittlerweile gezeigt worden; dass sie noch nicht wirtschaftlich sind, besagt nicht viel, da in die Kostenrechnungen bekanntlich recht willkürliche Setzungen politisch-ökonomischer Herkunft einfliessen. Gleichwohl bleibt das Problem der logistischen Abhängigkeit akut, zumal auf der Meso- und Makroebene die Vorstellung einer konsequenten Selbstversorgungswirtschaft ohnehin wirklichkeitsfremd wäre. Auch wenn sich gewisse Fehlentwicklungen korrigieren lassen, ist doch grundsätzlich auch weiterhin in Rechnung zu stellen, dass die Technikverwendung der Autarkie der Handlungssysteme entgegen steht.

---

[1] Bense 1965, 33ff.
[2] Wegweisend Schumacher 1977.

4.7.5 Irreversibilität

Die logistische Abhängigkeit ist nicht zuletzt darum so bedenklich, weil die soziotechnische Integration in vielen Fällen mehr oder minder irreversibel ist, also kaum noch rückgängig gemacht werden kann. Das gilt vor Allem dann, wenn sich menschliche Subsysteme zurück gebildet haben, weil sie, durch Sachsysteme ersetzt, nicht mehr beansprucht werden. Wo die Fähigkeit verloren gegangen ist, existenznotwendige Funktionen ohne die Hilfe von Sachsystemen auszuführen, da kann die Technisierung des Handlungssystems nicht mehr revidiert werden. Auch wenn der Verzicht auf längst gewohnte Sachsysteme prinzipiell denkbar wäre, müssten die Menschen doch beträchtliche Anstrengungen und Frustrationen in Kauf nehmen, bis sie sich jene früheren Fähigkeiten wieder angeeignet hätten, die während der Sachverwendung verloren gingen. Nicht zuletzt aus diesem Grund sind die meisten so genannten „alternativen" Projekte der siebziger und achtziger Jahre schliesslich gescheitert.[1] Überdies wäre eine derartige „Selbstbegrenzung"[2] wohl nur den einzelnen Menschen und manchen Organisationen möglich. Und es wäre natürlich auch zu fragen, ob die ökotechnologischen Probleme, mit denen die Forderung nach Selbstbegrenzung begründet wird, wirklich solche kulturelle Regression erzwingen oder doch auch mit anderen Mitteln bewältigt werden können.

Auf der Megaebene der Weltgesellschaft hingegen scheint der Technisierungsprozess wirklich irreversibel geworden zu sein. Nur die gewaltigen Produktivitätssteigerungen, die in der Landwirtschaft die Biotechnik und in der Industrie die Produktionstechnik bewirkt haben, waren, sind und werden in der Lage sein, eine immer noch wachsende Weltbevölkerung mit den lebensnotwendigen Gütern zu versorgen. Bekanntlich ist dieses Ziel in manchen Teilen der Erde noch keineswegs erreicht, und bekanntlich erlauben die Erfolge der Technik den reichen Ländern zur Zeit manchen Luxus, der angesichts der Armut in den anderen Ländern geradezu skandalös anmutet. Doch selbst bei grösserer Verteilungsgerechtigkeit würde jeder Versuch, Produktivitätssteigerungen aufzuhalten oder gar die Produktivität zu senken, das Todesurteil über Millionen von Menschen bedeuten.[3] Wenn man derartige Konsequenzen ablehnt, erweist sich die umfassende Technisierung tatsächlich als irreversibel.

---

[1] Renn 1980, 126ff, hat ein eindrucksvolles Szenario des alternativen Lebensstils entworfen und damit gezeigt, dass dieser weder realistisch noch attraktiv ist.
[2] Illich 1975, dessen technologischer Revisionismus eine asketische Fahrradkultur empfiehlt.
[3] Dass damit nicht nur die Arbeitsproduktivität gemeint sein kann, wird allmählich begriffen; eben so wichtig sind die Stoff- und Energieproduktivität; vgl. z. B. den Beitrag von F. Schmidt-Bleek in Kahsnitz/Ropohl/Schmid 1997, 701ff.

4.7.6 Entfremdung

Schliesslich muss ich eine Folge der Sachverwendung erwähnen, die in der Sozialphilosophie der Technik seit K. Marx als Entfremdung bekannt ist.[1] Auf die zahlreichen Facetten dieses Begriffs kann ich hier nicht eingehen; ich will ihn nicht in spekulativer und wertender Form einführen, sondern als rein deskriptives Konzept für die Analyse soziotechnischer Verwendungszusammenhänge heranziehen. Entfremdung soll den Umstand bezeichnen, dass sich das Handlungssystem mit der Integration eines Sachsystems auf eine fremde Instanz einlässt, deren Ursprung angesichts der Wirtschaftsteilung zwischen Herstellung und Verwendung durchweg ausserhalb dieses Handlungssystems liegt. Fremd sind die Sachsysteme, da sie das Können und Wissen anderer Handlungssysteme verkörpern. „Die Wissenschaft, die die unbelebten Glieder der Maschinerie zwingt, durch ihre Konstruktion zweckgemäss als Automat zu wirken, existiert nicht im Bewusstsein des Arbeiters, sondern wirkt durch die Maschine als fremde Macht auf ihn, als Macht der Maschine selbst. [...] In der Maschinerie tritt die vergegenständlichte Arbeit der lebendigen Arbeit im Arbeitsprozess selbst als die sie beherrschende Macht gegenüber [...]".[2]

Was Marx über die Verwendung der Produktionstechnik innerhalb der Lohnarbeit sagt, gilt für jegliche Sachverwendung, gerade auch dann, wenn man von den Eigentumsverhältnissen absieht, deren Bedeutung selbst Marx in einer frühen Manuskriptstelle einmal ausdrücklich relativiert hat: „Mit der Maschinerie [...] erhält die Herrschaft der vergangnen Arbeit über die lebendige nicht nur soziale – in der Beziehung von Kapitalist und Arbeiter ausgedrückte –, sondern so zu sagen *technologische* Wahrheit".[3] Entfremdung im hier explizierten Sinn erweist sich also als unvermeidliche Folge der soziotechnischen Arbeitsteilung. Auch das Privateigentum an Sachsystemen, das bei technischen Gebrauchsgütern die Regel ist, kann die Entfremdung nicht beseitigen. Ob die Menschen Kameras oder Autos, Telefone oder Computer verwenden, immer sind sie in ihrem soziotechnischen Handeln auf das fremde Wissen und Können angewiesen, das andere Menschen und Organisationen in den Sachsystemen vergegenständlicht haben.

Wollte man dieser Entfremdung grundsätzlich entgehen, müsste man die Arbeitsteilung zwischen Produktion und Konsumtion rückgängig machen, derart, dass jedes Handlungssystem die Sachsysteme, die es verwendet, auch selber hervor bringt. Aber auch wenn man eine solche Rückkehr zu archaischen Produktionsverhältnissen für wünschenswert hielte, wäre es höchst

---

[1] Vgl. dazu Klages 1964, bes. 37ff; ferner Kusin 1970.
[2] Marx 1857/58, 584f.
[3] Marx 1861/63, 2059; Hervorhebung im Original.

fraglich, ob das überhaupt möglich wäre; ich erinnere an die Bemerkungen, die ich zur Irreversibilität der Technisierung gemacht habe. Man wird also die Entfremdung als unabwendbares soziotechnisches Phänomen zu akzeptieren haben. Das bedeutet jedoch keineswegs, dass ihre Begleiterscheinungen eben so unabwendbar wären. Wenn man das Prinzip erst einmal durchschaut hat, entdeckt man eine breite Palette wirtschafts- und gesellschaftspolitischer Gestaltungsmöglichkeiten, die darauf hin wirken könnten, den Menschen das Fremde, wenn sie es schon nicht abwehren können, wenigstens besser vertraut zu machen. Das ist das Programm der *technologischen Aufklärung*.[1]
Freilich stösst auch technologische Aufklärung an ihre Grenzen, wenn die Entfremdung in der soziökonomischen Organisation der Lohnarbeit zusätzliche Akzente erhält. Nicht nur geht der Arbeiter eine Handlungseinheit mit Arbeitsmitteln ein, die ihm als vergangene Arbeit, als vergegenständlichtes Wissen und als Eigentum Anderer eine fremde Macht bleiben; vor Allem auch sind es nicht seine eigenen Ziele und Handlungspläne, zu deren Realisierung er die Sachsysteme zu verwenden hat. In der privaten Sachverwendung bleibt der Einzelne das Subjekt der soziotechnischen Integration; er kann eine sachvermittelte Ziel- und Handlungsprägung immer noch selber überprüfen und entweder freiwillig annehmen oder durch Nutzungsverzicht zurückweisen. In der Lohnarbeit hingegen ist er gezwungen, mit der Sachverwendung die Ziele und Handlungspläne der betrieblichen Organisation zu übernehmen, derart, „dass nicht der Arbeiter die Arbeitsbedingung, sondern umgekehrt die Arbeitsbedingung den Arbeiter anwendet".[2] Indem nicht nur die sachtechnischen Mittel, sondern auch die Nutzungsziele dem arbeitenden Menschen fremd bleiben, verschärft die Lohnarbeit das Problem der Entfremdung.
Daran ändert es wenig, ob sich die Produktionsmittel im Privateigentum oder, wie im früheren Pseudosozialismus meist der Fall, im Staatseigentum befinden. Gemessen an den humanistischen Visionen von K. Marx, hat es für die wirklichen Menschen in der konkret erlebten Arbeitspraxis keine nennenswerten Unterschiede zwischen jenen beiden Eigentumsformen gegeben. Nun ist jener Staatssozialismus weithin untergegangen, und der rückblickende Vergleich kann nur noch theoretisches Interesse finden. Praktisches Interesse hingegen wird vielleicht in Zukunft ein voraus schauender Vergleich wiedergewinnen können, der gegenwärtig als utopisch abgetan wird: nämlich den Zwängen entfremdeter Lohnarbeit die freie Assoziation genossenschaftlicher Produzenten gegenüber zu stellen.

---

[1] Zur Konkretisierung dieses Programms vgl. meine Bücher von 1985 und 1991.
[2] Marx 1867, 446.

4.8 Ziele

4.8.1 Allgemeines

In den vorangegangenen Abschnitten habe ich den Ablauf, die Prinzipien, die Bedingungen und die Folgen der Sachverwendung umrissen. Von wenigen Andeutungen abgesehen, habe ich jedoch bislang keine Erklärung dafür gegeben, warum Sachsysteme überhaupt verwendet werden. Immerhin muss ein Handlungssystem einen spürbaren Aufwand treiben, um sich ein Sachsystem verfügbar zu machen. Wie ich gezeigt habe, muss die Verfügbarkeit mit einer bestimmten Gegenleistung (Kaufpreis, Mietzins oder Nutzungsgebühr) abgegolten werden. Ferner muss das Handlungssystem meist auch zusätzlichen immateriellen Aufwand für die Sachverwendung treiben, indem es sich in mehr oder minder umständlichen Lernprozessen die entsprechenden Kompetenzen verschafft. Zu diesem Aufwand wäre ein Handlungssystem nicht ohne Weiteres bereit, wenn es nicht besondere Gründe für die Sachverwendung hätte. Es gilt also eine Erklärung dafür zu finden, dass Handlungssysteme für ihr Handeln die Verbindung mit Sachsystemen eingehen und sich zu soziotechnischen Systemen machen. Eine solche Erklärung erweist sich als Handlungserklärung, und Handlungserklärungen müssen, neben anderen Prämissen, grundsätzlich die Ziele des Handlungssystems in Betracht ziehen.[1]

Für die Zielanalyse übernehme ich eine Unterscheidung aus der Betriebswirtschaftslehre, die Unterscheidung zwischen Sachzielen und Formalzielen.[2] Sachziele betreffen die Outputs des Handlungssystems, beim Unternehmen also die zu produzierenden Güter, die der Bedarfsdeckung dienen und menschliche Bedürfnisse befriedigen. Formalziele dagegen beziehen sich auf die Modalitäten der Handlungsfunktion, beim kapitalistischen Unternehmen also vor Allem auf die Gewinnerzielung. Da der Ausdruck „Sachziel" in meiner Terminologie zu Missverständnissen Anlass geben könnte, will ich die outputbezogenen Ziele als Primärziele bezeichnen und die funktionsbezogenen „Formalziele" im Weiteren als Sekundärziele apostrophieren. Gewiss mögen die tatsächlichen Prioritäten im Einzelfall dieser Bezeichnungsweise widersprechen, Doch ist meine Wortwahl damit zu rechtfertigen, dass die outputbezogenen Ziele handlungstheoretisch den logischen Vorrang haben. Das *Primärziel* eines Handlungssystems liegt grundsätzlich darin, die Systemumgebung im bestimmter Weise zu verändern. In einer Zielhierarchie erweisen sich solche primären Handlungsziele durchweg als Konkretisierungen allgemeinerer normativer Konzepte, die bei den einzelnen Menschen als

---

[1] Lenk 1975, 100ff.
[2] Kosiol 1972, 54 u. 223ff.

Ziele

Bedürfnisse, bei den Mesosystemen als Organisationsziele und beim Makrosystem als Grundwerte auftreten. Ganz einfach erklärt sich nun die Sachverwendung im Falle des Komplementationsprinzips. Wenn der Handlungsplan, der zur Erfüllung des Primärzieles konzipiert wird, Teilfunktionen enthält, die von menschlichen Handlungssystemen prinzipiell nicht geleistet werden können, müssen zwangsläufig Sachsysteme mit entsprechender Funktion integriert werden, damit das Primärziel überhaupt erreicht werden kann. Wer im heissen Sommer zu Hause eiskalte Getränke geniessen will, der kommt nicht umhin, dazu einen Kühlschrank zu verwenden. So weit also das Sachsystem eine Komplementation bedeutet, reicht das Primärziel zur Erklärung der Sachverwendung aus.

Anders hingegen verhält es sich bei der Substitution. Bei diesem Integrationsprinzip versteht sich der Technikeinsatz nicht aus dem Primärziel, weil dieses ja auch ohne Sachverwendung zu erreichen wäre. Es liegt nun auf der Hand, als weitere Erklärungsprämisse ein *Sekundärziel* ausfindig zu machen, das erst dadurch erfüllt wird, dass sich das Handlungssystem eines Sachsystems bedient. Wenn mein Primärziel darin besteht, einen Wald in der näheren Umgebung zu besuchen, kann ich dieses Ziel ohne Weiteres zu Fuss erreichen; wenn ich gleichwohl ein Fahrrad oder ein Auto dafür benutze, muss es ein Sekundärziel geben, das ich zusätzlich erfüllen möchte. Solche Sekundärziele sind vor Allem das Rationalprinzip, das Leistungsprinzip und das Spielprinzip.

Das *Rationalprinzip* wird häufig auch als Prinzip der *Zweckrationalität* bezeichnet.[1] In allgemeiner Form postuliert es, im Handeln den Quotienten aus Nutzen und Aufwand zu maximieren, also einen bestimmten Nutzen mit möglichst geringem Aufwand zu erzielen oder mit einem bestimmten Aufwand einen möglichst hohen Nutzen herbeizuführen. Es kommt nun darauf an, was man als Nutzen und was man als Aufwand definiert. Wenn der Nutzen darin besteht, irgend ein gewähltes Handlungsziel zu erreichen, und der Aufwand in der Zeit oder in der Anstrengung gesehen wird, die man darauf verwenden muss, dann erweist sich das Rationalprinzip als eine grundlegende menschliche Handlungsmaxime, die in allen denkbaren Lebensbereichen verfolgt wird; im Extremfall kann sie sich sogar ein religiöser Mensch zu eigen machen, wenn er den Nutzen, sein ewiges Seelenheil, mit möglichst kurzen Gebetszeiten sichern möchte. Da freilich das Rationalprinzip vor Allem in ökonomischen Kategorien präzisiert worden ist, wird es vielfach auch als *ökonomisches Prinzip* bezeichnet. Wenn es dann in Handlungssphären auftritt, die nicht zur Wirtschaft im engeren Sinn gehören, folgern manche Wirtschaftstheoretiker daraus die universelle Geltung des Ökonomischen und

---

[1] Vgl. M. Webers Definition der Zweckrationalität, die ich in Abschnitt 3.6.2 bereits zitiert habe.

interpretieren auch den erwähnten Kurzbeter als *homo oeconomicus*, als einen Wirtschaftsmenschen.[1]

Mir scheint es hingegen zweckmässiger, zwischen einem allgemeinen Rationalprinzip und einem ökonomischen Rationalprinzip zu unterscheiden. Das allgemeine Rationalprinzip findet sich in beliebigen menschlichen Handlungsbereichen, ohne dort das einzige Handlungsprinzip zu sein. Das allgemeine Rationalprinzip ist ein unentbehrlicher Erklärungsfaktor, wenn Gründe für die substitutive Sachverwendung gefunden werden sollen. Zunächst erinnere ich an das schon früher zitierte Wort von Ortega y Gasset, dass die Technik „die Anstrengung ist, Anstrengung zu ersparen".[2] Daran anschliessend kann ich die folgende Hypothese präzisieren: Immer dann, wenn ein Handlungssystem ein bestimmtes Primärziel auch ohne Technikeinsatz erreichen könnte, wird es doch zur Verwendung eines Sachsystems tendieren, wenn dadurch das Sekundärziel des Rationalprinzips besser erfüllt wird.

Sofern bei reiner Substitution der Nutzen des erreichten Primärziels in beiden Fällen konstant ist, wird die Sachverwendung also dann gewählt, wenn der Aufwand geringer ist, als wenn auf das Sachsystem verzichtet würde; dabei muss natürlich neben dem Handlungsaufwand auch der Aufwand berücksichtigt werden, der für die Verfügbarkeit und die Integration des Sachsystems anfällt. Sinkt andererseits der Gesamtaufwand bei der Sachverwendung nicht, so wird ein Handlungssystem gleichwohl immer dann zum Technikeinsatz tendieren, wenn es dadurch ein bestimmtes Primärziel in höherem Masse erreichen oder auch weitere Primärziele damit verwirklichen kann. Diese zweite Fassung des Rationalprinzips gilt insbesondere für Fälle der quantitativen Steigerung der Funktionsfähigkeit und liefert überdies ein zusätzliches Argument für die komplementative Sachverwendung.

Aber das Rationalprinzip ist wie gesagt keineswegs das einzige Sekundärziel, mit dem die Sachverwendung zu erklären ist. Es gibt auch das *Leistungsprinzip*, das man natürlich nicht als Prinzip maximalen Erfolges, sondern als Prinzip der maximalen Ausschöpfung eigener Möglichkeiten zu verstehen hat.[3] Dann wird dem Aufwand und der Anstrengung ein Eigenwert beigemessen, der genau so ernst genommen wird wie das Primärziel. Das mag dazu führen, auf den Einsatz eines Arbeit sparenden Sachsystems, im Gegensatz zum Rationalprinzip, zu verzichten oder umgekehrt ein Sachsystem nur darum zu verwenden, weil seine Integration und Nutzung mit besonderer Anstrengung verbunden ist. Eindrucksvolle Beispiele finden sich vor Allem im

---

[1] Zum Modell des *Homo oeconomicus* und zu seiner Kritik Albert 1967, passim; Kirsch 1977, Teil I, 67ff; Esser 1996, 236ff.
[2] Ortega y Gasset 1949, 42.
[3] Vgl. besonders Lenk 1983.

Sport, wo etwa für Schweiss treibendes Muskel- und Kreislauftraining die raffiniertesten Geräte und Maschinen ersonnen worden sind. Aber auch mancher Computereinsatz dürfte eher dem Leistungsprinzip als dem Rationalprinzip genügen – es sei denn, dabei regiere das Spielprinzip.

Das *Spielprinzip* ist ebenfalls dadurch charakterisiert, den Handlungsverlauf selbst positiv auszuzeichnen.[1] Ebenso wie beim recht verstandenen Leistungsprinzip geht es auch beim Spielprinzip dem Handlungssystem darum, Möglichkeiten eigener Tätigkeit zu erproben und auszuschöpfen, ohne durchgängig im verpflichtenden Bann des Primärzieles zu stehen. Der Akzent liegt hier jedoch nicht auf der Anstrengung, sondern umgekehrt auf der Freude, Entspanntheit und Mühelosigkeit, mit der in zwangloser Betätigung beliebige Variationsmöglichkeiten zu erkunden und neue Erfahrungen zu gewinnen sind. Manche Sachverwendung, die mit dem Rationalprinzip kaum zu rechtfertigen wäre, lässt sich wohl nur aus dem Spielprinzip erklären, und es gibt Anhaltspunkte dafür, dass diese Vermutung nicht nur die Individuen betrifft.

Die vorstehenden Überlegungen beziehen sich nicht allein auf die zieldominante Variante der Sachverwendung, sondern gelten grossenteils auch für die mitteldominante Ablaufstruktur. Wie mehrfach betont, kann diese die Zielsetzung weder determinieren noch ersetzen, sondern sie eröffnet mit der Entdeckung eines neuen Sachsystems lediglich neue Felder möglicher Zielsetzung. Die zielprägende Potenz der Sachsysteme aber vermag sich doch letztlich nur in der Zielsetzung eines Handlungssystems zu aktualisieren – selbst wenn dieses die sachinduzierte Zielanmutung lediglich zustimmend übernimmt. Die blosse Existenz eines Sachsystems ist noch keine Erklärung dafür, dass es verwendet wird. Immer sind es die Handlungsziele, welche die Sachverwendung erklären, auch wenn sie durch die Existenz des Sachsystems beeinflusst sein mögen.

Freilich gibt es ein anderes Phänomen, das gelegentlich, wenn auch zu Unrecht, ebenfalls als „Sachzwang" gedeutet wird, obwohl es in den Bereich der Zielsetzung gehört. Ich meine die Prioritätsverkehrung zwischen Primär- und Sekundärziel, wenn etwa ein Unternehmen die Bedarfsdeckung der Gewinnerzielung unterordnet oder wenn ein einzelner Mensch seinen Computer vor Allem zum Spielen benutzt. Wer im einen Fall die liberalistische Auffassung von den Gemeinwohleffekten der verselbständigten Gewinnorientierung nicht teilt oder im anderen Fall die ethische Dignität des Spielprinzips in Zweifel zieht, mag in derartigen Phänomenen der Prioritätsverkehrung eine Perversion der Sachverwendung sehen. Nichts berechtigt jedoch zu der Annahme, die Sachsysteme selbst wären daran schuld.

---

[1] Grundlegend Huizinga 1938.

4.8.2 Hierarchiestufen

Wie in früheren Abschnitten will ich auch hier die allgemeinen Überlegungen für die einzelnen Hierarchiestufen differenzieren und konkretisieren. Auf der *Mikroebene* der individuellen Sachverwendung ergeben sich die Primärziele in erster Linie aus den menschlichen Bedürfnissen. Da ich die Problematik des Bedürfnisbegriffs schon an anderer Stelle diskutiert habe, will ich es hier mit einer kurzen Erläuterung bewenden lassen.[1] „Bedürfnisse sind der Ausdruck für das, was zur Lebenserhaltung und Lebensentfaltung eines Menschen notwendig ist. Im Gegensatz zur Beliebigkeit des Wunsches hebt das Bedürfnis auf die Notwendigkeit der Befriedigung ab. Was allerdings als unerlässlich gilt, hängt vom jeweiligen Entwicklungsstand von Kultur und Gesellschaft ab; in der Industriegesellschaft konkretisieren sich die Bedürfnisse anders als in einem Naturvolk. Oft wird ein nicht befriedigtes Bedürfnis subjektiv als Gefühl eines Mangels erlebt; es gibt aber auch Bedürfnisse, die mit keinem Mangelerlebnis verbunden sind, weil sie entweder regelmässig und dauerhaft befriedigt werden oder aus anderen Gründen dem Individuum nicht zu Bewusstsein kommen".[2]

Menschen verwenden mithin Sachsysteme, um damit jene Bedürfnisbefriedigung zu erzielen, die von den Sachfunktionen geleistet wird. Wenn sie, im Sinne der mitteldominanten Ablaufstruktur, neue Sachsysteme kennen lernen, mögen sie auch neue Bedürfnisse entwickeln, die über die so genannten Grundbedürfnisse wie Nahrung, Kleidung, Behausung usw. weit hinaus gehen. Haben sie die neuen Bedürfnisse angenommen, erklären diese zwanglos auch die neue Sachverwendung. Allerdings ist für die Sachverwendung der Individuen nicht nur die unmittelbare Bedürfnisorientierung charakteristisch, sondern häufig auch die Überlagerung des Primärzieles durch Nebenziele, die, weil sie sich ebenfalls auf die Umgebungsveränderung beziehen, keineswegs zu den Sekundärzielen zu rechnen sind. Zwei typische Phänomene dieser Art habe ich schon früher angedeutet und brauche sie jetzt nur noch in Bezug auf die Zielproblematik zu präzisieren: die Nebenziele der Statusmarkierung und des Lohnerwerbs.

Bei der *Statusmarkierung* tritt die Hauptfunktion hinter die Spekulation mit der Nebenfunktion zurück, die ein Sachsystem für gesellschaftliche Information zu leisten vermag. Wer sich alle zwei Jahre das neueste Automodell kauft, dem ist die Imponierfunktion des Kraftfahrzeuges mindestens ebenso wichtig wie die Transportfunktion; und wer – ein Beispiel aus neuester Zeit – im Bahnabteil, in der Gaststätte und auf öffentlichen Plätzen fortgesetzt

---

[1] Vgl. das 4. Kapitel in meinem Buch von 1991.
[2] VDI 3780, 4f; der letzte Satz des Zitats ist wörtlich aus der ersten Auflage dieses Buches übernommen worden.

ostentativ sein Mobiltelefon verwendet, scheint damit auch eher seine Modernität demonstrieren als sein Kommunikationsbedürfnis befriedigen zu wollen. Man kann sich natürlich fragen, welche Hintergründe die unbestreitbare Wirksamkeit solcher Imagepflege hat; möglicherweise ist es als psychosoziale Überkompensation zu verstehen, die prinzipielle Fremdheit des Artefakts, auf die man sich in der Nutzung einlässt, in ein distinguierendes Persönlichkeitsmerkmal umzumünzen. Freilich darf man nicht vergessen, dass die Werbung diese Zielüberlagerung erheblich verstärkt und manchmal überhaupt erst ins Werk setzt; auch behält das Märchen von des Kaisers neuen Kleidern nur so lange seine Geltung, wie alle daran glauben – doch Viele scheinen gern zu glauben.

Sehr reale Wurzeln hat demgegenüber das zweite Phänomen, die Mediatisierung des Primärziels in der *Lohnarbeit*. Bekanntlich ist dem Lohnarbeiter das Produktionsziel, das er mit der Verwendung der Produktionsmittel zwangsläufig verfolgt, meist ziemlich gleichgültig. Die Sachverwendung erscheint ihm lediglich als Mittel, um seinen Lohn zu verdienen. Nicht was er mit seiner Arbeit hervor bringt, ist für den Lohnarbeiter wichtig, sondern allein die Tatsache, dass er dafür Geld erhält, das er ausserhalb der Erwerbstätigkeit gegen Bedarfsgüter eintauschen kann. Der tiefere Grund für diese Zielentfremdung liegt natürlich darin, dass die fortgeschrittene Arbeitsteilung bislang die demokratische Koordination der individuellen Zielsetzungen vernachlässigt hat. Wenn es nicht Utopie bleiben soll, dass jeder Einzelne der assoziierten Produzenten das korporative Primärziel zu seinem persönlichen Primärziel machen kann, dann werden wohl nur partizipatorische Organisationsformen – die übrigens mit bestehenden Eigentumsrechten verträglich sein können – die Chance bieten, der Zielentfremdung der arbeitenden Menschen entgegen zu wirken.

Neben solchen Zielüberlagerungen ist für die individuelle Sachverwendung charakteristisch, dass das *Rationalprinzip* merklich relativiert wird. Aus den verschiedensten Gründen sind die einzelnen Menschen häufig weder objektiv in der Lage noch subjektiv bereit, ihre Handlungspläne einem präzisen Kosten-Nutzen-Kalkül zu unterwerfen. Gewiss ist es grundsätzlich schwierig, einen Nutzen exakt abzuschätzen; das gilt natürlich besonders auch für den Geltungsnutzen, der bei personaler Sachverwendung eine bedeutende Rolle spielt. Bei der Kostenkalkulation, die viel leichter anzustellen wäre, scheinen gelegentlich Attitüden im Spiel zu sein, die mit der Vermeidung kognitiver Dissonanz zusammen hängen. Viele Autobesitzer beispielsweise scheinen gar nicht genau wissen zu wollen, was das Autofahren wirklich kostet, weil sonst der Rationalitätsanspruch, den sie durchaus proklamieren, auf eine harte Probe gestellt würde.

Welcher Autofahrer würde wohl eingestehen wollen, dass er mit seinem Fahrzeug aufs Ganze gesehen überhaupt keine Zeit spart? Dies jedenfalls ist das drastische Ergebnis eines Rechenexempels, das für die Ermittlung der Geschwindigkeit nicht nur die Fahrzeit berücksichtigt, sondern auch die anteiligen Zeiten für Pflege, Wartung, Parkplatzsuche usw. sowie die Arbeitszeit, die abzuleisten ist, damit man das Auto finanzieren kann. Dann mag man zwar hundert Kilometer in einer Stunde zurücklegen, aber man muss weitere vierzehn Stunden für den zusätzlichen Aufwand veranschlagen, so dass sich eine „verallgemeinerte Geschwindigkeit" von rund sechs Stundenkilometern ergibt; als „schnellstes" Verkehrsmittel erweist sich in dieser Sicht das Fahrrad.[1] Gewiss gibt es Gründe, diese Überlegung als Milchmädchenrechnung abzutun, aber sie wirft doch ein bezeichnendes Licht auf die mangelhafte Ausbildung des Rationalprinzips in der individuellen Sachverwendung.

Hat man den einmaligen Aufwand für die Anschaffung eines Sachsystems geleistet, empfiehlt das Rationalprinzip, den dadurch möglichen Nutzen möglichst oft zu realisieren. Das misst man in der Betriebswirtschaft mit der Kennziffer des Ausnutzungsgrades, mit dem Quotienten aus Nutzungszeit und Kalenderzeit; bei industriellen Produktionsmitteln liegt der *Ausnutzungsgrad* zwischen 25% und knapp 100%.[2] In der privaten Sachverwendung dagegen spielt auch diese Ausprägung des Rationalprinzips keine besondere Rolle. Elektrische Hausgeräte wie Heimwerkermaschinen oder Saftpressen sind im Allgemeinen nur wenige Stunden im Jahr in Betrieb und erreichen damit einen Ausnutzungsgrad von nicht einmal einem Prozent; auch das private Kraftfahrzeug bringt es nur auf zwei bis fünf Prozent. Mit geeigneten Verleihorganisationen könnte der Technikeinsatz wesentlich rationeller eingerichtet werden, doch offensichtlich geniesst bei den Menschen die ständige Verfügbarkeit der Sachsysteme absolute Priorität; gegenüber dem Primärziel tritt das Rationalprinzip völlig in den Hintergrund.

Nicht selten schliesslich verdrängen andere Sekundärziele nicht nur das Rationalprinzip, sondern auch die Primärziele; das gilt vor Allem für das *Spielprinzip*. Der Modellbahnspezialist, der ohne ernsthafte Absichten seine ganze Freizeit mit Planung, Aufbau und Betrieb einer elektrischen Eisenbahn verbringt, verkörpert idealtypisch, was manche Verwender tatsächlich nützlicher Sachsysteme mit dem Alibi vorgeschobener Primärziele zu verdecken suchen. Der Digitaluhrbesitzer, der ständig die Anzeige der Hundertstel-Sekunden abfragt, der Taschenrechner-Experte, der mit seinem Gerät die absurdesten Rechenaufgaben zelebriert, der Fotoamateur, der ein ganzes Objektivsortiment mit sich schleppt, um abgedroschenste Motive mit allen

---

[1] Illich 1975, 28; detaillierte Berechnungen bei Dupuy/Gerin 1975, 167.
[2] Vgl. mein Buch von 1971, 88ff.

nur erdenklichen Brennweiten abzulichten: sie alle legen Zeugnis ab für die Bedeutung des Spielprinzips bei der individuellen Sachverwendung. Ausserdem gibt es dann noch den Grenzfall, dass die Aneignung von Sachsystemen zum Selbstzweck wird und nurmehr eine seltsame Sammlerleidenschaft befriedigt.

Die menschlichen Zielsysteme sind also keineswegs so durchsichtig und einheitlich, dass man daraus einfache und allgemein gültige Erklärungen der individuellen Sachverwendung gewinnen könnte. Gegenüber den allgemeinen Grundsätzen, die ich im ersten Teil dieses Abschnitts dargestellt habe, zeichnet sich die personale Sachverwendung durch eine Reihe von Komplikationen aus, denen in detaillierten Studien nachzugehen wäre. Angesichts des gesellschaftlichen Charakters, den die Technikverwendung schon auf der Mikroebene zeigt, erhebt sich überdies die Frage, in wie weit für eine erschöpfende Erklärung die individuellen Ziele überhaupt ausreichend sind, und in wie weit kollektive Normen und Werte hinter dem Rücken der Individuen ihren Einfluss geltend machen.

Auf der *Mesoebene* der industriellen Organisationen spielt das Rationalprinzip, im Unterschied zu den Individuen, eine herausragende Rolle, so dass nicht selten die Prioritätsverkehrung von Primär- und Sekundärzielen zu beobachten ist; so heisst es in einem unverdächtigen Lehrbuch der Betriebswirtschaftslehre, dass „die Bedarfsdeckung nur ein Nebeneffekt unternehmerischer Betätigung" ist.[1] Diese zugespitzte Auffassung ist in den letzten Jahren unter dem Druck gesellschaftlicher und ökologischer Probleme von manchen Wirtschaftsexperten relativiert worden;[2] gleichwohl dominiert nach wie vor das Rationalprinzip weite Teile der industriellen Sachverwendung.

Hier muss ich nun nachtragen, dass das Rationalprinzip in Technik und Wirtschaft verschiedene Ausprägungen annimmt, die sorgfältig zu unterscheiden sind. In der Energietechnik beispielsweise tritt es als Wirkungsgrad auf, wenn der Nutzen durch die nutzbare Energie und der Aufwand durch die zugeführte Energie beschrieben werden. Daran knüpft sich übrigens ein nicht enden wollender Streit, ob der Wirkungsgrad als originär technologisches Kriterium anzusehen ist, oder ob darin die Vorherrschaft des ökonomischen Prinzips über die Technik zum Ausdruck kommt. Folgt man meinem Abgrenzungsvorschlag, prägt sich im Wirkungsgrad nicht das wirtschaftliche, sondern das allgemeine Rationalprinzip aus. Das gilt meines Erachtens auch für die Produktivität, jedenfalls, so lange sie in physischen Mengeneinheiten angegeben wird. Dann misst man den Nutzen als Produktmenge und den

---

[1] Heinen 1966, 90.
[2] Vgl. z. B. Reichwald u. a. 1996; Hoss/Schrick 1996; ferner die anwachsende Diskussion einer möglichen Unternehmensethik, z. B. in Lenk/Maring 1998.

Aufwand als Menge der eingesetzten Produktionsfaktoren, also beispielsweise die Arbeitsproduktivität als Produktmenge pro Arbeitsstunde.

Allerdings liegt die Produktivität bereits im Übergangsbereich zum wirtschaftlichen Rationalprinzip, vor Allem, wenn man sie aus Gründen der Vergleichbarkeit mit Hilfe von Preisen monetarisiert; zehn Stück Stecknadeln sind nicht äquivalent zu zehn Stück Autos, so dass man für einen Produktivitätsvergleich die jeweiligen wirtschaftlichen Gegenwerte ansetzen muss und die Arbeitsproduktivität als Geldwert pro Arbeitsstunde angibt. Eine eindeutig wirtschaftliche Ausprägung des Rationalprinzip ist dann die Wirtschaftlichkeit im engeren Sinne; den Nutzen bilden die erzielten Erlöse und den Aufwand die Kosten der Produkte. Da die Erlöse marktabhängig und somit nur in Grenzen zu beeinflussen sind, interpretiert man die Wirtschaftlichkeit häufig als Kostenminimierung bei konstanter Produktmenge. Schliesslich tritt im kapitalistischen Unternehmen das Rationalprinzip auch als Rentabilität auf; dann ist der Nutzen der erzielte Gewinn und der Aufwand das eingesetzte Eigenkapital.

Auf die keineswegs trivialen Zusammenhänge zwischen diesen verschiedenen Ausprägungen des Rationalprinzips kann ich hier nicht eingehen. Festhalten will ich lediglich, dass Produktivitätsmaximierung und Kostenminimierung in jedem korporativen Handeln als Sekundärziele bedeutsam sind und daher auch in genossenschaftlichen und anderen gemeinwirtschaftlichen Betrieben gelten.[1] Die Gewinnmaximierung ist dagegen eine Besonderheit des privatwirtschaftlichen Unternehmens, das seinen Eignern in der Konkurrenz mit den Geldmärkten eine attraktive Rendite bieten muss. Darum gehen neuere techniksoziologische Deutungen in die Irre, die behaupten, das Rationalprinzip wäre für die Erklärung der Technisierung unerheblich.[2] Tatsächlich spielt das Rationalprinzip, besonders in seiner Ausprägung als Wirtschaftlichkeit, in den industriellen Organisationen eine dominierende Rolle. Gottl-Ottlilienfeld geht gar so weit, eine umfassende und in ihrer Geschlossenheit höchst eindrucksvolle Prinzipienlehre der industriellen Technik aus diesem Rationalprinzip abzuleiten.[3] So lassen sich denn auch die meisten Gestaltungsregeln der industriellen Technikverwendung aus der Prämisse erklären, dass die zuständigen Entscheidungsträger nach einem wie immer interpretierten und realisierten Rationalprinzip handeln. Wer das nicht glauben will, schaue sich die einschlägigen Lehrbücher und Vorlesungsinhalte der Produktionswissenschaft an, deren Wissen jene Manager verinnerlicht haben.

---

[1] So schon Gutenberg 1966, 445ff.
[2] So z. B. Rammert 1993, 156ff.
[3] Gottl-Ottlilienfeld 1923.

Ziele

Gewiss gibt es in der Praxis Datenunsicherheiten und Prognosedefizite des Wirtschaftlichkeitskalküls, die durch alle möglichen Verfeinerungen zwar verringert, aber nicht grundsätzlich beseitigt werden können. Gleichwohl sind sich die Praktiker in der Wirtschaft darüber einig, dass eine schlechte Entscheidungsbasis immer noch besser ist als gar keine. So gibt es in der Industrie wohl kaum eine neue Technikverwendung, die nicht mit dem Wirtschaftlichkeitskalkül und mit erwarteten Rentabilitätsgewinnen begründet würde. Selbst wenn man derartige Entscheidungsgrundlagen methodologisch anfechten kann, sind sie doch als Rechtfertigungsinstrument gegenüber dem Imperativ der Kapitalverwertung unentbehrlich, und sie entfalten darum als eine Art regulativer Idee nach wie vor ihre Steuerungskraft. Ich halte es daher für eine dringende Aufgabe der staatlichen Wirtschafts- und Gesellschaftspolitik, die Rahmenbedingungen für die industriellen Organisationen derart zu gestalten, dass nicht länger eine auf die Spitze getriebene Wirtschaftsrationalität in gesellschaftliche Irrationalität umschlägt.

Mit der letzten Bemerkung bin ich zur staatlichen *Makroebene* übergegangen. Hier steht die Zielanalyse vor der Schwierigkeit, dass sich angesichts des theoretischen Widerstreits verschiedener Staatsauffassungen in der politischen Wirklichkeit je nach den Machtverhältnissen unterschiedliche Kompromisse bilden, die mit den jeweiligen Politikfeldern variieren und bald längeren, bald kürzeren Bestand haben. In einer hier unvermeidlichen Verkürzung unterscheide ich die liberalistische Auffassung vom Nachtwächterstaat und die sozialistische Auffassung vom Wohlfahrtsstaat.[1] Bei der eleganten, aber interpretationsoffenen Formel „So wenig Staat wie möglich, so viel Staat wie nötig" betont die eine Seite den ersten Teil, die andere Seite den zweiten Teil der Maxime. Auf diese staatsphilosophische Kontroverse kann ich natürlich nicht näher eingehen; ich will lediglich an wenigen Beispielen zeigen, dass sich daraus unterschiedliche Konsequenzen für die staatlichen Ziele der Technikverwendung ergeben.

Nach liberalistischer Auffassung besteht die Aufgabe des Staates vor Allem darin, seine Bürger vor äusserer und innerer Gewalt zu schützen. Dann beschränkt sich die Sachverwendung auf technische Mittel der Gewaltandrohung und Gewaltausübung, insbesondere auf die Militär- und Waffentechnik, die heute freilich ein ganzes Spektrum moderner Techniken umfasst. Für diese Sachverwendung dominiert eindeutig das Primärziel, fremde Gewaltausübung abzuwehren. Überspitzt ausgedrückt, besteht das Ziel dieser Sachverwendung gerade darin, die Waffensysteme eben *nicht* anzuwenden. Be-

---

[1] Da die Perversionen des Pseudosozialismus inzwischen vergangen sind, empfehle ich, das Wort „Sozialismus" zu rehabilitieren und, wie in anderen europäischen Ländern, sozialphilosophisch-deskriptiv für Auffassungen zu verwenden, die dem Sozialstaatsgebot Vorrang geben.

kanntlich ist jedoch binnenstaatlich der Einsatz konventioneller und informationstechnischer Waffen bei der Verhütung und Verfolgung von Verbrechen unvermeidlich, und das kriegstechnische Gerät wird regelmässig übungshalber verwendet, damit es im Ernstfall vom Militär beherrscht wird.

Das wirtschaftliche Rationalprinzip tritt hinter dem Primärziel zurück; man denke daran, dass ein modernes Kampfflugzeug Hunderte von Millionen[1] kostet und günstigenfalls nach einigen Jahren verschrottet wird, ohne je einen Kriegseinsatz erlebt zu haben. Da ich die zutiefst dunkle Seite der Technik an dieser Stelle beim Namen nennen muss, will ich nicht übergehen, dass die moderne Kriegstechnik allerdings durch eine höchst makabre Ausprägung des allgemeinen Rationalprinzips gekennzeichnet ist: die Tötungsproduktivität; bei diesem unschönen Kennwert wird der Nutzen durch die Zahl der Opfer und der Aufwand durch die Kosten eines Waffeneinsatzes definiert.[2] Spätestens jetzt dürfte klar geworden sein, dass man das Rationalprinzip nur als formales Konstrukt verstehen und keinesfalls umstandslos mit der menschlichen Vernunft in eins setzen darf. Übrigens wird man in der Militärtechnik, vor Allem, wenn sie sich auf den Weltraum ausdehnt, auch Beispiele dafür finden können, dass statt des Primärziels das Leistungs- bzw. das Spielprinzip eine bemerkenswerte Rolle spielt.

Zwar wird die radikale Beschränkung des Staates auf die blosse Nachtwächterrolle gegenwärtig nirgends praktiziert, doch sind unter der Parole der Deregulierung, wie schon früher erwähnt, einige Felder der Technikverwendung, die zunächst in sozialstaatlicher Zuständigkeit gelegen hatten (Eisenbahn, Post- und Fernmeldewesen), inzwischen privatisiert worden. Man hat dem Staat sachtechnische Primärziele mit der Begründung abgenommen, die Bürokratie besitze zu wenig Kompetenz für die Erfüllung ökonomischer Sekundärziele. Da erhebt sich natürlich die Frage, ob das primäre Wohlfahrtsziel, alle Bürger an grossen technischen Sachsystemen angemessen teil haben zu lassen, noch erfüllt werden kann, wenn es dem Primat des betriebswirtschaftlichen Kalküls unterworfen wird; die Auflösung „unwirtschaftlicher" Nutzungsgelegenheiten, die mittlerweile zu beobachten ist, scheint diese Sorge zu rechtfertigen.

Freilich hat sich der Staat auch in den erwähnten Bereichen nicht völlig zurück gezogen, sondern sich im Sinn seiner sozialen Ordnungsaufgabe wenigstens die Oberaufsicht über die Bedingungen der kollektiven Technikverwendung vorbehalten. Auch sonst erfüllt der Staat eine Vielzahl hoheitlicher

---

[1] Die Währungseinheit, sei es die Deutsche Mark oder der Dollar, spielt für die grundsätzliche Überlegung bei diesen Grössenordnungen kaum noch eine Rolle.

[2] Ich übernehme diesen Begriff von Krupp 1984, der angibt, dass dieser Kennwert seit dem Zweiten Weltkrieg von 0,001 auf 100 Tötungen pro DM gestiegen ist, und die Fragwürdigkeit von Ingenieursleistungen beklagt, die solchen Zahlen zu Grunde liegen.

Ziele

Aufgaben in der Technikkontrolle (Gewerbeaufsicht, Baurecht, Umweltrecht usw.),[1] womit dem Zusammenhang Rechnung getragen wird, auf den ich schon mehrfach hingewiesen habe: dass nämlich auch die private und korporative Sachverwendung ihre gesellschaftlichen und politischen Implikationen hat, die für die Staatsziele keineswegs gleichgültig sind. Mit solchen Kontrollaufgaben kann dann freilich die Tatsache kollidieren, dass mit zunehmender Verbreitung der Informationstechnik die Staatsverwaltung selbst zu einem der grössten Technikverwender geworden ist. Dabei stehen selbstverständlich die jeweiligen Primärziele im Vordergrund, und das Rationalprinzip im Sinne grösstmöglicher Produktivität und sparsamer Haushaltsführung ist dann lediglich ein beachtenswertes Nebenziel.

Vertritt man, im Gegensatz zu liberalistischer Staatsabstinenz, die sozialistische Auffassung, dass der Staat nicht nur Gefahren abwehren, sondern aktiv und konstruktiv die Wohlfahrt der Bürger fördern soll, dann muss er auch dem Ziel dienen, die Bedingungen und Folgen gesellschaftlicher Technikverwendung optimal zu gestalten. Die zuvor erwähnten Aktivitäten der Technikkontrolle erweisen sich in dieser Sicht als Vorformen einer umfassenden politischen Technikbewertung und Techniksteuerung,[2] die der Staat dafür einzusetzen hat, dass die unmittelbaren Primärziele des Technikeinsatzes und dessen mittelbare Folgen mit den sozialstaatlichen Grundwerten (Wohlstand, Gesundheit, Sicherheit, Umweltqualität, Gesellschaftsqualität und Persönlichkeitsentfaltung)[3] verträglich sind. Schliesslich müssen diese Grundwerte im Sinn des Prinzips der dauerhaft tragbaren Entwicklung („sustainable development") interpretiert werden.[4] Diese weltpolitische Maxime geht natürlich weit über den Einflussbereich der Nationalstaaten hinaus, die verständlicherweise supranationale Konzerne nicht an nationale Politik binden können. So gelange ich an einen Punkt, an dem ich das bislang benutzte Drei-Stufen-Schema überschreiten und jenseits der Makroebene eine Megaebene der Weltinnenpolitik konzipieren muss, die es dann mit den Zielen der globalen Technikverwendung zu tun haben wird. Es ist eine Schicksalsfrage der Menschheit, ob, wann und wie diese Konzeption den Schein des Utopischen wird abstreifen können.

---

[1] Th. Ellwein in meinem Sammelband von 1981, 169ff.
[2] Vgl. Rossnagel 1993 sowie mein Buch von 1996 und die in diesen Büchern genannte Literatur.
[3] Diese Werte nennt VDI 3780, 7ff.
[4] Agenda 1992.

4.9 Zusammenfassung: Verflechtung und Sachdominanz

In diesem Kapitel habe ich die systemtheoretische Konzeption des dritten Kapitels für die Technikverwendung phänomenologisch interpretiert und von Fall zu Fall mit empirischen Beispielen belegt.[1] Generell bedeutet die Sachverwendung die Bildung eines soziotechnischen Systems, in dem menschliche Funktionsträger mit sachtechnischen Funktionsträgern zu einer Handlungseinheit verschmelzen. Erst in der soziotechnischen Handlungseinheit verwirklicht sich die Funktion des Sachsystems, die sonst nur als Möglichkeit bestände. So bestätigt sich der Technikbegriff, den ich in der Einleitung definiert hatte: Technik umfasst nicht nur die künstlich gemachten Sachen, sondern vor Allem auch deren Verwendungszusammenhänge.

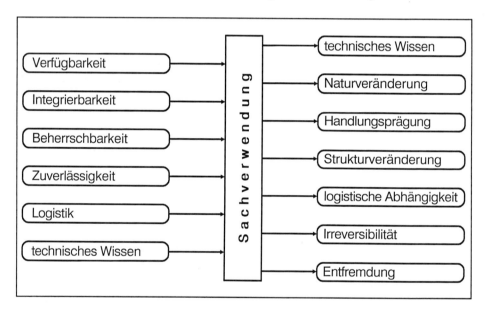

Bild 34 Bedingungen und Folgen der Sachverwendung

Damit eine Sachverwendung zu Stande kommt, muss zunächst die Äquivalenz einer Sachfunktion mit einer Handlungsfunktion festgestellt werden; das ist die soziotechnische Identifikation. Bei der nachfolgenden Integration des Sachsystems sind zwei Prinzipien zu unterscheiden: Bei der Substitution wer-

---

[1] Es hätte den Charakter einer philosophischen Orientierung und den Rahmen einer zweiten Auflage gesprengt, wenn ich hier Alles zusammengeführt hätte, was die interdisziplinäre Technikforschung an empirischem Material inzwischen gewonnen hat. Dieses Material mit Hilfe der erarbeiteten Kategorien zu systematisieren, muss einer anderen Arbeit vorbehalten bleiben.

Zusammenfassung

den ursprünglich menschliche Handlungsfunktionen durch das Sachsystem ersetzt, während bei der Komplementation das Sachsystem eine neue Funktion beisteuert, die von menschlichen Funktionsträgern gar nicht geleistet werden könnte. In jedem Fall müssen für die Verwendungshandlungen eine Reihe von Bedingungen erfüllt sein, und man kann verschiedene Arten von spezifischen Folgen identifizieren; dabei erweist sich technisches Wissen gleichermassen als Bedingung und Folge (vgl. *Bild 34*). Schliesslich wird die Sachverwendung wie alles Handeln von bestimmten Zielen geleitet. Neben den Primärzielen, an denen sich die jeweiligen Sachfunktionen unmittelbar orientieren, sind Sekundärziele zu erkennen, unter denen das Rationalprinzip eine herausragende, wenn auch nicht die alleinige Rolle spielt.

Die allgemeinen Kategorien der Sachverwendung können sich auf den einzelnen Hierarchieebenen unterschiedlich ausprägen. So folgt die individuelle Technikverwendung in der Mehrzahl der Fälle der mitteldominanten Ablaufstruktur. Statt dass sich der Einzelne autonom ein Handlungsziel gesetzt hätte, für dessen Erfüllung er dann ein geeignetes Sachsystem sucht und findet, wird ihm in der Regel vorgängig ein Sachsystem so zu sagen als „Zweck-Mittel-Kombination" angeboten.[1] Das Sachsystem legt also dem Verwender von vorn herein ein Handlungsziel nahe, das bereits der Hersteller mit der Produktkonzeption vorweg genommen hat. Auf der Meso- und Makroebene dagegen überwiegt die zieldominante Ablaufstruktur. Auch ist bei den Individuen das Rationalprinzip, dem gemäss Nutzen und Aufwand der Sachverwendung nüchtern gegen einander abgewogen werden, weniger ausgeprägt als bei den Wirtschaftsorganisationen der Mesoebene, wo es nicht selten sogar die Primärziele bedarfsgerechter Produktion auf den zweiten Platz verweist.

Nun darf die analytische Unterscheidung zwischen den Hierarchieebenen nicht darüber hinweg täuschen, dass diese auf mannigfache Weise miteinander verflochten sind. Da in der Vergangenheit, nicht zuletzt in der Technikphilosophie, ein individualistisches Technikverständnis den Ton angegeben hat, war es mir wichtig, durchgängig darauf hin zu weisen, dass die individuelle Sachverwendung unlösbar mit gesellschaftlichen Momenten verbunden ist, ja, dass der Einzelne, indem er ein Sachsystem in sein Handeln einbezieht, notwendigerweise ein soziales Verhältnis eingeht. Das ergibt sich schon aus der Arbeitsteilung zwischen Herstellung und Verwendung, so dass über das Sachsystem mindestens zwei Menschen, wenn auch mittelbar, zu einander in Beziehung treten: derjenige, der das Artefakt hervor bringt, und derjenige, der es benutzt; dabei werden die Nutzungsziele wie gesagt oft genug vom Hersteller vorgeprägt.

---

[1] Linde 1972, 70.

Soweit Sachsysteme als Massenprodukte standardisiert sind, verlangen sie nicht nur vom einzelnen Verwender bestimmte Anpassungsleistungen, sondern typisieren auch kollektives Handeln. Alle, die das gleiche Sachsystem nutzen, folgen dem Verwendungsprogramm, das darin verkörpert ist; so werden bestimmte soziotechnische Handlungsformen zur gesellschaftlichen Massenerscheinung. Auch beruht die Verfügbarkeit der Sachsysteme auf sozialen Institutionen wie dem Eigentum und anderen gesellschaftlich garantierten Nutzungsberechtigungen; umgekehrt erzeugt die Sachverwendung gerade dadurch neue soziale Beziehungen und Verhältnisse. Ferner hängt die private Technikverwendung grossenteils von der Existenz öffentlicher Nutzungsvoraussetzungen ab, ein Umstand, der individualistische Technikkonzepte vollends zur Illusion macht.

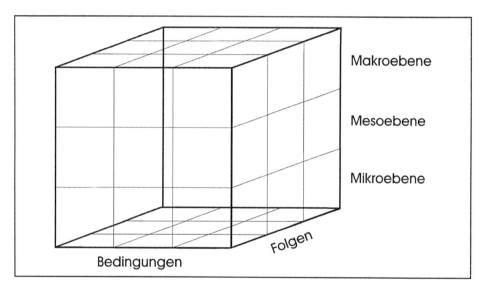

Bild 35 Hierarchische Verflechtung von Bedingungen und Folgen

Die Verflechtungen zwischen Mikro- und Makroebene, die ich vorstehend noch einmal zusammen gefasst habe, bilden aber nur einen, wenn auch besonders wichtigen, Ausschnitt aus dem umfassenden Verflechtungszusammenhang, den ich mit *Bild 35* graphisch symbolisiert habe. Ich habe die Makrobedingungen für die Verfügbarkeit der Sachsysteme auf der Mikroebene betont und umgekehrt auf Makrofolgen der individuellen Sachverwendung hingewiesen. Weiter erinnere ich daran, dass die Mesoverwendung in Organisationen vom technischen Wissen der Einzelnen abhängt, die andererseits, als Mikrofolge der Mesoverwendung, in der Lohnarbeit von

Zusammenfassung

Entfremdung betroffen sind. Hier und dort habe ich weitere Elemente des Würfelschemas berührt, doch war es unmöglich, alle Elemente systematisch zu durchmustern. Darin sehe ich ein weiter führendes Programm, das mit diesem Schema gegliedert werden mag. Im Folgenden will ich jedoch auf zwei besonders interessante Verflechtungen noch einmal zurück kommen, weil sich in zusammenfassender Zuspitzung die grundlegenden soziotechnischen Phänomene besonders deutlich zeigen.

Da ist zum Einen der Zusammenhang zwischen der kollektiven Verfügbarkeit und der individuelle Nutzung von technischen Netzwerken, der sich in bestimmten Phasen als regelrechtes *Netzdilemma* darstellt. Der technische und wirtschaftliche Aufwand für den Aufbau eines Netzwerkes ist beträchtlich und darum nur dann zu rechtfertigen, wenn eine hinreichende Anzahl von Endgeräten angeschlossen werden. Für den Netzanschluss sind aber nur dann genügend Teilnehmer zu gewinnen, wenn das Netz bereits eine gewisse Ausbaustufe erreicht hat; erst dann tritt der so genannte Netzeffekt ein, der weiteres Netzwachstum ermöglicht.[1] Nutzungsvoraussetzungen auf der Makroebene erfordern eine gewisse Mindestmenge von Nutzern auf der Mikroebene, aber diese Nutzer stellen sich erst ein, wenn die Nutzungsvoraussetzungen ihrerseits einen bestimmten Mindestwert überschritten haben. Darin besteht das Netzdilemma.

Bei den neuen informationstechnischen Netzen, die seit einigen Jahren entstehen, tritt in der Anfangsphase dieses Dilemma regelmässig auf, und gelegentlich führt es zum Zusammenbruch. Ein trauriges Beispiel ist der digitale Satellitenrundfunk (DSR), der digitalisierte Radioprogramme in höchster Qualität anbot, aber Ende 1998 eingestellt wurde, weil er dieses Dilemma nicht überwinden konnte. Zum einen blieb das Angebot begrenzt; es wurden 16 Radioprogramme übertragen, die man aber nur über den Medienkabelanschluss oder über einen Satelliten empfangen konnte, auf den die Satellitenfernsehantennen üblicherweise nicht eingestellt sind. Unter diesen Umständen entschlossen sich zu wenige Rundfunkhörer, das für den Empfang erforderliche Spezialgerät zu kaufen, das immerhin mehrere hundert Mark kostete. Die Empfangsmöglichkeiten wurden nicht verbessert, weil die Teilnehmerzahl zu gering war, und die Teilnehmerzahl blieb zu gering, weil die Empfangsmöglichkeiten nicht verbessert wurden.

Auch die neuen mobilen Telefonnetze haben mit derartigen Schwierigkeiten zu ringen, und nachdem ein paar Netzbetreiber die kritische Schwelle inzwischen überschritten haben, wird das Netzdilemma weiteren Anbietern den Marktzugang äusserst schwer machen. Da scheitert die vollkommene Konkurrenz, von der die Liberalisten träumen, an schlichten technisch-wirtschaft-

---

[1] Vgl. dazu R. Werle in: Technik und Gesellschaft 1995, 49-76.

lichen Gesetzmässigkeiten. Selbst die oligopolistische Konkurrenz, die wohl eine Weile lang bestehen wird – ehe sie in ein Weltmonopol aufgeht, dass sich dann womöglich jeder politischen Regulierung entzieht –, ist ja nur möglich, wenn die Konkurrenten in so weit kooperieren, als sie ihrer jeweiligen Klientel gestatten, in anderen Netzen fremd zu gehen. Private Sondernetze verlören jede Attraktivität, wenn es dem Teilnehmer im Netz A verwehrt würde, Teilnehmer im Netz X oder im früher öffentlich-rechtlichen Standardnetz zu erreichen. Die Verflechtung zwischen der individuellen Technikverwendung und den gesellschaftlichen Nutzungsvoraussetzungen ist in der Kommunikationstechnik derart dicht, dass die neoliberalistische Ideologie vor dem „natürlichen" Monopol der Netztotalität die Waffen strecken muss.

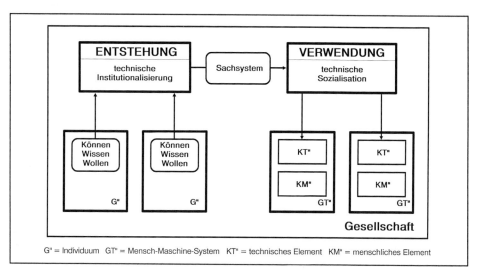

Bild 36 Technische Sozialisation
(G" = Mensch; GT" = Soziotechnisches System; KM" = Mensch; KT" = Sachsystem)

Das zweite Verflechtungsphänomen, das ich hervorheben möchte, ist die *technische Sozialisation*. In der linken Hälfte von *Bild 35* habe ich schematisch dargestellt, wie Sachsysteme das Können, Wissen und Wollen von den einzelnen Menschen ablösen und überindividuell verallgemeinern. Nur wenige Menschen besitzen beispielsweise die Fähigkeit, mit Bleistift und Papier die Quadratwurzel aus irgend einer Zahl zu ziehen. Das Wissen und Können dieser Wenigen ist nun abgezogen und in den elektronischen Schaltkreisen eines Taschenrechners vergegenständlicht worden. Danach kann sich dann Jeder, wie rechts im Bild zu sehen, dieses fremde Können und Wissen zu eigen machen, einfach dadurch, dass er den Taschenrechner benutzt. Es ist

Zusammenfassung

der Taschenrechner, der seinen Verwendern die soziale Handlungsfähigkeit verleiht, nach wissensgesellschaftlichen Regeln eine bestimmte arithmetische Operation erfolgreich auszuführen. Indem aber das Sachsystem die entsprechende Kompetenz verkörpert, bietet es zugleich das Ziel an, diese Kompetenz auch einzusetzen, selbst wenn sie dem Verwender im Grunde fremd bleibt.

Ich bringe nun auf den gesellschaftstheoretischen Begriff, was schon in verschiedenen Argumentationen dieses Kapitels, nicht zuletzt auch unter dem Stichwort der Entfremdung, angeklungen ist. Mit dem Begriff der Sozialisation bezeichnet man in den Gesellschaftswissenschaften „den Prozess der Aneignung von und Auseinandersetzung mit gesellschaftlichen Werten, Normen und Handlungsmustern, in dessen Verlauf ein Gesellschaftsmitglied die soziale Handlungsfähigkeit erwirbt und aufrecht erhält".[1] Nun sind in den Sachsystemen ganz offensichtlich gesellschaftliche Normen und Handlungsmuster verkörpert, die der Einzelne annimmt, indem er die Sachsysteme benutzt. Sachsysteme entfalten den selben Einfluss auf menschliches Handeln wie die abstrakten Institutionen der Gesellschaft; darum kann man die Entstehung von Sachsystemen als technische Institutionalisierung bezeichnen. In der Sachverwendung aber findet tatsächlich ein Sozialisationsprozess statt; allerdings wird dabei die kommunikative Aneignung menschlicher Vorstellungen durch die gegenständliche Aneignung von Sachsystemen ersetzt, in denen sich jene Vorstellungen so zu sagen kristallisieren. Das ist der tiefere Sinn, den ich meine, wenn ich von der *Vergesellschaftung der Technik* und der *Technisierung der Gesellschaft* spreche.

Was in Technikdebatten mehr oder minder kritisch als *Sachzwang* bezeichnet wird,[2] enthüllt sich jetzt also grossenteils nicht als technische, sondern als gesellschaftliche Macht. Die Diskussion über Sachzwänge leidet ohnehin an der Mehrdeutigkeit des Wortes „Sache"; einmal meint man damit irgend einen wirtschaftlichen oder gesellschaftlichen „Sachverhalt", der gar nichts mit der Technik zu tun hat, ein anderes Mal Einschränkungen der Entscheidungsfreiheit, die wirklich von sachtechnischen Beständen ausgehen, und nicht selten scheint man gar nicht genau zu wissen, was man eigentlich damit meint, und bringt das Eine und das Andere hoffnungslos durcheinander. Aber auch der Sinn des Wortbestandteils „Zwang" ist schillernd; streng genommen, bedeutet „Zwang" eine unausweichliche Determination, eine unabdingbare Nötigung, der sich ein Handlungssystem in keiner Weise entziehen kann. Darum hat man die Lehre vom Sachzwang in kritischer Absicht als *technologischen Determinismus* bezeichnet, den man freilich in einen

---

[1] Stichwort „Sozialisation" von K. Hurrelmann u. E. Nordlohne in Endruweit/Trommsdorf 1989, 604ff.
[2] So noch wieder bei Rohbeck 1993 und Teusch 1993; zur Kritik Haar 1999.

genetischen und einen konsequenziellen Determinismus unterteilen muss.[1] Im vorliegenden Zusammenhang geht es um den konsequenziellen Determinismus, der die schicksalhafte Notwendigkeit der Technikfolgen behauptet. Prüft man aber diese zugespitzte Behauptung an Hand der Überlegungen, die ich in diesem Kapitel entwickelt habe, so bleibt von einem genuinen Zwang der technischen Sachen nur wenig übrig.

Die handlungs- und zielprägende Potenz ist den Sachsystemen von Menschen und Organisationen in einem soziotechnischen Institutionalisierungsprozess verliehen worden und weist den selben Grad von Quasi-Verbindlichkeit auf wie die nicht-technischen Institutionen. Wie die Erfahrung lehrt, haben sich nonkonformistische Handlungssysteme derartigen Prägungen auch stets widersetzen können, und die Sachdominanz reicht immer nur so weit, wie das Handlungssystem diesen Einfluss akzeptiert, um finanziellen und anderen Belastungen oder gesellschaftlichen Sanktionen aus dem Wege zu gehen. Darum aber können Institutionen ihre gesellschaftliche Macht entfalten und die Handlungspielräume von Individuen und Organisationen tatsächlich einschränken. Wer da einen Sachzwang beklagt, dämonisiert die technischen Sachen, weil er deren gesellschaftliche Verfasstheit übersieht; oder er meint in Wirklichkeit den Sachverhalt, dass die Menschen gesellschaftliche Wesen sind und als solche grundsätzlich in der Spannung zwischen individueller Autonomie und sozialer Regulierung leben.

Auch die mittelfristige Festlegung durch die Verwendung vorhandener Sachsysteme ist kein wirklicher Sachzwang, sondern erweist sich als wirtschaftliche Restriktion; hätte man überschüssige finanzielle Mittel, könnte man jederzeit zu einer anderen Sachverwendung übergehen. Eng damit verwandt ist die Voraussetzung der Systemkompatibilität, die den Verwender von Teilsystemen an die vorgegebenen Standards grosser Sachsystemkomplexe und Netzwerke zu binden scheint. Oft genug aber kann man die Kompatibilität durch Anpassteile herstellen und im Grenzfall sogar die früheren Standards ändern; das erfordert freilich zusätzlichen technischen und vor Allem wirtschaftlichen Aufwand.[2] Auch die Systemkompatibilität also bildet eher eine wirtschaftliche als eine technische Restriktion. Wenn das in der Sachzwang-Diskussion meist übersehen wird, dann äussert sich darin die Wirtschaftsblindheit der herkömmlichen Technikphilosophie.

Sieht man in der Abhängigkeit der Technikverwendung von grossen Netzwerken einen Sachzwang, so muss ich an die angedeutete Unterscheidung

---

[1] Zum Begriff erstmals wohl Tessmann 1974, ferner Wollgast/Banse 1979, 12f u. passim; zur Zweiteilung mein Beitrag in Rapp/Durbin 1982, 3ff.
[2] So ist ein für Europa einheitlicher Schutzkontaktstecker für elektrische Hausanlagen verworfen worden, weil Adapter, wo nötig, wesentlich billiger sind als die komplette Umstellung der Installationstechnik.

Zusammenfassung

von strategischen und logistischen Netzen erinnern. Die Bindung des Nutzers an strategische Netzwerke ist tatsächlich unvermeidlich; wenn ich Radio hören will, ist ein Rundfunknetz unabdingbar, und wenn ich telefonieren will, bin ich zwangsläufig auf ein Telefonnetz angewiesen. Trotzdem wäre es irreführend, in dieser Netzbindung einen Sachzwang zu sehen, weil sie keine Folge, sondern ein substanzieller Bestandteil der Sachverwendung ist. Rundfunkgeräte und Telefonapparate sind eben, wie es in der Fachsprache treffend heisst, lediglich Endgeräte des Makrosystems, die in sich funktional überhaupt nicht autark sein können. Mit der Entscheidung, ein solches Endgerät zu verwenden, entscheidet man sich in einem für die Nutzung der Netzfunktion; das aber kann man kaum als einen Zwang betrachten.

Anders verhält es sich mit den logistischen Netzen, die Versorgungsleistungen erfüllen, die im Prinzip auch dezentral und autark erbracht werden könnten. Faktisch sind freilich zentrale Material- und Energieversorgungssysteme gegenwärtig kaum weg zu denken; so unterliegt der Techniknutzer tatsächlich dem einstweiligen Zwang, sich in die Modalitäten dieser Netzwerke einfügen zu müssen. Aber selbst dieser Zwang beruht auf organisatorischen, ökonomischen und gesellschaftlichen Entscheidungen der Technikgestaltung und könnte durch alternative Technikformen langfristig rückgängig gemacht werden. Die Irreversibilität von Sachbeständen ist fast immer relativ, relativ nämlich zu dem Aufwand, der getrieben werden müsste, um die Sachbestände aufzulösen. Selbst die Irreversibilität der globalen Technisierung, die ich als faktische Begrenzung technopolitischer Spielräume genannt habe, ist kein technologisches Gesetz; sie besteht nur in so weit, als man die baldige Begrenzung und langfristige Verringerung der Weltbevölkerung nicht ernsthaft verfolgt.

So bleibt dann als relativ harter Sachzwang lediglich die Kuppelproduktion übrig, die allerdings weniger auf technologischen als auf naturwissenschaftlichen Gesetzen beruht. Wo derartige Gesetze gelten, hat man es neben dem erwünschten Output notwendigerweise mit dem unerwünschten Kuppelprodukt zu tun, besonders mit dem Abfall und der Abwärme. Erzeugt man gar irreversible Abfälle wie bei der Energiegewinnung durch Atomkernspaltung, so schafft man einen echten Sachzwang, dem noch nachfolgende Generationen unterworfen sein werden. So muss ich zusammenfassend feststellen, dass bei gewissen Arten von Sachsystemen tatsächlich ein Sachzwang – im strengen Sinn des Wortes – auftritt. Freilich reicht auch dieser Sachzwang nicht so weit, dass sich die Menschen auf Dauer damit abfinden müssten; sie könnten sich dazu entschliessen, in Zukunft auf solche Arten von Sachsystemen zu verzichten und ihre Bedürfnisse und Wünsche mit weniger restriktiven Alternativen zu befriedigen.

Wenn ich auch die Sachzwangthese weit gehend relativieren konnte, will ich doch zum Schluss noch die Frage aufwerfen, in welchem anthropologischen Zusammenhang sie eigentlich steht. Wer ein radikal deterministisches Menschenbild hat, leugnet ohnehin jegliche menschliche Freiheit und braucht sich dann nicht über einen Sachzwang aufzuhalten, der zu den ewigen Natur- und Schicksalszwängen beiläufig hinzu tritt. Wer dagegen die angeblichen Sachzwänge überlebensgross ausmalt und dramatisiert, scheint seine Kritik an einem individualistisch-anarchistischen Menschenbild zu messen, das dem Einzelnen die totale Autonomie in allen Lebensangelegenheiten zuspricht und faktische Beschränkungen lieber der unvertrauten Technik als der angestammten Gesellschaft anlastet. Ein nuanciertes Menschenbild aber anerkennt die menschlichen Entscheidungs- und Handlungsspielräume ebenso wie die naturalen und sozialen Restriktionen, denen die Freiheit unterliegt. Praktisch gewendet, folgt daraus das Desiderat, die menschliche Freiheit immer von Neuem gegen Naturzwang, Sach- und Sozialdominanz zu behaupten und auszuweiten.

5 Entstehung von Sachsystemen

5.1 Entstehung und Verwendung

Nachdem ich im vorangegangenen Kapitel die Verwendung von Sachsystemen ausführlich untersucht und damit theoretisch bislang wenig erforschtes Neuland betreten habe, will ich mich nun den Entstehungszusammenhängen der Sachsysteme zuwenden. Wie ich schon in der Einleitung gesagt habe, liegen für diese Frage seit einiger Zeit verschiedene Theoriefragmente vor,[1] die ich in einen systematischen Rahmen stellen werde. Zuvor aber greife ich noch einmal die einführenden Bemerkungen des letzten Kapitels auf und erinnere daran, dass die Trennung zwischen Verwendungs- und Entstehungszusammenhängen, die meiner Textgliederung zu Grunde liegt, die herrschende Arbeitsteilung zwischen Konsumtion und Produktion widerspiegelt, aber nicht so strikt behandelt werden darf, dass die wichtigen Wechselwirkungen zwischen beiden Bereichen vernachlässigt würden.
Von diesen Wechselwirkungen, die ich in Bild 29 dargestellt hatte, habe ich bisher nur die unteren vier Beziehungen besprochen: dass nämlich die Produktion der Konsumtion den Gegenstand liefert, die Art und Weise der Nutzung prägt und neue Bedürfnisse wecken kann, und dass die Konsumtion die Produktion erst durch die Nutzung des Produkts vollendet. An erster Stelle steht jedoch im Bild die Feststellung, dass die Konsumtion der Produktion den Zweck setzt, und man sollte meinen, dass dies der entscheidende Antrieb der technischen Entwicklung ist. Ob und in welchem Umfang es sich tatsächlich so verhält, werde ich in den folgenden Abschnitten erörtern.
Im letzten Kapitel bin ich davon ausgegangen, dass die Sachsysteme der Verwendung immer schon vorgegeben sind. Da sie freilich beträchtlichen Einfluss auf Zielsetzung, Handlungsplanung und Handlungsvollzug ausüben, konnte ich, da ich solche Sachdominanz nicht dämonisieren wollte, schon zuvor die Frage nicht unterdrücken, woher die Sachsysteme tatsächlich kommen, da sie doch wohl nicht „wie Manna vom Himmel fallen",[2] und woran es liegt, dass sie gerade die eine und nicht eine andere Beschaffenheit erhalten haben. Selbstverständlich werden die Sachsysteme, ehe sie verwendet werden können, von anderen Handlungssystemen hergestellt; da-

---

[1] Vgl. die vorzügliche Übersicht bei Huisinga 1996; zur ökonomischen Innovationsforschung Grupp 1997; zur soziologischen Technikgenese-Forschung Dierkes 1993 u. 1997; Rammert 1993; Cronberg/Sørensen 1995.
[2] Mit dieser hübschen Wendung ist die lange Zeit vorherrschende Auffassung der Ökonomie zugespitzt worden, der „technische Fortschritt" sei ein „exogener Faktor"; vgl. Huisinga 1996, 129.

von soll im Folgenden die Rede sein. Schon in der Einleitung habe ich diese herstellenden Handlungssysteme ebenfalls als soziotechnische Systeme bezeichnet. Zum einen nämlich setzen Handlungssysteme, die Sachsysteme hervorbringen, ihrerseits Sachsysteme als Produktionsmittel ein. Zum anderen aber vollziehen sie einen besonderen Typ technischen Handelns, das Herstellungshandeln, das genau darin besteht, die Menge der Artefakte in der Welt zu vermehren. Auch die soziotechnischen Herstellungssysteme bilden eine mindestens dreistufige Hierarchie, und es wird sich zeigen, dass verschiedene Theorieansätze gerade dadurch zu kurz greifen, dass sie sich auf eine einzelne Hierarchieebene beschränken. Die soziotechnologische Handlungssystemtheorie, die ich im dritten Kapitel ausgearbeitet habe, legt es dann natürlich nahe, dass die technische Entwicklung nur mit einem hierarchischen Mehrebenenmodell angemessen erfasst werden kann.

5.2 Begriff der technischen Entwicklung

Der Entstehungsprozess der Sachsysteme wird häufig als technische Entwicklung bezeichnet. Andere Ausdrücke wie der „technische Fortschritt" oder der „technische Wandel" scheinen mir weniger glücklich, da sie entweder zu emphatisch oder zu neutral sind. Aber auch die *technische Entwicklung* oder *Technikgenese* darf nicht mit irreführenden Assoziationen verknüpft werden. Vor Allem muss man biologisch-organismische Vorstellungen bei Seite lassen, nach denen ontogenetisch ein Keim zu einer darin angelegten Gestalt sich entfaltet oder phylogenetisch eine Art über Mutation und Selektion zu höheren Formen evolviert.[1] Die technische Entwicklung ist nichts Anderes als ein zeitlicher Ablauf, in dem die Anzahl und die Vielfalt der Sachsysteme zunehmen. Allerdings bleibt der Ausdruck im technologischen Sprachgebrauch immer noch zweideutig, doch aus diesem Doppelsinn möchte ich theoretischen Gewinn ziehen.

In ihrer ersten Bedeutung bezieht sich die technische Entwicklung auf den Entstehungsprozess eines bestimmten Sachsystems. Nachdem ich mich von biologischen Assoziationen ausdrücklich distanziert habe, will ich das, rein metaphorisch, als *Ontogenese* eines Sachsystems bezeichnen. Industriebetriebe verfügen über Entwicklungsabteilungen und beschäftigen darin Entwicklungsingenieure, die daran arbeiten, für bestimmte Ziele planmässig

---

[1] Evolutionstheoretische Beschreibungen der technischen Entwicklung scheinen zwar auf den ersten Blick nicht unplausibel (so etwa Rammert in: Technik und Gesellschaft 1995, 7ff), erweisen sich aber bei genauerer Betrachtung als irreführend, weil sie den Unterschied zwischen blinder Naturwüchsigkeit und zielstrebigem Handeln vernachlässigen.

entsprechende Realisierungsmittel zu konzipieren und produktionsreif zu machen. Im Zusammenhang mit der politischen Förderung von Forschung und Entwicklung[1] hat man beträchtlichen Scharfsinn bemüht, um die technische Entwicklung von der angewandten Forschung einerseits und andererseits von der unmittelbaren Produktionsvorbereitung abzugrenzen, ohne freilich überzeugende Trennlinien gefunden zu haben.

Darum soll hier die ontogenetische Entwicklung die gesamte Entstehungsgeschichte eines Sachsystems umfassen. Diese beginnt mit dem Zeitpunkt, zu dem erstmals die kennzeichnende Funktion des betreffenden Sachsystems beschrieben wird, und reicht mindestens bis zu dem Zeitpunkt, zu dem es konkrete Wirklichkeit geworden und zur allgemeinen Verwendung verfügbar ist. Rechnet man auch noch jene Phase hinzu, in der dieses Sachsystem schliesslich veraltet und von der Bildfläche verschwindet, erhält man ein Konzept der ontogenetischen Entwicklung, das in der Innovationsforschung als *Produktzyklus* bekannt ist. Auf die Frage, in wie weit die Entwicklung eines Sachsystems auch Forschungsaktivitäten enthält, werde ich später zurück kommen. Die materielle Produktion jedenfalls gehört auf jeden Fall zur Ontogenese, zumal Erfahrungen, die dabei gemacht werden, in aller Regel auf die konzeptionelle Gestaltung des Sachsystems zurück wirken.

In der zweiten Bedeutung meint die „technische Entwicklung" die Entstehungsgeschichte der gesamten Sachtechnik und kann dann, mit den genannten Vorbehalten, als *Phylogenese* oder, wenn man auch die damit einher gehende Ausbreitung der Technikverwendung einbeziehen will, als *Technisierung* bezeichnet werden. In diesem Sinn reicht die technische Entwicklung von den Anfängen der Sachtechnik in prähistorischer Zeit über die Technosphäre[2] der Gegenwart bis in die Zukunft hinein. Die technische Entwicklung, die wir bis heute kennen, ist gleichbedeutend mit der Technikgeschichte;[3] sie lässt sich mit einiger Zuverlässigkeit historiographisch erfassen und strukturgeschichtlich systematisieren. Künftige Entwicklungsschritte der Phylogenese dagegen können mit den Methoden der technischen Prognostik nur in so weit vorausgesehen werden, als entsprechende Tendenzen in der Gegenwart bereits erkennbar sind und sich mit hoher Wahrscheinlichkeit fortzusetzen scheinen. Dahinter steht die Frage, ob es Gesetzmässigkeiten gibt, denen die technische Entwicklung folgt.

Nun kann ich begründen, warum ich den Doppelsinn der „technischen Entwicklung" nicht terminologisch bereinigen, sondern aufrecht erhalten will.

---

[1] Häufig als „F+E" oder als „R&D" (für „research and development") abgekürzt.
[2] Dieser Ausdruck ist wohl von Rapp 1978, 141, eingeführt worden.
[3] Das Wort „Technikgeschichte" ist doppeldeutig; es bezeichnet sowohl das, was in der technischen Entwicklung geschehen ist, als auch die Wissenschaft, die das erforscht; hier meine ich die erste Bedeutung.

Bei den beiden Bedeutungen handelt es sich nämlich um zwei mit einander verbundene Aspekte ein und des selben Phänomens. Die Phylogenese der Technik setzt sich aus den ontogenetischen Einzelentwicklungen zusammen. Jede Ontogenese ist ein Element der Phylogenese, so dass eine technische Entwicklung im ontogenetischen Sinn schliesslich in der technischen Entwicklung im phylogenetischen Sinn aufgeht. Anders ausgedrückt, bildet die Phylogenese das prozessuale System der Ontogenesen. Diese „Verflechtung aller einzelnen Fortschritte zur Gesamtbewegung der Technik"[1] ist in der Technikforschung nach Gottl-Ottlilienfeld immer wieder vernachlässigt worden. Dem will ich entgegen wirken, indem ich zwar Ontogenese und Phylogenese unterscheide, aber doch in ihrem systemischen Zusammenhang besprechen werde.

5.3 Einteilungen und Abläufe

5.3.1 Perioden der Technikgeschichte

Wenn man geschichtliche Vorgänge analysieren will, beginnt man meist damit, diese in bestimmte Perioden und Phasen zu unterteilen. So werde ich im Folgenden einen kurzen Überblick über die Perioden der technischen Phylogenese und über die Phasen der technischen Ontogenese geben. In *Bild 37* habe ich zusammen gestellt, in welche Perioden die Technikgeschichte eingeteilt werden kann. Die verschiedenen Einteilungen sind zeitlich nicht ganz so einheitlich zuzuordnen, wie es das Schema suggerieren könnte, weil sie auf unterschiedlichen Kriterien beruhen. Aber auch wenn der zeitliche Vergleich nur näherungsweise richtig ist, vermittelt er doch eine brauchbare Übersicht. So habe ich in der ersten Spalte die wichtigsten Epochen der abendländischen Geschichte eingetragen, wie sie in der allgemeinen Historiographie geläufig sind. Diese Einteilung wird gelegentlich auch für die Technikgeschichte verwendet, wenn man etwa von der Technik der Antike oder der Technik der Renaissance spricht.

Die zweite Spalte gibt eine verbreitete Einteilung wieder, die ich schon in der Einleitung erwähnt habe. Demnach hat es in der seitherigen Menschheitsgeschichte zwei umwälzende soziotechnische Umbrüche gegeben: die Agrarrevolution, in der die Menschen vor rund zehntausend Jahren vom Sammler- und Jägerleben zu Ackerbau und Viehzucht übergingen, und die Industrielle Revolution des ausgehenden 18. und beginnenden 19. Jahrhunderts, die

---

[1] Gottl-Ottlilienfeld 1923, 174ff.

Einteilungen und Abläufe

wesentlich durch die Mechanisierung der Arbeitsmaschinen gekennzeichnet ist. Manche Beobachter sind der Ansicht, spätere Innovationsschübe müssten ebenfalls gesondert hervor gehoben werden. So ist die Elektrifizierung und Chemisierung um die Wende zum 20. Jahrhundert als „zweite industrielle Revolution" apostrophiert worden, und die Entwicklung der letzten Jahrzehnte, die wesentlich durch die Automatisierung gekennzeichnet ist, nennt man hin und wieder die „dritte industrielle Revolution", in der marxistischen Technikforschung auch die „wissenschaftlich-technische Revolution". Wer zusätzlich zwischen klassischer und mikroelektronischer Automatisierung unterscheidet, entdeckt dann nach der „dritten" inzwischen bereits die „vierte industrielle Revolution". Da mir solche Revolutionsnumerik zu verwirrend scheint, übernehme ich sie nicht, sondern führe für die Gegenwart versuchsweise die „Informationelle Revolution" ein, in der Automatisierung, Informationstechnik und Gentechnik selbstverständlich enthalten sind.

Historische Epochen	Technische Umbrüche	Ortega y Gasset	Günther + Bense	Ribeiro
Vorgeschichte	Agrarrevolution	Technik des Zufalls		Agrarrevolution
				Urbane Revolution
Frühgeschichte				Bewässerungsrevolution
Antike		Technik des Handwerkers	Klassische Technik	Metallurgische Revolution
Mittelalter				Hirtenrevolution
Renaissance		Technik des Technikers		Merkantile Revolution
Neuzeit	Industrielle Revolution			Industrielle Revolution
Neueste Zeit	Informationelle Revolution		Transklassische Technik	Thermonukleare Revolution

Bild 37 Periodisierungen der Technikgeschichte

Die dritte Spalte stellt dem eine Einteilung von Ortega y Gasset gegenüber, die nicht nur chronologischen, sondern auch technikphilosophischen Kriterien folgt. Demnach ist die „Technik des Zufalls [...] die primitive Technik des prä- und protohistorischen Menschen" und zeichnet sich durch Beschränktheit und Naturverbundenheit technischer Fähigkeiten, durch fehlende Arbeitsteilung in der Produktion sowie durch die Zufälligkeit der Erfindungen aus, die noch gar nicht als solche begriffen, sondern als „weitere Dimension der Natur" verstanden werden.[1] Die „Technik des Handwerkers" ist „die Technik des alten Griechenlands, [...] des vorkaiserlichen Roms und des Mittelalters". Der Umfang technischer Aktivitäten, die nun durchaus als eigenständige Leistungen angesehen werden, wächst, technisches Können und Wissen bleiben jedoch traditional geprägt, es dominiert noch immer der einfache Werkzeuggebrauch, und Erfindung und Ausführung bleiben in einer Person vereint. Erst mit der Neuzeit entwickelt sich die „Technik des Technikers", so, wie wir sie als moderne Technik heute kennen.

Die vierte Spalte enthält eine Unterscheidung, die M. Bense, teilweise in Anlehnung an G. Günther, vorgeschlagen hat.[2] Danach entspricht die Mechanisierung der klassischen oder archimedischen Maschine, während in der Automatisierung die transklassische Technik der informationellen Prozesse hervor tritt. Die klassische Technik hat es vorwiegend mit makrophysikalischen Prozessen zu tun, während die transklassische Technik vor Allem mikrophysikalische Prozesse ausnutzt. Die Chemie der Kunststoffe, die Mikroelektronik und die Nukleartechnik sind kennzeichnende Beispiele dafür, die man inzwischen um die mikrobiologisch fundierte Bio- und Gentechnik ergänzen kann.

In der letzten Spalte der Übersicht findet sich schliesslich eine besonders differenzierte Periodisierung der soziotechnischen Entwicklung, die neben der Agrarrevolution und der Industriellen Revolution weitere sechs „technologische Revolutionen" identifizieren will. „Der Begriff 'technologische Revolution' bezeichnet Wandlungen in der instrumentellen Ausrüstung der Herrschaft des Menschen über die Natur oder der Kriegführung, welche qualitative Veränderungen in der Seinsweise der Gesellschaften hervor bringen".[3] Ich kann auf diese „Revolutionen" hier nicht im Einzelnen eingehen, zumal einige Bezeichnungen und Abgrenzungen nicht sonderlich überzeugend scheinen. Insbesondere wird man den Entwicklungsumbruch der neuesten Zeit heute kaum noch als „thermonukleare Revolution" verstehen wollen, da die betreffende Technik, sofern sie überhaupt weitergeführt wird, keinesfalls jene umfassende Bedeutung erlangt hat, die der Informations- und der Biotechnik nun tatsächlich zukommt. Die Einteilung von D. Ribeiro darf man übrigens nur dann mit den historischen Epochen parallel setzen, wenn die abendländische Entwicklung gemeint ist. Ribeiro betont ausdrücklich, dass sein Revolutionsschema in anderen Regionen der Erde mit ganz anderen Datierungen

---

[1] Dieses und die folgenden Zitate bei Ortega y Gasset 1949, 93ff.
[2] Bense 1965, 31f; zu G. Günther vgl. Klagenfurt 1995.
[3] Ribeiro 1971, 36; vgl. auch die systematische Übersicht ebd. 204f.

Einteilungen und Abläufe 257

versehen werden muss; er nimmt also die globale Gleichzeitigkeit des Ungleichzeitigen, die bis in die Neuzeit charakteristisch gewesen ist, ausdrücklich in seine Theorie auf und überwindet damit den geschichtsphilosophischen Eurozentrismus, der lange Zeit die Weltgeschichte entweder völlig vernachlässigt oder an der Elle der abendländischen Entwicklung gemessen hat.

Nun ist es allerdings unter Historikern ohnehin umstritten, ob man die Technikgeschichte überhaupt sinnvoll periodisieren kann und soll.[1] Immerhin vermögen die referierten Vorschläge, die man natürlich in der einen oder anderen Hinsicht kritisieren kann, eine vorläufige Orientierung zu bieten. Das gleiche Ziel verfolge ich nun auch, wenn ich einige *typische Tendenzen* der gegenwärtigen Technisierungperiode resümiere. Zunächst ist festzuhalten, dass allgemeine Merkmale der technischen Entwicklung in den letzten Jahrzehnten ganz ausserordentliche und zum Teil sogar dramatische Steigerungen erfahren haben. Das betrifft zunächst die *quantitative Vermehrung* der Sachsysteme, für die ich schon mehrfach Beispiele eingestreut habe; so hat die sachtechnische Ausstattung der Privathaushalte mit langlebigen Gebrauchsgütern wie Telefonen, Rundfunk- und Fernsehgeräten oder Waschmaschinen 1996 allein in Deutschland eine Grössenordnung von jeweils rund dreissig Millionen erreicht.[2]

Des Weiteren erfahren die Sachsysteme fortgesetzt *qualitative Veränderungen*, die, jedenfalls teilweise, die funktionale Leistungsfähigkeit und Gebrauchstauglichkeit, gelegentlich sogar die Lebensdauer steigern oder den für Erwerb und Verwendung erforderlichen Aufwand senken. Wie ich schon im einleitenden Fallbeispiel erwähnte, verbinden sich beide Tendenzen in der Computertechnik, wo allerdings auf Grund der enormen Entwicklungsgeschwindigkeit die Lebensdauer häufiger durch technische Veraltung als durch Verschleiss begrenzt wird. Drittens erschliesst die Technisierung immer wieder *neue Handlungsfunktionen*, indem neuartige Sachsysteme zur Substitution oder Komplementation in menschlichen Handlungsfeldern entwickelt werden, die früher von der Technik nicht berührt wurden; man denke an die medizinische Technik, an die Technisierung des Zahlungsverkehrs oder an den Computereinsatz in geisteswissenschaftlicher Forschung.

Die quantitative Vermehrung, die qualitative Veränderung und die Ausweitung auf neue Handlungsfelder sind allgemeine Kennzeichen der Technisierung. Für die neueste Zeit ist es darüber hinaus besonders charakteristisch,

---

[1] Vgl. die Beiträge zur Periodisierung der Technikgeschichte, in: Technikgeschichte 57 (1990) 4; ferner auch König 1994, bes. 9ff, und Buchhaupt i. Dr.
[2] Vgl. die Erhebungen des Statistischen Bundesamtes, die regelmässig im Statistischen Jahrbuch veröffentlicht werden.

dass die zeitliche Entwicklung dieser Merkmale eine *ausserordentliche Beschleunigung* erfahren hat. Das erweisen eine Reihe von Messzahlen, so etwa die Anzahl technologischer Publikationen und Patente pro Zeiteinheit, die Anzahl der Wissenschaftler und Ingenieure, die in der technischen Entwicklung arbeiten, der Anteil neuer Produkte am Gesamtprogramm industrieller Produktionsbetriebe und die Verbreitungsgeschwindigkeit neuer Produkte. Schliesslich wird die quantitative Beschleunigung durch wachsende *qualitative Verflechtung* verstärkt. Im zweiten Kapitel habe ich auf die zunehmende Verknüpfung der einzelnen Techniken und Netze in der Informationstechnik hingewiesen, die sich nun zu einer umfassenden Medienintegration entwickelt. Doch solche Integrationstendenzen bleiben nicht auf die Informationstechnik begrenzt. Vielmehr ist es gerade die Informationstechnik, die nun auch in alle Bereiche der klassischen Technik eindringt und traditionelle Grenzen, etwa zwischen Maschinenbau und Elektrotechnik, überspielt. So verflechten sich schliesslich alle Einzeltechniken zu einer globalen Technosphäre, in der auch die ökotechnischen und technopolitischen Wechselwirkungen zunehmende Brisanz erlangen. Ich stelle die wachsende Innovationsdynamik der Technisierung hier beschreibend fest, will aber die Fragen nicht unerwähnt lassen, ob die Menschen diese beschleunigte Umwälzung ihrer Lebensbedingungen wirklich aushalten können und ob das Prinzip unbegrenzten Wachstums, das dem zu Grunde liegt, dauerhaft tragbar ist.[1]

5.3.2 Phasen der technischen Ontogenese

Die technische Phylogenese ist ein dynamisches System von zahllosen ontogenetischen Entwicklungsschritten. Das gilt es zu berücksichtigen, wenn ich mich nun einer Phasengliederung der Ontogenese zuwende. Die einzelne Ontogenese ist ein mehr oder minder willkürlicher Auszug aus dem Strom der Phylogenese, der zwar analytisch gesondert betrachtet werden kann, tatsächlich jedoch in der Regel mit anderen Entwicklungsschritten in der einen oder anderen Weise verknüpft ist. So ist *Bild 38* als eine idealtypische Schematisierung zu verstehen, die heute in der ökonomisch-technologischen Innovationsforschung allgemein verbreitet ist.[2]

Grundsätzlich beginnt der Entstehungsgang eines neuartigen Sachsystems mit der *Erfindung* (oder *Invention*), die ein erstes Konzept der neuen Wirklichkeit entwirft, das dann im weiteren Verlauf der Entwicklung zunächst ideell und schliesslich materiell konkretisiert wird. Unter Umständen geht der Erfindung eine *Kognition*, eine Erkenntnis zuvor unbekannter Naturerscheinungen

---

[1] Mehr dazu in meinem Aufsatz von 1995 (Dynamik)
[2] Machlup 1961; Pfeiffer/Staudt 1975; die Unterscheidung von Invention und Innovation geht auf Schumpeter 1939, 92f, zurück.

und Naturgesetze voraus, die ein neues wissenschaftlich-technisches Potenzial eröffnen mag. Der Ausdruck „Kognition" ist übrigens in der Innovationsforschung nicht verbreitet, zum Teil wohl darum, weil manche Innovationsforscher zwischen wissenschaftlicher Entdeckung und technischer Erfindung gar nicht unterscheiden, sondern beide in irreführender Weise vermengen.[1] Tatsächlich aber sind diese beiden Entwicklungsphasen grundverschieden und stehen, wie im Schema der gestrichelte Pfeil andeutet, auch nur in einem lockeren Zusammenhang. Einerseits führt längst nicht jede Kognition zwangsläufig zu einer Erfindung, und andererseits gibt es eine Fülle von Erfindungen, die nicht unmittelbar aus einer Kognition abgeleitet wurden. Darin bestätigt sich die grundlegende Einsicht der neueren Technikphilosophie, dass es abwegig wäre, die Technik auf angewandte Naturwissenschaft zu reduzieren. So erweist sich die Kognition als zwar mögliche, aber keineswegs notwendige Phase der Ontogenese.

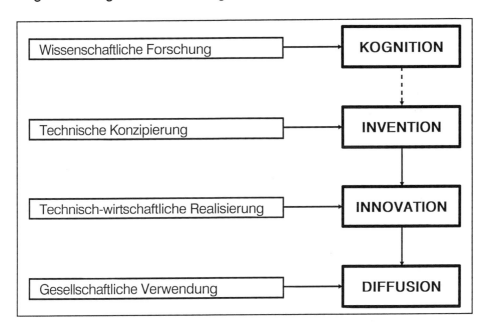

Bild 38 Phasen der technischen Ontogenese

Erst mit der Invention nämlich werden Funktion und Struktur eines neuen Sachsystems, wenigstens dem Prinzip nach, erstmals eindeutig beschrieben und verbal, zeichnerisch, in einem Realmodell oder in einem Prototyp dargestellt. Im Patentrecht werden von einer Erfindung Neuheit, Fortschritt, Erfin-

---

[1] So etwa Mensch 1975, bes. 130ff.

dungshöhe und Brauchbarkeit verlangt; Erfindungshöhe bedeutet, dass die Neuheit die Alltagsleistung von Durchschnittsingenieuren, den so genannten Stand der Technik, deutlich übersteigt, und auf die Brauchbarkeit werde ich später zurück kommen. Vom Patentrecht wird eine Erfindung auch dann als solche anerkannt, wenn der Erfinder nicht über die wissenschaftliche Erkenntnis verfügt, die seiner Erfindung theoretisch zu Grunde liegt. Darin bestätigt sich ebenfalls, dass die Kognition keine notwendige Voraussetzung der Erfindung ist. Die Erfindung aber ist der Ursprung aller Technik, und darum werde ich im Folgenden noch ausführlicher darauf eingehen müssen.

Allerdings ist die Patentliteratur voll von Erfindungen, die niemals praktisch verwirklicht worden sind. Darum muss man eine weitere Phase der Ontogenese annehmen, in der die Invention erstmals technisch erfolgreich und wirtschaftlich aussichtsreich realisiert wird: die *Innovation*. Dies geschieht durchweg in einer Wirtschaftsorganisation und gilt als Unternehmeraufgabe; so weit ein erfinderischer Ingenieur diesen nächsten Schritt selber vollzieht, spricht man auch vom Erfinder-Unternehmer. Ungeachtet der Ausweitung multinationaler Grossunternehmen spielen solche Erfinder-Unternehmer auch heute noch eine gewisse Rolle, und von der Technopolitik werden sie mit den verschiedensten Fördermassnahmen wie Gründerzentren, Technologieparks und dergleichen bei ihren Innovationsprojekten unterstützt. Ein anderer Teil der Innovationsaktivitäten findet in den Entwicklungsabteilungen der grossen Unternehmen statt. Nach der technisch-wirtschaftlichen Bedeutung versucht man zwischen Basisinnovationen und Verbesserungsinnovationen zu unterscheiden, ohne dass freilich die Abgrenzung klar gezogen werden könnte.[1] Jedenfalls markieren Verbesserungs- und Imitationsinnovationen bereits den Übergang zur letzten Phase der Ontogenese, nämlich zur *Diffusion*, die darin besteht, dass ein neues Sachsystem allgemein eingeführt und verwendet wird.

Die Beschleunigung der technischen Entwicklung, die ich zuvor konstatiert hatte, wird gelegentlich auch mit der These charakterisiert, die Zeitabstände zwischen Erfindung und Innovation würden immer kürzer; früher habe es Jahrzehnte gebraucht, bis eine Erfindung erfolgreich verwirklicht werden konnte, und heute geschehe das in wenigen Jahren. Auch wenn man diese These mit eindrucksvollen Beispielen illustrieren kann, ist sie doch inzwischen relativiert worden.[2] Zum einen wird kritisiert, dass die eindrucksvollen Beispiele eine mehr oder minder willkürliche Auswahl darstellen, zumal ein vollständiges Inventar der Innovationen gar nicht vorliegt. Zum anderen gibt es den systematischen Einwand, dass man grundsätzlich nur solche Entwicklungen

---

[1] Z. B. Mensch 1975, 54f.
[2] Ebd., 194ff.

Einteilungen und Abläufe 261

erfassen kann, die schon in die Phase der Innovation eingetreten sind, und darum all jene Erfindungen vernachlässigen muss, die erst in Zukunft in eine Innovation einmünden könnten und dann als Gegenbeispiele gegen die Verkürzungsthese geltend zu machen wären. Überdies könnte die Verkürzungsthese die Beschleunigung der technischen Entwicklung bei konstanter Erfindungsrate ohnehin nur für eine gewisse Weile erklären, bis nämlich die Verkürzung zwischen Erfindung und Innovation auf eine minimale Zeitspanne gesunken wäre. So scheint es mir plausibler, die Beschleunigung auf die wachsende Erfindungsrate zurück zu führen: Wenn es immer mehr Innovationen gibt, liegt das vor Allem daran, dass immer mehr Erfindungen gemacht werden.

5.3.3 Erfindung als Nutzungsidee

Offensichtlich also ist die Erfindung die notwendige Bedingung jeder technischen Entwicklung; Innovation und Diffusion erweisen sich dann als hinreichende Bedingungen der Technisierung. Diese Phasen will ich nun mit den handlungstheoretischen Begriffen, die ich im dritten Kapitel mit Bild 12 eingeführt und im vierten Kapitel mit Bild 30 ergänzt hatte, rekonstruieren und dabei vor Allem das Wesen der Erfindung präzisieren. Die linke Hälfte von *Bild 39* zeigt wieder den bekannten Handlungskreis. Rechts oben ist, wie schon beim Verwendungsablauf, die soziotechnische Identifikation eingetragen, jener grundlegende Schritt, in dem eine gegebene oder mögliche Sachsystemfunktion vorgestellt wird, die mit einer geplanten Handlungs- oder Arbeitsfunktion äquivalent ist.

Bei der reinen Sachverwendung ist ein Sachsystem mit entsprechender Funktion immer schon vorhanden. In der technischen Entwicklung dagegen ist das zunächst nicht der Fall; für die geplante Handlungs- oder Arbeitsfunktion, deren Technisierung man anvisiert, muss ein Sachsystem allererst entworfen werden. So erweist sich die soziotechnische Identifikation als Keim der Erfindung, für die nun ein geeignetes technisches Potenzial zu ermitteln ist. Dafür kann man manchmal auf Vorbilder aus der Erfahrung zurück greifen, die sich bei ähnlichen Aufgaben bewährt haben; sonst muss ein neuartiges Realisierungskonzept erfunden werden, wofür unter Umständen neue Erkenntnisse aus Forschung und Entwicklung fruchtbar gemacht werden können. Den Übergang zur Produktion kann man der Innovationsphase zuordnen, und die Integration des neuen Sachsystems in das Verwendungshandeln markiert den Beginn der Diffusion. Weil ein Entwicklungsablauf, wie ich ihn bis jetzt beschrieben und in Bild 39 mit dicken Pfeilen gekennzeichnet habe, von einer vorgestellten Technikverwendung ausgeht, kann man ihn als nutzungsdominant ansehen.

Dann aber gibt es – analog zum mitteldominanten Verwendungsablauf – auch einen potenzialdominanten Entwicklungsablauf, den in Bild 39 die dünnen Pfeile anzeigen. Zunächst ganz unabhängig von konkreten Nutzungsvorstellungen, untersuchen in den Natur- und Technikwissenschaften unzählige Forschungsinstitute und Industrielabors alle nur denkbaren Phänomene und Effekte, die entweder von sich aus in der Natur vorkommen oder mit mehr oder minder künstlichen Versuchsanordnungen dargestellt werden können. Diese systematische Forschungs- und Entwicklungstätigkeit erschliesst nun ständig neue Potenziale, für die zunächst keine unmittelbare Anwendung erkennbar ist.

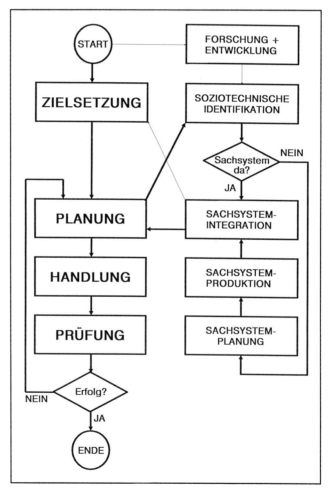

Bild 39 Ablaufstruktur der Technikgenese

"Die Technik", glaubt man dann behaupten zu können, "ist hier nicht mehr Magd der Kultur, von dieser Aufgaben empfangend, deren Bedürfnisse befriedigend – sondern sie bestimmt nun selbst weitgehend die Aufgaben und erweckt ihre eigentümlichen Bedürfnisse [...]. Ihr geht es um die systematische und methodische Erforschung des unendlichen Feldes möglicher Naturbeherrschung und möglicher technischer Zielsetzung überhaupt".[1] Abgesehen davon, dass diese Auffassung von *der* Technik spricht, als wäre diese eine selbständige Wesenheit, verkennt sie vor allem, dass Potenziale von sich aus keine Nutzungskonzepte definieren. So galt um 1960 die Laserstrahlung, die man im Labor inzwischen erfolgreich erzeugen konnte, als "eine Lösung, die nach einer Aufgabe sucht".[2] Aber natürlich ist es nicht "die Laserstrahlung" gewesen, die da suchte, sondern es gab in der Folgezeit gewisse Menschen, denen zum gegebenen Potenzial neue Nutzungsideen einfielen: das Schneiden von Stoffen, das Registrieren von Mustern und so weiter; erst diese Menschen sind die wirklichen Erfinder gewesen. Die eigentliche Erfindung besteht immer darin, dass für das Potenzial eine Nutzung und für die Nutzung ein Potenzial gefunden wird.

Die Erfindung tritt als Funktions- und als Strukturerfindung auf. Mit dieser Unterscheidung kann ich an die "Philosophie des Erfindens" anknüpfen, die M. Eyth vor fast hundert Jahren vorgelegt hat. "Wer erfolgreich Mittel und Wege zeigt, ein bisher unerreichtes Ziel auf dem Gebiet materiellen Wirkens zu erreichen oder auch wer neue Wege und Mittel zeigt, ein bereits bekanntes Ziel zu erreichen, hat eine Erfindung gemacht".[3] Versteht man unter dem "bisher unerreichten Ziel" die erstmalige Technisierung einer Handlungs- oder Arbeitsfunktion, so kennzeichnet der erste Teil der Definition die Funktionserfindung; der zweite Teil hingegen charakterisiert die Strukturerfindung, die für eine schon früher technisierte Funktion eine neuartige Sachstruktur angibt. Die echte *Funktionserfindung* – Eyth nennt sie die Erfindung "erster Ordnung" und erwähnt unter mehreren Beispielen die Dampfmaschine – konzipiert zugleich eine neue Nutzungsidee und ein neues Potenzial. Freilich gibt es auch Funktionserfindungen zweiter Ordnung, die zu einem bereits bekannten Potenzial eine neue Handlungsfunktion entwerfen. Im Grenzfall geschieht das sogar bei der ungeplanten Verwendung multifunktionaler Sachsysteme durch den Nutzer. Im Normalfall der technischen Entwicklung freilich wird die Struktur für die neue Nutzung zu modifizieren sein; Eyth erwähnt beispielhaft das Unterseeboot, und für die neueste Zeit kann man das Fernkopieren (Telefax) anführen, eine neue Funktion für das alte Telefon.

---

[1] Hübner 1968, 31.
[2] Huisinga 1996, 74.
[3] Eyth 1905, 249-284, bes. 253ff; der Text ist erstmals 1903 vorgetragen worden.

technisches Potenzial \ Nutzungsidee	neu	realisiert
neu	Funktionserfindung I (z. B. Fernsehen)	Strukturerfindung (z. B. Transistor)
realisiert	Funktionserfindung II (z. B. Telefax)	Übertragungserfindung (z. B. Daten-CD)

Bild 40 Einteilung der Erfindungen (nach Eyth 1905)

Häufiger dürften in der technischen Entwicklung allerdings die *Strukturerfindungen* auftreten, die für eine schon früher technisierte Funktion eine neuartige Struktur vorsehen, meist aus dem Grund, weil die neue Realisierung leistungsfähiger oder kostengünstiger ist als die alte. Das galt beispielsweise für den Transistor, als er die Funktion der Elektronenröhre übernahm. Schliesslich macht Eyth zu Recht darauf aufmerksam, dass ein grosser Teil der technischen Entwicklung darin besteht, bekannte Strukturen für andere, aber ebenfalls schon bekannte Funktionen einzusetzen. Ich möchte dann von *Übertragungserfindungen* sprechen und nenne als aktuelles Beispiel die optische Datenspeicherplatte (CD-ROM), bei der die Struktur, die von der Musikplatte bekannt war, in neuartiger Weise für die an sich ebenfalls bekannte Funktion der Speicherung von Computerdaten übertragen worden ist.

Allen Arten von Erfindungen aber ist gemeinsam, dass sie grundsätzlich eine Nutzungsidee und die Kenntnis eines technischen Potenzials zur Deckung bringen; sie unterscheiden sich nur dadurch, dass Nutzungsidee und Potenzial entweder neu oder bereits realisiert sind. Bei den Strukturerfindungen liegt die Nutzungsidee schon vor und bedarf lediglich eines neuen Potenzials, um besser realisiert werden zu können. Die Funktionserfindung dagegen ist gleichbedeutend mit der Erfindung einer Sachverwendung; sie schafft eine neue soziotechnische Identifikation. Eben so wie ein Sachsystem seine Realfunktion erst in der Nutzung entfaltet, hat auch der Erfinder von vorn herein die Nutzung der konzipierten Sachfunktion durch andere Menschen im Auge. Gewiss kommt es vor, dass Unternehmer oder Manager eine Nutzungsidee für unrealistisch halten und nicht damit rechnen, eine hinreichende Anzahl von Verwendern würde dieser Nutzungsidee folgen; dann unterbleibt die Innovation. Und es kommt vor, dass eine Innovation, die dem Produzenten Erfolg versprechend scheint, dann doch von den Konsumenten nicht angenommen wird, weil diesen entweder die Nutzungsidee nicht bedeutsam oder der dafür erforderliche Aufwand nicht angemessen vorkommt; dann unterbleibt die Diffusion. Diese Komplikationen der Ontogenese ändern aber Nichts daran, dass am Anfang der Erfindung grundsätzlich irgend eine Nutzungsidee steht.

Erfinder sind keine Glasperlenspieler, die mit beliebigen Künstlichkeiten für frei bleibende Zwecke jonglieren würden; sonst müsste man gewisse Nonsense-Maschinen, die von der modernen Kunst in ästhetischer Absicht geschaffen wurden, als technische Erfindungen betrachten, obwohl sie keine konkrete Handlungs- oder Arbeitsfunktion ausführen. Tatsächlich wohnt noch den groteskesten technischen Erfindungen – davon kann man sich in der Patentliteratur überzeugen – eine wirkliche Nutzungsidee inne, die zumindest der Erfinder selbst durchaus ernst genommen hat, auch wenn er andere Menschen nicht davon hat überzeugen können. Übrigens muss sie der Patentprüfer ebenfalls ernst genommen haben, denn in der Nutzungsidee kommt die Brauchbarkeit zum Ausdruck, die unter den Kriterien für die Patentwürdigkeit einer Erfindung wie gesagt ausdrücklich genannt wird.

Die Nutzungsideen aber entstammen der Sphäre menschlicher Handlungskonzeptionen und nicht der Sphäre natur- und technikwissenschaftlicher Kalküle. In den Menschheitsträumen der Märchen, der Sagen und der Utopien sind derart aussergewöhnliche Handlungskonzeptionen herbei gewünscht worden, dass selbst die radikalsten Funktionserfindungen kaum eine Handlungsfunktion ersonnen haben, an die noch nie zuvor ein Mensch gedacht hätte. Es ist nicht „die Technik", die „heute Zug um Zug ihre Aufgaben und Zwecke selbst hervor bringt";[1] immer sind es Menschen und Organisationen, die mögliche Sachverwendungen für die Anderen konzipieren, und der Eindruck, die technische Entwicklung habe sich verselbständigt, rührt wohl eher daher, dass eine Minderheit von Machern unentwegt neue soziotechnische Handlungskonzeptionen kreiert, die der Mehrheit der Menschen zuvor nicht geläufig gewesen sind. Die Handlungssysteme, die Erfindungen machen und realisieren, prägen eben dadurch die Ziele und Handlungsmuster der vielen Anderen, die dann massenhaft die soziotechnischen Handlungskonzeptionen nachvollziehen, die von den Machern ersonnen wurden.

---

[1] K. Hübner in Zimmerli 1976, 11-23, zit. 13.

5.4 Mikrotheorien

5.4.1 Intuitionistisches Konzept

Die Erfindung ist offensichtlich das Schlüsselereignis der technischen Ontogenese. Auch wenn im modernen industriewirtschaftlichen Entwicklungsprozess ein neues Sachsystem erst durch die Innovation wirklich greifbar wird, so ist es doch die Erfindung, durch die es überhaupt in den Bereich möglicher Wirklichkeit rückt. Überdies wird man eine strikte Trennung zwischen Invention und Innovation erst für die jüngeren Perioden der Technikgeschichte feststellen können; Jahrtausende lang ist der Erfinder zugleich auch der Hersteller gewesen und hat seine Erfindung allein dadurch bekannt gemacht, dass er sie als Innovation präsentierte. Erst in der Neuzeit ist das Erfinden als eine eigene Tätigkeit hervor getreten.

Begreiflicherweise haben die Menschen die Erfindungen – und mit ihnen die Erfinder – immer mit Staunen bedacht. Schliesslich bedeutet die Erfindung nichts Anderes, als ein neues Stück Wirklichkeit zu ersinnen und zu erschaffen, der gegebenen Welt ein gemachtes Objekt hinzuzufügen, das zuvor weder bekannt noch vorhanden war. Assoziationen an den Schöpfungsmythos, an die *Creatio ex nihilo*, liegen da auf der Hand, und es ist kein Wunder, wenn die Erfindung nicht selten als genialer Schöpfungsakt mystifiziert wurde. Früher hat sich solche Mystifikation in Mythen und magische Praktiken gekleidet, und noch zu Beginn der Neuzeit, als das naturwissenschaftlich-rationale Denken bereits einsetzte, glaubten manche Alchimisten, neue Stoffe nur mit dem Beistand übermenschlicher Kräfte erfinden zu können. Selbst F. Dessauer, der bekannteste Technikphilosoph in der ersten Hälfte des zwanzigsten Jahrhunderts, hat den Ursprung der Erfindung in einem aussermenschlichen Reich der Ideen verortet und den Erfinder als Mitwirkenden im göttlichen Schöpfungswerk angesehen.[1]

Schon im neunzehnten Jahrhundert freilich war die Mystifikation des Schöpferischen zu einem personalisierten Geniekult säkularisiert worden. Nicht mehr die Götter oder der Weltgeist waren es, die dem Erfinder die ungewöhnlichen Ideen eingaben, sondern der Erfinder selbst, die exzeptionelle Persönlichkeit, schafft das Neue aus der Fülle seines genialen Seins. Was die Romantik vor Allem ihren Künstlern zugute hielt, nahm später auch der erfinderische Ingenieur für sich in Anspruch; denn er bedurfte in seinem Selbstverständnis dringend solcher Aufwertung, um sich gegen den Banausenvorwurf zu verteidigen, den die klassizistisch-humanistische Bildungsideologie erhob. Gerne kokettierte er dann mit dem Hinweis, das „Ingenieur" und „Genie" nicht nur sprachlich mit einander verwandt wären.

---

[1] Dessauer 1927, 1956; vgl. das 3. Kapitel in meinem Buch von 1991.

Diesen soziokulturellen Hintergrund darf man nicht vergessen, wenn man auch heute noch mit gewissen Überhöhungen des intuitionistischen Konzepts der Erfindung konfrontiert wird. Selbstverständlich ist die Fähigkeit eines Individuums, neue Wirklichkeit zu ersinnen, erklärungsbedürftig, und selbstverständlich muss man psychologische Hypothesen prüfen, die diese Fähigkeit mit nicht-rationalen Vorgängen unterhalb der Bewusstseinsschwelle zu erklären versuchen. Manche Erfinder und Konstrukteure kultivieren jedoch die Hintergrundideologie, dass ihre besondere Fähigkeit völlig unerklärbar wäre, weil sie nur das singuläre schöpferische Genie entfalten könnte. So bestreiten sie auch, dass diese Fähigkeit in gezielten Lehr- und Lernvorgängen jedem Anderen vermittelt werden könnte; nur wer die entsprechende Begabung von Anfang an besitze, könne diese Kunst durch Übung und Einfühlung in einer Art von Meister-Jünger-Beziehung allmählich nachvollziehen.

Ein besonders interessantes Beispiel, das gegenüber den oben geschilderten Einstellungen durchaus mehrschichtig ist, stellt F. Kesselring dar. Gerade weil Kesselring schon einen bemerkenswerten Beitrag zum rationalistischen Erfindungskonzept leistet, fallen die intuitionistischen Passagen in seiner „Technischen Kompositionslehre" (sic!) besonders auf. Da spricht er, in Erinnerung an eigene Erfindungstätigkeit, von Erleuchtungen und fixen Ideen, von traumhaften Vorstellungsbildern und vom „Augenblick der Inspiration".[1] Auch wenn er die Bedeutung des wissenschaftlichen und technischen Wissens für die Erfindung keineswegs vernachlässigt, versteht er sich doch insgesamt das Flair romantischen Künstlertums zu verleihen. Es wäre allerdings ungerecht, eine andere Schicht dieser wichtigen Untersuchung zu übergehen. Entkleidet man nämlich Kesselrings Selbstbeobachtungen ihres romantisierenden Schleiers, erkennt man psychische Phänomene, wie sie auch von der kognitiven Psychologie in der rationalen Rekonstruktion der so genannten *Kreativität* beschrieben werden.[2]

Danach besteht der kreative Prozess aus vier Phasen, der Präparation, der Inkubation, der Illumination und der Verifikation.[3] Die *Präparation*, also die Vorbereitung einer Erfindung, besteht darin, möglichst viel Wissen zu sammeln, das für eine neue Konzeption wichtig sein könnte. Für Funktionserfindungen wird man bestimmte Handlungsfelder und Arbeitsabläufe studieren, um Ansatzpunkte für eine mögliche Technisierung zu erkennen. Für Strukturerfindungen muss man einen möglichst umfassenden Überblick über ähnlich gelagerte Vorbildlösungen und über neue Potenziale gewinnen. Aus dem

---

[1] Kesselring 1954, 212ff.
[2] Als Überblick z. B. Brander/Kompa/Peltzer 1989; Dörner 1989.
[3] Diese Ausdrücke, für die gelegentlich auch andere Varianten auftreten, sind offenbar unübersetzt aus dem Englischen übernommen worden, wo sie andere Konnotationen haben dürften als die im Deutschen nun künstlichen Fremdwörter. Vgl. Dölle 1956.

Wissen allein, so unabdingbar es ist, kann man jedoch das Neue nicht einfach ableiten, und die kreative Idee lässt sich im Allgemeinen nicht erzwingen. Psychologen nehmen an, dass all die angesammelten Wissenselemente ins Unterbewusste absinken und die Menge des impliziten Wissens vergrössern, dessen Elemente nun unreflektierten und willentlich nicht steuerbaren Assoziationen unterworfen werden; das ist die Phase der *Inkubation*. Auch F. Dessauer erwähnt, bevor er sich in idealistische Spekulationen versteigt, ganz nüchtern die „assoziative Beweglichkeit" des Erfinders und charakterisiert diese als die „Fähigkeit der Seele, aus der Fülle ihrer Residuen, das ist aller der von ihr einmal aufgenommenen und bewahrten Empfindungen und Komplexe, zu verknüpfen, zu assoziieren, was unter irgend einem Interesse, irgendeiner Aufmerksamkeitsrichtung Zusammenhang erhält".[1]

Dass neue Vorstellungen aus unbewusster Wissensverarbeitung hervor gehen können, bestätigen auch die Berichte mancher Erfinder, dass sie solche Vorstellungen erstmals im Traum erlebt haben. Wenn ganz plötzlich ein neuartiges Gestaltungsbild auftaucht, wenn, nach dem psychologischen Modell, eine der unbewusst erzeugten Assoziationen mit einem Mal in die Helle des Bewusstseins tritt, erlebt der Erfinder das häufig als völlig überraschendes Ereignis, das ihm wie ein unerklärliches Wunder vorkommt. Der Schein des Mirakulösen wird dann unnötig betont, wenn dieser Vorgang auch im Deutschen als *Illumination* bezeichnet wird, ein Fremdwort, das, anders als im Englischen, vor Allem mit dem mystisch-religiösen Erleben in Verbindung gebracht wird. Tatsächlich stehen hinter dem Einfall – wie ich die Illumination in desillusionierender Absicht lieber nennen möchte – mit Sicherheit neuronale und kognitive Vorgänge, die lediglich noch nicht genau verstanden werden. In der letzten Phase schliesslich, die sich wieder in der Helle des Bewusstseins vollzieht, wird der Einfall kritisch geprüft und, wenn er der Prüfung standhält, planmässig ausgearbeitet. Wenn diese Phase in der referierten Theorie als *Verifikation* bezeichnet wird, muss man auch hier die sprachliche Ungeschicklichkeit der Übersetzung in Rechnung stellen, denn natürlich handelt es sich nicht um einen wissenschaftlichen Wahrheitsbeweis, die Verifikation im Sinne der Wissenschaftstheorie, sondern um eine Überprüfung im allgemeinen Sinn.

In dieser Rekonstruktion besagt das intuitionistische Konzept, dass die Erfindung ein Prozess der Informationsgewinnung und -verarbeitung ist, der in wesentlichen Teilen unterhalb der Schwelle rationaler Kontrolle abläuft. Dann aber kann die Erfindungstätigkeit weder kommunikativ vermittelt noch planmässig gesteuert werden. Wohl hat die Kreativitätsforschung eine Reihe von Bedingungen ermitteln können, die vor Allem für die unbewusste Phase

---

[1] Dessauer 1927, 43.

Mikrotheorien

des Prozesses mit hoher Wahrscheinlichkeit förderlich sind; das sind zum Einen bestimmte personale Dispositionen und zum Anderen bestimmte extrapersonale Rahmenbedingungen. Es ist auffällig, dass sowohl die Persönlichkeitsmerkmale – Nonkonformismus, Kritikfähigkeit etc. – als auch die Rahmenbedingungen – zeitliche und örtliche Ungebundenheit, Freiheit in der Wahl der Arbeitsziele und -methoden etc. – in krassem Gegensatz zur psychosozialen Realität industriewirtschaftlicher Organisationen stehen. In diesem Befund mag man einen gewissen Trost sehen, wenn man der Ansicht ist, dass die Innovationsdynamik der Technisierung schon heute die meisten Menschen überfordert.

Das intuitionistische Konzept bezieht sich vorwiegend auf die einzelnen Menschen; darum habe ich es als eine Mikrotheorie eingestuft. So weit man die Erfindung als eine Assoziations- und Kombinationsleistung versteht, kann sie letztlich auch nirgendwo anders stattfinden als in einem menschlichen Kopf. Freilich können, wie gesagt, auch die extrapersonalen Rahmenbedingungen ihre Rolle spielen, und dazu gehört selbstverständlich das soziale Umfeld, in dem der Erfinder lebt und arbeitet. So sind denn auch bestimmte Formen der Gruppenkommunikation vorgeschlagen worden, welche die individuelle Ideenproduktion anregen können. In Verfahren kollektiver Kreativitätsförderung wie dem so genannten Brainstorming und Ähnlichem gilt die wechselseitige Anregung und Befruchtung der Gruppenmitglieder als wesentliche Voraussetzung für den Erfolg. Damit aber überschreitet das intuitionistische Konzept die Mikroebene und kommt auch für psychosoziale Gruppenprozesse auf der Mesoebene in Betracht.

5.4.2 Rationalistisches Konzept

Das rationalistische Konzept der Erfindung ist in der Konstruktionswissenschaft entstanden, die ich bereits in der Einleitung kurz skizziert habe.[1] Implizit enthält die psychologische Beschreibung des intuitionistischen Konzepts die Annahme, dass eine Erfindung als neuartige Kombination von bekannten Elementen verstanden werden kann. Diese Annahme wird nun vom rationalistischen Konzept ausdrücklich zum methodischen Prinzip erhoben. Man postuliert, dass die Verknüpfungen, die sonst unbewusst und unkontrolliert zustande kommen, durch geeignete Prozeduren objektiviert, systematisch erzeugt und intersubjektiv zugänglich gemacht werden können. Hierfür haben unabhängig von einander F. Zwicky und die so genannte Ilmenauer Schule um F. Hansen eine mehrdimensionale Klassifikationsmethode angegeben,[2]

---

[1] Vgl. auch die dort, 27, genannten Quellen.
[2] Zwicky 1966, 88ff; Hansen 1965 (Hansen arbeitete an der Technischen Hochschule Ilmenau in Thüringen, damals DDR). Vgl. zur Entwicklung auch Müller 1990.

die als Methode des morphologischen Kastens oder kurz als morphologische Methode bezeichnet wird. Das allgemeine Schema erkennt man in *Bild 41*.

	(1)	(2)	(3)	(4)
Merkmal \ Merkmalsausprägung				
(A)		A2		
(B)	B1			
(C)				C4
(D)			D3	
(E)				E4
(F)	F1			

Bild 41 Morphologische Matrix

Diese Methode geht zunächst davon aus, dass man einen vorhandenen Gegenstand der Erkenntnis oder einen möglichen Gegenstand der Gestaltung mit mehreren Merkmalen charakterisieren kann. Einfache Einteilungen kommen mit einem einzigen Merkmal aus, für das dann verschiedene Ausprägungen aufgelistet werden. Benötigt man zwei Merkmale, kann man deren Ausprägungen in den Zeilen und Spalten einer Tabelle gegenüber stellen, wie ich es in der zweidimensionalen Klassifikation der Sachsysteme in Bild 21 getan habe. In der morphologischen Matrix hingegen zieht man mehr als zwei Merkmale heran und ordnet jedem Merkmal eine Zeile zu; im Schemabild sind das die sechs Merkmale A bis F. Sodann sucht man die einzelnen Zeilen auszufüllen, indem man jeweils alle denkbaren Merkmalsausprägungen einträgt, die für die Beschreibung oder die Gestaltung eines Gegenstandes in Frage kommen; im Beispiel sind das die Ausprägungen 1 bis 4, doch kann die Anzahl je Zeile durchaus variieren.

Nun kann der Kombinationsprozess einsetzen, aus dem die Lösung der Erfindungsaufgabe hervorgeht. Jedem wirklichen oder möglichen Gegenstand kommt nämlich je eine Ausprägung von jedem Merkmal zu. Exemplarisch habe ich die Kombination (A2, B1, C4, D3, E4, F1) hervor gehoben, doch kann im Prinzip auch jede andere Kombination gebildet werden. Nach den

Regeln der Kombinatorik errechnet sich die Gesamtzahl möglicher Kombinationen, indem man die jeweilige Anzahl von Ausprägungen Zeile für Zeile mit einander multipliziert; im Beispiel muss man 6 mal die 4 miteinander multiplizieren und erhält aus 4 hoch 6 die Gesamtzahl 4.096. Wenn die Elemente der Matrix alle vorstellbaren Lösungselemente eines zu schaffenden Sachsystems repräsentieren, dann umfasst die Matrix die Totalität aller denkbaren Lösungen, also die Totalität aller Erfindungen, die der gewählten Merkmalsbeschreibung genügen. Angesichts der grossen Anzahl von Kombinationen gibt es darunter nicht nur Erfindungen, die längst realisiert wurden, sondern auch wirklich neue Erfindungen, die man aus der Lösungsmenge auswählt.

Auf den ersten Blick wirkt diese Methode höchst elegant und scheint alle Erfindungsprobleme systematisch lösen zu können. Tatsächlich aber gibt es prinzipielle und praktische Schwierigkeiten. In der Praxis ist es mühsam und zeitraubend, die ausserordentliche Fülle von Information zu bewältigen und zu bewerten; schliesslich muss man Tausende von Kombinationen durchmustern, um daraus die optimale Auswahl zu treffen. Man kann heute natürlich den Inhalt einer solchen Matrix und den Kombinationsalgorithmus einem Computerprogramm anvertrauen; dabei kann man sogar offensichtliche Unverträglichkeiten, die aus logischen oder tatsächlichen Gründen zwischen gewissen Merkmalsausprägungen bestehen mögen, von vorn herein im Programm kennzeichnen, so dass nur die wirklich realisierbaren Kombinationen angegeben werden.[1] Aber auch dann bleibt der Durchmusterungs- und Auswahlaufwand beträchtlich, zumal verlässliche Bewertungsalgorithmen für solche qualitativen Konzepte nicht existieren und kaum zu erwarten sind.

Noch gravierender ist der Einwand, dass die Methode unterstellt, man könne die Lösungsmerkmale und Merkmalsausprägungen, ohne die man die Matrix gar nicht aufstellen könnte, so zu sagen deduzieren. Zwar hat die Methode den Vorteil, dass sie nicht auf den mehr oder minder zufälligen Erfahrungsschatz eines Einzelnen begrenzt bleibt; auf Grund des rationalen Erzeugungsprinzips können sich zahlreiche Experten daran beteiligen, einen morphologischen Kasten auszufüllen, und idealerweise ist es die Aufgabe konstruktionswissenschaftlicher Institute, der Fachwelt vollständige computergestützte Lösungskataloge bereit zu stellen. Aber damit legt man sich dann auf bestimmte Merkmalseinteilungen fest, die das Feld möglicher Neuerungen vorprägen.

Grundlegende Erfindungen bestehen jedoch darin, dass entweder eine zuvor unbekannte Merkmalsausprägung, vor Allem ein neues Potenzial aus der

---

[1] In einem Programm zur „Erfindung" von Fleischgerichten habe ich beispielsweise dafür gesorgt, dass die Kombination von Elementen des Typs „Geflügel", „Zunge" und „Füllung" automatisch als unsinnig eingestuft wird.

Forschung, identifiziert wird; oder darin, dass die Merkmale selbst in neuartiger Weise definiert werden. Im ersten Fall braucht man die betreffende Zeile der Matrix lediglich zu ergänzen; im zweiten Fall jedoch muss man in den Aufbau der Matrix eingreifen. Hat man beispielsweise eine morphologische Matrix der Antriebssysteme ausgearbeitet, in der das Merkmal „Drehmomenterzeugung" vorkommt, wird man damit kaum den Linearmotor erfinden können, der bekanntlich die mechanische Energie unmittelbar in translatorischer Form bereit stellt. Kreative Chancen hätte man in diesem Fall nur gehabt, wenn man das entsprechende Merkmal allgemeiner konzipiert hätte, etwa als „Wandlung elektrischer Energie in translatorische Bewegungsenergie". Die morphologische Methode leidet also offensichtlich unter der Beschränkung, dass sie grundlegende Neuerungen nur dann ausweisen kann, wenn diese im Kern bereits von Anfang an in den systematischen Algorithmus eingearbeitet worden sind.

Diesem Problem kann man in gewissem Umfang dadurch begegnen, dass man die Erfindungsaufgabe zunächst so abstrakt wie möglich formuliert. Dafür hat die Konstruktionswissenschaft die Theorie der Sachsysteme herangezogen, die ich in Abschnitt 3.4 dargestellt habe.[1] Für dieses theoretische Beschreibungsmodell habe ich in Anspruch genommen, dass es die Menge aller denkbaren Sachsysteme umfasst. Dann aber ist der Schluss zwingend, dass die Systematik *in nuce* auch all jene Sachsysteme enthält, die noch gar erfunden worden sind. Das Erfinden erweist sich mithin als eine Aktivität, die gleichermassen Konkretisierungs- und Kombinationsleistungen umfasst. Tatsächlich hat die Konstruktionswissenschaft nicht nur das Prinzip der kombinatorischen Variation vorgeschlagen, sondern auch eine methodische Ablaufstruktur, die mehrere Entwicklungsstufen zunehmender Konkretisierung vorsieht.[2] Eine derartige Abfolge von Entwicklungstufen sieht man in *Bild 42*.

Für eine Strukturerfindung ist das Modell der Funktion bereits definiert; für eine Funktionserfindung dagegen muss zunächst eine mehr oder minder unbestimmte Technisierungsaufgabe in mögliche Funktionsvarianten übersetzt werden, aus denen dann das geeignetste Funktionsmodell ausgewählt wird. Der Übergang vom Funktionsmodell zum Strukturmodell kann, wie ich schon in der systemtheoretischen Grundlegung in Abschnitt 3.1 betont habe, nicht zwingend abgeleitet werden. Für die möglichen Strukturvarianten braucht man zusätzliche Information, die man mit der morphologischen Methode

---

[1] Vor allem Müller 1970, Hubka 1973 und Hansen 1974; wie schon erwähnt, habe ich mit meinen diesbezüglichen Überlegungen in der gleichen Zeit begonnen, vor Allem in meinem Buch von 1971.
[2] Tatsächlich sind mehrere Ablaufschemata mit unterschiedlichen Abgrenzungen und Bezeichnungen vorgeschlagen worden; vgl. Müller 1990, bes. 88. Meine folgende Zusammenfassung ist mit all jenen Vorschlägen verträglich.

Mikrotheorien

gewinnen kann. Aber auch das schliesslich ausgewählte Modell der Struktur bleibt sehr abstrakt und besagt noch Nichts über die gegenständliche Realisierung des neuen Sachsystems. Darum sind in der nächsten Stufe naturale und technische Potenziale zu erkunden, mit denen die geplante Struktur verwirklicht werden kann. Wenn man dafür wiederum einen morphologischen Kasten ausfüllen will, kann man ausgearbeitete Systematiken naturaler Effekte heranziehen.[1] Aus den Potenzialvarianten wählt man dann ein Realisierungsprinzip aus.

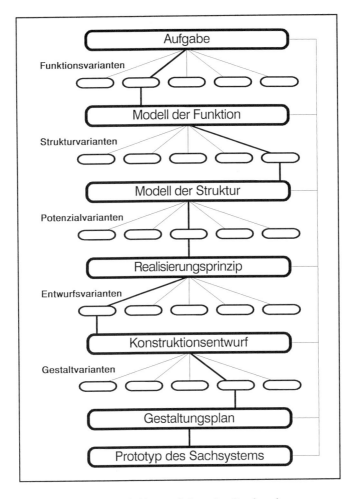

Bild 42 Entwicklungsstufen des Sachsystems

---

[1] Vgl. z. B. die Systematik physikalischer Effekte bei Koller 1998.

Bis zu dieser Entwicklungsstufe spricht man meist vom „Konzipieren". In einem nächsten Schritt, der häufig als „Entwerfen" bezeichnet wird, ist das Realisierungsprinzip konstruktiv zu konkretisieren. Angenommen, man hat für die ein- und ausschaltbare Übertragung eines Drehmomentes von der einen auf die andere Welle den physikalischen Effekt der Reibung gewählt. Für die konstruktive Konkretisierung stehen dann zum Beispiel die Kegelkupplung, die Einscheibenkupplung und die Lamellenkupplung zur Diskussion. Hat man sich für eine dieser Entwurfsvarianten entschieden, werden nun für den Konstruktionsentwurf verschiedene Gestaltvarianten in Betracht gezogen, die sich nach Material, Gestaltung, Bemessung usw. unterscheiden. Die ausgewählte Gestaltvariante wird in detaillierten Zeichnungen exakt beschrieben. Diesen Schritt bezeichnet man als „Ausarbeiten"; allerdings werden die Grenzen zwischen Konzipieren, Entwerfen und Ausarbeiten in der Konstruktionswissenschaft nicht einheitlich gezogen. Schliesslich kann das vorher ideell antizipierte Sachsystem als Prototyp materiell realisiert werden.

Jeder Übergang von der einen zur nächsten Entwicklungsstufe benötigt zusätzliche Information und bildet einen kreativen Teilprozess. Es wäre ein Trugschluss, wenn man aus der rationalen Präzision des technologischen Systemmodells folgern wollte, Erfindungen stellten sich aus einem zwangsläufigen Algorithmus von alleine ein. Auch wenn man für jeden Übergang zwischen den Entwicklungsstufen die morphologische Methode einsetzt, so kann man damit zwar die Informationssuche objektivieren und systematisieren, die Gewinnung wirklich neuer Information jedoch keineswegs erzwingen. So würde sich aus praktischen wie aus prinzipiellen Gründen das rationalistische Konzept der Erfindung überschätzen, wenn es einen Monopolanspruch erheben würde, zumal es nicht deskriptiv die tatsächliche Erfindungs- und Konstruktionstätigkeit analysiert, sondern präskriptiv diese Tätigkeit methodisch anleiten will. Wie erfolgreich diese Anleitung sein kann, wird unter den Kennern kontrovers diskutiert, und Einiges deutet darauf hin, dass eine Synthese des intuitionistischen Konzepts – in psychologischer Präzisierung – und des rationalistischen Konzepts am Platze ist.[1]

Allerdings besitzt das rationalistische Konzept die besondere Stärke, die Reflexion des *Bewertungsproblems* zu fördern. Noch immer trifft man bei Ingenieuren gelegentlich das Selbstverständnis an, ihr technisches Handeln wäre wertneutral.[2] Diese irrige Vorstellung, die gewiss mehrere Gründe hat, folgt aber wohl auch aus der intuitionistischen Praxis, die sich über ihre Wertgrundlagen keine Rechenschaft geben kann. Tatsächlich ist der Entwicklungs- und Konstruktionsprozess grundsätzlich eine fortgesetzte Folge von Bewertungen

---

[1] Schregenberger 1982; Frankenberger, E. u. a. 1998.
[2] Zum Selbstverständnis des Ingenieurs vgl. das 1. Kapitel in meinem Buch von 1998.

und Entscheidungen, auch dann, wenn er dem intuitionistischen Konzept folgt. Das beginnt mit dem Vorverständnis der Entwicklungsaufgabe, setzt sich mit der Auswahl des Wissens fort, das für relevant gehalten wird, und betrifft schliesslich auch alle denkbaren Details: wie etwa eine so wichtige Rechengrösse wie der Sicherheitsbeiwert anzusetzen ist, oder auch, wie die nebensächlichsten Wellendurchmesser oder Wandstärken zu dimensionieren sind. Vor Allem bei der intuitiven Suche nach Lösungsmöglichkeiten werden ständig Ideen, die kurzzeitig ins Bewusstsein treten, auf Grund impliziter Wertvorstellungen sogleich wieder verworfen, bis schliesslich eine Lösungsidee stark genug erscheint, um weiter ausgearbeitet zu werden. Dass man aus der Fülle des Möglichen die Erfolg versprechende Lösungsidee mit Erfahrung und Intuition oft sehr zügig auswählen kann, wird gelegentlich sogar als Vorteil des intuitionistischen Konzepts gesehen, weil dadurch der Entwicklungsprozess zu beschleunigen ist. Allerdings besteht die Gefahr, dass man die erstbeste Lösung für die schlechthin beste hält.

Das rationalistische Konzept dagegen verzichtet, jedenfalls idealtypisch, auf jegliche unkontrollierte Vorentscheidung, bis das gesamte Spektrum denkbarer Lösungsmöglichkeiten ausgebreitet ist. Als Resultat erhält man eine Fülle von Alternativen, die erst dann der Bewertung unterzogen werden. Da diese vielen Alternativen zunächst so zu sagen gleichberechtigt neben einander stehen, kommt nun die ganze Problematik der Bewertung und Auswahl in voller Schärfe ans Licht. *Bild 43* verdeutlicht die Komplexität des Bewertungsproblems: Einerseits gibt es nicht nur die eine intuitiv gewonnene Lösung, sondern es stehen zahlreiche Alternativen zur Debatte, aus denen die optimale Lösung auszuwählen ist; andererseits sind diese Alternativen nicht allein an einem einzigen Ziel zu messen, sondern müssen einer Menge von Zielen, eben einem Zielsystem, Rechnung tragen.[1] Theoretisch hat natürlich das Funktionsziel Priorität, die ursprünglich konzipierte Handlungs- oder Arbeitsfunktion so gut wie möglich zu realisieren. Praktisch aber treten zahlreiche weitere Ziele in den Blick, die entweder für die Auswahl unter funktional gleichwertigen Alternativen heranzuziehen sind oder überhaupt unumgängliche Restriktionen angeben; dazu gehört fast immer die Wirtschaftlichkeit.

Das Schema in Bild 43 ist eine Matrix, deren Elemente jeweils durch eine Lösungsalternative in der betreffenden Zeile und durch deren Beitrag zu dem Ziel in der jeweiligen Spalte charakterisiert werden. Man hat zunächst angenommen, man könnte für jede Alternative die Zielbeiträge der ganzen Zeile zu einer einzigen Zahl zusammenfassen und dann mit Leichtigkeit diejenige Alternative erkennen, die den besten Zahlenwert aufweist. Als *Nutzwertana-*

---

[1] Vgl. Abschnitt 3.6.

lyse ist dieses Bewertungsverfahren auch heute noch gebräuchlich, zumal es sich bequem in Computerprogrammen schematisieren lässt. Dabei übersieht man, dass seit Langem grundlegende theoretische Schwächen des Verfahrens bekannt sind.[1] Vor Allem darf man nicht glauben, die Beiträge zu den verschiedenen Zielen liessen sich so zu sagen mit dem selben Meterstab messen. Auch wenn die jeweiligen Zielbeiträge auf kardinalen Skalen mit gleicher Intervallteilung gemessen werden könnten, hätten die verschiedenen Messgrössen unterschiedliche Bedeutungen, die der Vergleichbarkeit entgegen stehen. Meist aber liegen nicht einmal jene messtheoretischen Voraussetzungen vor, die es erlauben würden, die Zahlenwerte in der Matrix als Rechengrössen zu behandeln, die man arithmetischen Operationen unterziehen kann. Tatsächlich bilden die Zielbeiträge in einer Spalte meist eine ordinale Skala, die lediglich eine Rangfolge unter den Alternativen angibt: die eine ist besser als die andere und weniger gut als die dritte. Solche Ordnungsziffern aber kann man nicht addieren und multiplizieren, da sie keinen absoluten Zahlenwert repräsentieren. Das Bewertungsschema eignet sich also nicht als Berechnungsalgorithmus.

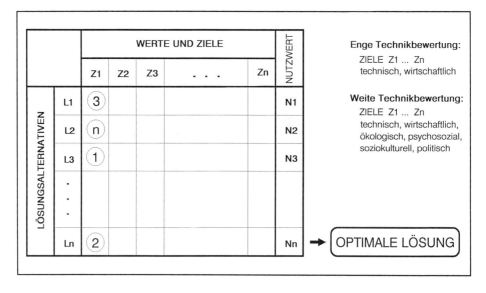

Bild 43 Schema des Bewertungsproblems

Was das Schema jedoch leistet, erkennt man im Kontrast zum intuitionistischen Konzept. Es zwingt dazu, alle in Betracht kommenden Alternativen

---

[1] Die kritische Darstellung von Zangemeister 1970 ist immer noch einschlägig.

ausdrücklich auszuweisen und alle Ziele offen zu legen, die man mit dem Entwicklungsprojekt verfolgt. Damit wird das Entscheidungsproblem nicht nur für den Einzelnen durchsichtig, sondern auch für Andere nachvollziehbar; indem man es methodisch objektiviert, macht man es der intersubjektiven Kommunikation zugänglich. Über jede Zielformulierung, über jede Zielgewichtung und über jedes Element der Matrix wird der Einzelne nachdenken, wird das Entscheidungsgremium streiten. Unumstössliche Zahlenwerte, die eine bestimmte Entscheidung erzwingen würden, lassen sich nicht berechnen, aber die komplexe qualitative Entscheidung, die der Einzelne oder das Gremium schliesslich trifft, hat jedenfalls alle Dimensionen des Problems in Betracht gezogen und sich vor Allem auch mit den Zielkonkurrenzen ausdrücklich aus einander gesetzt. Die Nutzwertanalyse kann menschliches Entscheiden nicht ersetzen, aber doch höchst wirksam unterstützen.

Folgt man dem Programm der *innovativen Technikbewertung*, sind derartige methodische Hilfsmittel zur Bewältigung von Komplexität ohnehin unentbehrlich.[1] Wie Bild 43 andeutet, berücksichtigt die enge Technikbewertung, die heute noch üblich ist, vor Allem sachtechnische und wirtschaftliche Ziele. Sollen jedoch technische Neuerungen von vorn herein auch umwelt- und menschengerecht gestaltet werden, dann erweitert sich das Zielsystem, das den Erfindungs- und Entwicklungsprozess regiert, um ökologische, psychosoziale, soziokulturelle und politische Zieldimensionen.[2] Diese zusätzlichen Dimensionen, die man selbstverständlich nicht mit schlichten Zahlenwerten quantifizieren kann, wird man für zukunftsbewusste Innovationsstrategien nur dann angemessen berücksichtigen können, wenn man sie in systemische Qualitätsmodelle einfügt.

5.4.3 Mikro- und Mesotheorien

Die Erfindungstheorien, die ich im letzten Abschnitt besprochen habe, konzentrieren sich zu Recht auf die Mikroebene der Individuen; denn immer ist es letzten Endes der einzelne Mensch, in dem die Synthese des Neuen Gestalt annimmt. Da aber die Erfinder und Konstrukteure nicht als Eremiten leben und arbeiten, dürfen jene Konzepte die Interaktion zwischen den Protagonisten der technischen Entwicklung nicht ignorieren. Bis zu einem gewissen Grade tragen die kreativitätspsychologischen Vorstellungen dieser Einsicht Rechnung, und das rationalistische Konzept wird ausdrücklich mit der Absicht verfolgt, die technische Entwicklung kommunikativen Gruppenprozessen zugänglich zu machen. Da aber die Kooperation in der technischen Entwicklung grossenteils in industriellen Organisationen stattfindet, öffnen

---

[1] Ausführlich dazu mein Buch von 1996.
[2] Vgl. das Wertschema in der VDI-Richtlinie 3780.

sich die Mikrotheorien durchaus in Richtung auf die Mesoebene, also die Ebene der korporativen Forschung und Entwicklung.

Dieser Schritt ist auch in einer anderen Mikrotheorie angelegt, die nicht die Erfindung, sondern die Innovation erklären will und dafür die Schlüsselfigur des schöpferischen Unternehmers heranzieht. J. Schumpeter benutzt zwar einen Innovationsbegriff, der weit über die Sachtechnik hinaus geht, aber auch für sachtechnische Innovationen sieht er den massgebenden Faktor nicht im Sachverstand des technischen Experten, sondern in der visionären Kraft der Unternehmerpersönlichkeit, die neuartige Kombinationen aus sachtechnischen, organisatorischen und wirtschaftlichen Elementen konzipiert, um mit neuen Produkten Gewinne zu erzielen. Auch hier wird, wie in den Erfindungstheorien, das Neue kombinatorisch gedeutet, und wie im traditionellen intuitionistischen Konzept ist es zunächst die heraus ragende Einzelpersönlichkeit, die mit solcher intuitiven Kombinationskraft begabt ist.[1]

Wegen dieser Ähnlichkeiten erwähne ich Schumpeters Konzept, das die Ursachen der Innovationsfähigkeit übrigens keineswegs erklärt und ausserdem unversehens von der Mikro- zur Mesoebene übergeht, indem es, angesichts des Bedeutungsverlusts von Eigentümerunternehmern, dann die organisierte Forschung und Entwicklung der Grosskonzerne als Motor der Innovation betrachtet. Wie freilich geeignete Potenziale erkannt, wie Innovationsprojekte ausgewählt, wie diese geplant und organisiert werden können – das Alles lässt Schumpeter offen, und noch heute sind in der Betriebswirtschaftslehre Erklärungsmodelle der Innovation und Anleitungen zu industrieller Innovationspraxis eher die Ausnahme als die Regel.[2]

Das ist auch der eine Grund, warum ich nun nicht ausdrücklich auf Mesotheorien der technischen Entwicklung eingehen will; der andere Grund besteht darin, dass vorliegende Ansätze von Mesotheorien grosse Argumentationsähnlichkeit mit den Makrotheorien besitzen, die ich im übernächsten Abschnitt skizzieren werde; zu einem beträchtlichen Teil sind sie sogar deckungsgleich. Systematisch gesehen, konzentrieren sich Mikro- und Mesotheorien auf die einzelne Erfindung und Innovation, also auf die Ontogenese, während Makrotheorien vor Allem die Technisierung im Ganzen, also die Phylogenese erklären wollen. Doch wenn die Phylogenese als dynamisches System von Ontogenesen zu verstehen ist, liegt es natürlich nahe, die Erklärung des Ganzen und die Erklärung seiner Teile auf einander zu beziehen, so lange man nicht den systemtheoretischen Grundsatz vernachlässigt, dass die Phylogenese ihre spezifischen Systemqualitäten besitzt, die nicht auf die Besonderheiten der einzelnen Ontogenesen reduziert werden können.

---

[1] Schumpeter 1939, 113ff; vgl. die Darstellungen bei Huisinga 1996, 107ff, und Grupp 1997, 55ff.
[2] So z. B. Brockhoff 1997 und vor Allem Pfeiffer u. a. 1997.

5.5 Zweiter Exkurs über technisches Wissen

In den letzten Abschnitten habe ich die Erfindung in einer Weise beschrieben, dass sie als Prozess der Informationsgewinnung und -verarbeitung verstanden werden kann; genau so hat W. Pfeiffer die technische Entwicklung als Ganze charakterisiert.[1] Die technische Entwicklung besteht ganz wesentlich auch darin, technisches Wissen zu nutzen und zu vermehren; das gilt in besonderem Mass für die Erfindung. Ich will darum die früheren Überlegungen zum technischen Wissen aufgreifen und seine Rolle in den soziotechnischen Entstehungszusammenhängen kurz skizzieren. Ich hatte an jener Stelle verschiedene Wissenstypen unterschieden: das technische Können, das funktionale Regelwissen, das strukturale Regelwissen, das technologische Gesetzeswissen und das öko-sozio-technologische Systemwissen;[2] von dieser Einteilung werde ich mich auch im Folgenden leiten lassen.

Zunächst wende ich mich also der pragmatischen Variante des technischen Wissens zu, dem *technischen Können*. Im Sinne einer psychophysischen Geschicklichkeit ist technisches Können besonders in der Phase der materiellen Produktion von Bedeutung. Es gilt hier, was ich früher über den Umgang mit Werkzeugen und einfachen Produktionsmaschinen gesagt hatte, deren Beherrschung ja kein Selbstzweck ist, sondern, da sie Arbeitsmittel sind, der Gestaltung von Arbeitsgegenständen dient und somit für die Hervorbringung von Sachsystemen unerlässlich ist. So lange Erfindung und Produktion nicht arbeitsteilig von einander geschieden waren – und im Handwerk gilt das zum Teil noch heute –, bildete sich häufig die Produktkonzeption gemeinsam mit dem Produktionsverfahren heraus. Das Wissen vom Arbeitsverfahren und Produkt blieb oft unterhalb der Reflexionsschwelle und konnte daher nicht objektiviert und nicht intersubjektiv mitgeteilt werden. Es ist eine Erfahrung, die gleichermassen die französischen Enzyklopädisten und die deutschen Technologen im 18. Jahrhundert machen mussten, dass die Handwerker meist nicht in der Lage waren, die Fertigkeiten und Arbeiten, die sie praktisch durchaus beherrschten, dem Aussenstehenden verständlich zu beschreiben. Die Erfindungen der handwerklichen Technik sind also grossenteils eher dem technischen Können zuzurechnen.

Es ist das Verdienst der frühen Technologie, jenes technische Können durch exakte Beobachtung und Beschreibung in *funktionales Regelwissen* überführt zu haben, das dadurch allgemein zugänglich wurde. Freilich war das zunächst vor Allem ein Wissen über menschliche Arbeitsverfahren, das erst

---

[1] Pfeiffer 1971; diese grundlegende Untersuchung, die in der späteren Technikforschung weithin übersehen worden ist, hat Nichts von ihrer Bedeutung verloren.
[2] Vgl. Abschnitt 4.6.

mit fortschreitender Technisierung in ein Wissen von produktiven Sachfunktionen überging. Ich muss an dieser Stelle noch einmal auf die Einteilung in technische Verfahren und technischen Produkte hinweisen, die sich auch in der Unterscheidung von Verfahrens- und Produkterfindungen bzw. von Prozess- und Produktinnovationen niedergeschlagen hat. Die Ökonomie hat die technologische Verwandtschaft dieser Neuerungsformen bis heute nicht verstanden, weil sie die empirische Wirtschaftsteilung zwischen Produktion und Konsumtion in den Rang theoretischer Kategorien erhoben hat, die aber über den technologischen Charakter von Sachsystemen gar nichts aussagen.

In der handwerklichen Technik waren technische Verfahren die Arbeitsfunktionen produktiv tätiger Menschen; in der modernen industriellen Produktion dagegen erweisen sich technische Verfahren als die Funktionen der technischen Produktionsmittel. Eine Verfahrenserfindung bedeutet dann die Erfindung einer neuen Sachsystemfunktion, die normalerweise die Erfindung der entsprechenden Sachstruktur nach sich zieht. Dem entsprechend ist auch die so genannte Prozessinnovation in Wirklichkeit eine Produktinnovation, nur dass das betreffende Produkt als Produktionsmittel verwendet wird. So weit Verfahrenserfindungen oder, besser gesagt, Funktionserfindungen durch Zufall, Versuch und Irrtum zustande kommen, setzen sie funktionales Regelwissen nicht voraus, sondern erzeugen es erst; das wird in früheren Jahrhunderten der Normalfall gewesen sein, kommt aber auch heute noch vor. Wenn eine Erfindung dagegen darin besteht, eine Arbeitsfunktion aus dem einen in einen anderen Anwendungsbereich zu übertragen, dann bedient sie sich eines bereits vorhandenen Regelwissens; solche unechten Funktionserfindungen oder Übertragungserfindungen verfolgt die Technologie von Anfang an.[1]

Für die echte Funktionserfindung, die ja auch eine Realisierungsstruktur angibt, sowie für die Strukturerfindung reicht das funktionale Regelwissen natürlich nicht mehr aus; dann braucht man *strukturales Regelwissen*. Wenn die Erfindung verschiedenartige Subsysteme vorsieht, von denen einige bereits bekannt sind, genügt für diese auch wieder das funktionale Regelwissen. Für die Gestaltung neuartiger Sachstrukturen jedoch sind gründliche Kenntnisse über die Eigenschaften von Materialien und Sachelementen, über die Möglichkeiten, diese mit einander zu verknüpfen, und über die daraus resultierenden Wirkungsabläufe eine unerlässliche Voraussetzung. Das erforderliche Wissen muss allerdings nicht unbedingt von Anfang an vollständig vorhanden sein. Häufig beginnt man mit einer vagen Erfindungsidee und sucht dann gezielt nach Informationen, um die Idee zu konkretisieren; so sammelt

---

[1] Beckmann 1806, 9.

man im Entwurfsprozess vorhandenes und gewinnt zusätzliches Strukturwissen. Das sind durchweg rezeptartige Kenntnisse über technische Regelmässigkeiten, die man aus eigener Erfahrung gesammelt oder aus fremder Erfahrung übernommen hat.

Diese Kenntnisse sind längst nicht immer theoretisch begründet, sondern oft allein damit gerechtfertigt, dass sie sich in der Vergangenheit praktisch zur Genüge bewährt haben. Nicht umsonst werden angehende Ingenieure in den konstruktiven Fächern ausgiebig mit erfolgreich ausgeführten Vorbildlösungen vertraut gemacht und in die Benutzung von Tabellenwerken und Lösungskatalogen eingeführt, in denen all jenes Regelwissen gebrauchsfertig zugänglich ist. Hinzu treten heute, seit der Computer zum selbstverständlichen Arbeitsmittel des Ingenieurs geworden ist, ausgefeilte numerische Näherungsverfahren und Berechnungsexperimente, die ebenfalls weniger auf strengen Gesetzen als auf funktionalen und strukturalen Regelmässigkeitsvermutungen basieren. Auch wo der Erfinder von der eingeführten Konstruktionspraxis abweicht und neuartige Potenziale aufgreift und einsetzt, interessiert er sich weniger für theoretische Begründung als für die unmittelbare Wirksamkeit innerhalb seines strukturalen Konzepts.

Allerdings wird in der modernen Technik auch das *technologische Gesetzeswissen* immer wichtiger. Die Regelmässigkeiten, die in den Tabellen und Faustformeln, in den Lösungsvorbildern und Gestaltungsgrundsätzen, in den Näherungsberechnungen und Modellsimulationen angenommen werden, sind vielfach längst zum Gegenstand technologischer Forschung geworden. Diese sucht, nach den methodologischen Standards der Naturwissenschaften, die Erfahrungsregeln mit nomologischen Hypothesen zu begründen, die dann nach theoretischer Prüfung und experimenteller Bewährung als technologische Gesetze gelten. Auch wenn die technikwissenschaftliche Forschung in grösserem Umfang erst in unserem Jahrhundert aufgenommen wurde, hat sie doch inzwischen eine Fülle technologischen Gesetzeswissens angesammelt. Immer seltener wird eine Erfindung, welche die im Patentrecht geforderte technische Höhe haben soll, ohne technologisches Gesetzeswissen zu machen sein.

Die zunehmende *Verwissenschaftlichung* der Technik ist also durchaus zu beobachten, aber sie läuft – das muss ich gegen weit verbreitete Missverständnisse betonen – keineswegs darauf hinaus, dass sich das technische Wissen dem naturwissenschaftlichen Wissen weit gehend angleichen würde. Nach wie vor muss man zwischen (a) der Technik, dem Bereich sachbezogenen praktischen Handelns und Wissens, (b) den Technikwissenschaften, dem Bereich der Systematisierung technischen Wissens, und (c) den Naturwissenschaften unterscheiden, auch wenn es, wie bei jeder analytischen

Unterscheidung, hier und dort fliessende Übergänge geben mag. Am ehesten dürften partielle Überschneidungen zwischen natur- und technikwissenschaftlichem Wissen auftreten, obwohl Vieles dafür spricht, dass letzteres eine durchaus eigenständige Qualität besitzt.[1] Technisches Wissen dagegen ist vielfach nicht einmal systematisch expliziert, sondern kommt oft genug lediglich als implizites Wissen vor. Besonders das strukturale Regelwissen, dem überragende Bedeutung für die Erfindung zukommt, ist überdies in seiner synthetischen Ausrichtung von völlig anderer Art als das vorwiegend analytisch dimensionierte Gesetzeswissen der Naturwissenschaften.

Schliesslich darf man die Verwissenschaftlichung auch nicht dahin gehend missverstehen, dass in der modernen Technik naturwissenschaftliche Erkenntnisse fugenlos und so zu sagen automatisch in Erfindungen übergingen, ja, dass die Invention gar identisch wäre mit der Kognition. Ich hatte schon erwähnt, dass in der Innovationsforschung zwischen diesen beiden Phasen manchmal überhaupt nicht unterschieden wird. Auch Wissenschaftsphilosophen begehen diesen Fehler; so heisst es beispielsweise, die moderne Technik, gekennzeichnet „durch den allgemeinen Willen, bislang Unerforschtes [...] auszukundschaften", sei „reine Theorie" geworden und „immer schon naturwissenschaftlich", eben so wie „die Naturwissenschaft immer schon technisch" sei.[2] Die Einsicht der Technikphilosophie, dass allenfalls Technik*wissenschaft* und Naturwissenschaft einander partiell überschneiden können, nicht aber die Technik selbst, ist bis heute von anderen Fächern und von der Öffentlichkeit kaum zur Kenntnis genommen worden. Historiker setzen die „Wissenschafts- und Technikgeschichte" in eins, Systemsoziologen ordnen die Technik dem „Subsystem Wissenschaft" zu, Moralphilosophen verstehen die Technikethik als Sonderfall der Wissenschaftsethik, und Pädagogen glauben die Techniklehre innerhalb des Physikunterrichts abhandeln zu können.[3] Es ist wirklich an der Zeit, dass diese Vermengung von Wissenschaft und Technik endlich überwunden wird.

Immerhin hat W. Pfeiffer schon vor einem Vierteljahrhundert für die technische Entwicklung den prinzipiellen Unterschied zwischen der naturwissenschaftlichen Phase und der „gütertechnischen Phase" herausgearbeitet und betont, dass die letztere durch einen Prozess zusätzlicher Informationsgewinnung eingeleitet wird; diese zusätzliche „gütertechnische Information" ist von durchaus andersartiger Qualität als die „naturwissenschaftliche Information".[4] Naturwissenschaftliche Erkenntnis kann Funktionspotenziale identifizie-

---

[1] Rapp 1974; Rumpf 1981; Banse/Wendt 1986; Jobst 1995; König 1995.
[2] K. Hübner in Zimmerli 1976, 14ff.
[3] Beispiele bei Zweck 1993, 102; Pieper/Thurnherr 1998, 9; K. Weltner in Traebert 1981, 107ff.
[4] Pfeiffer 1971, 58ff.

ren und gegebenenfalls unter Laborbedingungen experimentell realisieren. Eine technische Erfindung aber entsteht erst dann, wenn für ein Funktionspotenzial die Handlungs- oder Arbeitsfunktion eines möglichen Verwenders antizipiert wird. Zwischen Kognition und Invention liegt, mit einem Wort, die Nutzungsidee.

Öko-sozio-technologisches Systemwissen findet in der technischen Entwicklung bedauerlicherweise immer noch zu wenig Beachtung. An den wissenschafts- und technikphilosophischen Missverständnissen, die ich kritisiert habe, sind auch die Technikwissenschaften selber schuld, wenn sie zu lange ein szientifisches Paradigma kultiviert haben, das tatsächlich die Technik fälschlich auf „angewandte Naturwissenschaft" zu reduzieren sucht.[1] Dieses verengte Selbstverständnis ist dafür verantwortlich zu machen, dass die Erfinder und Innovatoren die Nebenfolgen, die aus ihrer Entwicklungsarbeit für natürliche Umwelt und Gesellschaft erwachsen, meist überhaupt nicht beachtet haben. Ein Grossteil dieser so genannten Nebenfolgen könnte sehr wohl voraus gesehen und vielfach auch vermieden werden, wenn man bereits während der technischen Entwicklung daran denken würde. Wenn nun das Programm der innovativen Technikbewertung empfiehlt, die ökologischen und psychosozialen Folgen technischer Neuerungen von vorn herein bei der Entwicklungsarbeit in Rechnung zu stellen,[2] werden die Erfinder und Ingenieure ohne ein gewisses Mass des Systemwissens, das ich mit diesem Buch umreisse, in Zukunft kaum noch auskommen.

Schliesslich muss ich noch einige Bemerkungen über die *Verteilung* des technischen Wissens anfügen. So weit Inventionen von individuellen Erfindern gemacht werden, müssen diese Menschen das erforderliche Wissen selber besitzen – nicht umsonst berufen sich erfinderische Ingenieure immer wieder auf ihre Erfahrung – oder zum rechten Zeitpunkt aus anderen Quellen erwerben. Man denkt natürlich zunächst an die Fachliteratur, die inzwischen teilweise bereits im globalen Computernetz zugänglich ist und die das Wissen anderer Fachleute in objektivierter Form bereit stellt. Tatsächlich jedoch spielt bei der Informationssuche die mündliche Übermittlung durch Fachgenossen immer noch eine wichtige Rolle. So kann man sich vorstellen, welchen Einfluss psychosoziale Faktoren auf den Prozess der Wissensübertragung haben.

Überdies vermehrt sich das insgesamt verfügbare technische Wissen fortgesetzt und zwingt die Experten zu immer stärkerer Spezialisierung. Der Einzelne wird dann nur noch im Ausnahmefall alles Wissen, das für eine Erfindung relevant ist, selbst zusammen tragen und alleine überschauen können. Daraus

---

[1] Zum Paradigmenwechsel mein Buch von 1998; als Beleg dafür neuerdings Spur 1998.
[2] Vgl. mein Buch von 1996.

folgt eine wachsende Tendenz zur Kollektivierung des Inventionsprozesses, und der Einzelerfinder wird durch Entwicklungsteams ersetzt. Zwar halte ich daran fest, dass die eigentliche Erfindung immer in einem einzelnen Kopf entsteht, aber der Einfall, der Potenzial und Nutzungsidee mit einander verbindet, verdankt sich dann nicht mehr dem einsamen Grübeln, sondern der ausgiebigen Gruppendiskussion, die durch vervielfachte Lern- und Wissenskapazität zusammenbringt, was der Einzelne nicht mehr allein verarbeiten könnte. Auch aus Gründen der Wissensverteilung also verlagert sich, wie schon im letzten Abschnitt angedeutet, die Erfindungsphase mehr und mehr von der Mikro- auf die Mesoebene. Überdies finden angewandte Forschung und technische Entwicklung nicht selten in verschiedenen, von einander getrennten Organisationen statt, die dann kommunikativ mit einander zu verknüpfen sind. Unter solchen Bedingungen ist die Ontogenese nicht einmal mehr auf einzelne Mesosysteme beschränkt, sondern erstreckt sich letztendlich auf das gesamte soziotechnische Makrosystem. Allein schon dadurch erweist sich die technische Entwicklung als ein *sozialer Prozess*;[1] sie kann nicht länger als die Domäne einzelner Erfinder und Unternehmer verstanden werden, sondern gewinnt zunehmend den Charakter einer öffentlichen Angelegenheit.

5.6 Makrotheorien

5.6.1 Allgemeines

In Abschnitt 5.3.1 hatte ich kennzeichnende Erscheinungen der technischen Phylogenese beschrieben; jetzt wird es darum gehen, wie diese Gesamtentwicklung der Technik erklärt werden kann. Die Phylogenese, ich wiederhole es, ist das dynamische System der Ontogenesen, die natürlich nur dann dazu beitragen, wenn sie mindestens das Stadium der Innovation erreicht haben, vor Allem aber dann, wenn sie in der Diffusion die allgemeine Technisierung voran treiben. Wegen der Schlüsselrolle der Innovationsphase, die sich ja vornehmlich auf der Mesoebene abspielt, setzen auch Makrotheorien meist an dieser Stelle an. Darin sehe ich den theoretischen Grund dafür, dass innovationstheoretische Ansätze grosse argumentative Ähnlichkeit mit Globalkonzepten der phylogenetischen Entwicklung haben; darum fasse ich sie in diesem Hauptabschnitt zusammen.

---

[1] Diesen Teilsatz habe ich jetzt eingefügt, damit die Techniksoziologen ihr geliebtes Schlagwort finden. Obwohl ich diesen Gedanken in den vorstehenden Sätzen und an anderen Stellen der Sache nach bereits 1979 vorgetragen habe, halten sich gewisse Autoren zugute, diese Einsicht Ende der achtziger Jahre selbst gewonnen zu haben; vgl. mehrere Beiträge in Weingart 1989. Tatsächlich war es wohl Pfeiffer 1971, 35f, der als erster die „technische Entwicklung als einen sozialen Prozess" diagnostiziert hat.

In wissenschaftlichen Erklärungskonzepten kann die Technisierung in zweifacher Weise figurieren. Einmal betrachtet man sie als unabhängige Variable, mit der man die Technikfolgen erklärt; das lasse ich jetzt beiseite, weil ich dieser Frage das vierte Kapitel gewidmet hatte. Zum Anderen aber kann man die Technisierung als abhängige Variable ansehen und nach den Ursachen und Bedingungsfaktoren fragen, aus denen sie hervor geht; das ist Gegenstand des vorliegenden Kapitels. Schliesslich aber muss man auch berücksichtigen, dass aussertechnische und technische Entwicklung in Wechselbeziehung mit einander stehen, dass, anders ausgedrückt, die Bedingungen der Technisierung ihre Folgen vorprägen und dass diese Folgen wiederum zu Bedingungen der weiteren Technisierung werden. Diesen Zusammenhang hat schon K. Marx gesehen und als *Dialektik von Produktivkräften und Produktionsverhältnissen* verstanden.[1] Einerseits beeinflusst die Produktivkraft Technik die gesellschaftlichen Verhältnisse, und andererseits wirken diese wiederum auf die weitere Entwicklung jener Produktivkraft. Damit will ich noch einmal an das methodische Prinzip dieser Untersuchung erinnern, immer von Neuem die wechselseitige Verknüpfung zwischen den Verwendungs- und den Entstehungszusammenhängen zu reflektieren, auch wenn die einzelnen Argumentationsstränge jeder für sich und nach einander dargestellt werden müssen. Jetzt also sind die Bedingungsfaktoren der technischen Phylogenese an der Reihe.

Bevor ich diejenigen Theorieansätze bespreche, die ich zu einer Synthese führen möchte, muss ich in aller Kürze zwei Konzepte erwähnen, die mir dafür nicht tragfähig scheinen. Das ist zum Einen die evolutionstheoretische Deutung der technischen Entwicklung, die ich schon zu Anfang dieses Kapitels beiläufig kritisiert habe, weil sie bloss in eine naturalistische Metapher kleidet, was doch in Wirklichkeit vor Allem eine menschliche Kulturleistung bildet.[2] Zum Zweiten übergehe ich die ökonomische „Theorie des technischen Fortschritts", weil diese den Sachphänomenen der Technisierung in keiner Weise gewachsen ist. Im letzten Abschnitt habe ich bereits die unglückliche Unterscheidung von Prozess- und Produktinnovationen kritisiert. Hier muss ich noch hinzu fügen, dass der „technische Fortschritt" von gewissen Wirtschaftswissenschaftlern lediglich dadurch „entdeckt" wurde, dass sie in ihren ökonometrischen Produktionsfunktionen das Wirtschaftswachstum nicht allein aus dem quantitativen Zuwachs der Produktionsfaktoren Arbeit und Kapital erklären konnten. So führten sie eine Hilfsvariable – eine „Residu-

---

[1] Diese Formel ist wohl von späteren Marx-Interpreten geprägt worden, lässt sich aber mit zahlreichen Textstellen aus dem Werk belegen; vgl. Kusin 1970, 18ff.
[2] Man sollte weder naturalistische (Vollmer 1995) noch kulturalistische Deutungen (Hartmann/Janich 1996) zum einseitigen Dogma erheben, sondern beide Momente der *Conditio humana* zur Synthese bringen.

algrösse" – ein, die sie „technischen Fortschritt" tauften.[1] Die wirkliche technische Entwicklung wird dadurch ökonomistisch auf einen Effizienzfaktor verkürzt – der überdies auch nicht-technische Gründe haben kann – und in ihrer Qualität überhaupt nicht verstanden.

Diese Fehlleistung ist um so verwunderlicher, als es doch tatsächlich die Wirtschaft ist, die zwischen technischen Entwicklungsmöglichkeiten und gesellschaftlichen Bedürfnissen vermittelt. Aber es gibt auch bestimmte Seitenlinien der Ökonomie, die sich dieser faktischen Selbstverständlichkeit theoretisch gestellt haben. Das ist einerseits die politische Ökonomie in der Nachfolge von K. Marx, und es sind andererseits zwei Spielarten der ökonomischen Innovationsforschung,[2] die zur Theorie der technischen Entwicklung beigetragen haben. Über diese in den Wirtschaftswissenschaften randständigen Ansätze will ich im Folgenden berichten.

5.6.2 Angebotsdruck

Die Theorie vom Angebotsdruck (englisch: *supply push*) ist, wie der Name sagt, ursprünglich aufgestellt worden, um bestimmte Marktentwicklungen erklären zu können, wurde dann auf dynamische Sachgütermärkte angewandt und schliesslich auf den gesamten Entwicklungsprozess technischer Neuerungen übertragen, auch wenn sich dieser in Teilen nicht auf einem Markt im engeren Sinn abspielt. Die Theorie nimmt an, dass in Forschung und Entwicklung fortgesetzt neue technische Potenziale erarbeitet werden, die von sich aus in den Innovationsprozess der Unternehmen drängen. Neue Produkte, die daraus hervor gehen, werden über die Werbung und andere Informationskanäle den Technikverwendern bekannt gemacht, die dann zügig mit dem neuen Bedarf für das neue Produkt reagieren.

So weit diese Theorie zwischen Kognition und Invention nicht unterscheidet, enthält sie die still schweigende Voraussetzung, dass wissenschaftliche Erkenntnisse von allein zu Erfindungen würden. Einen solchen Automatismus anzunehmen, ist, wie ich in früheren Abschnitten dieses Kapitels gezeigt habe, natürlich abwegig; zwischen der Kognition und der Invention steht ein qualitativer Informationssprung. Allerdings hatte ich eingeräumt, dass Erfindungen durchaus von neuen wissenschaftlich-technischen Möglichkeiten angeregt werden können; die potenzialdominante Erfindung fügt sich also in die Theorie vom Angebotsdruck stimmig ein. Wenig überzeugend ist dann wiederum die Annahme, jede Erfindung dränge aus sich heraus zur Innovation; gegen diese Unterstellung muss ich in Erinnerung rufen, dass die Zahl

---

[1] Der „Entdecker" R. M. Solow hat dafür sogar einen Nobelpreis erhalten; zur Darstellung und Kritik vgl. Huisinga 1996, 134ff.
[2] Vgl. G. Fleischmann in meinem Sammelband von 1981, 123ff; ferner Grupp 1997.

der Patente die Zahl der Innovationen bei weitem übersteigt. Nicht jede Erfindung mündet in eine Innovation; diesen Umstand aber kann die Angebotstheorie nicht erklären. Wenn dann freilich eine Innovation erfolgt ist, lässt sich ein Angebotsdruck auf dem Sachgütermarkt durchaus mit meinem Modell der mitteldominante Sachverwendung vereinbaren. Darin habe ich ja angenommen, dass Menschen oder Organisationen unter Umständen sich auch solche Sachsysteme zulegen, für die sie erst nachgängig ein Bedürfnis oder Ziel entdecken.

So weist die Theorie vom Angebotsdruck deutliche Mängel auf. Zum Einen kann sie nicht alle Phasen der technischen Entwicklung überzeugend erklären, und zum Anderen deckt sie, wo sie das kann, nur einen gewissen Teil der Entwicklungen ab. Immerhin gibt es auch die nutzungsdominante Erfindung und die zieldominante Sachverwendung, beides Erscheinungen, die in Widerspruch zur Angebotstheorie stehen. Dem entsprechend sind dann auch empirische Prüfungen, so weit sie angesichts der Komplexität der Phänomene und der Deutungsspielräume in wirtschaftshistorischen Statistiken überhaupt aussagefähig scheinen, sehr uneinheitlich ausgefallen. Wer der Angebotstheorie anhängt, findet Belege, und wer sie ablehnt, findet Gegenbelege.

W. Pfeiffer hat den Angebotseffekt als „autonome Induktion" der technischen Entwicklung bezeichnet[1] und, obwohl er substanziell überzeugend argumentiert, mit diesem Ausdruck doch eine Mystifikation widergespiegelt, die in der technikphilosophischen Verallgemeinerung der Angebotsthese eine ungute Rolle spielt und als Lehre von der „Eigengesetzlichkeit" der technischen Entwicklung bekannt ist. Diese Lehre sieht in der technischen Entwicklung einen blinden Automatismus, dem die Menschen hilflos ausgeliefert sind: „Wir müssen den Gedanken fallen lassen, als folge diese wissenschaftlich-technische Selbstschöpfung des Menschen und seiner neuen Welt einem universellen Arbeitsplan, den zu manipulieren oder auch nur zu überdenken in unserer Macht stünde". „Der Zusammenhang von Wissenschaft, technischer Anwendung und industrieller Auswertung bildet längst auch eine Superstruktur, die selbst automatisiert und ethisch völlig indifferent ist". „Potenzen bereit stellen für *freibleibende* Zwecke – das ist die neue Formel".[2]

Die Behauptung, in der modernen Technik verkehre sich das Verhältnis zwischen Mitteln und Zwecken und die Machbarkeit werde zum Selbstzweck, zu einem „technologischen Imperativ",[3] habe ich schon bei der Diskussion der

---

[1] Pfeiffer 1971, 97ff.
[2] Die drei Zitate stammen, in der Reihenfolge nach, von Schelsky 1961, 450, Gehlen 1957, 54, und Freyer 1955, 167
[3] Lenk 1971, 114, kritisiert dies als „Normativität technologischer Möglichkeiten"; zum „technologischen Imperativ" vgl. Abschnitt 3.6.2, S. 156.

Zielsysteme kritisiert. Normativ wäre ein solcher Imperativ nichts Anderes als die proklamierte Unmoral,[1] und empirisch wird er durch die Vielzahl von Erfindungen widerlegt, die nie realisiert worden sind. Aber die Mystifikation der technischen Eigengesetzlichkeit fragt nicht nach empirischen Befunden. Wenn sie behauptet, „jeder technische Erfolg" führe in eine Problemsituation, „die ihrerseits gar keine andere Lösung zulässt als eine technische",[2] dann missbraucht sie die Mehrdeutigkeit des Technikbegriffs, indem sie zuerst die Sachtechnik, dann jedoch die soziale Gestaltungsfähigkeit meint, der sie freilich auch jeden normativen Spielraum abspricht. Diese Auffassung behauptet die unumschränkte Herrschaft der Technik, die Technokratie, und sieht die Menschheit als Spielball eines schicksalhaften Prozesses, den sie nicht mehr meistern, aus dem sie nicht einmal mehr heraustreten kann. Das ist der *technologische Determinismus* in seiner genetischen Form.

Diese Ausprägung des technologischen Determinismus leidet, genau wie die konsequenzielle Spielart,[3] an der Pauschalisierung und Absolutisierung von Einzelphänomenen, die bei vordergründiger Betrachtung als „Sachgesetzlichkeiten" erscheinen könnten. Dabei möchte ich vier Typen von Abhängigkeiten unterscheiden, die zwischen technischen Einzelentwicklungen auftreten können und zunächst den Eindruck erwecken mögen, die Gesamtentwicklung wäre technikimmanent determiniert.[4] Da gibt es (a) die Abhängigkeit zwischen zwei mit einander verknüpften Produktionsprozessen. Technikgeschichtlich berühmt ist das so genannte „*spinning-weaving-syndrom*"; es bestand im 18. und 19. Jahrhundert darin, dass jede Verbesserung der Spinntechnik eine Verbesserung der Webtechnik anstiess und umgekehrt, damit die verschiedenen Maschinen in ihrer Mengenleistung zu einander passten. Freilich stand dahinter nicht wirklich ein technischer Zwang, denn man hätte die zu langsame Maschine zweifach oder die zu schnelle Maschine in Teilzeit einsetzen können, wenn es nicht um die Maximierung des wirtschaftlichen Nutzens gegangen wäre.

Dann spielt (b) die Abhängigkeit eines Produktes von den dafür verwendeten Produktionsmitteln manchmal eine wichtige Rolle. Bekannt ist das Beispiel der Dampfmaschine, deren Funktionsfähigkeit zunächst an der ungenauen Passung von Kolben und Zylinder litt; das war ein Antrieb zur Entwicklung von Werkzeugmaschinen mit grösserer Fertigungsgenauigkeit. Des Weiteren mögen (c) Abhängigkeiten zwischen verschiedenen Arten von Sachsystemen bestehen. Wenn etwa das eine Sachsystem ein unerwünsch-

---

[1] Vgl. mein Buch von 1996.
[2] Schelsky 1961, 465.
[3] Vgl. Anm. 1 auf S. 248 und die dortigen Textpassagen.
[4] Rapp 1978, passim; Pfeiffer 1971, passim.

tes Kuppelprodukt hervor bringt, kann ein weiteres Sachsystem notwendig werden, das dieses Kuppelprodukt verwertet oder entsorgt; ein Paradebeispiel ist die additive Umweltschutztechnik. Schliesslich gibt es (d) einen Imperativ der Systembildung, wenn eine grössere Anzahl von gleichen Sachsystemen unverbunden nicht mehr befriedigend funktionieren würden und darum auf der nächsthöheren Ebene der Sachhierarchie technisch integriert werden müssen; richtet man beispielsweise in einem Stadtzentrum immer mehr Verkehrsampeln ein, erreicht man irgendwann eine kritische Schwelle, bei der man eine zentrale Koordinationssteuerung vorsehen muss, damit die Signalanlagen den Verkehr nicht völlig blockieren. In den Fällen (b) bis (d) liegen offensichtlich zunächst technische Unvollkommenheiten vor, die einen gewissen Druck ausüben, mit zusätzlichen sachtechnischen Einrichtungen behoben zu werden. Aber das ist kein Angebotsdruck, und es ist auch keine Eigengesetzlichkeit; vielmehr ist in solchen Fällen die Nachfrage nach besserer Funktionserfüllung die treibende Kraft, und diese Einsicht leitet zum nächsten Abschnitt über.

5.6.3 Nachfragesog

Die Theorie vom Nachfragesog (englisch: *demand pull*) ist das Pendant zur Angebotstheorie mit umgekehrtem Vorzeichen. Der Angelpunkt der technischen Entwicklung ist dem zufolge nicht der Druck der wissenschaftlich-technischen Potenziale, sondern der Impetus der menschlichen Bedürfnisse, die sich als Bedarf objektivieren und als Nachfrage auf dem Markt artikulieren. Immer wenn die Menschen Bedürfnisse haben, die sie gar nicht oder nur unvollkommen befriedigen können, sagt diese Theorie, geben sie den Anstoss dazu, dass neue technische Produkte zur Befriedigung dieser Bedürfnisse entwickelt und hergestellt werden.

Für frühere Perioden der Technikgeschichte ist dieser Ansatz unmittelbar plausibel. Zu einer Zeit, als Bedürfnis und Arbeit noch in ein und der selben Person vereinigt waren, werden die Menschen Erfindungen hauptsächlich zur Befriedigung ihrer eigenen Bedürfnisse gemacht haben. Noch in der handwerklichen Auftragsproduktion werden Anstösse zu technischen Neuerungen nicht selten vom Auftraggeber ausgegangen sein, der seine besonderen Bedürfnisse beim Produzenten unmittelbar geltend machen konnte. Mit zunehmender Arbeitsteilung zwischen Produktion und Konsumtion erhebt sich jedoch die Frage, wie die Erfinder und Innovatoren die Bedürfnisse der Menschen, für die sie technische Neuerungen schaffen sollen, überhaupt erfahren können.

Immerhin geht die Theorie der Erfindung, die ich in Abschnitt 5.3.3 vorgeschlagen habe, davon aus, dass der Erfinder von vorn herein eine bestimmte Nutzungsidee hat, die natürlich ein Vorverständnis für die Bedürfnisse der späteren Verwender voraussetzt, auch wenn die Menschen ihre Bedürfnisse nicht ausdrücklich haben anmelden können. Der Erfinder glaubt menschliche Bedürfnisse zu kennen, und nur darum kann er neue Sachmittel dafür erfinden; ich erinnere daran, dass viele Bedürfnisse, die erst von der modernen Technik erfüllt worden sind, vielen Menschen lange zuvor schon bewusst gewesen sind. Der Erfinder fungiert so zu sagen als Anwalt der Bedürfnisse; wenn er sie richtig auswählt und interpretiert, kann er, die überzeugende Realisierung des Sachsystems vorausgesetzt, Erfolg haben, sonst dagegen durch den Misserfolg seiner Erfindung auf dem Markt widerlegt werden. Da die Erfindung grundsätzlich „die Verbindung zwischen naturwissenschaftlichen Informationen und den Bedürfnissen herstellt",[1] kann die Nachfragetheorie nicht nur nutzungsdominante, sondern auch potenzialdominante Erfindungen erklären.

Das alles gilt selbstverständlich keineswegs nur für den unabhängigen Einzelerfinder, sondern auch für die Erfindergruppen in den Entwicklungsabteilungen der Industrie. Um die Unsicherheiten bei der Abschätzung menschlicher Bedürfnisse zu verringern, lassen sich die grösseren Unternehmen von eigenen Abteilungen oder selbständigen Instituten beraten, die systematische Markterkundung und Konsummotivforschung betreiben. Der nicht selten beträchtliche Aufwand, den eine technische Neuerung erfordert, wird nur dann bereit gestellt, wenn diese Untersuchungen entsprechende Bedürfnisse und Nachfragechancen belegt haben. Auch dieser Umstand spricht für die Theorie des Nachfragesogs. Schliesslich können Unternehmen, wenn ihnen zur erwarteten Nachfrage noch das Potenzial fehlt, externe Forschungs- und Entwicklungskapazitäten beauftragen, zusätzliche wissenschaftliche Information zu erarbeiten; dann erklärt sich die angewandte Forschung ebenfalls aus der Nachfragetheorie.

Man könnte nun den Eindruck gewonnen haben, die Theorie des Nachfragesogs bewähre sich in vollem Umfang; dem ist aber nicht so. Vor Allem in der angewandten Forschung werden immer wieder Potenziale, für die zunächst überhaupt kein Bedürfnis erkennbar ist, so zu sagen auf Vorrat entwickelt. Aber es gibt auch genügend Erfindungen und Innovationen, für die das Bedürfnis, das sich die Urheber vorgestellt haben, bei den Menschen gar nicht oder jedenfalls noch nicht vorliegt. Manche Innovationen scheitern daran, andere werden nach und nach erfolgreich, wenn es gelingt, das zunächst fehlende Bedürfnis künstlich zu wecken. Dann aber wird man kaum noch sagen können, die technische Neuerung wäre von menschlichen Bedürfnissen angestossen worden. Zu vielfältig sind die Phänomene der mittel-

---

[1] Pfeiffer 1971, 98, Anm. 91.

dominanten Sachverwendung, als dass man der Nachfragetheorie vorbehaltlos folgen könnte. Schliesslich aber gibt es auch genügend Beispiele für die umgekehrte Situation, dass nämlich nicht das Bedürfnis nach der Innovation fehlt, sondern die Innovation für das Bedürfnis. Bedürfnisse nach unverfälschten wohlschmeckenden Lebensmitteln, nach zuträglichen und ansprechenden Wohnbedingungen, nach persönlichkeitsfördernden und gesundheitsschonenden Arbeitsplätzen, nach umweltgerechten Stroffkreisläufen und Energiesystemen, kurz, Bedürfnisse nach Steigerung einer wohlverstandenen Lebensqualität gibt es in Hülle und Fülle – ganz zu schweigen von den Grundbedürfnissen in den armen Ländern der Erde, die mit angepasster Technik eher zu befriedigen wären. Doch wo bleiben die Innovationen?

Mit der Nachfragetheorie verhält es sich also eben so wie mit der Angebotstheorie: Einen Teil von Technisierungsphänomenen kann sie erklären, vor einem anderen Teil versagt sie. So ist es verständlich, dass auch empirische Untersuchungen die selbe Sprache sprechen: Wer der Nachfragetheorie anhängt, findet Belege, und wer sie ablehnt, findet Gegenbelege. Schon W. Pfeiffer hat eingeräumt, dass beide Erklärungsmuster, die „autonome Induktion" und die „Bedarfs-Induktion", jeweils nur partielle Geltung beanspruchen können, und er hat daraus den sybillinischen Schluss gezogen: „Beide Induktions-Mechanismen wirken bei der technischen Entwicklung zusammen".[1] Diese Sowohl-als-auch-Theorie bleibt natürlich unbefriedigend, so lange sie keine Bedingungen anzugeben vermag, wann das eine und wann das andere Muster vorherrscht. Dafür aber scheint mir ein theoretisches Konzept in Betracht zu kommen, das Pfeiffer eigentümlicherweise vernachlässigt.

5.6.4 Imperativ der Kapitalverwertung

Schon mehrfach habe ich erwähnt, dass ein beträchtlicher Teil der Erfindungen und fast alle Innovationen in privatwirtschaftlich verfassten Industrieunternehmen entstehen. Da liegt es auf der Hand, dass Inventionen und Innovationen nur dann verfolgt werden, wenn sie einen Beitrag zu den Unternehmenszielen versprechen. Das heraus ragende Ziel privater Wirtschaftsunternehmen aber liegt darin, das eingesetzte Kapital bestmöglich zu verwerten, und das heisst, möglichst hohe Gewinne zu machen. Dieses Ziel beherrscht dann nicht nur die Technikverwendung – in diesem Zusammenhang hatte ich es schon besprochen –, sondern auch die Technikgenese. Unternehmer und Manager handeln vorrangig nach dem Imperativ der Kapitalverwertung; Nichts belegt dies eindeutiger als die inzwischen wieder unverhohlene Berufung auf den *„shareholder value"*, den Wert für die Anteilseigner, dem alle anderen Erwägungen untergeordnet werden.

---

[1] Pfeiffer 1971, 100.

Gleichwohl gibt es gegen die These, die Unternehmen würden vom Imperativ der Kapitalverwertung regiert, verschiedene Einwände. So heisst es, die Unternehmen wären zu einer Gewinnmaximierung im strengen Sinn gar nicht in der Lage, weil sie mangels vollständiger Information niemals alle denkbaren Entscheidungsalternativen kennen könnten. Dem ist leicht zu entgegnen, dass der Primat der Kapitalverwertung auch dann gilt, wenn der gewinnmaximale Weg nur unter bekannten Alternativen gewählt werden kann. Dann meinen Manche, dieser Imperativ sei völlig unrealistisch, weil man im Voraus gar nicht wissen könne, welche Alternative den grössten Gewinn erbringt. Aber auch wenn man die prognostische Unsicherheit einräumen muss, bedeutet das noch längst nicht, dass die Unternehmen auf rationale Entscheidungskriterien verzichten würden; natürlich orientieren sie sich an der Erwartung eines mehr oder minder wahrscheinlichen Gewinns. Schliesslich wird vorgebracht, die Unternehmen folgten einem mehrdimensionalen Zielsystem, in dem der Gewinn nur ein einzelnes Ziel unter anderen ausmacht. Aber auch wenn das zutrifft, kommt es dann doch auf die relative Gewichtung der verschiedenen Ziele an, und man wird nicht viele Fälle finden, in denen nicht die Erwartung grösstmöglichen Gewinnes die Priorität besässe. Die Einwände benennen also lediglich gewisse Komplikationen der unternehmerischen Zielsetzung und Entscheidung, vermögen aber keineswegs den Imperativ der Kapitalverwertung zu widerlegen.

Natürlich ist diese Einsicht, so oft sie auch verdrängt oder verhüllt wurde, überhaupt nicht neu. Schon A. Smith hat darauf aufmerksam gemacht, dass der Bäcker das Brot nicht aus Nächstenliebe backt, sondern weil er daran verdienen will. K. Marx hat die Technisierung der Produktion mit den Kapitalinteressen der Unternehmer erklärt, und J. Schumpeter hat jene Auffassung in seinem Werk immer wieder bekräftigt: Der schöpferische Unternehmer erzeugt die Innovationen nicht aus Technikbegeisterung oder Menschenfreundlichkeit, sondern aus dem Interesse heraus, seine Gewinne zu steigern und sein Kapital zu vermehren. Die Kapitaltheorie der technischen Entwicklung besagt mithin, dass technische Neuerungen immer dann und nur dann geschaffen werden, wenn private Wirtschaftsunternehmen eine möglichst hohe Gewinnerwartung damit verbinden.

Tatsächlich erklärt diese Theorie genau jene Phänomene, die ich gegen die Angebots- und die Nachfragetheorie ins Feld geführt habe. Die Angebotstheorie versagt gegenüber wissenschaftlich-technischen Potenzialen und technischen Erfindungen, die in der technischen Entwicklung nicht realisiert werden; die Kapitaltheorie kann dann meist zeigen, dass dafür hinlängliche Gewinnaussichten nicht bestanden haben oder zumindest nicht gesehen worden sind. Die Nachfragetheorie andererseits steht vor der irritierenden

Feststellung, dass zahlreiche wirkliche Bedürfnisse der Menschen von der Technisierung vernachlässigt werden; auch dieser Umstand findet seine einfache Erklärung darin, dass technische Mittel zur Befriedigung derartiger Bedürfnisse offenbar nicht Gewinn versprechend sind.

Nun sieht es fast so aus, als wäre der Imperativ der Kapitalverwertung der entscheidende Faktor der Technisierung, doch auch gegen diese Annahme kann man Einwände erheben. Vor Allem kann ein Unternehmen mit einer technischen Neuerung ja nur dann Gewinne erzielen, wenn das Produkt tatsächlich in entsprechenden Mengen gekauft wird. Es muss also entweder ein neuer Bedarf erfolgreich geweckt werden können, oder es muss ein latenter Bedarf für die neue Nutzung vorhanden gewesen sein. Im ersten Fall kommt die Angebotstheorie, im zweiten Fall die Nachfragetheorie als zusätzlicher Erklärungsfaktor mit ins Spiel. Überdies muss das Unternehmen, das mit einer Innovation Gewinn machen will, das technische Potenzial oder die Erfindung irgend wo entdeckt haben; das wiederum ist aus der Angebotstheorie zu verstehen.

Es deutet also Alles darauf hin, dass die theoretischen Konzepte, die ich bislang besprochen habe, keines für sich allein die Technisierung zu erklären vermögen. Bevor ich im nächsten Hauptabschnitt daran gehen will, die mögliche Verknüpfung dieser Theorien zu erörtern, muss ich zunächst noch ein weiteres Konzept vorstellen, das seit Mitte der achtziger Jahre von sich reden macht, weil es jene „klassischen" Konzepte mit bemerkenswerter Selbstbezüglichkeit vernachlässigt.

5.6.5 Soziale Konstruktion

In erklärtem Widerspruch gegen den technologischen Determinismus haben einige Technikforscher, die von der sozialkonstruktivistischen Wissenschaftssoziologie beeinflusst sind, die These von der „sozialen Konstruktion der Technik" aufgebracht.[1] Die Technik, sagen sie, ist kein Ausfluss zwingender Naturgesetze oder eigengesetzlicher Erfinderkünste, sondern sie wird von Menschen gemacht, die in Gesellschaft zusammen wirken: Die Technik ist nichts Anderes als das Produkt gesellschaftlicher Gestaltung und unterliegt allein gesellschaftlichen Prägekräften. An Hand technikgeschichtlicher Fallstudien versucht man zu zeigen, dass die realisierte Entwicklung keineswegs die einzig mögliche gewesen ist und in Funktionsfähigkeit und Perfektion manchmal hinter besseren, aber nicht verfolgten Alternativen zurück bleibt.

---

[1] Programmatisch MacKenzie/Wajcman 1985 und Bijker/Hughes/Pinch 1987; letztere haben das Akronym ihres Buchtitels zum Markennamen „SCOT" gemacht. Ferner mehrere Beiträge in Weingart 1989. Die sozialkonstruktivistische Wissenschaftssoziologie vertritt die Auffassung, dass Wissenschaftler nicht Erkenntnis über die Welt hervorbringen, sondern lediglich ihre gesellschaftlich geprägten Vormeinungen in neue Sprachspiele kleiden.

Schon die erste Nutzungsidee, die mit einer Erfindung präsentiert wird, muss sich in den gesellschaftlichen Such- und Deutungsaktivitäten mancherlei Modifikationen gefallen lassen, denn nicht die technische Idee, sondern die kollektive Ideenverarbeitung konstruiert erst das Produkt, das sich schliesslich verbreitet. Die jeweilige Auswahl unter den möglichen Alternativen wird nicht von sachtechnischen Qualitätskriterien bestimmt, sondern von soziokulturellen Orientierungen, Gruppeninteressen und Machtkonstellationen. Exponenten dieser gesellschaftlichen Kräfte ringen mit einander um die Interpretation, die Realisierungschance und die Ausgestaltung der neuen technischen Möglichkeiten. In sozialen „Aushandlungsprozessen" entscheidet sich, ob und in welcher Form technische Neuerungen sich durchsetzen.

Wer mit dieser knappen Skizze des technologischen Sozialkonstruktivismus wenig anzufangen vermag, sieht richtig, dass hier gar keine stringente Theorie vorliegt.[1] So wird meines Wissens nirgendwo systematisiert, welche gesellschaftlichen Gruppen in welcher Art und Weise über den Werdegang technischer Neuerungen befinden; die Vermutung, dass dabei die Unternehmen mit ihren Kapitalinteressen eine dominante Rolle spielen könnten, wird peinlichst umgangen. Statt dessen werden immer wieder „Arenen" beschworen, in denen irgend welche Akteure irgend etwas „aushandeln"; wer da was mit wem in welcher Weise „aushandelt" – und was der Lieblingsausdruck „aushandeln" überhaupt bedeutet –, bleibt theoretisch völlig unklar. Tatsächlich operieren die Protagonisten dieses Konzepts vornehmlich mit aparten Fallbeispielen, die sie in ihrem Sinn derart stilisieren, dass der Verblüffungseffekt dabei heraus springt, Niemand je zuvor hätte die betreffende Entwicklung richtig verstanden. Wenn ich diese anekdotische Forschungsmethode kritisieren will, komme ich nicht umhin, wenigstens eines der prominenten Fallbeispiele in aller Kürze zu besprechen.

Es geht um die Entwicklung elektronischer Werkzeugmaschinensteuerungen in der Mitte des zwanzigsten Jahrhunderts.[2] Konventionelle Dreh-, Bohr- oder Fräsmaschinen müssen von erfahrenen Facharbeitern manuell gesteuert werden, damit die geometrisch definierten Werkzeuggestalten mit der erforderlichen Genauigkeit erzeugt werden. Ende der vierziger Jahre eröffneten sich nun zwei verschiedene Möglichkeiten, diese Steuerungsarbeit zu technisieren, das Kopierverfahren und das Schreibverfahren. Beim Kopierverfahren (*record-playback*) werden die Steuerungsinformationen, die eine Bedienungsperson während des erstmaligen Herstellungsvorganges eingibt, mit

---

[1] So auch Huisinga 1996, 220ff.
[2] D. F. Noble in MacKenzie/Wajcman, 109-124, der den Fall freilich differenzierter darstellt, als seine techniksoziologischen Anhänger ihn aufgenommen haben; vgl. auch als Quelle Diebold 1952, 120ff; ferner als Übersicht das 10. Kapitel in meinem Buch von 1998.

elektrotechnischen Einrichtungen registriert und auf einem Magnetband gespeichert. Für Wiederholungen des selben Herstellungsvorgangs kann dann die Bedienungsperson durch die Magnetbandsteuerung ersetzt werden. Beim Schreibverfahren dagegen werden die Steuerungsinformationen im Vorhinein mit Hilfe eines Computers in digitaler Codierung auf ein Magnetband oder einen Lochstreifen geschrieben und können dann ohne weitere menschliche Mitwirkung unmittelbar die Werkzeugmaschine steuern.
Das Schreibverfahren hat sich unter der Bezeichnung „Numerische Steuerung" („NC" für *numerical control*) allgemein durchgesetzt, und dieser Erfolg wird in der Fachwelt durchgängig mit technischer und wirtschaftlicher Überlegenheit begründet. D. F. Noble dagegen behauptet, in Wirklichkeit seien soziale Gründe ausschlaggebend gewesen, vor Allem das Interesse der Betriebsleitungen, von der Kompetenz und Eigenwilligkeit der Facharbeiter unabhängig zu werden und dadurch unumschränkte Macht über die Produktionsabläufe zu gewinnen. „Beim Kopierverfahren verbleibt die Macht über die Maschine beim Arbeiter – die Steuerung der Vorschubgeschwindigkeiten und Drehzahlen, der Anzahl von Arbeitsschritten und der Mengenleistung", zitiert Noble einen Gewährsmann; „bei der Numerischen Steuerung geht die Macht auf die Betriebsleitung über".[1]
Selbst wenn, wie in diesem und anderen Zitaten belegt, betriebliche Machtinteressen bei der Einführung der Numerischen Steuerung eine gewisse Rolle gespielt haben, darf man doch keinesfalls übersehen, dass hier Macht in erster Linie zur Durchsetzung wirtschaftlicher Interessen gesucht wird, um die Produktivität zu steigern und die Produktionskosten zu senken. Aber unabhängig davon war es schlicht und einfach die Steigerung der technischen Funktionsfähigkeit, die für die Numerische Steuerung sprach. Komplizierte, räumlich gekrümmte Flächen, wie sie für Turbinenschaufeln und Flugkörperprofile erzeugt werden müssen, stellen Fertigungsanforderungen, denen der durchschnittliche Facharbeiter gar nicht gewachsen ist, während mit der Numerischen Steuerung mathematisch definierte Raumkurven unmittelbar in Steuerungsinformationen für die Werkzeugbewegung umgewandelt werden können.
Wie in diesem Beispiel neigt der technologische Sozialkonstruktivismus auch in seinen anderen Fallstudien – aus denen er bislang, wie gesagt, keine geschlossene Theorie gemacht hat – zur Vernachlässigung technischer und ökonomischer Faktoren und zur Absolutisierung gesellschaftlicher Faktoren, obwohl das empirische Material bei differenzierterer Betrachtung immer auf das Zusammenwirken mehrerer Faktoren hindeutet. Die zutreffende Grundannahme, die technische Entwicklung als einen sozialen Prozess zu verste-

---

[1] Ebd., 118; Übersetzung von mir.

hen, ist, wie ich mehrfach betont habe, lange vor den Sozialkonstruktivisten in die Technikforschung eingeführt worden. Diese aber haben das „Soziale" auf ein paar soziologische Kategorien verkürzt, eine zentrale Dimension des Sozialen, nämlich die Wirtschaft, weithin vernachlässigt und überdies die naturalen und technischen Restriktionen, die durch keinerlei „Aushandlung" aus der Welt zu schaffen sind, völlig ignoriert. Angetreten, den Irrtum des technologischen Determinismus zurück zu weisen, hat der Sozialkonstruktivismus den gegenteiligen Irrtum eines soziologischen Voluntarismus geboren.

5.7 Modell der Technikgenese

5.7.1 Beschreibung

Offensichtlich können die Makrotheorien, die ich in den letzten Abschnitten vorgestellt habe, jede für sich die Technikgenese nicht vollständig erklären. Darum will ich zum Abschluss dieses Kapitels ein Modell vorlegen, das die Komplexität der technischen Entwicklung wenigstens näherungsweise zu erfassen vermag. Das Modell beruht auf vier theoretischen Voraussetzungen, die nach den Vorüberlegungen der voran gegangenen Abschnitte jetzt ohne Weiteres einleuchten dürften: (a) Die technische Phylogenese ist ein dynamisches System der technischen Ontogenesen. (b) Die technische Entwicklung steht in Wechselwirkung mit der Sachsystemverwendung, in der sich ihre Folgen bemerkbar machen. (c) Die technische Entwicklung kann nicht, wie in den zuvor skizzierten Theorien, allein aus einem einzelnen Faktor erklärt werden, sondern ergibt sich aus dem Zusammenwirken mehrerer Einzelfaktoren, die ihrerseits wiederum von der Entwicklung beeinflusst werden. (d) An der technischen Entwicklung ist jede der drei soziotechnischen Hierarchieebenen beteiligt; ihr Verlauf hängt auch von den Formen der Arbeitsteilung und Arbeitsvereinigung innerhalb dieser Hierarchie ab.

Das Modell habe ich in *Bild 44* graphisch skizziert; da dieses Schema eine beträchtliche Komplexität widerspiegelt, will ich es schrittweise besprechen. Zunächst fallen, in Gestalt der stark umrandeten Rechtecke, drei soziotechnische Handlungssysteme der Mesoebene auf, die für die Wissensproduktion in Forschung und Entwicklung, für die Sachproduktion in Herstellungsbetrieben und für die Sachverwendung in konsumierenden Einrichtungen, vor Allem auch in den Haushalten, stehen. Erinnert man sich an den Doppelcharakter des Sachsystems als Produkt und Produktionsmittel, so versteht man, dass die Konsumtion auch eine weitere Stufe der Produktion darstellen kann. Jedes dieser drei Systeme repräsentiert mithin einen bestimmten Typ im soziotechnischen Makrosystem und konkretisiert sich in der Erfahrungswirklichkeit in Hunderten, Tausenden oder Millionen von realen Organisationen.

Diese drei Arten von Mesosystemen enthalten jeweils die drei Subsysteme, die ich schon in Abschnitt 3.2.4 und in Bild 13 erläutert habe: das Zielsetzungssystem ZS, das Informationssystem IS und das Ausführungssystem AS. Mit diesen Modellbausteinen lassen sich die Makrotheorien, die ich in den letzten Abschnitten besprochen habe, übersichtlich rekonstruieren. Nach der Theorie vom *Angebotsdruck* werden im Informationssystem von Forschung und Entwicklung technische Potenziale geschaffen und den Produktionssystemen angeboten, die daraus Innovationen machen. Über die Werbung und über das Angebot ausgeführter Produkte werden die Innovationen den Verwendungssystemen vorgestellt, damit diese ein entsprechendes Bedürfnis entwickeln und den neues Bedarf als Nachfrage geltend machen können.

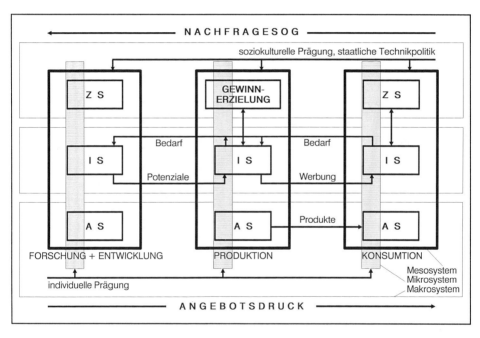

Bild 44 Modell der technischen Entwicklung
(ZS = Zielsetzungssystem; IS = Informationssystem; AS = Ausführungssystem)

Nach der Theorie vom *Nachfragesog* kommen im Zielsetzungssystem der Konsumtion neue Bedürfnisse auf, die gegenüber den Produktionssystemen als Bedarf artikuliert werden. Stehen geeignete Potenziale schon bereit, kann der Produzent die Nachfrage zügig mit entsprechenden Erfindungen und Innovationen beantworten; anderenfalls wird er den Bedarf nach neuen Potenzialen den Einrichtungen der Forschung und Entwicklung mitteilen, um dort Suchprozesse auszulösen, mit denen das benötigte neue Wissen gewonnen wird. Ist die Suche erfolgreich, entsteht die Erfindung entweder schon in Forschung und Entwicklung oder im Produktionssystem, wo sie dann auch in die Innovation überführt wird. Des Weiteren wird im Schema die Theorie vom *Imperativ der Kapitalverwertung* dadurch dargestellt, dass dem Zielsetzungssystem des Produktionssystems ein besonderer Stellenwert gegeben und die Gewinnerzielung als dominantes Entscheidungskriterium betont wird.

So weit können die genannten Theorien mit Funktionen der Mesosysteme und mit Wechselbeziehungen zwischen den Mesosystemen nachgezeichnet werden, die dann ihrerseits in die Makroebene hinein ragen. Wenn man das Modell weiter differenziert und für jede Art von Mesosystemen jeweils mehrere empirische Handlungssysteme vorsieht, kann man auch nachvollziehen, wie sich verschiedene Einzelentwicklungen mehrerer Akteure mit einander verschränken und einander wechselseitig beeinflussen mögen. Bei den einfachen grafischen Darstellungsmitteln, die ich hier aus Gründen der Verständlichkeit benutze, würden freilich solche Systemmodelle zu schnell sehr unübersichtlich; man kann sich aber computergestützte qualitative Simulationsmethoden vorstellen, mit denen die Komplexität derartiger Ablaufstrukturen durchaus zu bewältigen wäre.[1]

An diese Stelle scheint es mir wichtiger, das Modell der Technikgenese wenigstens im Ansatz hierarchisch zu differenzieren. Man darf nämlich nicht vergessen, dass die Mesosysteme in empirischer Interpretation aus individuellen Menschen bestehen, die ihren jeweils eigenen Beitrag zu den Zielen und Mitteln der technischen Entwicklung leisten. Diese Mikroebene der Individuen wird im Schema von den schmalen, leicht getönten Säulen symbolisiert, die jedes der Mesosysteme durchdringen. Trotz aller Kollektivierung der Entwicklungstätigkeit sind es doch zunächst immer die einzelnen Menschen, die neue Ideen hervorbringen; das gilt, wie gesagt, ganz besonders für die eigentliche Erfindung, jenen Bewusstseinsakt, in dem erstmals ein bestimmtes Potenzial mit einer bestimmten Nutzungsidee verknüpft wird. Aber auch bei Innovationen kann die *individuelle Prägung* durch eine schöpferische Unternehmerpersönlichkeit den Ausschlag geben, und selbst in der Konsumsphäre mag die Diffusion von besonders neuerungsbereiten Einzelmenschen eingeleitet werden, den so genannten „Konsumpionieren".

Wenn ich damit die Rolle der Individuen gegen soziologistische Einseitigkeiten verteidigt habe, will ich gleichwohl die soziokulturelle Prägung der technischen Entwicklung keineswegs vernachlässigen und damit auch die Theorie von der *sozialen Konstruktion* als beachtenswertes Element in mein Mo-

---

[1] Beispielsweise jene besondere Graphentheorie, die als „Petri-Netz" bekannt geworden ist; vgl. Duden 1993, 520ff; zu Simulationsmodellen allgemein Bossel 1994.

dell aufnehmen. Grafisch habe ich das mit den dünn gezeichneten Rechtecken angedeutet, die sich über die ganze Bildbreite den Mesosystemen überlagern und das Zielsetzungs-, das Informations- und das Ausführungssystem der gesellschaftlichen Makroebene symbolisieren. Zu den gesellschaftlichen Prägekräften, die sowohl auf die Mesosysteme wie auch unmittelbar auf die einzelnen Menschen einwirken können, gehören allgemeine kulturelle Orientierungsmuster und bereichsspezifische Leitbilder, aber selbstverständlich auch allgemeine Rahmenbedingungen und besondere Initiativen, die von der staatlichen Technikpolitik veranlasst und gestaltet werden.

Die empirische Technikgeneseforschung hat in den zahlreichen Fallstudien der letzten zwei Jahrzehnte fast immer darauf abgestellt, die betreffende Entwicklung allein aus *einem* Faktor und lediglich auf *einer* Hierarchieebene zu verstehen. Grossenteils liegt das wohl daran, dass die Forscher in der Regel eine disziplinäre Perspektive absolutisiert haben, während die Multidimensionalität der technischen Entwicklung nur in interdisziplinärer Perspektive zugänglich wird. Angemessene Fallstudien müssten also die ganze Komplexität des hier skizzierten Modells berücksichtigen und die Vielfalt der multifaktoriellen Wechselwirkungen und hierarchischen Durchdringungen reflektieren. Diesen Weg hat die Technikforschung immer noch vor sich.[1]

5.7.2 Erklärungshypothesen

Das Modell, das ich im letzten Abschnitt dargestellt habe, bietet zunächst natürlich nur eine Beschreibung des Faktorengeflechts, das für eine Theorie der technischen Entwicklung von Belang ist. Doch indem ich die verschiedenen Faktoren diskutierte, konnte es nicht ausbleiben, dass ich auch die eine oder andere Gesetzesvermutung andeuten musste. Derartige Andeutungen will ich nun in einem Bündel von Hypothesen verdichten, die nicht isoliert, aber in ihrem Zusammenhang die technische Entwicklung zu erklären vermögen.

Hypothese 1: Immer wenn ein Individuum das Wissen von einem technischen Potenzial und die Idee einer Sachverwendung mit einander zur Deckung bringt, entsteht eine Erfindung.

Hypothese 2: Nur solche Erfindungen haben eine Chance, Innovationen anzustossen, die vom Informationssystem eines Produktionsunternehmens zur Kenntnis genommen werden.

Hypothese 3: Der Angebotsdruck neuer Potenziale und der Nachfragesog unbefriedigter Bedürfnisse sind die beiden Quellen der Erfindung und die notwendigen Bedingungen der Innovation. Hinreichende Bedingung der In-

---

[1] Meinerseits bin ich diesen Weg nicht gegangen, weil mich die philosophisch-konzeptionelle Theoriearbeit stärker interessiert hat.

novation ist jedoch erst die Zielerwartung eines Produktionsunternehmens auf grösstmöglichen Gewinn.

Hypothese 4: Auch wenn die Bedingungen aus Hypothese 3 erfüllt sind, hängen Quantität, Qualität und Geschwindigkeit der Innovationen von der Binnenstruktur der Produktionssysteme, besonders von Qualifikation und Engagement der beteiligten Personen sowie von den Formen ihrer Zusammenarbeit ab.

Hypothese 5: Der Innovationsablauf in einem Unternehmen kann von gleichzeitigen, vor- oder nachgelagerten Innovationsprozessen anderer Unternehmen abhängen. Wechselwirkungen zwischen Entwicklungsprozessen können dazu führen, dass eine vollendete Innovation deutlich von der ursprünglichen Erfindungsidee abweicht.

Hypothese 6: Die Entdeckung von Potenzialen, die Konkretisierung von Bedürfnissen sowie die Ausgestaltung von Erfindungen und Innovationen hängen einerseits vom Stand des wissenschaftlichen und technischen Wissens ab, andererseits aber auch von soziokulturellen Orientierungsmustern und gesellschaftlichen Leitbildern.

Hypothese 7: So weit die Informationskapazitäten und die Kapitalverwertungsaussichten eines industriellen Mesosystems für den Vollzug einer Innovation nicht ausreichen, werden technopolitische Eingriffe des staatlichen Makrosystems fällig, um die notwendigen Bedingungen – Informationen über Potenziale und Bedürfnisse – und die hinreichende Bedingung – Absicherung der Gewinnerwartung z. B. durch Entwicklungssubventionen oder Absatzgarantien – zu schaffen und zu gewährleisten.

Hypothese 8: Die Hypothesen 1 bis 7 bilden ein zusammenhängendes Erklärungsschema. Welcher Faktor bei einer bestimmten technischen Entwicklung welches Gewicht und welche Wirkwahrscheinlichkeit hat, ist nicht allgemein gültig vorgegeben, sondern muss in jedem Einzelfall von Neuem geklärt werden. Das Hypothesenbündel erlaubt darum nur Erklärungen *ex post*, aber keine Prognosen *ex ante*.

Während die sieben Haupthypothesen nach den früheren Analysen ohne Weiteres verständlich sein dürften, bedarf die achte Hypothese, eine Art von Metahypothese, noch einer Erläuterung. Eine Weile lang hat die Wissenschaftsphilosophie in Anbetracht einfacher physikalischer Gesetze die Ansicht vertreten, Erklärung und Prognose seien ohne Weiteres in einander zu überführen; insbesondere könne man aus einem erklärenden Gesetz selbstverständlich die entsprechende Prognose ableiten, so, wie man beispielsweise mit Hilfe der Keplerschen Gesetze mit grosser Zuverlässigkeit das Eintreten einer Sonnen- oder Mondfinsternis voraussagen kann.[1] Diese „Struktur-

---

[1] Zur Diskussion Lenk 1972.

identität von Erklärung und Prognose" gilt jedoch nicht bei multifaktoriellen Erklärungen, vor Allem, wenn der Beitrag des einzelnen Faktors zum Ergebnis unkalkulierbaren Schwankungen unterliegt; dazu gehören solche Phänomene, die von neueren Theorien der so genannten „Selbstorganisation" behandelt werden.[1] Im Rückblick kann man den tatsächlichen Faktoreffekt häufig genau bestimmen, aber im Voraus ist sein Beitrag meist nicht vorauszusagen, so dass auch das Ergebnis nicht prognostiziert werden kann. Heute wissen wir beispielsweise, dass die Diffusion des Abgaskatalysators bei Kraftfahrzeugen wesentlich durch die staatliche Steuergesetzgebung gefördert worden ist; Anfang der achtziger Jahre, als die Innovation schon bekannt war, hätte man das nicht verlässlich vorhersagen können, weil nicht gewiss war, ob der Staat Steueranreize geben würde, ob die Industrie etwa durch beträchtliche Preissenkungen ihrerseits die Verbreitung beschleunigen würde oder ob andere Faktoren die Diffusion unterstützen oder behindern würden.

Vor Allem unterliegt die technische Entwicklung, so weit sie ein sozialer Prozess ist, auch den „paradoxen Effekten" kollektiven Handelns.[2] Wenn mehrere oder viele Akteure gleichzeitig und unabhängig voneinander die gleichen Ziele verfolgen, kann auf Grund unbeeinflussbarer oder unvorhersehbarer Wechselwirkungen zwischen den Handlungen ein Gesamtergebnis eintreten, das von den Zielen aller Akteure abweicht. Für technische Entwicklungen ist der Sonderfall konkurrierender Akteure kennzeichnend, die den gleichen Typ von Innovation in ihrer jeweils eigenen Variante gleichzeitig durchsetzen wollen. Unter den verschiedenen denkbaren Konstellationen gibt es die Extremfälle, dass sich entweder ein Entwickler behauptet und alle Anderen aufgeben müssen oder dass sich Alle auf eine Kompromissform einigen, die mit keinem der ursprünglichen Einzelkonzepte identisch ist. Auch derartige Konkurrenzentwicklungen kann man erst *ex post* erklären, teilweise sogar mit spieltheoretischen Modellen.[3] Im Vorhinein dagegen kann man fast nie bestimmen, welcher der möglichen spieltheoretischen Falltypen vorliegt und welchen Ausgang das „Spiel" der Konkurrenz nehmen wird.

5.7.3 Steuerungsprobleme

In den letzten Abschnitten habe ich die Bausteine einer Theorie der technischen Entwicklung zusammen getragen und skizziert, auf welche Weise sie mit einander zu verbinden sind. All dieses auszuführen, würde den Rahmen eines einführenden Überblicks sprengen, denn für jene Theorie bleibt noch

---

[1] Vgl. den Überblick bei Krohn/Küppers 1992.
[2] Merton 1936; Boudon 1979.
[3] Z. B. R. Werle in Technik und Gesellschaft 1995, 49ff.

beträchtliche Forschungsarbeit zu leisten. Auch zu den Steuerungsproblemen, die sich daran anschliessen, kann ich hier nur noch ein paar kurze Hinweise geben, zumal ich mich an anderer Stelle ausgiebig damit befasst habe.[1] *Man kann den Gang der technischen Entwicklung allenfalls nachträglich erklären, nicht jedoch im Vorhinein voraussagen.* Dieses Resultat, das nach den vorstehenden Analysen zwingend ist, hat nun kleinmütige Beobachter zu der voreiligen Schlussfolgerung verleitet, dann sei es auch unmöglich, die technische Entwicklung zu steuern.

Diese Folgerung wäre aber nur dann richtig, wenn man den Steuerungsbegriff in einem technologisch kausalistischen Sinn verstehen würde; in diesem Fall setzt die Steuerung eines Vorganges die genaue Prognose voraus, die ihrerseits aus einem Kausalgesetz abgeleitet ist. Im Unterschied zu solcher ursachengeleiteten Steuerung gibt es aber auch die wirkungsgeleitete Steuerung, die bekanntlich als „Regelung" bezeichnet wird und ohne detaillierte Prognosen des Vorganges auskommt, der beeinflusst werden soll. Bei einer Regelung braucht man lediglich die verschiedenen Einflussfaktoren zu kennen und bei tatsächlichen oder sich abzeichnenden Abweichungen des Ergebnisses vom beabsichtigten Ziel diese Faktoren nach dem Prinzip von Versuch und Irrtum zu variieren. Man ersetzt die Prognose durch fortgesetzte Einwirkung und Überwachung: *Was man nicht vorhersehen kann, dem muss man zuvor kommen.*

Würde man beispielsweise die Entwicklung der Umwelttechnik als eigengesetzlichen, so zu sagen naturwüchsigen Prozess ansehen, dann könnte man sie, da man die Bedingungen von einzelnen Entwicklungsschritten nicht voraussehen kann, selbstverständlich auch nicht ursachengeleitet steuern. Folgt man jedoch dem Modell, das ich vorgeschlagen habe, dann kann eine zuständige Instanz je nach dem jeweils erzielten Entwicklungsstand jene Faktoren beeinflussen, die ihre Teilbeiträge zur Entwicklung leisten: also zum Beispiel der ökotechnologischen Forschung mehr Geld geben, kreative Erfinder besonders belohnen, durch Steuererleichterungen die Gewinnerwartung umwelttechnischer Industrieunternehmen steigern usw. All dies wird ja teilweise auch getan und zeigt durchaus seine Wirkungen. Nichts belegt die Steuerbarkeit technischer Entwicklungen überzeugender als der Erfolg des „Apollo-Programms" in den 1960er Jahren; 1961 hatte der Präsident der Vereinigten Staaten eine Mondlandung vor Ablauf des Jahrzehnts zum nationalen Ziel erklärt, und 1969 konnten tatsächlich die ersten Menschen auf dem Mond landen.[2]

---

[1] In meinem Buch von 1996.
[2] W. Kaiser in König 1990ff, Bd. 5, 458ff.

Obwohl die Theorie der technischen Entwicklung, auch wenn sie einmal weiter ausgearbeitet ist, niemals zuverlässige Prognosen erlauben wird, liefert sie doch brauchbare Informationen über Ansatzpunkte für regelnde Eingriffe, die freilich korrigierbar sein müssen, wenn die erwarteten Wirkungen ausbleiben. Da die technische Entwicklung aus der Verschachtelung der gesellschaftlichen Hierarchieebenen erwächst, sind regelnde Eingriffe dem entsprechend auf allen Ebenen in Betracht zu ziehen. Deren Koordination freilich kann nur von geeigneten Einrichtungen der staatlich verfassten Gesellschaft geleistet werden. Angesichts der lebenswichtigen Bedeutung der technischen Entwicklung für die gesamte Gesellschaft scheint es mir selbstverständlich, dass das soziotechnische Makrosystem in Gestalt staatlicher und öffentlich-rechtlicher Instanzen eine Entscheidungsautonomie der produzierenden Mesosysteme nicht ohne Weiteres hinnehmen kann, sondern in der verschiedensten Weise in die technische Entwicklung eingreift. Die Palette solcher Eingriffsmöglichkeiten reicht von dirigistischen Ver- und Geboten über fiskalische Sanktionen oder Subventionen bis zur überredenden oder überzeugenden Informationspolitik.

Natürlich begegnet die staatliche Technikpolitik gegenwärtig wachsenden Schwierigkeiten, wenn die Technikhersteller mehr und mehr zu multinationalen Konzernen zusammenwachsen, die den Charakter neben- oder überstaatlicher Makrosysteme annehmen. Theoretisch folgt daraus zwingend die Notwendigkeit einer überstaatlichen, internationalen Technikpolitik auf der Ebene des globalen Megasystems, die dann mit entsprechenden Instrumenten die technische Entwicklung regeln könnte. Praktisch steht, wie gesagt, die Menschheit tatsächlich vor der Schicksalsfrage, ob sie die „*global governance*", die „Weltherrschaft" – wie ich absichtlich provozierend übersetze – unkontrollierten Wirtschaftsmächten überlassen will oder den Primat einer demokratisch legitimierten Weltinnenpolitik durchzusetzen vermag.

Im vierten Kapitel hatte ich eingeräumt, dass die Technikverwendung häufig einer gewissen Sachdominanz unterliegt. Allerdings wird die Ziel- und Handlungsprägung, die von den Sachsystemen ausgeht, bei deren Entwicklung sachtechnisch vorprogrammiert, und die „Herrschaft der Sachen" erweist sich dann in Wirklichkeit als heimliche Herrschaft der Sachproduzenten. Gewiss lässt sich nicht jede technische Entwicklung so zielstrebig realisieren, wie es die Urheber geplant haben, doch grundsätzlich geben auf der Mesoebene der Unternehmen und auf der Makroebene des Staates explizite ökonomische oder politische Zielsysteme den Ton an. Vor Allem auf der unternehmerischen Mesoebene überwiegt eindeutig das ökonomische Rationalprinzip, und zwar in solchem Masse, dass die eigentlich primären Sachziele von diesem Formalziel in den Hintergrund gedrängt werden. Dann freilich erweist sich nicht nur die Bedarfsdeckung, sondern auch die sachvermittelte Herrschaft über die Technikverwendung nur als Nebeneffekt unternehmerischer Betätigung – ein Nebeneffekt, der, auch wenn er nicht geplant ist, wegen seiner revolutionären Ausmasse grösste Beachtung erfordert.

So lange man diese Zusammenhänge ignoriert, mag man dem technokratischen Schein technischer Eigengesetzlichkeit erliegen. Doch wenn es in der technischen Entwicklung überhaupt eine Eigengesetzlichkeit gibt, dann ist es, bei allen zuvor angedeuteten Einschränkungen, die Eigengesetzlichkeit der Kapitalverwertung, die freilich auch nur in dem Masse wirkungsmächtig ist, in dem individuelle und kollektive Wirtschaftsgesinnung von dem Dogma beherrscht werden, die Vermehrung von Geldwerten sei der alleinige Quell des menschlichen Fortschritts. Die kritische Analyse der soziotechnischen Entstehungszusammenhänge verweist die technokratische Dämonisierung der Technik in das Reich der Mythen. Die technische Entwicklung ist und bleibt das Werk von Menschen. Denjenigen Menschen, die dafür zuständig sind, gleitet, auch wenn sie nicht immer jedes Detail beherrschen können, die technische Entwicklung doch keineswegs aus den Händen. Das Problem besteht vielmehr darin, dass der Mehrheit der Menschen die Pläne, Entscheidungen und Handlungen jener Minderheit aus den Händen geglitten sind. Dem freilich gilt es mit technologischer Aufklärung und gesellschaftspolitischer Organisation entgegen zu wirken.

6 Zusammenfassung

An aktuellen Kontroversen über Phänomene und Probleme der Technik kann man ablesen, dass diese herausragende Kulturleistung der Menschheit in ihrer gegenwärtigen Entwicklungsperiode weder theoretisch noch praktisch bewältigt wird. Wohl liegen, wie ich im ersten Kapitel zeige, in mehreren Disziplinen Ansätze zu einer allgemeinen Technikforschung vor, doch reichen sie bei Weitem nicht aus, ein umfassendes Technikverständnis zu erzeugen. Darum expliziere ich zunächst einen übergreifenden Technikbegriff, der sowohl die nutzenorientierten, künstlich gemachten, gegenständlichen Sachen umfasst als auch die soziokulturellen Handlungszusammenhänge, in denen die Sachen entstehen und verwendet werden. Die Technik besitzt eine naturale, eine humane und eine soziale Dimension; jede dieser Dimensionen kann in verschiedenen Erkenntnisperspektiven betrachtet werden, die freilich bislang in höchst unterschiedlichem Ausmass verfolgt worden sind. Keine dieser Perspektiven, die analog zu den wissenschaftlichen Einzeldisziplinen bestimmt werden, kann den Anspruch erheben, für sich allein den Problemen der Technik gerecht zu werden. Die Komplexität der Technik lässt sich nur mit einem interdisziplinären Ansatz einfangen, der die heterogenen Beschreibungs- und Erklärungsstränge zu einem kohärenten Geflecht zusammen fügt.

Ein solches Unternehmen bedarf eines theoretischen Integrationspotenzials, ohne das eine interdisziplinäre Arbeit eine blosse Anhäufung disparater Wissenselemente bliebe. Zunächst illustriere ich im zweiten Kapitel die Grundgedanken des Buches mit Hilfe des Fallbeispiels Kleincomputer. Zu Beginn des dritten Kapitels stelle ich mit der Allgemeinen Systemtheorie ausdrücklich das Integrationspotenzial vor, mit dem ich die interdisziplinäre Synthese ausführe. Dabei beschränke ich mich auf eine einführende sprachliche Beschreibung; formale Definitionen und wissenschaftstheoretische Reflexionen der Systemtheorie finden sich im Anhang des Buches. In Abgrenzung zu gewissen sozialphilosophischen Systemspekulationen betrachte ich die Allgemeine Systemtheorie mathematisch-kybernetischer Provenienz als eine exakte Modelltheorie, die in mehreren Stufen zunehmender Konkretisierung mit empirischem Gehalt zu füllen ist. Systeme sind grundsätzlich Modelle der Wirklichkeit, die es erlauben, die Erkenntnis komplexer Gegenstandsbereiche ganzheitlich zu organisieren, ohne dabei irgend eine Totalitätsmystik herauf zu beschwören. Die besondere Stärke der Systemtheorie liegt darin, umfassende fachübergreifende Beschreibungsmodelle vielschichtiger Problemzusammenhänge zu formulieren und damit einen zumindest heuristischen Beitrag zur Konstruktion erklärender Hypothesen zu leisten. Das Programm der Systemtheorie ist darauf angelegt, die Einheit in der Vielfalt zu erfassen; so ist sie dazu prädestiniert, einer Allgemeinen Technologie das formale und terminologische Gerüst bereit zu stellen.

In den folgenden Abschnitten des dritten Kapitels überführe ich das allgemeine Systemmodell in ein Systemmodell der Technik, indem ich es als Handlungssystem interpretiere. Was das Systemmodell in formaler Hinsicht an Vereinheitlichung erbringt, das bietet das handlungstheoretische Modell in substanzieller Hinsicht. Der Handlungsbegriff spielt in Philosophie, Anthropologie und Sozialwissenschaft eine Schlüsselrolle und ist zugleich unentbehrlich, um die Entstehung und Verwendung der technischen Sachen zu beschreiben. Das Handeln wird als Funktion eines Handlungssystems verstanden, und diese Funktion besteht darin, eine Anfangssituation gemäss einem Ziel in eine Endsituation zu überführen; die Situation umfasst den Zustand des Handlungssystems und seiner Umgebung. Der Überführungsprozess, den das Handeln bildet, bezieht sich auf stoffliche, energetische und informationelle Gegebenheiten in Raum und Zeit. Aus dieser Funktionsbestimmung folgt eine Gliederung des Handlungssystems in ein Zielsetzungs-, ein Informations- und ein Ausführungssystem, die ihrerseits in weitere Subsysteme zu unterteilen sind. Jedes dieser Subsysteme leistet eine bestimmte Teilfunktion im Handlungsvollzug.

Dieses abstrakte Modell des Handlungssystems konkretisiere ich nun in einem weiteren Interpretationsschritt empirisch in zweifacher Weise: einmal als menschliches Handlungssystem und zum Anderen als künstliches Sachsystem. Menschliche Handlungssysteme erscheinen in einer dreistufigen Systemhierarchie: Personale Systeme der Mikroebene, die Individuen, verbinden sich zu sozialen Mesosystemen – Gruppen, Organisationen usw. – und bilden in ihrer Verknüpfung des soziale Makrosystem der Gesellschaft; angesichts tief greifender Globalisierungstendenzen muss man darüber hinaus inzwischen das Megasystem der Weltgesellschaft anvisieren. Dieses Modell ist ausdrücklich antireduktionistisch angelegt und vermeidet gleichermassen individualistische wie soziologistische Einseitigkeiten. Mit Ausnahme der Zielsetzungsfunktion erfüllen auch die Sachsysteme Teilfunktionen des abstrakten Handlungsmodells. Diese Theorie der Sachsysteme hat den Vorteil, die Vielfalt sachtechnischer Hervorbringungen mit einer einheitlichen Modellsprache beschreiben und einer systematischen Klassifikation unterwerfen zu können. Überdies schafft sie die Grundlage, um die Verknüpfungen und Durchdringungen von Sachtechnik und Gesellschaft in ein und dem selben systemtheoretischen Modell zusammenhängend darzustellen.

Zusammenfassung

Zu diesem Zweck rekonstruiere ich das gesellschaftstheoretische Konzept der Arbeitsteilung in der Sprache der Systemtheorie. Wenn sich mehrere Handlungssysteme assoziieren, können sie Handlungs- oder Arbeitsfunktionen in Teilfunktionen zerlegen und jede Teilfunktion einem bestimmten Handlungssystem übertragen, das sich dann darauf spezialisiert. Wenn schliesslich Sachsysteme geschaffen werden, deren Funktion mit einer Teilfunktion des Handelns äquivalent ist, kann auch das Sachsystem derartige Handlungsfunktionen arbeitsteilig übernehmen. Die gesellschaftliche Arbeitsteilung geht in die soziotechnische Arbeitsteilung über; das Handlungssystem wird zu einem soziotechnischen System. Weil die Technisierung die gesellschaftliche Arbeitsteilung voraussetzt, zeigt sich im soziotechnischen System der gesellschaftliche Charakter der Technik. Da Arbeitsteilung erst oberhalb der Mikroebene der Individuen einsetzen kann, markiert sie einen Prozess, der von der höheren zur niedrigeren gesellschaftlichen Hierarchieebene verläuft. Umgekehrt aber kommt Arbeitsteilung nicht ohne koordinierende Arbeitsvereinigung aus, die sich letzlich in gesellschaftlicher Integration verdichtet. Dieser Prozess verläuft von der niedrigeren zur höheren Hierarchieebene und wirft die Frage auf, wie überhaupt Gesellschaft als Realität eigener Art möglich ist. Nach einem kurzen Blick auf soziologische Integrationstheorien gebe ich die zusätzliche Antwort, dass gesellschaftlicher Zusammenhalt vor Allem auch durch die institutionenartige Wirkungskraft der Sachsysteme gestiftet wird. Die sozialintegrative Rolle der Sachsysteme in soziotechnischen Systemen markiert den technischen Charakter der Gesellschaft.

Es sind die soziotechnischen Systeme, in denen die Sachsysteme entstehen und in denen sie verwendet werden. In analytischer Betrachtung sind Verwendung und Entstehung unterscheidbare Phänomene, die jedoch tatsächlich in mannigfacher Weise auf einander bezogen und mit einander verflochten sind, ein Umstand, der in jeder Einzelanalyse mitbedacht sein will. Unter den Bedingungen der arbeitsteiligen Industriegesellschaft sind die Sachsysteme, die das eine Handlungssystem verwendet, durchweg nicht von diesem selbst, sondern von anderen, produzierenden Handlungssystemen konzipiert und hergestellt worden. Die Sachdominanz, die ein Sachsystem in der Verwendung tatsächlich ausüben kann, erweist sich damit letztendlich als eine – wenn auch undurchschaute und unbeabsichtigte – Dominanz des Herstellers. Da der Verwender mit der Nutzung des fremdgefertigten Sachsystems ein soziales Verhältnis eingeht, enthüllt sich der vielfach behauptete „Sachzwang" der Technik, wo er auftritt, tatsächlich als sozialer Zwang.

Die Verwendung eines Sachsystems bedeutet, dass sich ein soziotechnisches System bildet, indem das menschliche Handlungssystem sachtechnische

Funktionsträger integriert; das setzt voraus, dass eine Teilfunktion des Handelns oder Arbeitens mit der betreffenden Sachfunktion identifiziert worden ist. Dabei unterscheide ich im vierten Kapitel eine zieldominante und eine mitteldominante Verwendungsform; in der einen Form folgt der Technikeinsatz den davon zunächst unabhängigen Zielen des Handlungssystems, in der anderen Form ist das nutzungsbereite Sachsystem dem Handlungssystem ein Anlass, neue oder veränderte Ziele dafür zu setzen. Während die erstgenannte Verwendungsform in staatlichen Einrichtungen und wirtschaftlichen Organisationen vorherrscht, überwiegt die mitteldominante Sachverwendung beim individuellen Umgang mit der Technik, ohne freilich die persönliche Zielsetzungskompetenz prinzipiell ausser Kraft zu setzen. Erst im Verwendungsakt realisiert sich die Funktion des Sachsystems, die zuvor lediglich als Potenzialfunktion darin angelegt war: Sachtechnik impliziert ihre Nutzung. Bei der soziotechnischen Integration können zwei verschiedene Technisierungsprinzipien vorkommen: In der Substitution werden vom Sachsystem Handlungs- und Arbeitsfunktionen übernommen, die sonst die Menschen geleistet haben; in der Komplementation dagegen werden neue Funktionen bereit gestellt, die von den Menschen mit ihrer psychophysischen Ausstattung überhaupt nicht ausgeführt werden könnten.

Die Verwendung der Sachsysteme erfordert bestimmte Bedingungen und hat bestimmte Folgen, in denen jeweils der gesellschaftliche Charakter der Technik zum Ausdruck kommt. So hängt selbst die private Nutzung von gesellschaftlichen Nutzungsvoraussetzungen ab; dazu gehören gesetzlich garantierte Nutzungsberechtigungen wie das Eigentum, zentrale Sachsysteme der Makroebene zur Funktionsermöglichung privater Endgeräte, Versorgungs- und Entsorgungssysteme sowie Wartungs- und Reparaturdienste. Unter den Folgen ist vor Allem die Typisierung und Standardisierung sozialen Handelns zu nennen; das macht die Sachsysteme vergleichbar mit gesellschaftlichen Normen. Technisches Wissen ist zugleich Bedingung und Folge der Sachverwendung; hier zeigt sich besonders deutlich, wie eine Verwendungsbedingung langfristig zur Folge wird, weil sie bei massenhaftem Technikeinsatz allgemeine Verbreitung nötig macht. Mit zunehmender Technisierung sinken allerdings die Anforderungen an technisches Können und Wissen, das sich in wachsendem Ausmass in den Sachsystemen selbst vergegenständlicht. So wird der interpersonale Erwerb von Qualifikationen ersetzt durch die soziotechnische Aneignung von Sachen; darin sehe ich Vorgänge einer technischen Institutionalisierung und technischen Sozialisation, die tatsächlich zur Symbiose von Mensch und Technik führen. Zum Schluss des vierten Kapitels untersuche ich die Ziele der Technikverwendung. Bei der komplementären Integration erklärt sich der Technikeinsatz von selbst, weil näm-

Zusammenfassung

lich anders die betreffende Handlungsfunktion gar nicht zu realisieren wäre. Bei der Substitution regiert erklärtermassen ein – wie auch immer verstandenes – Rationalprinzip die Sachverwendung, vor Allem die Absicht, menschliche Arbeit zu erleichtern und zu ersparen. Tatsächlich aber spielen nichtrationale Antriebe besonders bei der privaten Techniknutzung eine nicht zu unterschätzende Rolle.

Da die Sachdominanz, die in den Verwendungszusammenhängen nicht zu verkennen ist, ihren Ursprung in der Entwicklung der Sachsysteme hat, untersuche ich im fünften Kapitel die soziotechnischen Entstehungszusammenhänge. Die technische Entwicklung ist einerseits als Ontogenese einzelner Sachsysteme und andererseits als Phylogenese der Technosphäre zu verstehen; dabei erweist sich die Phylogenese als dynamisches System der Ontogenesen. In der Phylogenese enthüllt sich die Geschichtlichkeit der Technik, die man mit verschiedenen Periodisierungsvorschlägen zu strukturieren versucht. Eine Ontogenese lässt sich in die Phasen der Kognition, der Invention, der Innovation und der Diffusion einteilen. Die Invention oder Erfindung ist der eigentliche Ursprung einer technischen Neuerung und besteht grundsätzlich darin, ein wissenschaftliches oder technisches Potenzial mit einem menschlichen Nutzungskonzept zu identifizieren: Die Erfindung impliziert die Nutzungsidee. Genau darin liegt der fundamentale Unterschied zwischen einer wissenschaftlichen Erkenntnis und einer technischen Erfindung, und genau darum gibt es auch keinen Automatismus, der wissenschaftliche Erkenntnis von allein in technische Anwendung überführen würde.

Zur Erklärung der technischen Entwicklung sind verschiedene Theorien vorgeschlagen worden, die sich den im dritten Kapitel eingeführten gesellschaftlichen Hierarchieebenen zuordnen lassen. Mikrotheorien untersuchen die individuelle Erfindungs- und Innovationstätigkeit; sie treten in intuitionistischen und rationalistischen Varianten auf und vernachlässigen die gesellschaftlichen Prägekräfte. Makrotheorien behandeln die sozioökonomischen Faktoren, die im gesamtgesellschaftlichen Geflecht die Innovationen auf der Mesoebene der Industrieunternehmen auslösen. Ich referiere die Theorien vom Angebotsdruck, vom Nachfragesog, vom Imperativ der Kapitalverwertung und von der sozialen Konstruktion; dabei muss ich kritisieren, dass diese Einfaktortheorien, ebenso wie die Mikrotheorien, immer nur Teilphänomene der technischen Entwicklung zu erklären vermögen. Darum entwerfe ich ein multifaktorielles, hierarchisches Dreiebenenmodell, das alle jene Theorieansätze enthält und mit einander verknüpft. Daraus folgt ein Hypothesenbündel, das technische Entwicklungen zwar im Nachhinein zu erklären, nicht jedoch im Voraus zu prognostizieren gestattet. Immerhin können mit diesem Modell Ansatzpunkte für regelnde Eingriffe in die technische Entwicklung bestimmt werden. Die Dynamik der technischen Entwicklung folgt keiner geheimnisvollen Eigengesetzlichkeit, sondern ganz bestimmten Zielsetzungs- und Entscheidungsprozessen, die, wenn sie transparent geworden sind, auch der demokratischen Kontrolle unterworfen werden können.

Ich hoffe, mit diesem Buch das Fundament für ein umfassendes Verständnis der Technik gelegt zu haben. Gewiss fehlen viele Details, und manche anderen Gesichtspunkte hätten eine ausführlichere Behandlung verdient; auch habe ich zahlreiche empirische Untersuchungen, die in den zwei Jahrzehnten seit der ersten Auflage veröffentlicht worden sind, einfach schon aus Platzgründen nicht im Einzelnen berücksichtigen können, zumal sie häufig kein ausdrückliches Theoriekonzept aufweisen und darum erst mit bemühten Hilfskonstruktionen in meine Konzeption hätten eingepasst werden müssen. Jedenfalls hat sich das Modelldenken der Allgemeinen Systemtheorie bewährt; ohne die systemtheoretischen Kategorien wäre es schwer gefallen, die naturale, die humane und die soziale Dimension der Technik in einem konsistenten Beschreibungsmodell zusammenzuführen. Auch hat sich bestätigt, dass dieser Modellrahmen ein heuristisches Hilfsmittel darstellt, um erklärende Hypothesen zu gewinnen; sowohl für die Technikverwendung wie auch für die technische Entwicklung habe ich eine Reihe von Erklärungsskizzen entwerfen können, die selbstverständlich weiterer Präzisierung und Überprüfung bedürfen.

Immerhin zeichnen sich die Konturen der Allgemeinen Technologie und ihre Aufklärungschancen deutlich ab. Wer darüber Bescheid weiss, wie die Technik das alltägliche Leben zu prägen vermag, kann diese Einflüsse kalkulieren und seinen eigenen Zielen bewusst unterordnen. Wer sich durch technische Neuerungen neue Ziele vorzeichnen lässt, kann, wenn er diesen Mechanismus durchschaut, bewusst prüfen, ob und in wie weit er zustimmen soll, und braucht nicht länger das Opfer fremder Manipulationsversuche zu bleiben. Wer die Funktions- und Strukturprinzipien der Sachsysteme halbwegs kennt, fühlt sich nicht länger hilflos gegenüber einer Macht, deren er sich bisher bediente, ohne sie zu begreifen. Und wer versteht, dass jede technische Entwicklung aus menschlichen Entscheidungen hervor geht, der glaubt nicht länger an eine dämonische Eigengesetzlichkeit, sondern wird sich Gedanken darüber machen, wie die technische Entwicklung umwelt- und menschengerecht gestaltet werden kann.

Ich hoffe, mit diesem Buch ein Stück technologischer Aufklärung geleistet zu haben. Aufklärung aber ist ein Unternehmen, das darauf abzielt, sich selbst überflüssig zu machen.

7 Anhang

7.1 Vorbemerkungen

In diesem Anhang will ich einige Überlegungen nachtragen, die für die wissenschaftsphilosophische Feinarbeit nützlich sein mögen. Ich habe sie, wie im Vorwort erwähnt, aus dem durchgehenden Text heraus genommen, weil sie spezielle Kenntnisse voraussetzen, die ich nicht von jedem Leser erwarten kann. Wer freilich diese Kenntnisse besitzt oder sich darin einarbeiten möchte, soll jene Überlegungen auch in der neuen Auflage wieder finden.
Im folgenden Abschnitt gebe ich zentrale Definitionen und Theoreme dieses Buches in mengenalgebraischer Sprache an. Wer darin nicht bewandert ist, muss ein einführendes Lehrbuch zu Rate ziehen, um diese Sprache zu lernen und die damit dargestellten formalen Modelle zu verstehen. Ich sage das ausdrücklich, weil ich um Verständnis für die Mathematik werben möchte. Viele Mathematiker scheinen nämlich nicht zu begreifen, dass sie sich in einer Sprache ausdrücken, die den meisten Menschen wie eine Fremdsprache vorkommen muss. Weil das auch den Mathematiklehrern an den Schulen selten klar ist, gewinnen selbst Schüler, die den Unterricht mit erträglichen Noten absolvieren, meist kein wirkliches Verständnis der Mathematik, gehen ihr später so weit wie möglich aus dem Wege und ziehen sich vielleicht sogar auf die geisteswissenschaftliche Auffassung zurück, die Mathematik sei ohnehin nicht in der Lage, die wirklichen menschlichen Probleme zu erfassen.
Gewiss sind „die Grenzen meiner Sprache die Grenzen meiner Welt".[1] Aber die geläufige verbale Sprache hat eben so ihre Grenzen wie die formale Sprache der Mathematik. Darum habe ich versucht, grundlegende Zusammenhänge in beiden Sprachen auszudrücken, damit der Leser vom Bedeutungsreichtum der einen Sprache eben so profitiert wie von der Präzision der anderen. Im Prinzip wäre das wohl am besten zu vermitteln, wenn formales Modell und verbale Interpretation unmittelbar neben einander ständen. Doch zahlreiche Reaktionen auf die erste Fassung dieses Buches, in der das so praktiziert wurde, haben mich darüber belehrt, dass die Vorurteile, die von schlechten Mathematiklehrern erzeugt worden sind, nicht so schnell entkräftet werden können: So bald in einem Text eine Formel auftaucht, schrecken Viele davor zurück und hören mit dem Lesen auf. Darum habe ich mich nach langem Zögern dazu entschlossen, die Formeln in diesen Anhang

---

[1] Wittgenstein 1921, Satz 5.6.

zu verbannen. Den aufgeschlossenen Leser kann ich nur bitten, die folgenden Abschnitte parallel zu den entsprechenden Textpassagen zu lesen, die ich jeweils vermerkt habe; dann kann er den grössten Gewinn daraus ziehen.

Der übernächste Abschnitt enthält einige wissenschaftsphilosophische Klarstellungen, die mir angebracht scheinen, weil die Allgemeine Systemtheorie, die diesem Buch zu Grunde liegt, in den herrschenden wissenschaftlichen Schulen noch keineswegs allgemeine Anerkennung gefunden hat. So will ich in diesen Passagen den besonderen Charakter der Systemtheorie im Vergleich zu anderen wissenschaftlichen Erkenntnisprogrammen heraus arbeiten und ihre besonderen Leistungen, so weit sie sich nicht schon in der ganzen Abhandlung gezeigt haben, hier ausdrücklich würdigen.

7.2 Mathematische Modelle

7.2.1 System[1]

(1.1) Ein System Σ ist ein Modell, das aus einem Quadrupel[2] von Mengen besteht, der Menge α der Attribute, der Menge φ der Funktionen, der Menge κ der Teile und der Menge π der Relationen.

$$\Sigma = (\alpha, \varphi, \kappa, \pi)$$

Das Quadrupel Σ besteht aus zwei Paaren, deren jedes ein Relationengebilde, also eine Menge von Elementen und eine Menge von Relationen über den Elementen darstellt.

(1.2) Das erste Paar beschreibt ein *Funktionssystem* ΣF mit den Attributen aj und Relationen zwischen den Attributen, den Funktionen fq.[3]

$$\Sigma F = (\alpha, \varphi) \text{ mit } \alpha = \{aj\} \text{ und } \varphi = \{fq\}; \ fq \subset X aj \ ; \ j \text{ und } q = 1...n$$

(1.3) Das zweite Paar beschreibt ein *Struktursystem* ΣS mit den Teilen kj und den Relationen pq zwischen den Teilen des Systems.

$$\Sigma S = (\kappa, \pi) \text{ mit } \kappa = \{kj\} \text{ und } \pi = \{pq\}; \ pq \subset X kj \ ; \ j \text{ und } q = 1...n$$

---

[1] Vgl. 75ff in diesem Buch.
[2] Ein *Quadrupel* ist ein geordneter vierstelliger mathematischer Ausdruck; ein geordneter zweistelliger Ausdruck heisst *Paar*. Vgl. zu den Definitionen auch Bild 45 und das Abkürzungsverzeichnis am Ende des Buches.
[3] Abweichend von den strengeren Definitionen der Mengenalgebra wird damit die Funktion wie eine Relation beschrieben, weil dieser liberale Funktionsbegriff in der angewandten Mathematik verbreitet ist; vgl. die Erläuterungen in Abschnitt 3.1.

Mathematische Modelle 313

(1.4) Das System Σ kann als Teil kj^+ eines *Supersystems* Σ^+ beschrieben werden.

$$\Sigma \subset \Sigma^+ = (\alpha^+, \varphi^+, \kappa^+, \pi^+)$$

(1.5) Der Teil kj eines Systems Σ kann als *Subsystem* Σ' beschrieben werden.

$$\Sigma \supset \Sigma' = (\alpha', \varphi', \kappa', \pi')$$

(1.6) Aus (1.1), (1.4) und (1.5) kann man als Folge von Systemen die *Systemhierarchie* ΣH definieren.

$$\Sigma H = (..., \Sigma^+, \Sigma, \Sigma', ...)$$

Für eine echte Hierarchie gilt $\Sigma' = kj \in \kappa$ und $\Sigma = kj^+ \in \kappa^+$; es können aber auch unechte Hierarchien definiert werden, indem man etwa $\Sigma' = \{kq\} \subset \kappa$ annimmt. Im Modell ist die Hierarchie nach oben und unten offen; bei empirischen Belegungen gibt es obere und untere Grenzen.

(1.7) Es sei $\Omega \supset \Sigma$ die Allmenge des Untersuchungsfeldes; dann ist die *Umgebung* Γ die Teilmenge der Allmenge, die nicht System ist.

$$\Gamma = \Omega \setminus \Sigma$$

Da die Allmenge nicht vollständig zu bestimmen ist, kann man fallweise in (1.7) statt Ω das Supersystem Σ^+ einsetzen; dann ist die Umgebung des Systems der Teil des Supersystems, der nicht zum System selbst gehört.
Mit diesen Definitionen werden das funktionale, das strukturale und das hierarchische Systemkonzept entsprechend Bild 8 in zusammenhängender Weise einheitlich beschrieben. Ferner kann man spezielle Systemtheorien abgrenzen, indem man sich auf (1.2), (1.3) oder (1.6) konzentriert und dafür weitere Spezifikationen einführt. Das wird im Folgenden zunächst für das funktionale Systemkonzept vorgeführt.

(1.8) Es seien $X \in \alpha$, $Y \in \alpha$ und $Z \in \alpha$ Elemente der Attributenmenge α, und es sei $\gamma \notin \Sigma$ ein beliebiges Attribut aus der Umgebung des Systems Σ. Dann ist X ein *Input*, wenn es in Relationen zwischen Umgebung und System $\gamma \times X$ als Nachglied steht. Entsprechend ist Y ein *Output*, wenn es in Relationen zwischen System und Umgebung $Y \times \gamma$ als Vorglied steht. Z schliesslich ist ein *Zustand*, wenn es in keiner Relation mit γ steht.

(1.9) Eine Funktion zwischen Inputs heisst *Inputfunktion* fx, zwischen Outputs *Outputfunktion* fy und zwischen Zuständen *Zustandsfunktion* fz.

$$fx \subset X \times X; \quad fy \subset Y \times Y; \quad fz \subset Z \times Z$$

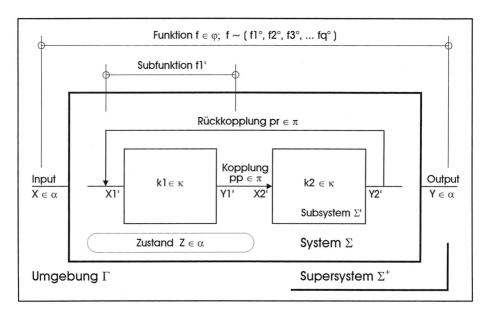

Bild 45 Grundbegriffe der Systemtheorie

(1.10) Ein System, für das nur Zustände und Zustandsfunktionen definiert sind, heisst *diskretes Zustandssystem* ΣZ.

$\Sigma Z = (\alpha, \varphi)$ mit $\alpha = Z$ und $\varphi = fz$

(1.11) Eine Funktion zwischen Inputs und Zuständen heisst *Überführungsfunktion* fü, eine Funktion zwischen Inputs und Outputs *Ergebnisfunktion* fe, eine Funktion zwischen Zuständen und Outputs *Markierungsfunktion* fm.

fü $\subset$ X x Z; fe $\subset$ X x Y; fm $\subset$ Z x Y

(1.12) Ein Funktionssystem, für das nur die Attribute aus (1.8) und die Funktionen aus (1.11) definiert sind, heisst *diskreter Automat* ΣA.

$\Sigma A = (\alpha, \varphi)$ mit $\alpha = \{X, Y, Z\}$ und $\varphi = \{fü, fe, fm\}$

(1.13) Ein Funktionssystem, dessen Funktionen die Zeit $T \in \alpha$ enthalten, heisst *funktionsdynamisch*. Gilt für die Zeit $T \sim \Re$ und für charakteristische Attribute aj $\subset \Re$,[1] heisst das System auch *stetig* und kann dann mit Mitteln der Infinitesimalmathematik behandelt werden.

$\Sigma FD = (\alpha, \varphi)$ mit fq = fq (T), besonders für fx, fy, fz, fü, fe und fm

---

[1] $\Re$ bezeichnet die Menge der reellen Zahlen; das sind alle Zahlen im Kontinuum des Zahlenstrahls.

Mathematische Modelle 315

(1.14) Eine Folge von Teilfunktionen $fq°$, die mit der Funktion f äquivalent ist, heisst *Funktionszerlegung*.

$f \sim (f1°, f2°, f3°, \ldots fq°, \ldots)$

Die Funktionszerlegung ist ein heuristisches Hilfsmittel für die Analyse oder Synthese der Systemstruktur, wenn man annimmt, dass jeder Teilfunktion $fq°$ ein Subsystem $kj = \Sigma'$ entspricht oder entsprechen soll, das die betreffende Subfunktion $fq' = fq°$ leistet.
Auch für das strukturale Systemkonzept gibt es spezifische Ausprägungen, von denen einige genannt werden sollen.

(1.15) Ein System, für das nur gleichartige Elemente k *(Knoten)* und gleichartige Verknüpfungen p zwischen Elementen *(Kanten)* definiert sind, heisst *Graph* ΣG.

$\Sigma G = (\kappa, \pi)$ mit $\kappa = \{ k \}$ und $\pi = \{ p \}$

(1.16) Struktursysteme werden durch die Anzahl j ihrer Teile, die *Varietät* V, und durch die Anzahl q ihrer Relationen, die *Komplexität* C, gekennzeichnet, wobei man entweder die Zahlengrösse selbst oder deren dualen Logarithmus verwendet. Interpretiert man die Teile als Zeichen, heisst die Varietät auch *(syntaktische) Information* I und hat, bei gleicher Häufigkeitsverteilung der Zeichen kj, den Betrag H

$H = ld\, j$ [bit]

(1.17) Für den absoluten Zahlenwert der maximalen Komplexität Cmax gilt

$Cmax = j \cdot (j - 1)$

(1.18) Eine Relation zwischen zwei Subsystemen k1 und k2 (bzw. $\Sigma 1'$ und $\Sigma 2'$) heisst *Kopplung* pp, wenn der Output $Y1'$ von k1 zum Input $X2'$ von k2 wird.

$pp = (Y1', X2')$ mit $X2' = Y1'$

(1.19) Eine Relation zwischen zwei gemäss (1.18) gekoppelten Subsystemen k1 und k2 (bzw. $\Sigma 1'$ und $\Sigma 2'$) heisst *Rückkopplung* pr, wenn der Output $Y2'$ des zweiten zum Input $X1'$ des ersten Subsystems wird.

$pr = (Y2', X1')$ mit $X1' = Y2'$

(1.20) Ein Struktursystem, das zusätzlich ein Zeitattribut T enthält, von dem Systemteile kj oder Relationen pq abhängen, heisst *strukturdynamisch*; die Menge zeitabhängiger Relationen heisst *Ablaufstruktur*.

$\Sigma SD = (T, \kappa, \pi)$ mit $kj = kj(T)$ und $pq = pq(T)$

(1.21) Gilt für ein strukturdynamisches System ΣSD1 zum Zeitpunkt t1 und für ein strukturdynamisches System ΣSD2 zum Zeitpunkt t2, dass ΣSD1 in ΣSD2 enthalten, aber nicht damit identisch ist, insbesondere weil die Varietät V2 > V1 oder die Komplexität C2 > C1 ist, heisst das System *selbstorganisierend* oder *autopoietisch*.

Während bis jetzt lediglich Definitionen eingeführt wurden, sollen nun elementare Systemgesetze formuliert werden. So folgt aus (1.1) und (1.3) unmittelbar das bekannte Holistische Gesetz, das andeutungsweise bereits von Aristoteles genannt worden ist.

(1.22) Ein System ist mehr als die Menge seiner Teile, weil erst die Relationen zwischen den Teilen den besonderen Charakter des Systems bestimmen (*Holistisches Gesetz*).

$$\forall \Sigma: \Sigma \supset \kappa \,;\, \Sigma \setminus \kappa = \emptyset$$

(1.23) Die Struktur eines Systems bestimmt seine Funktionen (*Gesetz der Funktionsbestimmtheit*).

$$\forall \Sigma: \Sigma S \rightarrow \Sigma F$$

(1.24) Aus einer gegebenen Funktion kann man nicht auf die Struktur schliessen; die Funktion eines Systems kann von verschiedenen Strukturen ΣSj erzeugt werden (*Gesetz der Äquifunktionalität*).

$$\forall \Sigma: \neg\, (\, \Sigma F \rightarrow \Sigma S\,),\ \text{weil}\ \exists\, (\Sigma S1,\, \Sigma S2,\, \Sigma S3,\, ...),\ \text{so dass}\ \forall\, \Sigma Sj:\, (\, \Sigma Sj \rightarrow \Sigma F\,)$$

Darum sind auch für jede Funktion fq mehrere Funktionszerlegungen gemäss (1.14) möglich. Schliesslich folgt aus den Definitionen (1.4) bis (1.6):

(1.25) Ein System kann auf einer einzigen Hierarchieebene nicht vollständig beschrieben werden (*Gesetz des ausgeschlossenen Reduktionismus*).

$$\forall \Sigma: \Sigma \Rightarrow (\, \Sigma^{+},\, \Sigma'\,)$$

7.2.2 Handlungssystem[1]

(2.1) Ein System nach Definition (1.1) heisst *Handlungssystem* G, wenn G bzw. seine Systemteile $k_j \in K$ Handlungsträger und seine Funktionen $f_q \in F$ Handlungen darstellen.

$$G = (\, A,\, F,\, K,\, P\,)\ \text{mit}\ A \sim \alpha,\ F \sim \varphi,\ K \sim \kappa,\ P \sim \pi$$

---

[1] Vgl. 93ff in diesem Buch.

(2.2) Die Menge A der Attribute besteht gemäss (1.8) aus den Teilmengen X der Input-Attribute, Y der Output-Attribute und Z der Zustandsattribute.

$A = X \cup Y \cup Z$ mit $X_j \in X$, $Y_j \in Y$ und $Z_j \in Z$

(2.3) Jede Teilmenge aus (2.2) enthält Masse-Attribute M, Energie-Attribute E, Informations-Attribute I, Raum-Attribute R und Zeit-Attribute T.

$X = XM \cup XE \cup XI \cup RX \cup TX$ sowie analog für Y und Z.

(2.4) Das Handlungssystem hat mindestens ein *Ziel* ZL, das zur Menge der informationellen Zustandsattribute ZI gehört.

$\forall G: ZL \in ZI \subset Z \subset A$

(2.5) Das Handlungssystem G und seine Umgebung Γ bilden die *Situation* S.

$S = G \cup \Gamma$

(2.6) *Handeln* ist eine Funktion $f_q \in F$ des Handlungssystems. Sie besteht in der Transformation der Situation S gemäss einem Ziel $ZL \in Z$. Allgemein gilt:

$f_q \subset ZL \times S \times S$

Mit S1 als Anfangssituation und S2 als Endsituation kann man auch schreiben:

$f_q : (ZL, S1) \rightarrow S2$ mit $S2 \sim ZL$!

Dass die Endsituation S2 dem ursprünglichen Ziel ZL äquivalent sei, muss als Desiderat verstanden werden, das realiter nicht immer zu erfüllen ist.

(2.7) Eine Handlungsfunktion f_z gemäss (1.9), die ausschliesslich für Zustände $Z \subset A$ des Handlungssystems definiert ist, heisst *internes Handeln*.

$f_z : (ZL, Z) \rightarrow Z$

(2.8) Eine Handlungsfunktion f_e gemäss (1.11), die für Inputs $X \subset A$ und Outputs $Y \subset A$ definiert ist, heisst *externes Handeln*:

$f_e : (ZL, X) \rightarrow Y$

Handlungsfunktionen f_x und f_y gemäss (1.9) sowie $f_ü$ und f_m gemäss (1.11) sind Sonderfälle externen Handelns. In den folgenden Definitionen steht die Handlungsfunktion f_e im Mittelpunkt; sinngemäss können sie aber auch auf die Sonderfälle übertragen werden.

(2.9) Die Handlungsfunktion fe kann gemäss (1.14) in eine Folge von Teilfunktionen zerlegt werden, die *Zielsetzungsfunktion* fzs°, die *Informationsfunktion* fis° und die *Ausführungsfunktion* fas°.

fe ~ (fzs°, fis°, fas°)

(2.10) Als abstrakte Träger der Teilfunktionen aus (2.9) kann man Teilsysteme k° postulieren, das *Zielsetzungssystem* ZS°, das *Informationssystem* IS° und das *Ausführungssystem* AS° (vgl. Bild 13).

{ k° } = ZS° $\cup$ IS° $\cup$ AS°

(2.11) Analog zu (2.9) können die Teilfunktionen fis° und fas° wiederum in Teilfunktionen fq°° zerlegt werden, für die dann ebenfalls Teilsysteme k°° zu postulieren sind: für das Informationssystem IS° insbesondere das *Rezeptorsystem* ISR°°, das *Effektorsystem* ISE°°, das *Verarbeitungssystem* ISV°° und das *Speicherungssystem* ISS°°; für das Ausführungssystem AS° insbesondere das *Aufnahmesystem* ASR°°, das *Abgabesystem* ASE°°, das *Handhabungssystem* ASH°°, das *Energiewandlungssystem* ASN°°, das *Einwirkungssystem* ASW°° und das *Führungssystem* ASF°° (vgl. Bild 14).

IS°= ISR°°$\cup$ISE°°$\cup$ ISV°°$\cup$ ISS°°; AS°= ASR°°$\cup$ ASE°°$\cup$ ASH°°$\cup$ ASN°°$\cup$ ASW°°$\cup$ ASF°°

7.2.3 Menschliches Handlungssystem[1]

(3.1) Die *Hierarchie* GH menschlicher Handlungssysteme besteht in erster Näherung aus der Gesellschaft G (*soziales Makrosystem*), den gesellschaftlichen Subsystemen G' (*Organisationen* und andere *soziale Mesosysteme*) und den personalen Systemen G" (*Individuen* als *soziale Mikrosysteme*). Die personalen Systeme G" sind gleichermassen Elemente in G und in G'; GH ist eine unechte Hierarchie.

GH = (G, G', G")

In zweiter bis n-ter Näherung kann man zwischen G" und G', zwischen G' und G sowie oberhalb von G weitere Hierarchieebenen annehmen, insbesondere auch das *Megasystem* G^+ der *Weltgesellschaft*.

(3.2) Ein System nach (2.1) heisst *Gesellschaft* G, wenn die Attribute A, die Funktionen F, die Teile K und die Relationen P gesellschaftliche, d. h. überindividuelle Phänomene sind.

G = (A, F, K, P) mit K = { kj } = { Gj" }

---

[1] Vgl. 107ff in diesem Buch.

Mathematische Modelle 319

(3.3) Gemäss (1.5) ist das *Subsystem* G' Teilmenge der Gesellschaft G; die Menge K' seiner Teile G" ist eine Teilmenge von K.¹

G ⊃ G' = (A', F', K', P') mit K' = { kj" } = { G" } ⊂ K

(3.4) Das *personale System* oder *Individuum* G" ist Element der Gesellschaft G bzw. des Subsystems G'.

G" = (A", F", K", P") ;   G" ∈ K bzw. G" ∈ K'

(3.5) Die Funktionsmengen F, F' und F" umfassen die gesamtgesellschaftlichen (politischen) Handlungen fq, die Organisationshandlungen fq' bzw. die individuellen Handlungen fq"; dabei können die Funktionsarten nach (2.6) bis (2.8) unterschieden werden.

(3.6) Die abstrakten Teilsysteme k° und k°° aus (2.10) und (2.11) werden auf die Subsysteme und Elemente der menschlichen Handlungssysteme abgebildet; dafür gibt es in der Regel verschiedene Möglichkeiten.

k° ⇒ K ; k° ⇒ K' ; k° ⇒ K" ; und entsprechend für k°°

7.2.4 Sachsystem[2]

(4.1) Ein System nach (2.1) heisst *Sachsystem* ST, wenn die Menge AT der Attribute, die Menge FT der Funktionen, die Menge KT der Teile und die Menge PT der Relationen sachtechnische Phänomene darstellen.

ST = (AT, FT, KT, PT)

(4.2) Analog zu (2.2) und (2.3) umfasst die *Attributmenge* AT Inputs X, Outputs Y und Zustände Z der Kategorien Masse M, Energie E, Information I, Raum R und Zeit T.

(4.3) Die *Funktionsmenge* FT umfasst Funktionen ftx, fty und ftz gemäss (1.9) sowie Funktionen ftü, fte und ftm gemäss (1.11).

(4.4) Eine Ergebnisfunktion fte aus FT heisst *Wandlung* fw, wenn der Output Y verschieden vom Input X ist.[3]

fw: (X, RX, TX) → (Y, RY, TY) mit Y ≠ X

---

[1] Abweichend von dieser Definition wird in soziologischen Systemtheorien ein gesellschaftliches Subsystem meist als Teilmenge P* ⊂ P der Relationen (Interaktionen oder Kommunikationen) aufgefasst, ohne dass man allerdings die Relate spezifizieren würde, also jene Elemente k ∈ K, über denen die Relationen überhaupt erst definiert werden können.
[2] Vgl. 117ff in diesem Buch.
[3] Vgl. zu dieser und den folgenden Definitionen Bild 18 auf S. 125.

(4.5) Eine Ergebnisfunktion fte heisst *Transport* fv, wenn der Output gleich dem Input, aber die Raum- und Zeitkoordinaten verschieden sind.

fv: (X, RX, TX) → (Y, RY, TY) mit Y = X, RY ≠ RX und TY ≠ TX

(4.6) Eine Ergebnisfunktion fte heisst *Speicherung* fs, wenn sich zwischen Output und Input lediglich die Zeitkoordinaten verändern.

fs: (X, RX, TX) → (Y, RY, TY) mit Y = X, RY = RX und TY ≠ TX

(4.7) Eine Überführungsfunktion ftü heisst *Zustandsveränderung* fc, wenn sich der Zustand mit dem Input verändert.

fc: (X, Z) → Z mit Z2 ≠ Z1

Ein Sachsystem mit fc ∈ FT heisst *instationär*.

(4.8) Eine Überführungsfunktion ftü heisst *Zustandserhaltung* fh, wenn der Zustand bei verändertem Input gleich bleibt.

fh: (X, Z) → Z mit Z = const trotz X2 ≠ X1

Ein Sachsystem mit fh ∈ FT heisst *stationär*.

(4.9) Ein instationäres Sachsystem gemäss (4.7) heisst *steuerbar*, wenn der Input X Befehlsinformation darstellt, wenn also X = XI.

(4.10) Das *Subsystem* kt ∈ KT eines Sachsystems ist ein Sachsystem ST'.

kt = ST' = (AT', FT', KT', PT')

(4.11) Die *Struktur* PT eines Sachsystems besteht aus stofflichen, energetischen und informationellen Kopplungen sowie aus räumlichen und zeitlichen Relationen.

PT = { ppM } ∪ { ppE } ∪ { ppI } ∪ { pR } ∪ { pT }

Die Teilmenge { pR } heisst auch *Gebildestruktur*, die Teilmenge { pT } auch *Ablaufstruktur*.

(4.12) Enthält die Umgebung Γ des Sachsystems gemäss (1.7) weitere Sachsysteme STj, so können diese zusammen mit ST ein Supersystem ST^+ bilden.

$ST \subset ST^+$ = (AT^+, FT^+, KT^+, PT^+)

(4.13) Aus (4.10) und (4.12) kann man die *Sachsystem-Hierarchie* STH bilden.

STH = (..., ST^+, ST, ST', ...)

Mathematische Modelle 321

7.2.5 Soziotechnisches System[1]

(5.1) Ein Handlungssystem heisst *soziotechnisches System* GT, GT' oder GT" wenn die Menge F seiner Funktionen aus menschlichen Funktionen FM und technisierten Funktionen FT und wenn die Menge K seiner Teile aus menschlichen Komponenten KM und technischen Komponenten KT besteht. Die technischen Komponenten KT sind Sachsysteme aus der Hierarchie STH.

GT = (A, FM $\cup$ FT, KM $\cup$ KT, P) mit FT ~ KT $\subset$ STH; analog für GT' und GT"

(5.2) Die Hierarchie GTH der soziotechnischen Systeme besteht in erster Näherung aus der technisierten Gesellschaft GT, den technisierten Organisationen GT' und den technisch handelnden Menschen GT".

GTH = (GT, GT', GT")

(5.3) Die Schnittmenge der menschlichen Funktionen FM und der technisierbaren Funktionen FT in (5.1) heisst *Substitution* SUBST, die Differenzmenge aus FT und FM heisst *Komplementation* KOMPL, und die Differenzmenge aus FM und FT heisst *Reservation* RESER.[2]

SUBST = FM $\cap$ FT; KOMPL = FT \ FM; RESER = FM \ FT

(5.4) Die Äquivalenz der Funktion ft $\in$ FT eines Sachsystems mit einer Handlung fm $\in$ FM heisst *soziotechnische Identifikation* IDENT.[3]

IDENT : ft ~ fm

(5.5) Wenn die Menge FM $\cup$ FT insgesamt q Funktionen enthält und wenn davon j Funktionen in FT soziotechnisch identifiziert werden, ergibt sich der *Technisierungsgrad* θ zu

θ = j / q

(5.6) Die Realisierung eines Sachsystems ST für eine identifizierte Funktion ft heisst *technische Ontogenese* OGj.[4]

OGj : ft $\Rightarrow$ ST

(5.7) Das dynamische Struktursystem der Ontogenesen OGj $\in$ OG und der Relationen POG zwischen ihnen heisst *technische Phylogenese* PG.

PG = (T, OG, POG)

---

[1] Vgl. 140ff in diesem Buch.
[2] Vgl. Bild 32, 183.
[3] Diese Beziehung kann auf jeder Hierarchieebene hergestellt werden; die Notation ist dann entsprechend zu modifizieren.
[4] Zu dieser und der folgenden Definition vgl. 252ff

7.2.6 Zielsystem[1]

(6.1) Ein Struktursystem gemäss (1.3) heisst *Zielsystem* ZLS, wenn κ eine Menge von Zielen ZL und π eine Menge von Zielrelationen pz darstellen,

ZLS = ({ ZL }, { pz })

(6.2) Eine Folge von Zielsystemen gemäss (6.1) heisst *Zielhierarchie* ZLH.

ZLH = (ZLS*, ..., ZLS$^+$, ZLS, ZLS', ...)

Ein Element ZL* ∈ ZLS* des ranghöchsten Zielsystems heisst *Wert*.

(6.3) Eine Relation pzd ∈ { pz } heisst *Indifferenzrelation*, wenn sowohl das Ziel ZL1 als auch das Ziel ZL2 erfüllbar sind.[2]

pzd (ZL1, ZL2) ⇔ ⌐ ZL1 ∧ ⌐ ZL2

(6.4) Eine Relation pzk ∈ { pz } heisst *Konkurrenzrelation*, wenn entweder nur ZL1 oder nur ZL2 erfüllbar ist.

pzk (ZL1, ZL2) ⇔ ⌐ ZL1 | ⌐ ZL2

(6.5) Eine Relation pzp ∈ { pz } heisst *Präferenzrelation*, wenn die Erfüllbarkeit von ZL1 vorrangig ist vor der Erfüllbarkeit von ZL2.[3]

pzp (ZL1, ZL2) ⇔ ⌐ ZL1 >! ⌐ ZL2

(6.6) Eine Relation pzm ∈ { pz } heisst *Instrumentalrelation*, wenn die Erfüllbarkeit von ZL1 die Bedingung dafür ist, dass ZL2 erfüllbar ist.

pzm (ZL1, ZL2) ⇔ ⌐ ZL1 → ⌐ ZL2

In der Instrumentalrelation wird häufig ZL1 auch *Mittel*, ZL2 auch *Zweck* genannt.

(6.7) Eine Folge von Instrumentalrelationen heisst *Zielkette* ZLK, wenn das Nachglied in pzm1 zugleich das Vorglied in pzm2 ist usw.

ZLK = (pzm1, pzm2, pzm3, ...) mit pzm1 (ZL1, ZL2), pzm2 (ZL2, ZL3) usw.

---

[1] Vgl. 151ff in diesem Buch.
[2] Hier und im Folgenden bedeutet der Operator ⌐ so viel wie „ist erfüllbar".
[3] Der Operator >! bedeutet so viel wie „hat Vorrang".

7.3 Wissenschaftsphilosophische Bemerkungen

7.3.1 Allgemeines

Die meisten Wissenschaftler gehen ihrer Forschungsarbeit nach, ohne die praktizierten Methoden, die in ihrem Fach üblich sind, einer gesonderten Reflexion zu unterziehen; das zeichnet nach Th. S. Kuhn die „normale Wissenschaft" aus, die sich ihrer Legitimationsbasis gewiss ist. Die Systemtheorie ist dagegen ein neues Wissenschaftsprogramm, ein neues „Paradigma" im Kuhn'schen Sinn, und wenn sie tatsächlich einer „wissenschaftlichen Revolution" gleichkommt, braucht es nicht zu verwundern, dass sie einem besonderen Rechtfertigungsdruck ausgesetzt ist.[1] Dieser Druck besteht weiterhin, auch wenn die wissenschaftstheoretische Diskussion in den letzten zwei Jahrzehnten an Virulenz verloren hat. Denn immer noch pflegen die herrschenden wissenschaftsphilosophischen Schulen den Systemansatz entweder völlig zu ignorieren oder ihm mit grösster Skepsis zu begegnen. Darum kann ich mich mit keiner dieser Schulen vorbehaltlos identifizieren, auch wenn ich damit Gefahr laufe, von wissenschaftsphilosophischen Rigoristen des Eklektizismus geziehen zu werden.

Tolerante Beobachter freilich vermögen jedem der konkurrierenden Wissenschaftsprogramme, sei es nun phänomenologisch oder analytisch, sei es hermeneutisch oder dialektisch, bestimmte Vorzüge abzugewinnen, die je nach Problemtyp ungleich verteilt sind.[2] Allerdings wird man nicht mehr hinter die konsequente Entdogmatisierung des Erkenntnisprozesses zurück fallen können, die dem Kritischen Rationalismus zu verdanken ist.[3] Ich sympathisiere aber mit der Auffassung, dass solche Entdogmatisierung ihre Krönung in einem *metatheoretischen Pluralismus* findet, der sich allein durch rationale Präzision und pragmatische Relevanz vor schrankenloser Beliebigkeit bewahrt.[4] Es ist hier nicht der Ort, diese Positionsbestimmung weiter zu vertiefen, weil ich sonst eine Wissenschaftstheorie der Systemwissenschaften schreiben müsste, die wohl auf eine Synthese des analytischen und des dialektischen Erkenntnisprogramms hinaus laufen würde.[5] Im Folgenden will ich lediglich einigen ernst zu nehmenden Einwänden, die aus analytischer Perspektive vorgebracht werden, begegnen und zugleich gewisse oberflächliche Missverständnisse aus dem Wege räumen, zu denen auch Anhänger der Systemtheorie gelegentlich beigetragen haben.[6]

---

[1] Kuhn 1970; zur Systemtheorie Händle/Jensen 1974, 13; Lenk 1975, 247ff; Lenk/Ropohl 1978.
[2] Seiffert 1983/1985.
[3] Vgl. bes. Albert 1968.
[4] Zum Pluralismus Spinner 1974 und Feyerabend 1976; zur Pragmatik Stachowiak 1973.
[5] Vgl. meinen Aufsatz von 1997 (Dialektik).
[6] Diese Überlegungen habe ich in der ersten Auflage in Abschnitt 2.5 dargestellt.

7.3.2 Modell und Realität

Bei der Einführung in die Allgemeine Systemtheorie habe ich schon in Abschnitt 3.1.3 den Modellcharakter des Systemkonzepts betont; das muss ich hier weiter vertiefen. Bei der Definition der Grundbegriffe bin ich von einem abstrakten Formalismus, dem mathematischen Relationengebilde, ausgegangen. Auch wenn es keinen kontinuierlichen Übergang vom mathematischen Modell zur empirisch gehaltvollen Theorie gibt, kann man doch die Belegung, Interpretation oder Realisierung der formalen Ausdrücke in mehreren Schritten zunehmender Konkretisierung vollziehen. Den ersten Schritt einer partiellen Interpretation habe ich bereits mit der Systemdefinition getan, indem ich den mathematischen Formalismus einmal auf das „Äussere" und zum Anderen auf das „Innere" des Systems anwandte und auf diese Weise die Unterscheidung zwischen dem funktionalen und dem strukturalen Systemaspekt einführte. Diese Unterscheidung kann ich nicht aus dem formalen Konzept des Relationengebildes ableiten, sondern nur mit einer Minimalannahme über die Erfahrungswirklichkeit begründen. Auch Grundbegriffe wie *Input, Output, Kopplung, Umgebung* usw. werden zwar formal definiert, enthalten aber auch gewisse allgemeine Vorstellungen von der Beschaffenheit empirischer Gegenstände. So erweist sich schon der allgemeine Systembegriff als *partiell interpretiertes Modell*.[1]

Aus dem allgemeinen Systembegriff gewinnt man dann verschiedene Systemarten und die damit befassten speziellen Systemtheorien, indem man für bestimmte Bestandteile dieses Systembegriffs (a) formale Spezifikationen und Einschränkungen sowie (b) weitere substanzielle Interpretationen festlegt; üblicherweise gehen diese beiden Prozeduren Hand in Hand. Formal setzt man mindestens eines der Systemattribute als Zeitfolge an und bezieht sich damit materialiter auf Erkenntnisgegenstände, die ein zeitabhängiges Verhalten aufweisen, so beispielsweise in den Definitionen (1.13) und (1.20) im letzten Abschnitt. Oder man bestimmt formal, dass bestimmte Attribute äquivalent zur Menge der reellen Zahlen und in stetigen Funktionen mit einander verknüpft sind, und man gibt substanziell diesen Attributen physikalische Deutungen, so ebenfalls in Definition (1.13). Das Spektrum möglicher Systemspezifikationen ist beträchtlich, so dass zahlreiche spezielle Systemtheorien gebildet werden können,[2] die dann schliesslich in empirisch gehaltvolle Theorien in den Natur- und Technikwissenschaften, zum Teil auch in

---

[1] Unglücklicherweise wird der Modellbegriff in zwei einander widersprechenden Bedeutungen gebraucht: In der Mathematik ist ein „Modell" die Konkretisierung eines abstrakten Kalküls, in der Modelltheorie dagegen das abstrahierte Bild eines konkreten Phänomens. In diesem Buch benutze ich natürlich die zweite Bedeutung.
[2] Vgl. meinen Überblick in Lenk/Ropohl 1978, 33ff.

den Sozialwissenschaften, übergehen. Allerdings braucht man an den empirischen Gehalt keine allzu engen Anforderungen zu stellen, um informative Theorien zu erhalten; in der Theorie der Regelungssysteme zum Beispiel gelten Gesetze des Regelungsverhaltens zum Teil unabhängig davon, ob die betreffenden Systeme mechanische, hydraulische oder elektrische Grössen verarbeiten.

Die strenge Begrifflichkeit der analytischen Wissenschaftstheorie behält den *Theoriebegriff* bekanntlich solchen Aussagenkomplexen vor, die empirisch gehaltvoll, informativ, allgemein und erklärungskräftig sind. Auf Grund dieser Kriterien wird dem Systemansatz gelegentlich der Anspruch streitig gemacht, überhaupt eine Theorie zu sein. So weit es sich hierbei um einen terminologischen Streit handelt, muss sich die Wissenschafts"theorie" die Frage nach der Selbstanwendung ihrer Kriterien gefallen lassen; in ihren „rationalen Rekonstruktionen" ist sie nämlich selbst nicht immer empirisch gehaltvoll und erklärungskräftig. Häufig verbinden Vertreter jenes engen Theoriebegriffs einen diskriminierenden Nebensinn damit, so, als ermangele Alles, was nicht darunter fällt, der wissenschaftlichen Dignität; sonst fiele es leichter, die genannten Kriterien für eine rein deskriptive Unterscheidung verschiedener Erkenntnisgebilde zu akzeptieren. Eine solche Unterscheidung hat M. Bunge vorgeschlagen, wenn er formale Aussagenkomplexe ohne empirischen Gehalt, im Gegensatz zu den „substantiven Theorien", als „operative Theorien" anerkennt.[1]

Dann ist die Allgemeine Systemtheorie in ihrer abstrakten Form jedenfalls eine operative Theorie, auch wenn sie schon in dieser Gestalt, wie gesagt, minimale Interpretationen über die Erfahrungswirklichkeit enthält. Dem Anspruch der Systemtheorie, sie vermöge beliebige Gegenstände zu modellieren, wird gelegentlich entgegen gehalten, wenn sie Alles abdecke, könne sie auch Nichts ausschliessen und sei darum nicht informativ. Tatsächlich jedoch spricht die Systemtheorie ihren Erkenntnisgegenständen eine Umgebung, eine Funktion und eine Struktur zu und schliesst damit alle jene Objekte aus, für die das im jeweiligen Modellzusammenhang nicht behauptet werden kann. Auch wenn der Systembegriff Alles umfassen kann, ist er doch keineswegs inhaltsleer; sein spezifischer Inhalt besteht vielmehr in der besonderen Perspektive, in der beliebige Gegenstände dargestellt werden. Diese Perspektive hebt sich als eine bestimmte Art der Gegenstandserfassung von möglichen anderen Zugangsformen deutlich ab.[2]

Durch weitere Interpretationsschritte nimmt dann die Systemtheorie auf jeden Fall substantiven Charakter an. Die Interpretation konfrontiert das all-

---

[1] Vgl. Lenk 1975, 251f.
[2] H. Lenk in Lenk/Ropohl 1978, 239ff.

gemeine Modellschema mit jener Realität, die im Modell erfasst werden soll. Da andererseits der abzubildende Wirklichkeitsbereich erst in der Modellbildung systematisch erschlossen werden kann, befindet sich die modellierende Systemanalyse in einer ähnlichen Situation wie die Texthermeneutik: Sie benötigt ein Vorverständnis ihres Gegenstandes, um darauf einen ersten Modellentwurf zu gründen, der dann, gewissermassen im „hermeneutischen Zirkel", zu umfassenderem und genauerem Verständnis des Gegenstandes führt. Neben dem Vorverständnis sind es freilich auch die erkenntnispragmatischen Intentionen der jeweiligen Untersuchung, die einer interpretativen Beliebigkeit Schranken setzen und die Entscheidung für eine bestimmte Systeminterpretation argumentativ zu stützen vermögen. Schliesslich wird sich an den Resultaten der Systemanalyse erweisen, ob der gewählte Modellansatz fruchtbar ist, dann nämlich, wenn die bekannten Zusammenhänge im Beschreibungsmodell plausibel abzubilden sind und wenn bislang verborgene Zusammenhänge hervorgekehrt werden, die sich auch empirisch bewähren.

Bei der fortschreitenden Substanzialisierung eines Systemmodells möchte ich zwei Interpretationsarten unterscheiden, die trotz ihrer grossen Bedeutung bislang in ihrer Spezifik nicht hinreichend gewürdigt worden sind, aber im dritten Kapitel dieses Buches eine zentrale Rolle spielen. Ich meine die abstrakte und die empirische Interpretation des formalen Modells. Von einer *abstrakten Interpretation* spreche ich, wenn die Variablen des formalen Modells mit Inhalten belegt werden, die man als theoretische Konstrukte zu betrachten hat. Theoretische Konstrukte beziehen sich zwar auf die Erfahrungswirklichkeit, sind aber in solchem Masse davon abstrahiert, dass sie keine primären Erfahrungstatsachen darstellen; das sind etwa Begriffe wie das Drehmoment in der Mechanik oder die Arbeitszufriedenheit in der Industriesoziologie, Begriffe also, deren Inhalt nicht unmittelbar zu beobachten und zu messen ist, sondern nur über bestimmte Indikatoren – die tangentiale Kraft in einem bestimmten Abstand vom Zentrum der Drehbewegung im ersten Beispiel, die Fluktuation oder der Krankenstand im zweiten Beispiel – erschlossen werden können. In einer *empirischen Interpretation* dagegen werden die formalen Variablen mit konkreten Sachverhalten der Erfahrungswirklichkeit belegt, die als solche beobachtet und gemessen werden können.

Abstrakte Interpretationen finden sich häufig in hoch aggregierten funktionalen Simulationsmodellen. In dem historisch immer noch interessanten Weltmodell von J. W. Forrester tauchen zum Beispiel Parameter wie „Verschmutzung", „Lebensqualität" oder „Rohstoffverbrauchstempo" auf, die, in dieser Allgemeinheit auf die ganze Erde bezogen, empirisch natürlich nicht gemessen werden können und erst durch komplizierte Operationalisierung in eine empirische Interpretation zu übersetzen sind.[1] Solche Probleme sind der empirischen Forschungsmethodik in den Humanwissenschaften durchaus geläufig, während diese Interpretationsvarianten bei einem strukturalen Systemansatz zu einer interessanten Erkenntnisprozedur führen, die nur selten eingesetzt wird.[2] Davon habe ich im dritten Kapitel Gebrauch gemacht, indem ich zunächst ein abstraktes Handlungssystem eingeführt habe, das die allgemeinen Merkmale jeglichen Handelns als theoretisches Konstrukt darstellt und die besonderen Formen empirischer Realisation zunächst völlig offen lässt. Das abstrakte Handlungssystem umfasst jene theoretisch konstruierten Subsysteme, die man als Handlungsinstanzen annehmen muss, wenn die Handlungsfunktion ausgeführt werden soll. So ist beispielsweise eine Instanz erforderlich, die für die Aufnahme und Umformung von Informationen aus der Umgebung sorgt, und diese Instanz heisst in der abstrakten Interpretation „Rezeptorsystem", ganz gleich, ob das nun ein menschliches Auge, ein Mikrofon oder das Statistische Bundesamt ist.

Erst im nächsten Schritt der empirischen Interpretation wird dann untersucht, welche konkrete Ausformung das theoretische Konstrukt im jeweiligen Bereich der Erfahrungswirklichkeit annimmt; dann erst wird das Rezeptorsystem des Menschen mit seinen Sinnesorganen identifiziert und das Rezeptorsystem des Staates mit den Verwaltungsinstanzen der Datenerhebung, des Meldewesens, des Geheimdienstes usw. Während das Rezeptorsystem des Menschen biologisch vorgegeben ist, eröffnen sich für soziale und soziotechnische Handlungssysteme zahlreiche Gestaltungsvarianten, die man mit dieser Interpretationsmethode viel leichter identifizieren kann. Das Systemgesetz der Äquifunktionalität (1.24) besagt, dass eine bestimmte Funktion mit verschiedenen Strukturen verwirklicht werden kann. So beschreibt die abstrakte Interpretation zwar bereits, was in einem Handlungssystem vor sich geht, lässt es aber noch offen, mit welcher Struktur und welchen Subsystemen die Handlungsfunktion konkret verwirklicht wird, und verweist dadurch auf die vielfältigen Realisierungsspielräume. Wie ich in diesem Buch gezeigt habe, erschliesst sich nur auf diese Weise das Prinzip der soziotechnischen Arbeitsteilung.

Die Allgemeine Systemtheorie ist also gewissermassen zwischen den Formal- und den Realwissenschaften angesiedelt: Sie konstruiert formale Modelle, die aber erst darin ihren Sinn finden, dass sie in entsprechender Interpretation ein Stück der Wirklichkeit abbilden. Schon im dritten Kapitel habe ich das

---

[1] Forrester 1971; Meadows u. a. 1972.
[2] Eine Ausnahme bildet die organisationstheoretische Unterscheidung von „Aufgabenanalyse" und „Aufgabensynthese" bei Kosiol 1962.

erkenntnistheoretische Problem angedeutet, das sich dann einstellt, wenn man Systembegriff und Systemsprache unreflektiert verwendet. Auch wenn man es aus Gründen sprachlicher Vereinfachung kaum vermeiden kann, die wirklichen Phänomene, die man mit dem Systemmodell abbildet, ebenfalls „Systeme" zu nennen, darf man daraus doch keineswegs den materialistischen Schluss ziehen, es gäbe wirkliche „materielle Systeme".[1] Was es in der Erfahrungswirklichkeit gibt, das ist eine ungeheure Mannigfaltigkeit von Phänomenen, zwischen denen eine ebenfalls ungeheure Mannigfaltigkeit von Beziehungen besteht. Ein System im strikten Sinn des Wortes ist immer nur ein Modell, das bestimmte Phänomene und bestimmte Beziehungen herausgreift und in einen abbildenden Beschreibungszusammenhang stellt: „Systeme sind keine Gegenstände der Erfahrungswelt, sondern [theoretische] Konstruktionen".[2]

Mit dieser erkenntnistheoretischen Präzisierung des Systembegriffs will ich mich jedoch keineswegs gewissen modischen Spielarten des Idealismus anschliessen, die unter Bezeichnungen wie „radikaler Konstruktivismus" oder „Sozialkonstruktivismus" auftreten und die Relevanz der Erfahrungswirklichkeit für die menschliche Erkenntnis mehr oder minder ausdrücklich leugnen. Wenn ich der Auffassung widerspreche, dass „Systeme" in der objektiven Realität existieren, bedeutet dies ganz und gar nicht, dass ich die Existenz realer Korrelate zu den Systemmodellen bestreiten wollte. Vielmehr vertrete ich einen *hypothetischen Realismus*, der eine „Welt" unterstellt, die jenseits der Modellkonstruktionen liegt und von diesen in der einen oder anderen Teilansicht näherungsweise abgebildet werden kann.[3] Systemmodelle sind menschliche Konstruktionen, aber sie bewähren sich nur, wenn sie nicht beliebig, sondern unter der regulativen Idee konstruiert werden, dass es da eine objektive Wirklichkeit gibt, zu der sie nicht in Widerspruch stehen dürfen; sonst nämlich wären sie vor Allem für praktische Handlungsorientierungen letztlich unbrauchbar.

7.3.3 Atomismus und Holismus

Die Systemtheorie verfolgt ein Erkenntnisprogramm, das dialektischen Totalitätskonzeptionen verwandt zu sein scheint. Darum muss ich mich von Totalitätsmystifikationen abgrenzen, die manchen Autoren unterlaufen, die sich selbst für dialektische Denker halten. „Der Unterschied zwischen System und Totalität [...] lässt sich nicht direkt bezeichnen; denn in der Sprache der formalen Logik würde er aufgelöst, in der Sprache der Dialektik aufgehoben

---

[1] So z. B. Klaus/Liebscher 1974, 28ff.
[2] Händle/Jensen 1974, 26; Holz 1997, 11f, unter Bezug auf Wittgenstein 1921, Sätze 2.1 ff.
[3] Stachowiak 1973, 201.

werden müssen".[1] In der Sprache der Modelltheorie kann man aber mit Leichtigkeit klären, dass „Totalität" die unendliche Mannigfaltigkeit der wirklichen Weltzusammenhänge bezeichnet, während „System" ein Erkenntnismodell bedeutet, das möglichst breite und relevante Ausschnitte der „Totalität" zu beschreiben gestattet. Wäre dagegen dieser Unterschied so geheimnisvoll, dass nicht einmal J. Habermas ihn einleuchtend erklären kann, dann sollte man einen derart verschwommenen Totalitätsbegriff in die Rumpelkammer vorwissenschaftlicher Ganzheitsmythen verbannen. Dazu gehören übrigens auch gewisse Spielarten des Holismus, die ganzheitliche Erkenntnisprogramme mit fragwürdigen Totalitätsspekulationen verwechseln. Darum sind einige Bemerkungen zur systemtheoretischen Rehabilitierung eines wohl verstandenen Holismus am Platze.

Ungeachtet jener problematischen Fehlinterpretationen scheint es mir durchaus angebracht, ein atomistisches und ein holistisches Prinzip im Erkenntnisprozess zu unterscheiden. Ich will diese Charakterisierungen nicht mit speziellen Lehren identifizieren, sondern lediglich unterschiedliche forschungsprogrammatische Ansätze damit bezeichnen. Das *holistische Prinzip* favorisiert den Vorrang der Ganzheit, das Denken in übergreifenden Zusammenhängen, die Synthese des Disparaten, die Integration der Vielfalt, die Einheit in der Mannigfaltigkeit. Das *atomistische Prinzip* hingegen betont den Primat der Elemente, die Analyse des Zusammengesetzten, die Differenzierung des Komplexen, die Reduktion auf die einfachsten Bestandteile, die Spezialisierung auf die abgetrennten Einzelheiten. Holistisches und atomistisches Prinzip markieren Tendenzen in der Dimensionierung des Erkenntnishorizonts; tendiert letzteres zu einem Detaillismus rigider Einengung, so zielt das holistische Prinzip auf den Globalismus vielseitiger Ausweitung.

Was das holistische Prinzip wirklich bedeutet, möchte ich dadurch präzisieren, dass ich mich mit einem prominenten Kritiker des Prinzips aus einander setze, der dahinter zwei angeblich grundverschiedene Ganzheitsbegriffe zu sehen glaubt. „Ganzheit" dient demnach „als Bezeichnung (a) der Gesamtheit aller Eigenschaften oder Aspekte einer Sache und insbesondere aller Relationen, die zwischen den sie konstituierenden Teilen bestehen, und (b) bestimmter besonderer Eigenschaften oder Aspekte der fraglichen Sache, nämlich jener, die sie als organisierte Struktur erscheinen lassen und nicht als 'blosse Anhäufung'".[2] Halte man sich an den Ganzheitsbegriff (a), so sei das holistische Programm wegen der prinzipiellen Selektivität jeglicher Erkenntnis grundsätzlich nicht einzulösen. Der Ganzheitsbegriff (b) jedoch, der wegen seiner Aspekthaftigkeit der Version (a) widerspreche, sei längst in erfah-

---

[1] Habermas 1969, 159.
[2] Popper 1960, 61f.

rungswissenschaftlichen Konzepten berücksichtig worden und bedürfe keines besonderen Erkenntnisprinzips. Popper bedient sich hier zweier altbekannter Argumentationsfiguren, deren rhetorische Eleganz allerdings nur auf den ersten Blick über ihre sachlichen Mängel hinweg zu täuschen vermag.
Für einen systemtheoretisch geläuterten Holismus stehen aber die beiden Ganzheitsbegriffe, die Popper rekonstruiert, gar nicht in Widerspruch zu einander. Die „organisierte Struktur", die Popper bei (b) hervor hebt, beruht eben gerade auf den „Relationen zwischen den konstituierenden Teilen", die den Ganzheitsbegriff (a) „insbesondere" kennzeichnen. Eine nicht triviale Struktur ergibt sich erst dann, wenn mehr als zwei Eigenschaften oder Bestandteile einer Sache in Betracht gezogen werden, zwischen denen man Relationen identifiziert. Mit Recht geht die holistische Perspektive darauf aus, möglichst viele Attribute, Funktionen, Elemente und Relationen zu erfassen, die für das betrachtete Problem wesentlich sind. Popper verkennt jedoch, dass jeder ernst zu nehmende holistische Ansatz selbstverständlich bestimmten pragmatisch-modellistischen Selektionskriterien folgt und keineswegs den Anspruch erhebt, sämtliche nur irgend denkbaren Kennzeichnungen gleichzeitig und ein für allemal bearbeiten zu können. Es ist also überflüssig, dem Holismus die Unmöglichkeit eines Programms vorzuhalten, das er gar nicht verfolgt und auf Grund seiner pragmatischen Absichten auch überhaupt nicht zu verfolgen interessiert sein kann. In der Kritik am Ganzheitsbegriff (a) bedient sich Popper also der Widerlegung *ab extremo*, indem er es sich dadurch leicht macht, dass er die angegriffene Position bis zur Absurdität verzerrt, um damit ihre Unmöglichkeit zu beweisen.
Beim Ganzheitsbegriff (b) hingegen benutzt Popper die Hase-und-Igel-Figur, die der kritisierten Auffassung dadurch den Boden zu entziehen versucht, dass sie mit der Behauptung aufwartet, diese Auffassung sei gar nichts Neues und von der eigenen Position längst schon eingeholt worden. Dieses Argument aber ist schlicht und einfach unzutreffend, denn ein systemisches Denken, das organisierte Strukturen in den Mittelpunkt stellen würde, ist in den Erfahrungswissenschaften überhaupt nicht gang und gäbe. Vielmehr beruht die, nicht umsonst als „analytisch" apostrophierte, Wissenschaft der Neuzeit auf dem Siegeszug des *atomistischen Prinzips*. Eine exakte Wissenschaft, die im Wechselspiel von Theorie und Experiment nachprüfbare Aussagen gewinnen will, favorisiert bis heute die Strategie, eng abgegrenzte Untersuchungsgegenstände aus umfassenderen Komplexen heraus zu lösen, für solche Teile ideale Bedingungen der Abgeschlossenheit gegenüber dem Ganzen zu unterstellen und die Interdependenzen zwischen dem betrachteten Teil und anderen Teilen der Ganzheit zu vernachlässigen, mit einem Wort, nicht möglichst viele, sondern umgekehrt möglichst wenige Aspekte

einer Sache in den Blick zu nehmen. Das ist die Sektoralisierungsstrategie, die überhaupt die Moderne beherrscht.[1] Schon R. Descartes hat das entsprechende Programm aufgestellt, „jede der Schwierigkeiten, die ich untersuchen würde, in so viele Teile zu teilen, als möglich und zur besseren Lösung wünschenswert wäre" und „zu beginnen mit den einfachsten und fasslichsten Objekten und aufzusteigen allmählich und gleichsam stufenweise bis zur Erkenntnis der kompliziertesten",[2] kurz, den Teilen den erkenntnistheoretischen Vorrang gegenüber den Ganzheiten einzuräumen. Noch die fallibilistische Wissenschaftslehre, in der sich Popper vor Allem an der Physik orientiert hat, bleibt auf das atomistische Prinzip angewiesen, da nur einfache Teilhypothesen, nicht aber die komplexen Hypothesenbündel von Systemmodellen eindeutigen Falsifikationsversuchen zugänglich sind. Weder die Praxis noch die Theorie der exakten Wissenschaften kommen also dem holisitischen Prinzip sonderlich entgegen.

Nun will ich natürlich nicht bestreiten, dass die Erfolge der Wissenschaften weitgehend dem atomistischen Prinzip zuzuschreiben sind. Allerdings hat die Wissenschaftspraxis ihren Preis dafür zahlen müssen, indem sie in Forschung und Lehre die Sektoralisierung und Spezialisierung auf die Spitze getrieben hat: Das atomistische Prinzip entartet zur Atomisierung wissenschaftlicher Erkenntnis. Ein besonders ärgerliches Symptom dieser Atomisierung ist der *Reduktionismus*, der heute beträchtliche Teile der Wissenschaft beherrscht und darin besteht, eine verengte Perspektive, auf die man den Erkenntnishorizont in mehr oder minder notwendiger Spezialisierung eingegrenzt hat, als angeblich einzig richtige Zugangsweise zu absolutisieren. Sei es der Anspruch von Molekularbiologen, die menschliche Persönlichkeit allein genetisch erklären zu können, sei es das Programm einer individualistischen Gesellschaftslehre, alles Soziale auf das psychische Geschehen bei den einzelnen Menschen zurück zu führen, oder sei es auch der Versuch von Techniksoziologen, einen genuin soziologischen Technikbegriff zu konstruieren – all das sind Beispiele für die reduktionistische Amputation der Erkenntnis.

Schon in der Einleitung habe ich gezeigt, dass ein komplexer Problembereich wie die Technik unter solcher Atomisierung und Reduktion des Wissens zu leiden hat. Die wenigen vorhandenen Erkenntnisse sind auf zahlreiche Disziplinen verstreut, und auch die Technikphilosophie hat sich bislang schwer getan, die Gesamtproblematik der Technik in ihren vielfältigen Aspekten zusammen fassend zu durchdringen. Ebenso ergeht es anderen übergreifenden Problemzusammenhängen, deren wissenschaftlicher Systematisierungsgrad in umgekehrtem Verhältnis zu ihrer praktischen Relevanz

---

[1] Mehr dazu in meinem Buch von 1991.
[2] Descartes 1637, 58f.

steht: den Bedürfnissen, der Arbeit, der Gesundheit. Solche Problemzusammenhänge verlangen, wie ich es exemplarisch für die Technik gezeigt habe, nach einer Re-Integration der disparaten Wissenselemente, und das heisst: sie erschliessen sich nur mit dem holistischen Prinzip einer gleichermassen systemtheoretisch und empirisch orientierten Philosophie.
Die Allgemeine Systemtheorie ist tatsächlich in der Lage, solche Ganzheitsprobleme zu strukturieren und zu präzisieren. An die Stelle monokausaler und eindimensionaler Teilansichten treten multifaktorielle und mehrdimensionale Gesamtmodelle. Anstelle punktueller Phänomene und linearer Kausalketten werden strukturelle Geflechte interdependenter Teile in den Blick genommen. Doch so sehr man den komplexen Zusammenhang der Ganzheit akzentuiert, so wenig vernachlässigt man darüber die Mannigfaltigkeit der Teile. Spezielle Interpretationen der Systemtheorie tragen auch dem atomistischen Prinzip Rechnung, ohne indessen den holistischen Zugang zu verstellen. So erweist sich das systemtheoretische Erkenntnisprogramm als *Synthese* des atomistischen und des holistischen Prinzips, die – in der dreifachen Bedeutung des Hegel'schen Begriffs – darin *aufgehoben*, nämlich zugleich bewahrt, aufgelöst und gesteigert werden.

7.3.4 Erklärung und Beschreibung

Die analytische Wissenschaftstheorie neigt bekanntlich dazu, den Theoriebegriff solchen Aussagenkomplexen vorzubehalten, die auf Grund ihrer Gesetzesartigkeit Erklärungskraft besitzen. Als Gesetzeshypothesen werden aber nur diejenigen Aussagen anerkannt, die an der Erfahrung scheitern können. Weil systemtheoretische Globalmodelle diesem Falsifikationskriterium nur bedingt genügen können, wird ihnen nicht selten die wissenschaftliche Anerkennung versagt; wenn ihre Erklärungskraft nicht den strengen Bewährungsstandards dieser Wissenschaftsauffassung Stand halte, hätten sie keinen theoretischen Wert. Nun will ich die Bedeutung von erklärenden Gesetzen keineswegs in Abrede stellen, doch erhebe ich Einspruch gegen die Monopolstellung, die ihnen von der analytischen Wissenschaftsphilosophie eingeräumt wird. Es scheint mir sehr fragwürdig, dass „Erklärungen stets einen höheren Rang in der wissenschaftlichen Weltbetrachtung" einnehmen „als Beschreibungen".[1]
Eine solche Ansicht ist wohl nur daraus zu verstehen, dass diese Wissenschaftslehre zu sehr auf die Physik fixiert war. Schon in anderen Naturwissenschaften, der Chemie, der Biologie oder der Geographie, erweisen sich systematische Beschreibungen als konstitutiver Teil des Wissens; man denke an das „System der Natur" in der Biologie oder das „Periodische System der

---

[1] Stegmüller 1969, 77.

Elemente" in der Chemie. Von den Geistes- und Sozialwissenschaften aber bliebe nur Wenig übrig, wenn man sie *more analytico* auf ihren nomologischen Bestand reduzieren würde. Tatsächlich fragt menschliche Weltorientierung nicht nur, *warum* etwas der Fall ist, sondern zunächst eben auch, *was* der Fall ist. Beschreibende Antworten, die uns darüber aufklären, sind für unsere internen Weltmodelle ebenso wichtig wie Erklärungen, vor Allem, wenn sie sich nicht auf narrative Berichte beschränken, sondern darüber hinaus taxonomische, typologische oder morphologische Klassifikationen bereit stellen. Solche systematischen Orientierungsraster sind, auch wenn sie Nichts erklären, dennoch höchst informativ, weil sie Übersicht in die Mannigfaltigkeit bringen.

Häufig wird wohl auch vernachlässigt, dass die Beschreibung eine notwendige Voraussetzung der Erklärung darstellt. Ich meine das nicht nur in den trivialen Sinn, das Sätze über Sachverhalte das Material bilden, aus dem Erklärungen geformt werden. Vielmehr zeigt sich bei genauerer Betrachtung, dass die einzelne Erklärung bloss ein Element aus einer Menge möglicher anderer Erklärungsaufgaben darstellt. Diese Menge aber ist zunächst mit Beschreibungen zu erschliessen, ehe man daraus gewisse Sätze auswählt, die man erklären und mit denen man erklären will. Sonst nämlich überliesse man die Entdeckung von Warum-Fragen und Begründungen der Zufälligkeit des erstbesten Einfalls. Erklärungen verstehen sich nicht von selbst, sondern hängen von den vorgängig gegebenen oder gewählten Beschreibungskategorien ab. Beschreibungen beschränken sich nicht auf schlichte Protokollsätze, sondern können durchaus den Charakter hypothetischer Konstrukte annehmen, mit deren Hilfe der Gegenstand der Erkenntnis gewissermassen erst erschaffen wird.

Beschreibungen sprechen nicht nur dem einzelnen Phänomen einen Namen und bestimmte Eigenschaften zu. Sie heben auch bestimmte Klassen von Phänomenen aus der Vielfalt des Gegebenen heraus, sie identifizieren typische Eigenschaftskombinationen als charakteristische Syndrome zusammengehöriger Phänomene, und sie stellen Zusammenhänge zwischen mehreren Phänomenen und ihren Eigenschaften fest, die den Stoff für mögliche Erklärbarkeitsbehauptungen liefern. „Die Theorie ist das Netz, das wir auswerfen, um die 'Welt' einzufangen",[1] und selbstverständlich gilt das für beschreibende Theorien eben so wie für erklärende Theorien. Überdies aber ist die Beschreibung das Netz, das wir auswerfen, um Erklärungen einzufangen. Dass K. Popper diese heuristische Leistungsfähigkeit beschreibender Theorien selber nicht gebührend gewürdigt hat, liegt wohl daran, dass er sich nur für den Begründungszusammenhang interessiert und den Entdek-

---

[1] Popper 1934, 31.

kungszusammenhang ausdrücklich aus seiner Wissenschaftslehre ausgeschlossen hat. „Die erste Hälfte dieser Tätigkeit [der Forschung], das Aufstellen der Theorien, scheint uns einer logischen Analyse weder fähig noch bedürftig zu sein: An der Frage, wie es vor sich geht, dass Jemandem etwas Neues einfällt, [...] hat wohl die empirische Psychologie Interesse, nicht aber die Erkenntnislogik".[1]

Diese Auffassung ist natürlich höchst problematisch; die Frage, wie Jemandem etwas einfällt, und ihre praxeologische Variante, wie man es anstellt, dass Vielen viel einfällt, ist nicht nur für die Psychologie interessant, sondern auch für die Wissenschaftsphilosophie ausserordentlich bedeutsam; dafür sprechen Gesichtspunkte (a) des Erkenntnisfortschritts, (b) der Forschungsökonomie und (c) der Ideologiekritik. Die Bedeutung des Entdeckungszusammenhanges für den *Erkenntnisfortschritt* hätte Popper eigentlich selber sehen müssen. Seine fallibilistische Wissenschaftslehre impliziert nämlich den Wettbewerb von Hypothesen und Theorien und bedarf daher, will sie konsequent sein, heuristischer Strategien, welche die Gewähr dafür bieten, dass auch tatsächlich konkurrierende Hypothesen und Theorien entwickelt werden. Es wirkt wenig überzeugend, auf der einen Seite die Theorienkonkurrenz zu einem Prüfstein der „Wahrheit" zu machen und auf der anderen Seite die Entstehung konkurrierender Theorien dem Zufall zu überlassen.

Aber auch aus *forschungsökonomischen* Gründen empfiehlt es sich, zunächst ein breites Feld möglicher Hypothesen abzustecken, bevor man eine bestimmte Hypothese auf Grund geeigneter Kriterien auswählt und in aufwendigen Untersuchungen überprüft. Sonst gäbe man dem erstbesten Einfall nach und wüsste nicht, ob es wirklich der beste ist, auf den man Zeit und Geld verwendet. Schliesslich sollte man auch in *ideologiekritischer* Perspektive fragen, warum gerade der eine und nicht irgend ein anderer Einfall verfolgt wird. Die Motivationen und Interessen, die in einer bestimmten sozioökonomischen Situation vorherrschen, erkennt man nämlich nicht nur an den Projekten, die bearbeitet werden, sondern erst recht auch an jenen Forschungsfragen, die gar nicht gestellt werden. Darum leistet eine Wissenschaftslehre, die vor den Entdeckungszusammenhängen die Augen verschliesst, ideologischen Verzerrungen Vorschub; denn Ideologie manifestiert sich auch darin, was man verschweigt oder vergisst.

Diese Überlegungen sprechen dafür, komplexe Problemfelder – wie eben auch die Technik – zunächst durch theoretische Beschreibung zu erschliessen, ehe man sich daran macht, bestimmte Zusammenhänge des Problemfeldes nach begründeter Auswahl zu erklärenden Hypothesen zu verdichten. Solche Beschreibungen nach methodischen Regeln zu präzisieren, ist der

---

[1] Popper 1934, 6.

besondere Vorzug systemtheoretischer Modelle. Ein instruktives Beispiel geben die seinerzeit viel beachteten „Weltmodelle".[1] Sie konnten zwar nicht, wie von Manchen zu Unrecht erwartet, verlässliche Prognosen für die Weltentwicklung liefern. Sie konnten aber dadurch, dass sie zahlreiche relevante Parameter identifizierten und mit einander in Beziehung setzten, ein nützliches Beschreibungsraster der komplexen Problemverflechtungen auf dem „Raumschiff Erde" zeichnen. Jede einzelne der vielen dutzend Gleichungen in diesen Modellen ist im Grunde eine erklärende Hypothese, die der Präzisierung und empirischen Prüfung bedarf. Wenn betroffene Disziplinen die unzureichende Datenbasis und die mangelnde Bewährung solcher Annahmen kritisierten, legten sie damit unter der Hand ihre eigenen Versäumnisse bloss. Diese Versäumnisse aufzuholen, forderte nun ein Forschungsprogramm, das in Gestalt eines Simulationsmodells auftrat. Das Beispiel lehrt also auch, dass man nun nicht umgekehrt das Erklären zu Gunsten des Beschreibens degradieren sollte. Freilich erscheint mir die nomologische Fundierung von Systemmodellen als der zweite Schritt, der in einer aufgeklärten Forschungspraxis nicht vor dem ersten getan werden sollte.

7.3.5 Einheit und Vielfalt

Wissenschaftliche Beschreibung bedarf der Terminologie. Die Atomisierung des Wissens, die aus der arbeitsteiligen Spezialisierung der Disziplinen folgt, hat sich in einem babylonischen Wirrwarr der Fachsprachen niedergeschlagen. Wissenschaftssprachen drohen zu Privatsprachen zu werden, die nur noch von wenigen Experten beherrscht werden, und die Kommunikation über die Fachgrenzen hinweg kommt praktisch zum Erliegen; daraus erklären sich wohl auch die irreführenden Reduktionismen. Dieses Problem haben die Protagonisten der Systemtheorie von Anfang an gesehen, und es ist ihre erklärte Absicht gewesen, eine generalistische Terminologie zu entwickeln, die, im Gegensatz zur Inhaltsleere mathematischer und logischer Formalismen, gewissen substanziellen Ansprüchen genügt, ohne in die spezialistische Begrenztheit der disziplinären Fachsprachen zu verfallen. Inzwischen gibt es eine Vielzahl von Beispielen, in denen es gelungen ist, fachspezifische Gedankengänge in *generalistischer Systemsprache* zu reformulieren. Kritiker haben das mit dem inzwischen notorischen Vorwurf quittiert, die Systemtheorie leiste eben nichts Anderes als die Übersetzung an sich bekannten Wissens in eine neue Terminologie. Selbst wenn es wirklich nur dies wäre, was die Systemtheorie zu Wege bringt, sollte schon die sprachvereinheitlichende Leistung, statt in einen Makel umgemünzt zu werden, Grund genug sein, diesem Programm breite Zustimmung zu sichern.

---

[1] Forrester 1971; Meadows u. a. 1972.

Aber die einheitsstiftende Potenz der Systemtheorie liegt natürlich nicht nur im Terminologischen; sie bewährt sich auch in der supra-, inter- und multidisziplinären Generalisierung wissenschaftlicher Modellbildung. *Supradisziplinär* ermöglicht sie die Vereinheitlichung bisher unverbundener einzelwissenschaftlicher Theoriekonzepte, erleichtert die Orientierung in der Vielfalt theoretischer Modelle[1] und erweist sich dadurch tatsächlich als eine allgemeine Modelltheorie. Indem das selbe allgemeine Modell für verschiedenartige wissenschaftliche Problemstellungen substanziell konkretisiert werden kann, fungiert die Systemtheorie als abstraktes Skelett beliebiger empirischer Theorien und schafft die Grundlage für eine Heuristik der Theoriebildung.

Neben der „vertikalen" Übertragung allgemeiner Formalismen in verschiedene Disziplinen unterstützt die Systemtheorie auch die „horizontale", im engeren Sinne *interdisziplinäre* Übertragung von Modellen aus der einen Disziplin in eine andere. Dadurch erleichtert sie den Austausch bewährter Forschungsansätze und überwindet neben den terminologischen auch theoretische Kommunikationsbarrieren. Natürlich kann ein solcher Modelltransfer, der zunächst von blosser Analogie ausgeht, die Geltung des übertragenen Modells im neuen Anwendungsbereich nicht als selbstverständlich unterstellen, sondern muss diese erst durch theoretische und empirische Prüfung nachweisen.[2] Das ändert aber Nichts an der grundsätzlichen Fruchtbarkeit des Verfahrens. *Multidisziplinär* schliesslich stellt die Systemtheorie auf Grund der zuvor skizzierten Eigenschaften genau jenes Integrationspotenzial zur Verfügung, das erforderlich ist, wenn man bei komplexen Problemen heterogene Theorien über Teilaspekte zu kohärenten Modellen des gesamten Problemzusammenhangs mit einander verbinden will. Offensichtlich wären solche multidiszipinären Problemlösungschancen undenkbar ohne die supradisziplinäre Modellvereinheitlichung.[3]

Bei allen Generalisierungschancen der Allgemeinen Systemtheorie muss man sich allerdings der reziproken Relation bewusst bleiben, die zwischen dem Umfang und dem Inhalt wissenschaftlicher Begriffe und Theorien besteht: je universeller, desto abstrakter, und je spezieller, desto konkreter! Darum wird es die eine Universalwissenschaft nicht geben können, und die neue Einheit, die man sich von der Systemtheorie versprechen kann, wird eine Einheit in der Vielfalt sein. Auch hier geht es um schöpferische Synthese, in der die Spezialisierung und die Generalisierung aufgehoben werden.

---

[1] Selbst ein analytischer Wissenschaftstheoretiker hat diesen Vorzug erkannt und Systemmodelle zur Analyse verschiedener Erklärungstypen herangezogen; vgl. Stegmüller 1969, 208ff.

[2] So schon Bertalanffy 1949, 43; auch Stegmüller 1969, 131ff; vgl. Haken 1996 und die daran anschliessende Diskussion, besonders auch meine Kritik 630ff.

[3] Zur Unterscheidung zwischen Supra-, Inter- und Multidisziplinarität Czayka 1974, 59ff, der allerdings deren Zusammenhänge nicht genügend würdigt.

Abkürzungsverzeichnis

A	Menge der Handlungsattribute	GT"	Soziotechnisches System (Mikroebene)
AS	Ausführungssystem	GTH	Hierarchie der soziotechnischen Systeme
ASE	Abgabesystem		
ASF	Führungssystem	Γ	Umgebung
ASH	Handhabungssystem	γ	Umgebungsattribut
ASN	Energiewandlungssystem	H	Informationsmass
ASR	Aufnahmesystem	I	Information
ASW	Einwirkungssystem	IS	Informationssystem
AT	Menge der technischen Attribute	ISE	Effektorsystem
		ISR	Rezeptorsystem
a	Attribut	ISS	Speicherungssystem
α	Menge der Systemattribute (allg.)	ISV	Verarbeitungsytem
		j	Zählindex (= 1...n)
C	Komplexität	K	Menge der Teile im Handlungssystem (Subsysteme, Elemente)
E	Energie		
F	Menge der Handlungsfunktionen		
		KM	Menge menschlicher Teile
FM	Menge menschlicher Handlungsfunktionen	KT	Menge technischer Teile
		k	Systemteil (Subsystem, Element)
FT	Menge sachtechnischer Funktionen		
		κ	Menge der Systemteile (allg.)
f	Funktion		
G^+	Weltgesellschaft (Megaebene)	M	Masse
		OG	Menge der technischen Einzelentwicklungen (Ontogenesen)
G	Gesellschaftliches System (Makroebene)		
G'	Gesellschaftliches Subsystem (Mesoebene)	Ω	Allmenge
		P	Menge der Relationen zwischen Teilen des Handlungssystems
G"	Personales System (Mikroebene)		
GH	Hierarchie menschlicher Handlungssysteme	PG	Technische Entwicklung (Phylogenese)
GT	Soziotechnisches System	POG	Menge der Relationen zwischen den Ontogenesen
GT'	Soziotechnisches System (Mesoebene)		

PT	Menge technischer Relationen	ΣG	Graph
p	Relation	ΣH	Systemhierarchie
pp	Kopplung	ΣS	Struktursystem
pr	Rückkopplung	ΣSD	Strukturdynamisches System
pz	Zielrelation	ΣZ	Diskretes Zustandssystem
π	Menge der Systemrelationen (allg.)	T	Zeit
φ	Menge der Systemfunktionen (allg.)	TX	Zeitattribut eines Inputs (analog für Y und Z)
q	Zählindex (q = 1...n)	t	Element der Zeitmenge
R	Raum	θ	Technisierungsgrad
RX	Raumattribut eines Inputs (analog für Y und Z)	V	Varietät
		X	Input
r	Element der Raummenge	XM	Masse-Input
$\Re$	Menge der reellen Zahlen	XE	Energie-Input
S	Situation	XI	Informations-Input
ST	Technisches Sachsystem	Y	Output (Spezifikationen wie bei X)
STH	Hierarchie der Sachsysteme	Z	Zustand (Spezifikationen wie bei X)
Σ	System	ZL	Ziel
ΣA	Diskreter Automat	ZLH	Zielhierarchie
ΣF	Funktionssystem	ZLK	Zielkette
ΣFD	Funktionsdynamisches System	ZLS	Zielsystem
		ZS	Zielsetzungssystem

Abbildungsverzeichnis

1 Dimensionen und Erkenntnisperspektiven der Technik 32
2 Schema technologischer Probleme 44
3 Blockschema des Computers 52
4 Struktur des Computers 53
5 Computer-Hierarchie 54
6 Logische UND-Funktion 56
7 Computer im soziotechnischen System 58
8 Konzepte der Systemtheorie.. 76
9 Funktionsbegriff in der Systemtheorie 78
10 Systemtheorie und Modellkonstruktion 84
11 Blockschema des Handlungssystems 97
12 Handlungskreis 100
13 Grobstruktur eines Handlungssystems 102
14 Feinstruktur eines Handlungssystems 104
15 Hierarchie der menschlichen Handlungssysteme 108
16 Blockschema des technischen Sachsystems 120
17 Hierarchie der Sachsysteme 122
18 Funktionsklassen der Sachsysteme 125
19 Strukturformen eines Sachsystems 128
20 Strukturformen grosser sachtechnischer Verbünde 128
21 Klassifikation der Sachsysteme 131
22 Prinzip der Arbeitsteilung 136
23 Funktionszerlegung bei Handlungskette und Einzelhandlung 139
24 Soziotechnische Arbeitsteilung 142
25 Systematik soziotechnischer Identifikationen 144
26 Zielkette 154
27 Äquivalenz von Mitteln (bei konvergenten Relationen) 158
28 Multivalenz eines Mittels (bei divergenten Relationen) 158
29 Technikherstellung und -verwendung (nach K. Marx) 165
30 Ablaufstruktur der Sachverwendung 169
31 Integration von soziotechnischen Arbeitssystemen 174
32 Prinzipien der Technisierung 183
33 Formen des technischen Wissens 210
34 Bedingungen und Folgen der Sachverwendung 242
35 Hierarchische Verflechtung von Bedingungen und Folgen 244
36 Technische Sozialisation 246

37	Periodisierungen der Technikgeschichte	255
38	Phasen der technischen Ontogenese	259
39	Ablaufstruktur der Technikgenese	262
40	Einteilung der Erfindungen	264
41	Morphologische Matrix	270
42	Entwicklungsstufen des Sachsystems	273
43	Schema des Bewertungsproblems	276
44	Modell der technischen Entwicklung	297
45	Grundbegriffe der Systemtheorie	314

Literaturverzeichnis

Adorno, Th. W. u. a.: Der Positivismusstreit in der deutschen Soziologie, Neuwied/Berlin 1969
Agenda 21: Dokument der Konferenz der Vereinten Nationen für Umwelt und Entwicklung, Rio de Janeiro 1992, deutsch hg. vom Bundesumweltministerium, Bonn o. J.
Aiserman, M. A. u. a.: Logik, Automaten, Algorithmen, München/Wien 1967
Albert, H.: Marktsoziologie und Entscheidungslogik, Neuwied/Berlin 1967
Albert, H.: Traktat über kritische Vernunft, Tübingen 1968
Anders, G.: Die Antiquiertheit des Menschen, München 1956
Arendt, H.: Vita Activa oder Vom tätigen Leben (1960), München 1981
Aristoteles, Metaphysik (ca. -330), verschiedene Ausgaben
Aristoteles, Nikomachische Ethik (ca. -330), verschiedene Ausgaben
Ashby, W. Ross: Einführung in die Kybernetik (1956), Frankfurt/M 1974
Bahr, H.-D.: Die Klassenstruktur der Maschinerie, in: Vahrenkamp 1973, 39-72
Banse, G. (Hg.): Risikoforschung zwischen Disziplinarität und Interdisziplinarität, Berlin 1996
Banse, G. (Hg.): Allgemeine Technologie zwischen Aufklärung und Metatheorie, Berlin 1997
Banse, G. u. K. Friedrich (Hg.): Technik zwischen Erkenntnis und Gestaltung, Berlin 1996
Banse, G. u. H. Wendt (Hg.): Erkenntnismethoden in den Technikwissenschaften, Berlin 1986
Bechmann, G. u. Th. Petermann (Hg.): Interdisziplinäre Technikforschung, Frankfurt/New York 1994
Beckmann, J.: Anleitung zur Technologie, Göttingen 1777; neue Ausgabe Wien 1789
Beckmann, J.: Entwurf der algemeinen Technologie, Göttingen 1806
Beckmann, J.: Schwedische Reise, nach dem Tagebuch der Jahre 1765-1766, hg. v. Th. M. Fries, Upsala 1911, Nachdruck Lengwil 1995
Begon, M. E. u. J. L. Harper: Ökologie, Heidelberg/Berlin/Oxford 1998
Bense, M.: Technische Existenz, Stuttgart 1949
Bense, M.: Ungehorsam der Ideen, Köln/Berlin 1965
Berger, P. L. u. Th. Luckmann: Die gesellschaftliche Konstruktion der Wirklichkeit (1966), 5. Aufl. Frankfurt/M 1977
Bernsdorf, W. (Hg.): Wörterbuch der Soziologie, Frankfurt/M 1972
Bertalanffy, L. von: Zu einer allgemeinen Systemlehre (1949), in: Bleicher 1972, 31-45
Bertalanffy, L. von: The history and status of General Systems Theory, in: Klir 1972, 21-41
Bierter, W.: Technologie-Praxis: „Angepasste Technologie", Braunschweig/Wiesbaden 1993
Bijker, W. E., T. P. Hughes u. T. Pinch (Hg.): The social construction of technological systems, Cambridge, MA/London 1987
Bleicher, K. (Hg.): Organisation als System, Wiesbaden 1972
Böhme, G.: Einführung in die Philosophie, 2. Aufl. Frankfurt/M 1997
Bohring, G.: Technik im Kampf der Weltanschauungen, Berlin 1976

Borries, V. von: Technik als Sozialbeziehung, München 1980
Bossel, H.: Modellbildung und Simulation, 2. Aufl. Braunschweig/Wiesbaden 1994
Boudon, R.: Widersprüche sozialen Handelns, Darmstadt/Neuwied 1979
Braak. H. van de: The Prometheus complex, Amersfoort 1995
Brander, S., A. Kompa u. U. Peltzer: Denken und Problemlösen, 2. Aufl. Opladen 1989
Brandt, K.: Arbeitsteilung, in: Handwörterbuch der Sozialwissenschaften Bd. 12, Tübingen/Stuttgart/Göttingen 1965, 517-523
Braun, I. u. B. Joerges (Hg.): Technik ohne Grenzen, Frankfurt/M 1994
Brinkmann, D.: Mensch und Technik, Bern 1946
Brockhaus Naturwissenschaften und Technik, 5 Bde., Wiesbaden 1983
Brockhoff, K.: Forschung und Entwicklung, 4. Aufl. München/Wien 1997
Brödner, P.: Fabrik 2000, Berlin 1985
Buchhaupt, S. (Hg.): Gibt es Revolutionen in der Geschichte der Technik? Darmstadt (im Druck)
Bücher, K.: Die Entstehung der Volkswirtschaft, Tübingen 1919
Bundesassistentenkonferenz (Hg.): Kreuznacher Hochschulkonzept, Bonn 1968
Bungard, W. u. H. Lenk (Hg.): Technikbewertung, Frankfurt/M 1988
Bunge, M.: Epistemologie, Mannheim/Wien/Zürich 1983
Churchman, C. W.: Einführung in die Systemanalyse, München 1970
Churchman, C. W., R. L. Ackoff u. E. L. Arnoff: Operations Research, München/Wien 1961
Conze, W.: Die prognostische Bedeutung der Geschichtswissenschaft, in: Technikgeschichte, Schriften des DVT Nr. 2, Düsseldorf 1972, 16-26
Cronberg, T. u. K. H. Sørensen (Hg.): Similar concerns, different styles? Technology studies in Western Europe, Brüssel/Luxemburg 1995
Cube, F. von: Was ist Kybernetik? Bremen 1967
Czayka, L.: Systemwissenschaft, Pullach 1974
Daenzer, W. F. u. F. Huber (Hg.): Systems Engineering, 7. Aufl. Zürich 1992
Dahrendorf, R.: Homo Sociologicus (1958), 15. Aufl. Opladen 1977
Dahrendorf, R.: Arbeitsteilung, in: Handwörterbuch der Sozialwissenschaften Bd. 12, Tübingen/Stuttgart/Göttingen 1965, 512-517
Dahrendorf, R.: Industrie- und Betriebssoziologie, Berlin 1965
Descartes, R.: Abhandlung über die Methode (1637), in: Descartes, hg. v. I. Frenzel, Frankfurt/M 1960, 47-91
Dessauer, F.: Philosophie der Technik, Bonn 1927; erweiterte Neuausgabe u. d. T. Streit um die Technik, Frankfurt/M 1956
Deutsch, K. W.: Politische Kybernetik, Freiburg 1969
Diebold, J.: Die automatische Fabrik (1952), Nürnberg 1954, 3. Aufl. Frankfurt/M 1956
Dierkes, M. u. U. Hoffmann (Hg.): New Technology at the Outset, Frankfurt/Boulder 1992
Dierkes, M.: Die Technisierung und ihre Folgen, Berlin 1993
Dierkes, M. (Hg.): Technikgenese, Berlin 1997
Diestelmeier, F. (Hg.): Technik und Gesellschaft, 3 Bde. mit Texten von H. Albrecht, W. König u. U. Wengenroth, Tübingen 1993
DIN 8580: Begriffe der Fertigungsverfahren, Berlin/Köln 1963
Dölle, E. A.: Über die dichotomische Performanz bilingualer Semihomographe, Manuskript 1956, E. A. Dölle-Archiv Tübingen

Dolezalek, C. M.: Die technischen Grundlagen der Automatisierung unter besonderer Berücksichtigung der Fertigungstechnik, CIRP-Annalen 11 (1962/63), 15-24
Dolezalek, C. M.: Die industrielle Produktion in der Sicht des Ingenieurs, Technische Rundschau 57 (1965), Nr. 35, 2-5
Dolezalek, C. M.: Was ist Automatisierung? Werkstattstechnik 56 (1966), 217
Dolezalek, C. M. u. G. Ropohl: Maschinenbau, Zeitschrift Baden-Württemberg 16 (1969), Sonderausgabe Dezember "Die Universität Stuttgart", 112-130
Dörner, D.: Die Logik des Misslingens, Reinbek 1989
Dreitzel, H. P. (Hg.): Sozialer Wandel, 2. Aufl. Neuwied/Berlin 1972
Dreyfus, H. L. u. S. E. Dreyfus: Künstliche Intelligenz (1986), Reinbek 1987
Duden Informatik, hg. v. H. Engesser u. a., Mannheim usw. 1993
Dupuy, J. P. u. F. Gerin: Produktveraltung, in: Technologie und Politik Bd. 1, Reinbek 1975, 156-191
Durkheim, E.: Über soziale Arbeitsteilung (1893), Frankfurt/M 1992
Durkheim, E.: Die Regeln der soziologischen Methode (1895), Neuwied 1961
Ekardt, H.-P. u. a.: Arbeitssituationen von Firmenbauleitern, Frankfurt/New York 1992
Emery, F. E. u. E. L. Trist: Socio-technical systems, in: Management sciences : models and techniques, hg. v. C. West Churchman u. M. Verhulst, Vol. 2, Oxford/London/New York/Paris 1960, 83-97
Endruweit, G. u. G. Trommsdorff (Hg.): Wörterbuch der Soziologie, Stuttgart 1989
Esser, H.: Soziologie, 2. Aufl. Frankfurt/New York 1996
Eynern, G. von (Hg.): Wörterbuch zur politischen Ökonomie, Opladen 1973
Eyth, M.: Lebendige Kräfte, Berlin 1905
Feyerabend, P.: Wider den Methodenzwang, Frankfurt/M 1976
Fleischmann, G. u. J. Esser (Hg.): Technikentwicklung als sozialer Prozess, Frankfurt/M 1989
Flick, U.: Psychologie des technisierten Alltags, Opladen 1996
Forrester, J. W.: Der teuflische Regelkreis, Stuttgart 1971
Frankenberger, E. u. a. (Hg.): Designers: The key to successful product development. Berlin/Heidelberg/New York 1998
Freud, S.: Eine Schwierigkeit der Psychoanalyse (1917), in: Ders.: Darstellungen der Psychoanalyse. Frankfurt/M 1969, 130-138
Freyer, H.: Theorie des gegenwärtigen Zeitalters, Stuttgart 1955
Freyer, H., J. Ch. Papalekas u. G. Weippert (Hg.): Technik im technischen Zeitalter, Düsseldorf 1965
Fürstenberg, F.: Konzeption einer interdisziplinär organisierten Arbeitswissenschaft, Göttingen 1975
Füssel, M.: Die Begriffe Technik, Technologie, Technische Wissenschaften und Polytechnik, Bad Salzdetfurth 1978
Gehlen, A.: Der Mensch (1940), 13. Aufl. Wiesbaden 1986
Gehlen, A.: Die Seele im technischen Zeitalter, Hamburg 1957
Gehlen, A.: Anthropologische Forschung, Reinbek 1961
Geiger, G.: Verhaltensökologie der Technik, Opladen 1998
Georg, W., L. Kissler u. U. Sattel (Hg.): Arbeit und Wissenschaft: Arbeitswissenschaft? Bonn 1985
Gilfillan, S. C.: The sociology of invention (1935), Cambridge MA/ London 1963
Glaser, W. R.: Soziales und instrumentales Handeln, Stuttgart 1972
Goldstein, J.: Die Technik, Frankfurt/M 1912

Goode, H. H. u. R. E. Machol: System engineering, New York/Toronto/London 1957
Gottl-Ottlilienfeld, F. v.: Wirtschaft und Technik (1914), 2. Aufl. Tübingen 1923
Greniewski, H. u. M. Kempisty: Kybernetische Systemtheorie ohne Mathematik (1963), Berlin 1966
Grochla, E.: Automation und Organisation, Wiesbaden 1966
Grupp, H.: Messung und Erklärung des technischen Wandels, Berlin usw. 1997
Gutenberg, E.: Grundlagen der Betriebswirtschaftslehre Bd. 1: Die Produktion, 12. Aufl. Berlin/Heidelberg/New York 1966
Haar, T.: Die Sachzwangproblematik in der Technologie, Diss. Frankfurt/M 1999
Habermas, J.: Technik und Wissenschaft als "Ideologie", Frankfurt/M 1968
Habermas, J.: Analytische Wissenschaftstheorie und Dialektik, in: Adorno u. a. 1969, 155ff
Habermas, J.: Theorie des kommunikativen Handelns, 2 Bde. Frankfurt/M 1981
Haken, H.: Erfolgsgeheimnisse der Natur, Stuttgart 1981
Haken, H.: Synergetik und Sozialwissenschaften, in: Ethik und Sozialwissenschaften 7 (1996), 587ff, sowie die daran anschliessende Diskussion 595ff
Halfmann, J.: Die gesellschaftliche "Natur" der Technik, Opladen 1996
Hall, A. D. u. R. E. Fagen: Definition of systems (1956), in: Händle/Jensen 1974, 127ff
Händle, F. u. S. Jensen (Hg.): Systemtheorie und Systemtechnik, München 1974.
Hansen, F.: Konstruktionssystematik, Berlin 1965
Hansen, F.: Konstruktionswissenschaft, Berlin 1974 u. München/Wien 1974
Hartmann, D. u. P. Janich (Hg.): Methodischer Kulturalismus, Frankfurt/M 1996
Hartwich, H.-H. (Hg.): Politik und die Macht der Technik, Opladen 1986
Hausen, K. u. R. Rürup (Hg.): Moderne Technikgeschichte, Köln 1975
Hegel, G. W. F: Das System der spekulativen Philosophie (1803/1804), Jenaer Systementwürfe I, Hamburg 1986
Hegel, G. W. F.: Grundlinien der Philosophie des Rechts, nach der Ausgabe v. E. Gans (1833) hg. v. H. Klenner, Berlin 1981
Heidegger, M.: Die Technik und die Kehre, Pfullingen 1962
Heidegger, M.: Nur noch ein Gott kann uns retten, in: Der Spiegel 30 (1976), Nr. 23, 193-219
Heinemann, F.: Die Philosophie des XX. Jahrhunderts, Stuttgart 1959; Abschnitt „Metaphysik", 360-380
Heinen, E.: Das Zielsystem der Unternehmung, Wiesbaden 1966
Hennen, L: Technisierung des Alltags, Opladen 1992
Herrmann, Th. (Hg.): Dichotomie und Duplizität (E. A. Dölle zum Gedächtnis), Bern/Stuttgart/Wien 1974
Holz, H. H.: Was sind und was leisten metaphysische Modelle? in: Avineri, S. et al.: Fortschritt der Aufklärung, Köln 1987, 165-190
Holz, H. H.: Das Feld der Philosophie, Köln 1997
Hölzl, J.: Allgemeine Technologie, Wirtschaftsuniversität Wien 1984
Honoré, P.: Es begann mit der Technik, Stuttgart 1969
Horkheimer, M.: Zur Kritik der instrumentellen Vernunft (1947), Frankfurt/M 1974
Hortleder, G.: Das Gesellschaftsbild des Ingenieurs, Frankfurt/M 1970
Hoss, D. u. G. Schrick (Hg.): Wie rational ist Rationalisierung heute? Stuttgart usw. 1996
Hoyos, C. u. B. Zimolong (Hg.): Ingenieurpsychologie, Göttingen/Toronto/Zürich 1990
Hubig, Ch. u. J. Albers (Hg.): Technikbewertung, Weinheim/Berlin 1995

Hubig, Ch., G. Ropohl u. a. (Hg): Technik: einschätzen - beurteilen - bewerten, 6 Studienbriefe zum Funkkolleg, Tübingen 1994/95
Hubig, Ch.: Technologische Kultur, Leipzig 1997
Hubka, V.: Theorie technischer Systeme (1973), 2. Aufl. Berlin/Heidelberg/New York/ Tokyo 1984
Hubka, V. u. W. E. Eder: Einführung in die Konstruktionswissenschaft, Berlin/Heidelberg/ New York 1992
Hübner, K.: Von der Intentionalität der modernen Technik, in: Sprache im technischen Zeitalter (1968), Nr. 25, 22-48
Hughes, Th. P.: Networks of power, Baltimore 1983
Huisinga, R.: Theorien und gesellschaftliche Praxis technischer Entwicklung, Amsterdam 1996
Huizinga, J.: Homo ludens. Vom Ursprung der Kultur im Spiel (1938), Hamburg 1956
Huning, A.: Das Schaffen des Ingenieurs (1974), 3. Aufl. Düsseldorf 1987
Huning, A. (Hg.): Klassiker der Technikphilosophie, München 1999
Illich, I.: Selbstbegrenzung, Reinbek 1975
Janich, P.: Informationsbegriff und methodisch-kulturalistische Philosophie, in: Ethik und Sozialwissenschaften 9 (1998) 2, 169ff, sowie die Diskussion 182ff
Joas, H.: Die Kreativität des Handelns, Frankfurt/M 1996
Jobst, E.: Technikwissenschaften, Wissensintegration, Interdisziplinäre Technikforschung, Frankfurt/M 1995
Joerges, B. (Hg.): Technik im Alltag, Frankfurt/M 1988
Joerges, B.: Technik - Körper der Gesellschaft, Frankfurt/M 1996
Jokisch, R. (Hg.): Techniksoziologie, Frankfurt/M 1982
Jünger, F. G.: Die Perfektion der Technik (1946), 6. Aufl. Frankfurt/M 1980
Jungk, R.: Der Atom-Staat, Reinbek 1979
Kahsnitz, D., G. Ropohl u. A. Schmid (Hg.): Handbuch zur Arbeitslehre, München/Wien 1997
Kapp, E.: Grundlinien einer Philosophie der Technik, Braunschweig 1877, Nachdruck Düsseldorf 1978
Karmarsch, K.: Geschichte der Technologie, München 1872
Kempski, J. von: Brechungen, Reinbek 1964
Kern, H. u. M. Schumann: Industriearbeit und Arbeiterbewusstsein, Frankfurt/M 1970
Kern, H. u. M. Schumann: Das Ende der Arbeitsteilung? München 1984
Kesselring, F.: Technische Kompositionslehre, Berlin/Göttingen/Heidelberg 1954
Kirsch, W.: Einführung in die Theorie der Entscheidungsprozesse, 2. Aufl. Wiesbaden 1977
Klagenfurt, K.: Technologische Zivilisation und transklassische Logik, Frankfurt/M 1995
Klages, H.: Technischer Humanismus, Stuttgart 1964
Klaus, G. (Hg.): Wörterbuch der Kybernetik, Berlin 1968
Klaus, G. u. H. Liebscher: Systeme, Informationen, Strategien, Berlin 1974
Klaus, G. u. M. Buhr (Hg.): Philosophisches Wörterbuch, Leipzig 1975
Klems, W.: Die unbewältigte Moderne, Geschichte und Kontinuität der Technikkritik, Frankfurt/M 1988
Klir, J. G. (Hg.): Trends in General Systems Theory, New York usw. 1972
Koch, C. u. D. Senghaas (Hg.): Texte zur Technokratiediskussion, Frankfurt/M 1970
König, W. (Hg.): Technikgeschichte, 5 Bde., Berlin 1990ff

König, W.: Umbrüche und Umorientierungen – Kontinuität und Diskontinuität – Evolution und Revolution, in: Ders. (Hg.): Umorientierungen, Frankfurt/M usw. 1994, 9-31
König, W.: Technikwissenschaften, Amsterdam 1995
König, R.: Soziales Handeln, in: Bernsdorf 1972, 745-757
Koller, R.: Konstruktionslehre für den Maschinenbau, 4. Aufl. Berlin/Heidelberg/New York 1998
Korte, H. u. B. Schäfers (Hg.): Einführung in spezielle Soziologien, Opladen 1993
Kosiol, E.: Organisation der Unternehmung, Wiesbaden 1962
Kosiol, E.: Die Unternehmung als wirtschaftliches Aktionszentrum, Reinbek 1972
Kosiol, E., N. Szyperski u. K. Chmielewicz: Zum Standort der Systemforschung im Rahmen der Wissenschaften, in: Bleicher 1972, 65-97
Krämer, S.: Symbolische Maschinen, Darmstadt 1988
Krämer-Badoni, Th. u. a.: Zur sozio-ökonomischen Bedeutung des Automobils, Frankfurt/M 1971
Krausser, P.: Zu einer Systemtheorie rational selbstgesteuerter Systeme, in: Rehabilitierung der praktischen Philosophie Bd. I, hg. v. M. Riedel, Freiburg 1972, 537-558
Krohn, W. u. G. Küppers (Hg.): Emergenz, Frankfurt/M 1992
Krupp, H.: Werden wir's erleben? Mitteilungen aus der Arbeitsmarkt- und Berufsforschung 17 (1984) 1, 5-18
Krupp, H. (Hg.): Technikpolitik angesichts der Umweltkatastrophe, Heidelberg 1990
Krupp, H. (Hg.): Energy politics and Schumpeter dynamics, Tokyo/Berlin/Heidelberg 1992
Kruse, L.: Psychologische Aspekte des technischen Fortschritts, in: Ropohl 1981, 71-81
Kuhn, Th. S.: Die Struktur wissenschaftlicher Revolutionen (1970), 10. Aufl. Frankfurt/M 1989
Küpfmüller, K.: Systemtheorie der elektrischen Nachrichtenübertragung, Stuttgart 1949
Kusin, A. A.: Karl Marx und Probleme der Technik (1968), Leipzig 1970
Laatz, W.: Ingenieure in der Bundesrepublik Deutschland, Frankfurt/New York 1979
Lambert, J. H.: Drei Abhandlungen zum Systembegriff (1782/87), in: Händle/Jensen 1974, 87-103
Lange, O.: Wholes and parts, Oxford/London/Warschau 1965
Langenegger, D.: Gesamtdeutungen moderner Technik: Moscovici, Ropohl, Ellul, Heidegger – eine interdiskursive Problemsicht, Würzburg 1990
Leitherer, E.: Industriedesign: Entwicklung, Produktion, Ökonomie, Stuttgart 1990
Lenk, H.: Philosophie im technologischen Zeitalter, Stuttgart 1971
Lenk, H.: Erklärung, Prognose, Planung, Freiburg 1972
Lenk, H. (Hg.): Technokratie als Ideologie, Stuttgart 1973
Lenk, H.: Pragmatische Philosophie, Hamburg 1975
Lenk, H. (Hg.): Handlungstheorien – interdisziplinär, 4 Bde. München 1977ff
Lenk, H.: Eigenleistung, Zürich/Osnabrück 1983
Lenk, H. u. S. Moser (Hg.): Techne - Technik - Technologie, Pullach 1973
Lenk, H. u. G. Ropohl: Praxisnahe Technikphilosophie (1974), in: Zimmerli 1976, 104-145
Lenk, H. u. G. Ropohl (Hg.): Systemtheorie als Wissenschaftsprogramm, Königstein 1978
Lenk, H.: Zur Sozialphilosophie der Technik, Frankfurt/M 1982
Lenk, H. u. M. Maring (Hg.): Technikethik und Wirtschaftsethik, Opladen 1998
Linde, H.: Sachdominanz in Sozialstrukturen, Tübingen 1972

Literaturverzeichnis

Loacker, N. (Hg.): Kindlers Enzyklopädie Der Mensch Bd. VII: Philosophie, Wissenschaft und Technik, Zürich 1984
Lübbe, H.: Wissenschaftspolitik, Gegenaufklärung und die Rolle der Philosophie, in: Wirtschaft und Wissenschaft 21 (1973), Nr. 1, 3-9
Lübbe, H.: Der Lebenssinn der Industriegesellschaft, Berlin/Heidelberg/New York 1990
Luczak, H.: Arbeitswissenschaft (1993), 2. Aufl. Berlin/Heidelberg/New York 1998
Ludwig, K.-H. u. a.: Die historische Funktion der Technik, in: Technikgeschichte 43 (1976), Nr. 2 (Sonderheft), 89-164
Luhmann, N.: Ökologische Kommunikation, Opladen 1986
Luhn, G.: Implizites Wissen und technisches Handeln, Bamberg 1999
Lutz, B.(Hg.): Technik und sozialer Wandel, Frankfurt/New York 1987
Machlup, F.: Erfindung und technische Forschung, in: Handwörterbuch der Sozialwissenschaften Bd. 3, Tübingen/Stuttgart/Göttingen 1961, 280-291
MacKenzie, D. u. J. Wajcman (Hg.): The social shaping of technology, Milton Keynes/Philadelphia PA 1985
Mai, M.: Die Bedeutung des fachspezifischen Habitus von Ingenieuren und Juristen in der wissenschaftlichen Politikberatung, Frankfurt/Bern/New York/Paris 1989
Mai, M.: Die technologische Provokation, Berlin 1994
Mai, M.: Technikbewertung in Politik und Wirtschaft, Habil.-Schrift Münster 1998 (Druck in Vorbereitung)
Marcuse, H.: Der eindimensionale Mensch (1964), Neuwied/Berlin 1967
Marx, K.: Grundrisse der Kritik der politischen Ökonomie (1857/58), 2. Aufl. Berlin 1974
Marx, K.: Zur Kritik der politischen Ökonomie (1861/63), in: Marx-Engels-Gesamtausgabe II. Abt. Bd. 3 Teil 6, Berlin 1982
Marx, K.: Das Kapital, Bd. 1 (1867), in: Marx/Engels: Werke Bd. 23, Berlin 1959 u. ö.
Marx, K. u. F. Engels: Manifest der Kommunistischen Partei (1848), in: Marx/Engels: Ausgewählte Schriften Bd. I, Berlin 1951ff, 25-57
Marx, K. u. F. Engels: Die deutsche Ideologie (1845/46), in: Marx/Engels: Werke Bd. 3, Berlin 1958 u. ö.
Maturana, H. u. F. Varela: Der Baum der Erkenntnis, Bern/München/Wien 1987
Mayntz, R. u. Th. P. Hughes (Hg.): The development of large technical systems, Boulder/Frankfurt 1988
Meadows, D. u. a.: Die Grenzen des Wachstums, Stuttgart 1972
Mensch, G.: Das technologische Patt, Frankfurt/M 1975
Merton, R. K.: Die unvorhergesehenen Folgen zielgerichteter sozialer Handlung (1936), in: Dreitzel 1972, 169-183
Mesarovic, M. D.: A mathematical theory of general systems, in: Klir 1972, 251-269
Mesarovic, M. D. u. D. Macko: Foundations for a scientific theory of hierarchical systems, in: White/Wilson/Wilson (Hg.): Hierarchical structures, New York 1969, 29-50
Mesarovic, M. D. u. E. Pestel: Menschheit am Wendepunkt, Stuttgart 1974
Miller, J. G.: Living systems, New York 1978
Mitcham, C. (Hg.): Research in Philosophy and Technology Bd. 1ff, Greenwich CT/London 1978ff
Mitcham, C.: Thinking through Technology, Chicago/London 1994
Moser, S.: Kritik der traditionellen Technikphilosophie (1958), in: Lenk/Moser 1973, 11-81

Moser, S., G. Ropohl u. W. Ch. Zimmerli (Hg.): Die „wahren" Bedürfnisse, Basel/Stuttgart 1978
Moshaber, J.: Dölles Dualitätsprinzip in der Perspektive der materialistischen Dialektik, in: Herrmann 1974, 130-136
Müller, H.-P.: Karl Marx über Maschinerie, Kapital und industrielle Revolution, Opladen 1992
Müller, H.-P. u. U. Troitzsch (Hg.): Technologie zwischen Fortschritt und Tradition, Frankfurt/M 1992
Müller, J.: Systematische Heuristik, Berlin 1970
Müller, J.: Arbeitsmethoden der Technikwissenschaften, Berlin/Heidelberg/New York 1990
Müller, K.: Allgemeine Systemtheorie, Opladen 1996
Mumford, L.: Mythos der Maschine (1967/70), Frankfurt/M 1977
Mutschler, H.-D., G. Ropohl u. M. Trömel: Wertungen und Zielsetzungen in der Technik, in: Irrationale Technikadaptation als Herausforderung an Ethik, Recht und Kultur, hg. v. J. Hoffmann, Frankfurt/M 1997, 26-54
Myrdal, G: Das Wertproblem in der Sozialwissenschaft (1933), Hannover 1965
Naschold, F.: Organisation und Demokratie, Stuttgart 1971
Nicolis, G. u. I. Prigogine: Die Erforschung des Komplexen, München 1987
Odum, E. P.: Ökologie, 3. Aufl. Stuttgart/New York 1999
Ogburn, W. F.: Kultur und sozialer Wandel (1964), Neuwied/Berlin 1969
Ogburn, W. F.: Die Theorie des "Cultural Lag", in: Dreitzel 1972, 328-338
Oldemeyer, E.: Zum Problem der Umwertung von Werten, in: Massstäbe der Technikbewertung, hg. v. G. Ropohl, Düsseldorf 1978, 11-63
Oldemeyer, E.: Wertkonflikte um die Technikakzeptanz, in: Bungard/Lenk 1988, 33-45
Ortega y Gasset, J.: Betrachtungen über die Technik, Stuttgart 1949
Pfeiffer, W.: Absatzpolitik bei Investitionsgütern der Einzelfertigung, Stuttgart 1965
Pfeiffer, W.: Allgemeine Theorie der technischen Entwicklung, Göttingen 1971
Pfeiffer, W. u. E. Staudt: Innovation, in: Handwörterbuch der Betriebswirtschaft, Stuttgart 1975, 1943-1953
Pfeiffer, W., E. Weiss, Th. Volz u. St. Wettengl: Funktionalmarkt-Konzept zum strategischen Management prinzipieller technologischer Innovationen, Göttingen 1997
Pieper, A. u. U. Thurnherr (Hg.): Angewandte Ethik, München 1998
Polanyi, M.: Implizites Wissen (1966), Frankfurt/M 1985
Popitz, H.: Epochen der Technikgeschichte, Tübingen 1989
Popitz, H.: Phänomene der Macht, Tübingen 1992
Popitz, H., H.-P. Bahrdt, E. A. Jüres u. H. Kesting: Technik und Industriearbeit, Tübingen 1957
Popper, K. R.: Logik der Forschung (1934), 3. Aufl. Tübingen 1969
Popper, K. R.: Das Elend des Historizismus (1960), 3. Aufl. Tübingen 1971
Radnitzky, G.: Wissenschaftlichkeit, in: Handlexikon zur Wissenschaftstheorie, hg. v. H. Seiffert u. G. Radnitzki, München 1989, 399-405
Rammert, W.: Technik, Technologie und technische Intelligenz in Geschichte und Gesellschaft, Universität Bielefeld 1975
Rammert, W.: Technik aus soziologischer Perspektive, Opladen 1993
Rapoport, A.: Allgemeine Systemtheorie, Darmstadt 1988
Rapp, F. (Hg.): Contributions to a Philosophy of Technology, Dordrecht/Boston 1974
Rapp, F.: Analytische Technikphilosophie, Freiburg/München 1978

Literaturverzeichnis 349

Rapp, F. (Hg.): Technik und Philosophie, Technik und Kultur Bd. 1, Düsseldorf 1990
Rapp, F.: Die Dynamik der modernen Welt, Hamburg 1994
Rapp, F. u. P. T. Durbin (Hg.): Technikphilosophie in der Diskussion, Braunschweig/ Wiesbaden 1982
Rechenberg, P.: Was ist Informatik? 2. Aufl. München/Wien 1994
REFA (Hg.): Grundlagen der Arbeitsgestaltung, 2. Aufl. München 1993
Reichwald, R., C. Höfer u. J. Weichselbaumer: Erfolg von Reorganisationsprozessen, Stuttgart 1996
Renn, O.: Die sanfte Revolution, Essen 1980
Reuleaux, F.: Lehrbuch der Kinematik, Bd. 1, Braunschweig 1875
Ribeiro, D.: Der zivilisatorische Prozeß (1968), Frankfurt/M 1971
Richta, R. (Hg.): Politische Ökonomie des 20. Jahrhunderts (1968), Frankfurt/M 1971
Riebel, P.: Kuppelproduktion, in: Handwörterbuch der Produktionswirtschaft, Stuttgart 1979, 1009-1022
Rodenacker, W.: Methodisches Konstruieren, Berlin/Göttingen/Heidelberg 1970
Rohbeck, J.: Technologische Urteilskraft, Frankfurt/M 1993
Ropohl, G.: Flexible Fertigungssysteme : zur Automatisierung der Serienfertigung, Mainz 1971
Ropohl, G. (Hg.): Systemtechnik - Grundlagen und Anwendung, München/Wien 1975
Ropohl, G.: Ansätze zu einer allgemeinen Systematik technischer Systeme, in: Schweizer Maschinenmarkt 76 (1976) 29, 22-25 und 31, 20-23 1976
Ropohl, G. (Hg.): Interdisziplinäre Technikforschung, Berlin 1981
Ropohl, G. (Hg.): Arbeit im Wandel, Berlin 1985
Ropohl, G.: Die unvollkommene Technik, Frankfurt/M 1985
Ropohl, G.: Technologische Aufklärung (1991), 2. Aufl. Frankfurt/M 1999
Ropohl, G.: Die Dynamik der Technik und die Trägheit der Vernunft, in: Neue Realitäten, hg. v. H. Lenk u. H. Poser, Berlin 1995, 102-119
Ropohl, G.: Eine Modelltheorie soziotechnischer Systeme, in: Technik und Gesellschaft Bd. 8, hg. v. J. Halfmann, Frankfurt/New York 1995, 185-210
Ropohl, G.: Ethik und Technikbewertung, Frankfurt/M 1996
Ropohl, G.: Eine systemtheoretische Rekonstruktion der Dialektik, in: Repraesentatio mundi, Festschrift für H. H. Holz, hg. v. H. Klenner u. a., Köln 1997, 151-163
Ropohl, G.: Wie die Technik zur Vernunft kommt. Beiträge zum Paradigmenwechsel in den Technikwissenschaften, Amsterdam 1998
Rossnagel, A.: Rechtswissenschaftliche Technikfolgenforschung, Baden-Baden 1993
Rumpf, H.: Technik zwischen Wissenschaft und Praxis, aus dem Nachlass hg. v. H. Lenk, S. Moser u. K. Schönert, Düsseldorf 1981
Sachsse, H. (Hg.): Technik und Gesellschaft, Bd. 1: Literaturführer, Pullach 1974; Bd. 2 u. 3: Quellentexte, München 1976
Sachsse, H.: Anthropologie der Technik, Braunschweig 1978
Schäffler, H.: Nachhaltigkeit in der Energietechnik, Amsterdam 1999 (im Druck)
Schelsky, H.: Der Mensch in der wissenschaftlichen Zivilisation, Düsseldorf 1961
Schieder, Th.: Geschichte als Wissenschaft, München/Wien 1968
Schlosser, H. D. (Hg.): Gesellschaft Macht Technik, Frankfurt/M 1994
Schmutzer, M. E. A.: Ingenium und Individuum, Wien/New York 1994
Schregenberger, J. W.: Methodenbewusstes Problemlösen, Bern/Stuttgart 1982
Schumacher, E. F.: Small is Beautiful (1973), deutsch: Die Rückkehr zum menschlichen Mass, Reinbek 1977

Schumpeter, J. A.: Konjunkturzyklen (1939), Göttingen 1961
Seibicke, W.: Technik - Versuch einer Geschichte der Wortfamilie um "techne" in Deutschland vom 16. Jahrhundert bis etwa 1830, Düsseldorf 1968
Seiffert, H. Einführung in die Wissenschaftstheorie, 3 Bde. München 1983/1985
Seifritz, W.: Wachstum, Rückkopplung und Chaos, München 1987
Selle, G.: Geschichte des Design in Deutschland, Köln 1987
Smith, A.: Der Wohlstand der Nationen (1776), übers. u. hg. v. H. C. Recktenwald, 5. Aufl. München 1990
Smith, A.: Essays on philosophical subjects (1795); hg. v. W. P. D. Wightman, J. C. Bryce u. I. S. Ross, Oxford 1980 (The Glasgow Edition, Vol. III)
Snow, C. P.: Die zwei Kulturen (1959), hg. v. H. Kreuzer, München 1987
Sombart, W.: Der moderne Kapitalismus, 3. Bde., 2. Aufl. München/Leipzig 1916, 1917 u. 1927 (Nachdruck München 1987)
Spengler, O.: Der Mensch und die Technik, München 1931
Spinner, H.: Pluralismus als Erkenntnismodell, Frankfurt/M 1974
Spur, G. (Hg.): Automatisierung und Wandel der betrieblichen Arbeitswelt, Berlin/New York 1993
Spur, G. (Hg.): Optionen zukünftiger industrieller Produktionssysteme, Berlin 1997
Spur, G.: Technologie und Management: Zum Selbstverständnis der Technikwissenschaft, München/Wien 1998
Stachowiak, H.: Kybernetik, in: Staatslexikon Bd. 10, Freiburg 1970, 576-584
Stachowiak, H.: Allgemeine Modelltheorie, Wien/New York 1973
Steffen, D. (Hg.): Welche Dinge braucht der Mensch? Giessen 1995
Stegmüller, W.: Wissenschaftliche Erklärung und Begründung, Berlin/Heidelberg/New York 1969
Steinbuch, K.: Die informierte Gesellschaft (1966), Reinbek 1968
Steinbuch, K.: Automat und Mensch, 4. Aufl. Berlin/Heidelberg/New York 1971
Steinbuch, K.: Ansätze zu einer kybernetischen Anthropologie, in: Neue Anthropologie Bd. 1, hg. v. H.-G. Gadamer u. P. Vogler, Stuttgart/München 1972, 59-107
Taylor F. W.: Die Grundsätze wissenschaftlicher Betriebsführung (1911), Weinheim/Basel 1977
Technik und Gesellschaft, Jahrbücher 1ff, hg. v. G. Bechmann, W. Rammert u. a., Frankfurt/New York 1982ff
Tessmann, K. H.: Zur Kritik des technologischen Determinismus, in: Deutsche Zeitschrift für Philosophie (1974), Nr. 9, 1089-1103
Teusch, U.: Freiheit und Sachzwang, Baden-Baden 1993
Timm, A.: Kleine Geschichte der Technologie, Stuttgart 1964
Traebert, W. E. (Hg.): Technik als Schulfach, Bd. 4, Naturwissenschaft und Technik im Unterricht, Düsseldorf 1981
Troitzsch, U. u. G. Wohlauf (Hg.): Technik-Geschichte, Frankfurt/M 1980
Tuchel, K.: Herausforderung der Technik, Bremen 1967
Turing, A. M.: Can a machine think? In: The world of mathematics 4 (1956), 2099-2123
Urban, D.: Technikentwicklung, Stuttgart 1986
Vahrenkamp, R. (Hg.): Technologie und Kapital, Frankfurt/M 1973
Vanberg, V.: Die zwei Soziologien, Tübingen 1975
VDI-Richtlinie 3780: Technikbewertung: Begriffe und Grundlagen, Düsseldorf 1991
Vilmar, F.: Strategien der Demokratisierung Bd. 1, Darmstadt/Neuwied 1973

Literaturverzeichnis 351

Vollmer, G.: Auf der Suche nach der Ordnung, Stuttgart 1995
Vries, M. J. de u. A. Tamir (Hg.): Shaping concepts of technology, Dordrecht/Boston/London 1997
Waffenschmidt, W. G.: Technik und Wirtschaft der Gegenwart, Berlin/Göttingen/Heidelberg 1952
Walther, E.: Allgemeine Zeichenlehre, Stuttgart 1974
Warnecke, H.-J.: Die fraktale Fabrik, Berlin/Heidelberg/New York 1992
Weber, M.: Wirtschaft und Gesellschaft (1921), 5. Aufl. Tübingen 1976
Weingart, P. (Hg.): Technik als sozialer Prozess, Frankfurt/M 1989
Weingart, P.: Interdisziplinarität – der paradoxe Diskurs, in: Ethik und Sozialwissenschaften 8 (1997), Nr. 4, 521ff, sowie die Diskussion 529ff
Weizenbaum, J.: Die Macht der Computer und die Ohnmacht der Vernunft (1976), Frankfurt/M 1978
Westphalen, R. von (Hg.): Technikfolgenabschätzung, 3. Aufl. München/Wien 1997
Weyer, J. u. a.: Technik, die Gesellschaft schafft, Berlin 1997
Wiener, N.: Kybernetik (1948), Reinbek 1968
Winograd, T. u. F. Flores: Erkenntnis, Maschinen, Verstehen, Berlin 1986
Wintgen, G.: Zur mengentheoretischen Definition und Klassifizierung kybernetischer Systeme, in: Wissenschaftliche Zeitschrift der Humboldt-Universität zu Berlin, Gesellschafts- und sprachwissenschaftliche Reihe 17 (1968), 867-885
Wittgenstein, L.: Tractatus logico-philosophicus (1921), Frankfurt 1963
Wolff, Ch.: Logica, Frankfurt/M 1740
Wolffgramm, H.: Allgemeine Technologie (1978); Neuausgabe in 2 Teilen Hildesheim 1994/95
Wolffgramm, H.: Technische Systeme, 2 Teile Hildesheim 1997/98
Wollgast, S. u. G. Banse: Philosophie und Technik, Berlin 1979
Zangemeister, Ch.: Nutzwertanalyse in der Systemtechnik, München 1970
Zemanek, H.: Das geistige Umfeld der Informationstechnik, Berlin/Heidelberg/New York 1992
Zimmerli, W. Ch. (Hg.): Technik oder: wissen wir, was wir tun? Basel 1976
Zimmerli, W. Ch. (Hg.): Technologisches Zeitalter oder Postmoderne, München 1988
Zimmerli, W. Ch.: Technologie als „Kultur", Hildesheim 1997
Zweck, A.: Die Entwicklung der Technikfolgenabschätzung zum gesellschaftlichen Vermittlungsinstrument, Opladen 1993
Zwicky, F.: Entdecken, Erfinden, Forschen im Morphologischen Weltbild (1966), München/Zürich 1971

Namenregister

Abromeit, H. 192
Ackoff, R. L. 73
Aiserman, M. A. 98
Albert, H. 19, 155, 160, 232, 323
Anders, G 181
Arendt, H. 91f
Aristoteles 71, 91
Arnoff, E. L. 73
Ashby, W. R. 77, 119
Bahr, H.-D. 150
Bahrdt, H. P. 25, 113
Banse, G. 21ff, 124, 205, 248, 282
Beckmann, J. 13, 21f, 31, 39, 134, 141, 211, 280
Begon, M. E. 216
Bense, M. 15, 35, 226, 255f
Berger, P. L. 90, 148, 150
Bertalanffy, L. von 71f, 336
Bierter, W. 200
Bijker, W. E. 25, 293
Böhme, G. 88
Bohring, G. 22
Boole, G. 69
Borries, V. von 142
Bossel, H. 298
Boudon, R. 301
Brander, S. 267
Brandt, K. 138
Braun, I. 143
Brinkmann, D. 23
Brockhoff, K. 278
Brödner, P. 146
Bücher, K. 138
Buchhaupt, S. 257
Buhr, M. 82, 156
Bungard, W. 37
Bunge, M. 109, 147
Büschges, G. 108
Chmielewicz, K. 46
Churchman, C. W. 73f
Conze, W. 43
Cronberg, T. 251
Cube, F. von 73

Czayka, L. 336
d'Alembert, J. 21
Daenzer, W. F. 28
Dahrendorf, R. 25, 135, 148
Darwin, Ch. 181
Defoe, D. 39
Descartes, R. 331
Dessauer, F. 23, 30, 266, 268
Deutsch, K. W. 115
Diderot, D. 21
Diebold, J. 294
Dierkes, M. 25, 251
Diestelmeier, F. 43
Dolezalek, C. M. 47, 130, 132, 183ff
Dölle, E. A. 267, 352
Dörner, D. 267
Dreyfus, H. L. und S. E. 60
Dupuy, J. P. 236
Durbin, P. T. 248
Durkheim, E. 109, 135, 137, 146
Eder, W. E. 27
Ekardt, H.-P. 25
Ellwein, Th. 241
Emery, F. E. 142
Endruweit, G. 90, 108, 247
Engels, F. 37, 40, 43, 162, 166
Esser, H. 148, 232
Esser, J. 25
Eynern, G. von 192
Eyth, M. 263f
Fagen, R. E. 77, 119
Feyerabend, P. 323
Fleischmann, G. 25, 286
Flick, U. 37
Flores, F. 60
Forrester, J. W. 326f, 335
Frankenberger, E. 274
Franklin, B. 35
Freud, S. 181
Freyer, H. 24, 117, 287
Fürstenberg, F. 25, 142
Gehlen, A. 16, 23f, 36, 38, 89, 100f, 144, 182, 184ff, 198, 287

Georg, W. 25
Gerin, F. 236
Gilfillan, S. C. 25
Glaser, W. R. 24
Goldstein, J. 23
Goode, H. H. 119
Gottl-Ottlilienfeld, F. von 23, 29f, 39, 238, 254
Greniewski, H. 77, 82, 102, 119
Grochla, E. 142, 146
Grupp, H. 26, 251, 278, 286
Günther, G. 255f
Gutenberg, E. 238
Haar, T. 179, 247
Habermas, J. 19, 24, 88, 91, 110, 155, 161, 329
Haken, H. 81, 336
Halfmann, J. 25
Hall, A. D. 77, 119
Händle, F. 74, 87, 323, 328
Hansen, F. 119, 126, 269, 272
Harper, J. L. 216
Hartmann, D. 285
Hartmann, N. 156
Hausen, K. 26
Hegel, G.W.F. 71, 92, 141, 156, 162f
Heidegger, M. 16, 23
Heinemann, F. 85
Heinen, E. 237
Hennen, L. 150
Hennen, M. 90
Hoffmann, U. 25
Hollerith, H. 68
Holz, H. H. 85, 328
Hölzl, J. 22
Honoré, P. 15
Horkheimer, M. 155
Hörning, K. H. 223
Hortleder, G. 25
Hoss, D. 237
Hoyos, C. von 37, 209
Huber, F. 28
Hubig, Ch. 157
Hubka, V. 27, 119, 126, 272
Hübner, K. 119, 263, 265, 282
Hughes, T. P. 25, 143, 293
Huisinga, R. 25f, 189, 251, 263, 278, 286, 294

Huizinga, J. 233
Huning, A. 23, 30
Hurrelmann, K. 247
Illich, I. 18, 227, 236
Janich, P. 82, 214, 285
Jensen, S. 74, 87, 323, 328
Joas, H. 89f
Jobst, E. 23, 282
Joerges, B. 24, 143, 197
Jokisch, R. 25
Jünger, F. G. 18
Jungk, R. 200
Jüres, E. A. 25
Kahsnitz, D. 25, 35, 40, 92, 133, 140, 190, 195, 227
Kaiser, W. 302
Kapp, E. 13, 181
Karmarsch, K. 22
Kempisty, M. 77, 82, 102. 119
Kempski, J. von 93f
Kern, H. 25, 212
Kesselring, F. 267
Kesting, H. 25
Kirsch, W. 232
Kissler, L. 25
Klagenfurt, K. 256
Klages, H. 228
Klaus, G. 73, 82, 156, 328
Klems, W. 91, 156
Klir, G. J. 77
Koch 170
Koller, R. 273
Kompa, A. 267
König, R. 89
König, W. 23, 26, 43, 257, 282
Korte, H. 25
Kosiol, E. 46, 112, 138, 230, 327
Krämer, S. 68
Krämer-Badoni, Th. 197, 223
Krausser, P. 94, 102
Krohn, W. 81, 141, 147, 301
Krupp, H. 240
Kruse, L. 37
Kuhn, Th. S. 323
Küpfmüller, K. 73
Küppers, G. 81, 141, 147, 301
Kusin, A. A. 22, 228, 285
Laatz, W. 25

Namenregister

Lambert, J. H. 71
Lange, O. 77
Leibniz, G. W. 68
Leitherer, E. 38
Lenk, H. 12, 14, 21, 23, 29, 37, 89, 119, 156, 170, 230, 232, 237, 287, 300, 323ff
Liebscher, H. 328
Linde, H. 14, 24f, 92, 109, 118, 150, 165, 192f, 201, 213, 219, 243
Linné, C. von 134
Loacker, N. 21
Lübbe, H. 21
Luckmann, Th. 90, 148, 150
Luczak, H. 37
Ludwig, K.-H. 21
Luhmann, N. 11, 87, 93f, 109f, 138, 147f
Luhn, G. 211
Machlup, F. 258
Machol, R. E. 119
MacKenzie, D. 25, 294
Macko, D. 77
Mai, M. 25, 42
Marcuse, H. 24, 166
Maring, M. 237
Marx, K. 17, 22, 24, 30, 35, 37, 39f, 43, 92, 139f, 150, 161f, 164ff, 177f, 181, 194, 228f, 285f, 292
Maturana, H. 81
Mayntz, R. 143
Meadows, D. 16, 327, 335
Mensch, G. 259f
Merton, R. K. 301
Mesarovic, M. D. 77, 102
Miller, J. G. 94, 102
Moore, G. 70
Moser, S. 12, 14, 23, 29, 111, 118, 162, 166
Moshaber, J. 92
Müller, H.-P. 22
Müller, J. 27, 119, 130, 269, 272
Müller, K. 71, 75, 83
Mumford, L. 36, 156
Mutschler, H.-D. 27
Myrdal, G. 155, 159
Nake, F. 82
Naschold, F. 113

Nicolis, G. 81
Noble, D. F. 294f
Nordlohne, E. 247
Odum, E. P. 216
Ogburn, W. F. 16, 24
Oldemeyer, E. 153
Ortega y Gasset, J. 23, 36, 182f, 232, 255f
Orwell, G. 41
Ozbekhan, H. 156
Papalekas, J. Ch. 117
Parsons, T. 74, 148
Pascal, B. 68
Peltzer, U. 267
Pestel, E. 102
Pfeiffer, W. 26, 75, 175, 208, 258, 278f, 282, 284, 287f, 290f
Pieper, A. 282
Pinch, T. 25, 293
Pöhler, W. 195
Polanyi, M. 211
Poncelet, J. V. 139
Popitz, H. 25, 173
Poppe, J. H. M. von 21
Popper, K. 86, 156, 329ff
Prigogine, I. 81
Radnitzky, G. 86
Rammert, W. 21, 25, 148, 238, 251f
Rapoport, A. 81
Rapp, F. 23, 156, 211, 248, 253, 282, 288
Rechenberg, P. 51
Reichwald, R. 237
Renn, O. 227
Reuleaux, F. 27, 139
Reuther, U. 140, 195
Ribeiro, D. 15, 255f
Richta, R. 24
Riebel, P. 179
Rodenacker, W. G. 130
Rohbeck, J. 155f, 161, 181, 247
Rossnagel, A. 42, 241
Rumpf, H. 23, 90, 282
Rürup, R. 26
Sachsse, H. 21, 27
Sattel, U. 25
Schäfers, B. 25
Schäffler, H. 217

Schelsky, H. 17, 24, 156, 170, 287f
Schieder, Th. 21
Schmid, A. 25, 35, 40, 92, 133, 140, 190, 195, 227
Schmidt, J. F. K. 67
Schmidt-Bleek, F. 227
Schmutzer, M. 143
Schredelseker, K. 192
Schregenberger, J. W. 274
Schreyögg, G. 140, 195
Schrick, G. 237
Schumacher, E. F. 226
Schumann, M. 25, 212
Schumpeter, J. 258, 278, 292
Seibicke, W. 29
Seiffert, H. 323
Seifritz, B. W. 81
Selle, G. 38
Senghaas 170
Smith, A. 20, 115f, 137, 140f, 292
Snow, C. P. 13, 91
Solow, R. M. 286
Sombart, W. 39
Sørensen, K. H. 251
Spencer, H. 135
Spengler, O. 23
Spinner, H. 323
Spur, G. 146, 221, 283
Stachowiak, H. 73f, 84f, 102, 108, 323, 328
Staudt, E. 258
Steffen, D. 17, 199
Stegmüller, W. 332, 336
Steinbuch, K. 70, 82, 104, 110
Streeten, P. 159
Szyperski, N. 46
Tamir, A. 207
Taylor, F. W. 202
Tessmann, K. H. 248
Teusch, U. 162, 247
Thurnherr, U. 282
Timm, A. 21f
Traebert, W. E. 282
Trist, E. L. 142

Troitzsch, U. 21, 26
Trömel, M. 27
Trommsdorff, G. 90, 108, 247
Tuchel, K. 30, 90
Turing, A. M. 69, 144
Vanberg, V. 89, 147
Varela, F. 81
Vilmar, F. 113
Vollmer, G. 181, 285
Vries, M. J. de 207
Waffenschmidt, W. G. 39
Wajcman, J. 25, 294
Waldmann, D. 9
Walther, E. 82
Warnecke, H.-J. 112
Weber, M. 29, 39, 89, 114, 160f, 220, 231
Weingart, P. 25, 88, 148, 284, 293
Weippert, G. 117
Weizenbaum, J. 60
Weltner, K. 282
Wendt, H. 23, 282
Werle, R. 245, 301
Westphalen, R. von 28
Weyer, J. 67
Wieland, J 141
Wiener, N. 72, 82
Winograd, T. 60
Wintgen, G. 77
Wittgenstein, L. 311
Wohlauf, G. 21, 26
Wolff, Ch. 21
Wolffgramm, H. 22, 124, 126, 130, 133f
Wollgast, S. 22, 248
Zangemeister. Ch. 152, 276
Zemanek, H. 67
Zimmer, A. C. 209
Zimmerli, W. Ch. 111, 150. 162, 166, 265, 282
Zimolong, B. 37, 209
Zuse, K. 68
Zweck, A. 282
Zwicky, F. 133, 269

Sachregister

Steht hinter einer Seitenzahl das Kürzel „Fn", wird auf eine Fussnote verwiesen.

Ablaufstruktur 101, 129, 167ff, 315, 320
Agrarrevolution 16, 254f
Alternative Technik 226, 249
Angepasste Technik 200, 206
Anthropologie 35f, 89, 182, 250
Arbeit (→ Lohnarbeit) 17, 22, 24f, 32, 35, 64, 91f, 95, 111, 141, 159, 189Fn, 228f
Arbeitssystem → Soziotechnisches System
Arbeitsteilung 39f, 112f, 135ff, 146, 163, 194, 228f, 235, 251f, 280, 307, 327
Arbeitsvereinigung → Koordination
Arbeitswissenschaft 25, 36f, 46, 62, 140, 142f, 198f, 202f
Artefakt (→ Sachsystem) 31, 39, 57, 118, 149f
Ästhetik 38, 121
Atomismus 329ff
Ausführungssystem 102f, 105, 109f, 112f, 115f, 318
Automatentheorie 98, 124, 314
Automatisierung 22, 112f, 144f, 183f, 188, 203, 212, 221
Bautechnik 131f
Bedürfnis 39ff, 141, 151, 162f, 165f, 173, 234, 265, 289ff, 297
Befehl 51ff, 95, 120, 125
Behaviorismus 76
Beschreibung 20, 83, 88, 134, 332ff
Besitz 192f
Black Box 51f, 75f, 144, 212f
Chaos 81, 300f
Computer 49ff, 134, 186f, 199, 201, 212, 281
Daten 51ff, 95, 120
Dauerfunktion 204
Dialektik 71f, 161, 323
Diffusion 259f

Eigentum 191f, 224, 228f
Element 75f, 312
Energie 95, 120, 123, 130f, 217
Energietechnik 128f, 131ff
Entfremdung 37Fn, 112f, 228f, 235
Erfindung 44, 66, 140f, 258ff, 263ff, 268f, 280ff, 309
Ergonomie → Arbeitswissenschaft
Erklärung 20, 299f, 332
Ethik 38, 156, 179, 287f
Falsifikation 331
Fertigungssystem 119
Fertigungstechnik 131ff, 294f
Freiheit 187, 250
Forschung 259, 262, 296ff, 334
Funktionsbegriff 79f, 125f
Funktionsklasse des Sachsystems 124f
Funktionszerlegung 100, 102, 105, 138f, 144, 315
Ganzheit und Teil 19, 71, 75, 77, 278, 312f, 329ff
Gebildestruktur 129, 320
Geschichte der Technik 15f, 25f, 42f, 67ff, 144, 254ff, 289
Gesellschaft 24f, 39ff, 44, 107f, 114ff, 135, 143, 146ff, 190, 247, 250, 299, 307, 318
Graph 128f, 315
Handeln 89ff, 99f, 218ff, 306, 317
Handlungsfunktion 95ff, 106, 135ff
Handlungskette 138ff, 146
Handlungskreis 89, 100f, 167ff, 261f
Handlungssystem 93ff, 141f, 316f
Handlungssystemtheorie 90, 117, 147
Hermeneutik 86, 326
Herrschaft 24, 114f, 129, 173, 187, 303
Heuristik 20, 101f, 133f, 333ff
Holismus 316, 329ff
Implizites Wissen 211, 268, 282
Indifferenzrelation 153, 322

Individuum → Personales System
Industrielle Revolution 16, 255
Industrie 111ff, 130, 173ff, 188ff, 199, 237ff, 291ff
Information 52, 82f, 95, 120, 123, 130f, 149, 214, 315
Informationelle Revolution 16, 61, 255
Informationsspeicher 149f, 214
Informationssystem 102ff, 109ff. 112f, 115f, 318
Informationstechnik 16, 49ff, 131ff, 187, 190, 221, 245, 258
Ingenieur 25, 155, 198, 266
Ingenieurwissenschaften → Technikwissenschaften
Innovation 190, 260f, 278
Input 76f, 98, 123ff, 313
Institution 149f, 246ff
Instrumentalrelation 154ff, 322
Integration 146, 197f
Interaktion 90, 110, 159, 194
Interdisziplinarität 43ff, 88, 106, 305, 335f
Interessen 151, 292
Internes Modell 103, 110f, 113
Interpretation 86, 112ff, 325ff
Intuition 228, 238f, 266ff
Invention → Erfindung
Kameralistische Technologie 21f
Kapital 195, 220, 291ff, 298, 304
Kognition → Forschung
Kommunikation 110f, 148f
Komplementation 59f, 184f, 231, 321
Komplexität 315
Konkurrenzrelation 153, 322
Konstruktionswissenschaft 27, 119, 134, 269ff
Konsumtion 17, 163ff, 251, 280
Kopplung 80, 127, 315
Kooperation 110, 277f
Koordination 135ff, 146ff, 166, 189
Kreativität 60, 267f
Kritische Theorie 24, 155
Kritischer Rationalismus 86, 160, 323, 329ff
Kultur 36, 69, 91, 150, 200, 285, 298f, 305

Kulturelle Phasenverschiebung 16, 18, 50, 91
Kuppelproduktion 179, 215, 217, 249, 289
Kybernetik 72f, 75, 82, 89, 118f
Leistungsprinzip 111, 232
Leasing 195f
Liberalismus 116Fn, 196, 239ff, 245f
Logische Funktion 56f
Logistik 205f, 226
Lohnarbeit 17, 194f, 228f, 235
Makroebene (→ Gesellschaft; → Staat) 107f, 113ff, 284ff, 318
Marxismus 40, 285
Maschine → Sachsystem
Masse 95, 120, 123, 130f
Mathematik 74, 85, 311
Mechanisierung 145
Megaebene 107f, 190, 227, 241, 303, 318
Mesoebene (→ Industrie; → Organisation) 107f, 111ff, 278, 318
Methode 19f, 269ff, 281, 294, 323ff, 334f
Mikroebene (→ Personales System) 107ff, 269, 277f, 318
Mittel 155ff, 170, 322
Modell 83ff, 324ff
Monopol 196, 246
Morphologische Methode 270ff
Multifunktionalität 178ff
Natur 33f, 44, 215ff
Naturwissenschaften 23, 33ff, 66f, 119f, 281f
Nebenwirkungen 123
Netzwerk 54f, 129, 176, 190, 196f, 205f, 245ff, 248f
Normen 148, 151
Nutzwertanalyse 153, 275f
Ökonomie 39ff, 231f, 285f
Ökologie 16f, 33f, 215ff
Ontogenese 252f, 258ff, 321
Operations Research 73
Organisation 107f, 111ff, 138ff, 142, 199, 224f
Output 76f, 98, 123ff, 313
Paradigma 27, 283, 323
Patent 259f, 265

Sachregister

Personales System 107f, 109ff, 170ff, 186f, 219f, 234ff, 298, 319
Philosophie 21, 46, 56, 71, 88, 155, 332
Philosophie der Technik 12, 21, 23f, 90, 143, 184, 243, 248, 282, 331
Phylogenese 253, 284ff, 321
Physiologie 36
Politik → Staat
Potenzialfunktion 177
Präferenzrelation 153, 322
Primärziel 230f
Produkt (→ Artefakt; → Sachsystem)
Produktion 24f, 128ff, 148, 163ff, 188f, 227, 251, 280
Produktionsverhältnisse 22, 24, 40, 285
Produktivkräfte 22, 24, 40, 285
Produktzyklus 253
Professionalisierung 202
Psychologie 37, 267ff
Qualifikation 63, 202
Rationalprinzip 160f, 231f, 235ff
Realfunktion 177
Realismus 328
Recht und Technik 42, 192ff, 224, 240f, 259f
Reduktionismus 108f, 111, 114, 116, 121, 316, 331
Regelung 80, 132, 302
Relationengebilde 74, 78
Robinson-Technik 39
Rolle 148f
Rückkopplung 80, 100f, 315
Sachelement 122
Sachdominanz 219, 233, 247ff, 303, 307
Sachfunktion 123ff, 177ff, 185f, 200f, 319f
Sachhierarchie 54, 121f, 197, 206, 320
Sachstruktur 126ff, 320
Sachsystem 31, 118ff, 164ff, 319
Sachtechnik 31, 117ff, 130ff, 207, 257
Sachtechnische Integration 70, 140, 174
Sekundärziel 230f

Situation 94f, 98, 106, 317
Soziales Handeln 92
Soziale Systemhierarchie 107f, 318f
Sozialismus 22, 229, 239, 241
Soziologie der Technik 24f, 143, 293ff, 331
Soziologische Systemtheorie 74f, 87Fn, 89f, 93, 94Fn, 110, 114, 138Fn
Soziotechnische Arbeitsteilung 140ff, 228f
Soziotechnische Identifikation 144f, 168, 177ff, 180ff, 261ff, 321
Soziotechnische Integration 61f, 65, 146ff, 167f, 180ff, 197ff, 222ff, 229
Soziotechnisches System 47, 58f, 61, 142, 171, 174f, 180f, 184, 321
Speicherung 125, 130f, 320
Spielprinzip 233, 236f
Staat 41f, 114ff, 176, 197, 199f, 222, 239ff, 299, 303
Statussymbol 223f, 234f
Steuerung 80, 132, 201, 301f
Substitution 59f, 182ff, 231, 321
Subsystem 76f, 105, 127, 313, 319f
Supersystem 76, 122, 313
Systemanalyse 73f, 112, 138ff
Systemattribut 77f, 95, 98, 123ff, 312ff, 319, 324
Systembegriff 71f, 74ff, 77f, 87, 312, 324, 328
Systemfunktion 75f, 78ff, 123ff, 312
Systemhierarchie 77f, 81, 107ff, 121, 143, 252, 296ff, 313, 318, 321
Systemrelation 76, 80, 147, 312
Systemstruktur 53, 75, 78, 80, 312
Systemsynthese 112, 138ff
Systemtechnik 27f, 74, 118
Systemtheorie 11, 71ff, 305f, 312ff, 323ff
Systemumgebung 76f, 80f, 94, 121, 313
Taylorisierung 202f
Technikbegriff 29ff, 43ff, 118ff, 305
Technikbewertung 28, 241, 274ff, 283
Technikgenese → Technische Entwicklung

Technikwissenschaften 23, 26ff, 34f, 46, 130, 134, 211, 281f
Technische Entwicklung 26, 42f, 48, 69f, 252ff, 279, 284ff, 296ff
Technische Sozialisation 246f, 308
Technischer Fortschritt → Technische Entwicklung
Technisches Handeln 91f, 97. 207
Technisches Können 208f, 211f, 279
Technisches Potenzial 161, 177, 261ff, 282f, 286ff, 297
Technisches Verfahren 126, 207f, 280
Technisches Wissen 35, 63f, 201, 204, 209ff, 279ff
Technisierung 16ff, 22, 144f, 227, 253, 257f, 285, 321
Technokratie 17f, 24, 48, 155f, 159, 170, 304
Technologiebegriff 21f, 31f, 139
Technologische Aufklärung 19f, 229, 304, 310
Technologische Bildung 18, 134, 282
Technologische Kränkung 181
Technologischer Determinismus 150, 247f, 288f, 303f
Technologischer Imperativ 156, 287
Technologische Prognostik 28, 134
Technologischer Revisionismus 18, 227Fn
Technosphäre 15, 253, 258

Technotop 15, 37
Teil → Ganzheit und Teil
Teilhabe 193f
Terminologie 118, 131f, 335
Theoriebegriff 325, 332ff
Totalität 19, 92, 328f
Transport 125, 130f, 320
Umweltschutz 16f, 179, 216f, 289, 302
Unifunktionalität 178
Varietät 315
Verfahrenstechnik 131f
Verstehen 20f, 326
Wandlung 124f, 130f, 319
Wert 151, 241, 322
Wirtschaft 39ff, 115f, 136f, 162ff, 238f, 248, 286
Wissenschaftsphilosophie 19f, 45f, 83, 86ff, 134, 137, 156f, 160, 300f, 323ff
Wissenschaftstheorie der Technik 23, 34, 211, 281ff
Ziel 97f, 151ff, 322
Zielhierarchie 152f, 322
Zielkette 154ff, 164f, 322
Zielsetzungssystem 101ff, 109, 111ff, 114f, 127, 157, 169ff, 318
Zielsystem 152ff, 161, 322
Zustand 76f, 98, 313, 320
Zweck → Ziel